W0256726

Fortsetzung auf der 3. Umschlagseite

Zu diesem Buch

Auswahlverfahren gehören heute zum Standard-
instrumentarium der empirischen Sozialforschung
und der kommerziellen Markt- und Meinungsforschung.

In diesem Studienskriptum werden Theorie und
Anwendungsmöglichkeiten der wichtigsten Auswahlmodelle so dargestellt, daß sie auch für
den statistisch und mathematisch unbelasteten
Leser verständlich werden.

Das Skriptum dient vor allem der Einarbeitung
in die Problematik und der Vorbereitung zum
weiteren Studium; es soll die Grundlagen zur
kritischen Prüfung von in der Praxis durchgeführten Auswahlen vermitteln.

Als Einführung ist das Skriptum nicht nur für
Soziologen von Interesse; Sozialpsychologen,
Pädagogen und Wirtschaftswissenschaftler finden
den hier ebenfalls eine Hilfestellung.

Studienskripten zur Soziologie

Herausgeber: Prof. Dr. Erwin K. Scheuch
            Dr. Heinz Sahner

Teubner Studienskripten zur Soziologie sind als in
sich abgeschlossene Bausteine für das Grund- und
Hauptstudium konzipiert. Sie umfassen sowohl Bände
zu den Methoden der empirischen Sozialforschung,
Darstellungen der Grundlagen der Soziologie, als
auch Arbeiten zu sogenannten Bindestrich-Soziologien,
in denen verschiedene theoretische Ansätze, die Entwicklung eines Themas und wichtige empirische Studien
und Ergebnisse dargestellt und diskutiert werden.
Diese Studienskripten sind in erster Linie für
Anfangssemester gedacht, sollen aber auch dem
Examenskandidaten und dem Praktiker eine rasch
zugängliche Informationsquelle sein.

Auswahlverfahren

Eine Einführung für Sozialwissenschaftler

Von Dipl.-Volksw. F. Böltken

Institut für angewandte
Sozialforschung der
Universität zu Köln

1976

B. G. Teubner Stuttgart

Dipl.-Volkswirt Ferdinand Böltken

1943 in Wuppertal-Elberfeld geboren. 1964 bis 1970
Studium der Soziologie, Volkswirtschaft und Sozial-
politik an den Universitäten Köln und Bonn. Seit
1970 Mitarbeiter im Institut für angewandte Sozialforschung der Universität zu Köln. Während dieser
Zeit Durchführung von Lehrveranstaltungen zur
Methodik der empirischen Sozialforschung.

CIP-Kurztitelaufnahme der Deutschen Bibliothek

Böltken, Ferdinand
Auswahlverfahren: e. Einf. für Sozialwissen-
schaftler. - 1. Aufl. - Stuttgart : Teubner,
1976.
  (Teubner-Studienskripten ; 38 : Studien-
  skripten zur Soziologie)
  ISBN 978-3-519-00038-9   ISBN 978-3-322-92124-6 (eBook)
  DOI 10.1007/978-3-322-92124-6

Umschlaggestaltung: W. Koch, Sindelfingen

<u>Vorwort</u>

Die Entwicklung der empirischen Sozialforschung ist von der
Entwicklung geeigneter Auswahlverfahren nicht zu trennen.
Erst durch Auswahlen wird es in der Praxis möglich, empirische Aussagen über größere Gesamtheiten zu treffen. Ob solche empirischen Aussagen der sozialen Wirklichkeit angemessen sind, hängt zu einem nicht geringen Teil davon ab, inwieweit die angewandten Auswahlverfahren den theoretischen Anforderungen und praktischen Kunstregeln entsprechen, die wir
im folgenden schildern wollen.
Als "Studien"-Skript wendet sich dieser Band vor allem an
Studierende der Methodik der empirischen Sozialforschung
bzw. an Teilnehmer entsprechender Übungen und Seminare. Deshalb geht es hier nicht darum, kochbuchartige Rezepte für
alle in der Praxis der Sozialforschung denkbaren Problemstellungen anzubieten. Vielmehr steht die Darstellung der
wichtigsten Auswahlmodelle und -verfahren und ihre theoretische Grundlegung im Vordergrund.
Mit dieser Kenntnis der Hauptformen und Hauptformeln von
Auswahlverfahren sollte der Leser in der Lage sein, zu bestimmten konkreten Spielarten kritisch Stellung zu beziehen -
und den Einstieg in die umfangreiche Spezialliteratur zu wa-
gen. Diese Literatur zeichnet sich zum großen Teil durch eine
recht komplizierte statistische und mathematische Argumentation aus, die gerade den sozialwissenschaftlich willigen,
aber statistisch schwachen Leser in Verwirrung stürzt.
Deshalb sollen die anfallenden Probleme und ihre Lösungsmög-
lichkeiten vor allem "plausibel" gemacht und durch einfache
Beispiele belegt werden.
Das heißt allerdings nicht, daß wir auf statistische Argumentation verzichten wollen, die in der Tat eine Voraussetzung zum weiteren Studium ist. Wir wollen vielmehr versuchen,
die notwendigen statistischen Überlegungen für die Hauptformen von Auswahlverfahren und die Ableitung entsprechender
Schätz- und Rechenformeln so detailliert darzustellen, daß
sie auch ohne Vorkenntnisse verständlich werden.

Freilich kann bei diesen Ableitungen häufig nicht exakten
mathematischen Ansprüchen genügt werden; deren Erfüllung
muß der einschlägigen Literatur überlassen bleiben.
Im Aufbau des Skriptes spiegelt sich das Bemühen um schritt-
weise Erhöhung des Verständnisses wider: Nach kurzer Darstellung verschiedener Auswahlformen werden die theoretischen
Grundlagen für das zentrale Thema - die Wahrscheinlichkeitsauswahl - gelegt: Der Begriff der Wahrscheinlichkeit, das
Urnenmodell, Binomial- und Normalverteilung, Schließ- und
Testverfahren. In diesem Teil des Skripts werden bereits alle
wesentlichen Probleme angesprochen - wenn nicht bereits prinzipiell gelöst -, die uns dann in den folgenden Kapiteln bei
einigen besonderen Formen von Auswahlverfahren und Auswahl-
techniken beschäftigen werden.
Vor diesen Kapiteln wird noch einmal die Grundlegung zusammengefaßt und die manchmal laienhafte Ausdrucksweise dem üblichen Sprachgebrauch durch Einführung entsprechender Definitionen, Symbole und Formeln angepaßt.
Für Durchsicht und Kritik des Manuskripts danke ich meinen
Kollegen des Instituts für angewandte Sozialforschung sowie
des Zentralarchivs für empirische Sozialforschung in Köln,
insbesondere Herrn Dr.W.Bick, Frau Dipl.-Volksw. M.Brothun,
Herrn Dipl.-Volksw.R.R.Karhausen, Herrn stud.rer.pol.
M. Kops, Herrn Dr. H.Norpoth und Herrn Dr. E.Zimmermann.
Kritische Hilfe verdanke ich auch Herrn Dr.P.Kappelhoff und
Herrn Dr. H.Sahner. Schließlich möchte ich Prof. Dr.
E.K. Scheuch für seine Kritik danken und auf die große Bedeutung hinweisen, die seine und die Dissertation von Prof.
Dr. G.Büschges für dieses Skript gehabt haben. Beide Untersuchungen wurden im Rahmen eines von Prof. Dr.R.König ge-
leiteten Forschungsprogramms zur Auswahlproblematik ver-
faßt. Besonderer Dank gebührt Frau I.Tassani für die mühsame Niederschrift des Manuskripts.

Köln, im Januar 1976   Ferdinand Böltken

Inhaltsverzeichnis

1. Einführung

In der empirischen Sozialforschung will man die Eigenschaften von bestimmten Kollektiven bzw. Grundgesamtheiten
(Bevölkerung von Städten, der BRD, Vereinsmitgliedern,
Arbeitern, Studenten, Wahlberechtigten usw.) beschreiben
und die Beziehungen von Merkmalen (Variablen) innerhalb
und zwischen solchen Kollektiven analysieren.
Diese Kollektive sind in der Sozialforschung häufig so groß,
daß man nicht alle ihre Mitglieder (Einheiten, Elemente)
mit genügender Sorgfalt betrachten bzw. ihre Merkmale messen kann. Man erhebt daher häufig nur eine Teilmasse der
Gesamtmasse. Geschieht dies in der Absicht, aus der Kenntnis dieses Teils Aussagen über das Gesamte abzuleiten,
wollen wir - vorläufig - von "Auswahlen" sprechen.
Obwohl heute die Anwendung von Auswahlen keiner grundsätzlichen Rechtfertigung mehr bedarf, sollen einige Vor- und
Nachteile von Auswahlen gegenüber der Vollerhebung einer
Grundgesamtheit angeführt werden.

1.1. Vorteile von Auswahlen gegenüber Vollerhebungen

1) Auswahlen bzw. Teilerhebungen sind billiger; bei den
beschränkten Mitteln, die der Sozialforschung i.d.R. zur
Verfügung stehen, würde die Durchführung von Vollerhebungen eine unzumutbare Beschränkung auf einige wenige Themen
und auf relativ kleine Grundgesamtheiten bedeuten.
2) Auswahlen lassen sich schneller durchführen und auswer-
ten; besonders in Gesellschaften mit raschem sozialen
Wandel würden langwierige Vollerhebungen möglicherweise
Ergebnisse zeitigen, die zum Zeitpunkt ihrer Veröffentlichung bereits veraltet sind und die aktuelle Wirklichkeit nicht mehr widerspiegeln.

3) Eine Vollerhebung beansprucht nicht nur sehr viel Zeit
und Geld, sondern auch einen sehr großen Mitarbeiterstab.
Dieser ist jedoch in der Regel nicht vorhanden, vor allem
dann nicht, wenn gewisse Mindestanforderungen an seine
Qualifikation gestellt werden.

Aus den angeführten Beschränkungen an Zeit, Geld und Mit-
arbeitern wird deutlich, daß eine Vollerhebung bei bestimmten Größenordnungen der Grundgesamtheit nur recht mangelhafte Ergebnisse erbringen wird. Zum einen können wegen
der knappen Zeit nur relativ wenig Merkmale der untersuch-
ten Mitglieder (Einheiten) einer Grundgesamtheit erhoben
werden. Diese wenigen Merkmale müssen zudem auf leichte
Weise zu erfassen sein, um die Anforderungen an die Mitarbeiter gering halten zu können. Fragestellungen, die
eine größere Anzahl auch diffizil zu erfassender Merkmale
(etwa bestimmter Einstellungs- und Verhaltensmuster) erfordern, können daher kaum mit Erfolg angegangen werden.

4) Für Teilerhebungen spricht daher außerdem die Möglichkeit, wegen der geringeren Anzahl von Untersuchungseinheiten eine größere Anzahl von Merkmalen sorgfältiger und
tiefergehend zu erforschen, und zwar mit einem relativ
kleinen Stab gut ausgebildeter Mitarbeiter.

5) Teilerhebungen weisen häufig eine größere Meßgenauig-
keit auf als große Vollerhebungen, da die kleinere Anzahl
besser ausgebildeter Mitarbeiter nicht nur die Anwendung
angemessener Meßtechniken, sondern auch eine Überprüfung
durch laufende Kontrollen bei der Erhebung, Aufbereitung,
(Vercodung, Verlochung, usw.) und Analyse der Daten erlaubt.[1]

---

[1] Tatsächlich werden Auswahlen auch dazu benutzt, die
Vollständigkeit, Zuverlässigkeit und Genauigkeit bzw.
Fehlerhaftigkeit von Vollerhebungen zu überprüfen
(Büschges, 1961, S.4, Anm.5; Scheuch, 1974, S.5)

6) Bei jeder Art von Erhebungen ist mit Ausfällen (durch
Auskunftverweigerung, Nichtantreffen von Personen usw.)
zu rechnen. Bei einer Vollerhebung bestehen wegen des
großen Aufwandes nun im allgemeinen weniger Möglichkeiten,
solche Ausfälle etwa durch Überredung zunächst Ablehnender
oder durch wiederholte Besuche von Nichtangetroffenen gering
zu halten. Darüber hinaus wird es kaum möglich sein, die
Ursachen für solche Ausfälle zu erforschen. Dann kann jedoch nicht entschieden werden, ob beispielsweise irgendeine Beziehung zwischen Ausfallgrund und der Thematik der
Erhebung besteht, ob sich also möglicherweise eine systematische Verzerrung ergibt (zur Problematik von Ausfällen
siehe 4.3.1.). Darüber hinaus sind "Ausfälle" immer dann
nicht zu vermeiden, wenn die Grundgesamtheit sich ständig
wandelt (oder theoretisch unendlich groß ist) und die verfügbaren Unterlagen diesen Wandel nicht schnell genug
dokumentieren (z.B. "Bevölkerungsbewegung" in der amtlichen
Statistik).

7) Schließlich sind Vollerhebungen in manchen Fällen schon
deshalb ausgeschlossen, weil sie die Zerstörung des
Untersuchungsgegenstandes bedeuten würden. Die Überprüfung der Qualität von Sicherheitskonstruktionen in der
PKW-Produktion durch sogenannte crash-Tests würde etwa
bei der Anwendung dieser sehr gründlichen Testmethode bei
allen produzierten Autos, also bei einer Vollerhebung,
zwar sehr genaue Kenntnisse über die Wirksamkeit der Konstruktion zeitigen, aber es gäbe danach keine Autos mehr,
die sich aufgrund dieser Kenntnisse besser verkaufen ließen.

In der Sozialforschung können sich ähnliche Probleme ergeben, wenn man beispielsweise die spontane Reaktion auf
eine bestimmte Frage erfassen möchte. Bei einer Vollerhebung wäre eine solche Frage bereits sehr bald allgemein
bekannt und es wären keine spontanen Reaktionen mehr zu
erwarten, während eine Teilerhebung mit entsprechender
räumlicher Streuung- und bei allen Befragten etwa zum

gleichen Zeitpunkt - erfolgen und damit eine Vorinformie-
rung vermieden werden könnte.

Nach dieser Aufzählung von Vorteilen dürfte klar sein, daß
es einer grundsätzlichen Rechtfertigung von Auswahlen
eigentlich nicht bedarf. Tatsächlich wird die Sozialforschung erst durch Teilerhebungen in die Lage versetzt, auch
über sehr große Grundgesamtheiten empirisch belegte Aussagen zu machen, die auf für soziologische Forschungen
angemesseneren Daten beruhen als etwa den Ergebnissen
der 10-jährlichen Volkszählungen.

1.2. <u>Einschränkungen in der Verwendung von Auswahlen</u>

Bei allen Vorteilen sollte allerdings nicht der Eindruck
erweckt werden, als seien Teilerhebungen in jedem Falle
Vollerhebungen vorzuziehen. Das muß zunächst dort nicht der
Fall sein, wo
1) die Grundgesamtheit so klein ist, daß ihre sorgfältige
Erforschung mit vertretbarem Aufwand möglich ist. Besonders empfehlenswert ist eine Vollerhebung bei sehr heterogenen Grundgesamtheiten, weil hier die Gefahr von Verzerrungen groß ist.
2) Damit zusammen hängt ein weiterer Nachteil von Auswahlen:
Durch die kleinere Anzahl von Einheiten führt eine weitgehende Aufgliederung des Materials bald zu so kleinen
Untergruppen, daß ein Rückschluß auf die Gesamtheit statistisch nicht mehr zu rechtfertigen ist.
3) Bei manchen Fragestellungen verbieten sich Auswahlen
generell; will man etwa die Struktur einer Gruppe mit
Hilfe eines soziometrischen Tests ermitteln, müssen alle
Gruppenmitglieder erfaßt werden (Mayntz u.a., 1971,S.68).
4) Ein Nachteil von Auswahlen, der je nach Themenstellung
mehr oder weniger gravierend ist, liegt darin, daß Aus-

wahlen immer eine gewisse Abstraktion von bestimmten Strukturmerkmalen wie Nachbarschaften oder Cliquen darstellen
und so das soziale Verhaftetsein der ausgewählten Untersuchungseinheiten nur unvollständig erfaßt wird (Scheuch,
1974, S. 12). Allerdings gibt es auch Auswahlverfahren,
die diesem Umstand Rechnung tragen.[1]

5) Eine grundsätzliche Einschränkung erfährt die Anwendung
von Auswahlen - bzw. bestimmter Auswahlverfahren - dadurch,
daß gewisse Kenntnisse über die Grundgesamtheit vorhanden
sein müssen, wenn man eine sinnvolle Auswahl treffen will
(etwa über deren Größe und Ausdehnung sowie über einige
strukturelle Merkmale einer Bevölkerung). Häufig bilden
daher Daten aus Vollerhebungen - wie zum Beispiel Volkszählungen - die Voraussetzung für die Durchführung von
Teilerhebungen (s. Kap. 5).

1.3. Der Anspruch von Auswahlverfahren

Die Verwendung von Auswahlen zur Kennzeichnung größerer
Grundgesamtheiten ist - wie wir gesehen haben - mit bestimmten Einschränkungen nützlich und notwendig. Tatsächlich sind Auswahlen in fast allen Erkenntnisgebieten
weit verbreitet, ja sogar häufiger als Vollerhebungen.
Auch der Einzelne bildet sich aufgrund seiner sehr eingeschränkten Kenntnisse und Erfahrungen Urteile und Meinungen über kaum zu überschauende Grundgesamtheiten (etwa
über "Die Kölner", "Die Deutschen" usw.). Im Extremfall
ist nur ein einziger Fall aus einer sehr großen Grundgesamtheit bekannt, und dennoch werden Aussagen über diese

---

1) Siehe 5.2.; insbesondere Anmerkung 1) auf Seite 290.

gemacht. So mag man einen bestimmten Autotyp deshalb für
schlecht halten, weil man mit einem einzigen Exemplar
schlechte Erfahrungen gemacht hat. Oder man hält "die
Studenten" für arrogante Ignoranten, weil der eigene Unter-
mieter als Mitglied der Grundgesamtheit "Studenten" zu einer
solchen Charakterisierung Anlaß gab. Selbst bei der Kennzeichnung eines einzelnen Menschen werden Auswahlen aus
der Fülle der tatsächlich vorhandenen Merkmale getroffen,
indem etwa getreu dem Motto "Liebe macht blind" nur eine
Auswahl angenehmer Eigenschaften wahrgenommen wird.

Auswahlen werden also getroffen und müssen getroffen werden,
um überhaupt Stellung gegenüber der nicht vollständig
erfaßbaren Wirklichkeit beziehen zu können. Es bleibt jedoch die Frage, ob damit der Wirklichkeit in angemessener
Weise begegnet wird. Das wäre offenbar nur dann der Fall,
wenn die Ergebnisse, die sich aus einer Auswahl ableiten
lassen, auch für die Grundgesamtheit gültig sind, bzw. auf
diese übertragen werden können. Dies kann dann erreicht werden, wenn die Auswahl "auf einem vollkommen repräsentativen
Querschnitt der Grundgesamtheit beruht, d.h. ... alle für
die Grundgesamtheit typischen und charakteristischen Erhebungsmerkmale nebst deren verschiedenen Kombinationen
genau entsprechend ihrer relativen Häufigkeit in der Grundgesamtheit enthält und somit ein getreues Miniaturbild der
Grundgesamtheit, sozusagen ihr verkleinertes Modell darstellt" (Büschges, 1961, S. 6).

Doch wie kann man ein solches Modell ohne die Kenntnis sämtlicher Merkmale und Merkmalskombinationen der Grundgesamtheit - die ja eine Auswahl überflüssig werden ließe - konstruieren? Das Problem ist also, Auswahlverfahren zu entwickeln, die ein repräsentatives Modell der Grundgesamtheit
hervorbringen, ohne allzuviele Kenntnisse über diese Grundgesamtheit vorauszusetzen. Solche Auswahlen müssen also
auch für solche Merkmale repräsentativ sein, deren Ver-

teilung in der Grundgesamtheit unbekannt ist und die "eventuell erst nach Abschluß der Erhebung als Untersuchungs-
punkte relevant werden" (Scheuch, 1974, S. 13).
Damit ist ein sehr hoher Anspruch an Auswahlverfahren gestellt, dem nicht alle der im folgenden skizzierten Verfahren in vollem Umfang genügen.

1.4. <u>Überblick über einige Auswahlverfahren</u>[1]

Für die Darstellung der verschiedenen Arten von Auswahlverfahren soll auf die recht weite Definition von
S t e p h a n und Mc C a r t h y zurückgegriffen werden, die unter Auswahlverfahren (sampling) verstehen"<u>die
Anwendung eindeutig festgelegter (definite) Vorgehensweisen für die Auswahl einer Teilmasse mit dem ausdrücklichen Zweck, von diesem Teil Beschreibungen oder Schätzwerte bestimmter Eigenschaften und Charakteristika des
Ganzen zu erhalten</u>" (1963, S. 23).

Während der angestrebte Zweck, von einem Teil auf das Ganze
zu schließen, allen Auswahlverfahren gemeinsam ist, unterscheiden sie sich in dem Ausmaß, in dem die Vorgehensweise der Auswahl(<u>"eindeutig"</u>) festgelegt ist. Nach diesem Kriterium lassen sich drei hauptsächliche Arten von

---

1) Dem Leser wird empfohlen, den folgenden Überblick nach
   dem Kapitel über die Wahrscheinlichkeitsauswahl erneut
   zu lesen, da vermutlich erst dann die Unterschiede
   voll verständlich werden.

Auswahlverfahren unterscheiden[1]:

1) <u>Stichprobe aufs Geratewohl</u> (willkürliche Auswahl)
2) <u>Auswahl nach Gutdünken</u>   (bewußte Auswahl)
3) <u>Wahrscheinlichkeitsauswahl</u> (Zufallsauswahl)

Bei dieser Dreiteilung können nur die beiden Letzteren
Unterscheidungen den Anspruch erheben, <u>repräsentative</u>
Teilerhebungen zu erbringen. Die "Stichprobe aufs Geratewohl" wird hier vor allem deswegen aufgeführt, weil sie
dem Alltagsverständnis von "rein zufällig" am nächsten
kommt und auch heute noch häufig als "zufällige" und daher
"repräsentative" Auswahl angesehen bzw. darzustellen
versucht wird. Zudem zeigen sich gerade bei der Stichprobe
aufs Geratewohl einige Probleme, die auch bei den später
zu diskutierenden Verfahren beachtet werden müssen.
Streng genommen erfüllt diese Auswahlmethode jedoch nicht
die in unserer Definition enthaltene Forderung nach einer
"eindeutig festgelegten Vorgehensweise für die Auswahl".

---

1) Obwohl dies Gliederungsprinzip allgemein vorzuherrschen
   scheint, existiert eine Vielzahl unterschiedlicher Klassi-
   fikationen bzw. Benennungen. In der deutschsprachigen
   Literatur sind manche Unterschiede auf die uneinheitliche
   Übersetzung der englischen Fachausdrücke zurückzuführen
   (judgement sampling=Auswahl nach Gutdünken (Scheuch,1956,
   S.336), bewußte Auswahl (Statistisches Bundesamt,1960,
   S.29); purposive sampling ="willkürliche" (Statistisches
   Bundesamt,ebenda), "gezielte"(Scheuch,ebenda) und "be-
   wußte"(Scheuch,1974,S.14) Auswahl). Die hier vorgeschla-
   gene Einteilung greift Anregungen von Kellerer (1963),
   König(1952),Scheuch(1956),Büschges(1961),Jauch(1966)
   sowie des Statistischen Bundesamtes(1960) und Sturm u.
   Vajna(1974) auf. Dabei wurden die Bezeichnungen so ge-
   wählt, daß das unterschiedliche Ausmaß an Willkür bzw.
   subjektivem Ermessen möglichst deutlich wird.Die Termini
   "Stichprobe" und "Zufallsauswahl" zur Kennzeichnung der
   Wahrscheinlichkeitsauswahl scheinen uns zu eng mit dem
   Alltagsverständnis von "blindem Zufall"verbunden; die
   Bezeichnung "bewußte"Auswahl scheint uns deshalb nicht
   sehr glücklich,weil man bei allen (komplexeren) Auswahlmodellen bewußt auf die Struktur der Grundgesamtheit einzugehen versucht. Dies gilt auch für die Wahrscheinlichkeitsauswahl,wo sehr bewußt dafür Sorge getragen werden
   muß, daß der "objektive Zufall" tatsächlich die Auswahl
   der Einheiten bestimmen kann.

1.4.1. <u>Stichprobe aufs Geratewohl</u>

Folgendes Beispiel (Kellerer, 1963, S. 5) zeigt deutlich,
wie wenig dem Anspruch der Repräsentativität genügt wird,
wenn man aufs Geratewohl "auswählt": Die amerikanische
Militärregierung wollte sich in den Jahren 1946-48 über den
Gesundheitszustand der westdeutschen Stadtbevölkerung
informieren. Man nahm an, daß die durchschnittliche Ge-
wichtsveränderung ein gültiger Indikator sei und stellte
nun auf Plätzen, Straßenecken usw. Waagen auf, mit denen
aufs Geratewohl Freiwillige verschiedener Altersgruppen gemessen werden sollten, um dadurch einen "wirklichen Durchschnitt" zu erhalten. Man ging also davon aus, daß ein
Durchschnittswert, der sich aus den Merkmalen von "zufällig" ermittelten Personen errechnet, für die Gesamtheit
repräsentativ sei. Dies kann jedoch nur dann angenommen
werden, wenn für Einheiten mit allen möglichen Merkmalsausprägungen - hier also Personen mit unterschiedlichem
Körpergewicht - die (gleiche) Chance besteht, erfaßt zu
werden, weil dann alle Ausprägungen bzw. Gruppen entsprechend ihrer Häufigkeit vertreten sein werden (s.S. 30, 93).
In unserem Beispiel ist es jedoch einleuchtend, daß auf
die beschriebene Weise kaum ein repräsentativer Querschnitt durch eine Stadtbevölkerung gewonnen werden kann.
K e l l e r e r führt folgende Gründe an: Einmal haben
Leute, die mehr unterwegs sind, eine größere Chance, auf
eine der Waagen zu stoßen, wobei man annehmen kann, daß
diese Bevölkerungsgruppe ein durchschnittlich anderes
Gewicht hat als die weniger "Beweglichen" (sei es schlicht
wegen ihrer körperlichen Aktivität oder wegen des Umstandes, daß Berufstätige sich weniger auf der Straße
aufhalten, Kranke nicht erfaßt werden usw.).
Zweitens war die Messung freiwillig, so daß unterschieden
werden muß nach denen, die sich wiegen ließen oder nicht.
Wieder kann man annehmen, daß diese beiden Gruppen sich
in typischer Weise voneinander unterscheiden. Weiterhin

ist denkbar, daß an manchen Wiegestellen, etwa an einem
Bahnhof, auch Nichtstädter (beispielsweise wohlgenährte
Landbewohner) erfaßt wurden.

Zwei Probleme werden hier deutlich: Erstens stimmte die
tatsächlich erfaßte Gesamtheit, die Erhebungsgesamtheit[1]
(in diesem Fall alle die Menschen, die die Chance hatten,
einer Waage zu begegnen und bereit waren, sich wiegen zu
lassen) nicht mit der ins Auge gefaßten Grundgesamtheit[2],
der Stadtbevölkerung, überein und war für diese nicht repräsentativ; zweitens erfolgte die Auswahl aus dieser
bereits mangelhaft kontrollierten Erhebungsgesamtheit
nicht nach Zufall, weil bereits die Freiwilligkeit eine
nicht zufällige Vorauswahl darstellte.

Die augenscheinliche Unsinnigkeit, für ein solches "Auswahlverfahren" Repräsentativität zu beanspruchen, verhindert leider nicht, daß sich solche und ähnliche Erhe-
bungsmethoden weiter Verbreitung erfreuen. So werden
häufig in Seminaren oder Universitätsfluren Fragebögen
an alle, die sie haben wollen, verteilt oder bei Be-
triebsuntersuchungen nur solche Betriebe angeschrieben,
die von der Handwerksinnung als auskunftsfreudig genannt
wurden (Kellerer, 1963, S. 10).

---

1) Die Unterscheidung zwischen Erhebungs- und Grundgesamtheit, die wir Büschges (1961, S.452) entnehmen, wird
   in der deutschsprachigen Literatur seltener erwähnt,
   obwohl sie u.E. die Problematik der Herstellung repräsentative Teilmassen gut anschaulich macht. Siehe dazu auch
   Kap. 2.4.

2) Cochran (1953, S. 692) spricht von der "target population", "Zielpopulation".

All diesen Beispielen ist gemeinsam, "daß weder der Akt
der Auswahl noch das Kollektiv selbst, aus dem die Auswahl erfolgt, einer Kontrolle unterworfen wurden" (Scheuch,
1956, S.79), die Gewähr dafür bieten würde, daß jede Einheit der zu analysierenden Grundgesamtheit die (gleiche)
Chance hat, in die Erhebung aufgenommen zu werden, daß
sich also Erhebungs- und Grundgesamtheit entsprechen würden.

Eine Stichprobe aufs Geratewohl wäre dann unproblematisch,
wenn man davon ausgehen könnte, daß die _Erhebungseinheiten_
- also die einzelnen Einheiten der Erhebungsgesamtheit -
ganz zufällig in der Grundgesamtheit verteilt und die
Erhebungsmerkmale - also die Merkmale der Erhebungsgesamtheit, die man erfassen möchte - völlig unabhängig von der
Position der Erhebungseinheiten in der Grundgesamtheit
seien (Büschges, 1963, S. 8). Könnte man beispielsweise
sicher sein, daß die Haarfarbe von Menschen völlig unabhängig von Alter, Geschlecht, sozialem Status usw. ist,
dann könnte eine Stichprobe aufs Geratewohl aus irgendeiner beliebigen Menschenmenge recht gute Schätzungen der
Häufigkeitsverteilungen bestimmter Haarfarben in der Gesamtbevölkerung erbringen. Doch selbst hier könnten sich
Probleme ergeben, etwa wenn diese Stichprobe aus den Zu-
schauern eines Fußballländerspiels gezogen wird und man
Schlüsse auf die Grundgesamtheit "Deutsche" zieht, obwohl
ein hoher Anteil der Besucher aus - meist dunkelhaarigen -
Südländern besteht. Wiederum entsprächen sich Erhebungsgesamtheit und Grundgesamtheit nicht, das Kollektiv, über
das Aussagen gemacht werden sollte, wäre nicht entsprechend
vertreten.

Stichproben aufs Geratewohl könnten also nur dann zu befriedigenden Ergebnissen führen, wenn sich die Menschen
und ihre Merkmale zufällig ähnlich verteilen würden wie
die Lose in einer Lotterietrommel (s.S. 206).

Aus der Erkenntnis der in den Beispielen angedeuteten
Schwierigkeiten wurden die folgenden Auswahlverfahren
entwickelt, die dem Ziel dienen, möglichst alle relevanten Aspekte der Grundgesamtheit in der Auswahl "maßstabsgetreu" wiederzugeben.

1.4.2. Auswahlen nach Gutdünken

Bei "Auswahlen nach Gutdünken" (judgement samples) wird
mit bestimmten Kontrollen - bzw. Auflagen für zu berück-
sichtigende Merkmale - eine möglichst weitgehende Repräsentativität der Auswahl angestrebt, jedoch verbleibt die
Auswahl der einzelnen Erhebungseinheiten im Ermessen des
Forschers (Scheuch, 1956, S. 82; Büschges, 1963, S.15 ff.;
Kellerer, 1963, S.10).
Entscheidender Fortschritt gegenüber der Stichprobe aufs
Geratewohl ist, daß der eigentlichen Auswahl selbst ein
Auswahlplan vorangestellt wird, in dem festgelegt ist,
nach welchen Kriterien die Auswahl der Erhebungseinheiten
erfolgen soll, um ein repräsentatives Abbild der Grundgesamtheit zu erhalten. Ausgehend von Kenntnissen über
die Grundgesamtheit bestimmt man also, welche für die
jeweilige Fragestellung relevanten Merkmale der Grundgesamtheit in welcher Größenordnung in der Auswahl vertreten
sein müssen (so etwa beim Quoten-Sample, s. 1.4.2.3; 6.).
Bei weitreichender Kenntnis über die Verteilung solcher
Merkmale in der Grundgesamtheit könnte man so zu Klassen
von Einheiten kommen, die die Grundgesamtheit tatsächlich
repräsentieren.
Da die eigentliche Auswahl von "gleichartigen" Erhebungseinheiten innerhalb einer solchen Klasse jedoch im Ermessen
des Forschers bzw. seiner Helfer steht, haftet dieser
letzten Auswahl und damit dem gesamten "Abbild" immer noch
ein gewisses Maß an Willkür an.

1.4.2.1. <u>Die gezielte Auswahl "typischer" Fälle</u>

Eine vor allem in der Vergangenheit angewandte Form der
Auswahl nach Gutdünken ist die gezielte Auswahl "typischer"
Fälle, die häufig auch als "bewußte" Auswahl bezeichnet
wird.[1] Sie wird heute vor allem in der amtlichen Stati-
stik mit befriedigendem Erfolg angewendet (Kellerer, 1963,
S. 10).

Bei diesem Verfahren bestimmt der Forscher aufgrund seiner Kenntnisse der Grundgesamtheit eine Anzahl von "typischen" Auswahleinheiten (beispielsweise regionale Einheiten oder Personengruppen), die für bestimmte Auswahlmerkmale ein verkleinertes Abbild der Grundgesamtheit darstellen. So könnten etwa aus der Gemeindestatistik eines Bundes-
landes eine Anzahl von Gemeinden so zusammengestellt werden,
daß sie insgesamt den gleichen Durchschnittswert an Gewerbe-
steueraufkommen haben wie alle Gemeinden des Landes insgesamt. Auch die Verteilung in den einzelnen Gewerbesteuer-
klassen könnte den Proportionen der Landesstatistik durch
geschickte Auswahl von bestimmten Gemeinden angepaßt werden.
Bei Berücksichtigung mehrerer solcher Merkmale - Konfes-
sions- und Wirtschaftsstruktur, Verhältnis der politischen
Parteien usw. - kann so ein - für die "kontrollierten"
Merkmale! - repräsentatives "Modell" der Grundgesamtheit
entworfen werden.

---

1) Aus diesem Grunde ist die allgemeine Verwendung des
   Begriffs "bewußte Auswahl" (Statistisches Bundesamt,
   1960) u.E. nicht befriedigend; Auswahlen nach Gutdünken unterscheiden sich nämlich im Ausmaß des "Be-
   wußtseins" bzw. seiner kontrollierten Anwendung.

Bei relativ genauer Kenntnis der Grundgesamtheit können so durch die Auswahl "typischer" Einheiten häufig sehr gute Ergebnisse erzielt werden, vor allem dann, wenn Merkmale erhoben werden sollen, die mit den zur Erstellung des Modells benutzten, bekannten, überprüften Merkmalen - den <u>Kontrollmerkmalen</u> - zusammenhängen. Man könnte beispielsweise bestimmte Wirtschaftsbereiche durch "typische" Betriebe modellhaft darstellen und die bei dieser Auswahl gemessenen Durchschnittslöhne auf die Grundgesamtheit übertragen.[1]

Bei soziologischen Forschungen soll nun aber meist eine Anzahl verschiedenartiger Merkmale gemessen werden. Damit wird die Güte einer solchen Auswahl davon abhängig, inwieweit die ausgewählten Einheiten nicht nur für die kontrollierten Auswahlmerkmale, sondern auch für die anderen interessierenden Merkmale repräsentativ bzw. typisch sind. Bei Erhebungen, die sich der gezielten Auswahl bedienen, wird daher (in Ermangelung vollständiger Kenntnis der Grundgesamtheit) meist unterstellt, daß die Kontrollmerkmale mit den zu untersuchenden Merkmalen in einer korrelativen Beziehung stehen und damit durch die Repräsentativität einiger bekannter Merkmale auch die Repräsentativität vieler anderer - auch unbekannter - Merkmale gesichert ist. Diese Annahme kann jedoch - insbesondere in der Sozialforschung - keineswegs generell als ausreichend gesichert hingenommen werden.

---

1) Abgesehen davon, daß schon die Bestimmung "typischer" Einheiten häufig nach subjektiven Kriterien erfolgt, bleibt jedoch wieder das Problem, daß die Entscheidung für eine von mehreren gleichartigen Einheiten im subjektiven Ermessen des Forschers liegt. Diese Subjektivität wird lediglich dann kein Problem sein, wenn alle Einheiten einer Kategorie die gleichen zu erhebenden Merkmale aufweisen - in unserem Beispiel könnte dies bei Branchen mit übereinstimmenden Tarifen und einheitlichen übertariflichen Leistungen der Fall sein.

Die Problematik der Korrelation von Kontroll- und Unter-
suchungsmerkmalen wird später bei bestimmten Wahrschein-
lichkeits-Auswahlverfahren weiter zu diskutieren sein
(s. Kap. 5.1; Schichtung).

1.4.2.2. Auswahl nach dem Konzentrationsprinzip

Dieses Verfahren wird vor allem in der amtlichen, besonders
der Wirtschaftsstatistik verwendet. Das Prinzip ist einfach; man könnte beispielsweise (Statistisches Bundesamt,
1960, S.30) eine Erhebung über die Umsätze in der Bauwirt-
schaft lediglich in den Betrieben durchführen, in denen
mehr als 20 Beschäftigte arbeiten. Diese Betriebsgröße
haben nur 25% der Unternehmen, man "schneidet" also 75%
der Grundgesamtheit "ab" (daher auch der Name "Ab-
schneide-Verfahren","cut-off-Verfahren") und erfaßt in
diesem Fall doch 80% aller Umsätze. Dieses Verfahren
eignet sich besonders dazu, rasche und relativ pauschale
Überblicke zu gewinnen, wenn die Struktur einer Grundgesamtheit durch relativ wenige Einheiten geprägt wird.

1.4.2.3. Die Quoten-Auswahl

Dies ist die in der Sozialforschung vorherrschende Form
der Auswahl nach Gutdünken. Besonders in der kommerziellen
Meinungsforschung nimmt die Quotenauswahl (auch: quoten-
kontrollierte Auswahl) eine Vormachtstellung ein. Wegen
ihrer Bedeutung werden wir später (Kap. 6.) noch näher
auf sie eingehen. Hier nur ein kurzer Hinweis: Bei dieser
Art der Auswahl werden im Gegensatz zur gezielten Auswahl nicht "typische" Erhebungseinheiten (Bezirke oder
Personengruppen bzw. Einzelpersonen) von vornherein
festgelegt, sondern die unmittelbare Auswahl einzelner

zu befragender Einheiten - Personen oder Gruppen - bleibt
dem Interviewer innerhalb bestimmter Auflagen - den Quoten -
selbst überlassen.
Als _Quoten_ bezeichnet man die Festlegung der Proportionen,
mit denen bestimmte Merkmalsausprägungen in der Auswahl
vertreten sein sollen. Wenn beispielsweise die Grundgesamtheit zu 50% weiblichen Geschlechts ist, dann müßten
bei einer Auswahl von 1000 Personen je 500 Männer und
Frauen erfaßt werden. Je nach Kenntnis der Grundgesamtheit
kann man so eine Auswahl zusammenstellen, die für bestimmte
Merkmale ein genau proportional verkleinertes - ein repräsentatives - Abbild der Grundgesamtheit darstellt.

Bei soziologischen Fragestellungen besteht nun die Schwierigkeit darin, Quotierungsmerkmale zu finden, die mit den
über sie hinausgehenden Erhebungsmerkmalen - den Merkmalen, die letztlich gemessen werden sollen - möglichst
eng korrelieren. Wie bei der gezielten Auswahl geht man
nämlich auch hier davon aus, daß bei gesicherter Repräsentativität hinsichtlich einiger Merkmale auch eine große
Anzahl anderer Merkmale repräsentativ in der Auswahl vertreten sein werden.

Da aber üblicherweise nur einige wenige zur Quotierung
geeignete Merkmale der Grundgesamtheit bekannt sind (Geschlecht, Alter, regionale Verteilung, Berufs-/Konfes-
sionsverteilung, Familienstand usw.), die zudem meist auf
den Ergebnissen der letzten (möglicherweise bereits ver-
alteten) Volkszählung beruhen, kann diese Annahme für die
vielfältigen Erhebungsmerkmale nicht ohne weitere Kontrolle als gültig unterstellt werden. Diese Kontrollmög-
lichkeiten sowie Vor- und Nachteile des Quotenverfahrens
sollen später (Kap. 6.) diskutiert werden.

An dieser Stelle bleibt als grundsätzliches Problem festzuhalten, daß erstens die Festlegung von Quoten nicht
automatisch die Repräsentativität aller möglichen - auch

unbekannter - Merkmale gewährleistet und daß zweitens die
Auswahl der Befragungspersonen selbst (innerhalb einer
Quote) weitgehend dem Gutdünken der Interviewer überlassen
bleibt. Wie sich zeigen wird, kann die - unterstellte! -
Zufälligkeit dieser subjektiven letzten Entscheidung nicht
als gesichert hingenommen werden, denn im Grunde handelt
es sich auf dieser letzten Stufe um die bereits besprochene
Stichprobe aufs Geratewohl, wenn auch deren groteske
Fehlermöglichkeiten durch die Quotenvorgabe begrenzt sind.

1.4.3. <u>Wahrscheinlichkeitsauswahlen</u>

Selbst wenn man bereit wäre, die subjektiven Verzerrungsmöglichkeiten einer Auswahl nach Gutdünken in Kauf zu nehmen, wird eine solche Auswahl schlechterdings undurch-
führbar, wenn keine oder nur wenige gesicherte Kenntnisse
über die Struktur einer Grundgesamtheit vorliegen.
In diesem Fall bietet sich eine Wahrscheinlichkeitsauswahl
an, die im Grundgedanken davon ausgeht, daß die Repräsentativität einer Auswahl dadurch gewährleistet werden könne,
daß die Auswahleinheiten "zufällig" aus der Grundgesamtheit entnommen werden und so für alle möglichen Einheiten
(Merkmalsausprägungen und Merkmalskombinationen) die
gleiche[1] Chance besteht, in die Auswahl aufgenommen zu
werden.

<u>Wieso aber kann man von einer solchen Auswahl annehmen,
daß sie in unserem Sinne repräsentativ sei, und inwieweit
kann man die Merkmale einer solchen Auswahl auf die Grundgesamtheit beziehen?</u>

---

1) Hier wird zunächst von einer "gleichen" Chance gesprochen, um den Gedankengang verständlicher zu machen.
   Später wird es zweckmäßiger sein, lediglich eine
   "bekannte" Chance zu fordern (s.S. 128, 232).

Diese Frage beantwortet die Theorie der Wahrscheinlichkeitsauswahl, die im folgenden Kapitel dargestellt wird.
Hier soll der Gedankengang nur kurz skizziert werden:

Wenn alle Einheiten einer Grundgesamtheit die gleiche Chance
besitzen, in eine Auswahl zu gelangen, dann wird man Einheiten mit Merkmalen, die in der Grundgesamtheit häufiger
vorkommen, öfter erfassen als solche, die in der Grundgesamtheit nur schwach vertreten sind. Die Häufigkeit des
Auftretens von Einheiten mit einer bestimmten Merkmalsausprägung wird also davon abhängen, wie stark diese Merkmalsausprägung in der Grundgesamtheit vertreten ist. Wenn nun
die Auswahl nicht in irgendeiner Weise verzerrt ist, wodurch bestimmte Einheiten der Grundgesamtheit tendenziell
bevorzugt (oder benachteiligt) würden, kann man annehmen,
daß <u>alle möglichen Merkmale entsprechend ihrer Häufigkeit
in der Grundgesamtheit auch in der Auswahl vertreten sein
werden</u>. Diese Annahme gilt auch für die Häufigkeitsverteilung von Merkmalen, an deren Auftreten zunächst gar
nicht gedacht worden war, und die man daher bei einer
Auswahl nach Gutdünken nicht berücksichtigt hätte.

Näheres zu diesen Grundgedanken und den dabei auftretenden Problemen wird in den folgenden Kapiteln über Theorie
und Praxis von Wahrscheinlichkeitsauswahlen behandelt.
Hier sollte nur angedeutet werden, daß mit Wahrscheinlichkeitsauswahlen bei weitgehender Unkenntnis der Grundgesamtheit dennoch - innerhalb berechenbarer Fehlergrenzen -
Repräsentativität aller möglichen Merkmalsausprägungen
erreicht werden kann, ohne auf Quotierungsmerkmale usw.
zurückgreifen zu müssen. Voraussetzung dafür ist allerdings, daß die Auswahl tatsächlich nach Wahrscheinlich-
keitsgesichtspunkten erfolgt. Die Erfüllung dieser Bedingung
steht im Mittelpunkt der späteren Ausführungen(Kap.3.,4.,5.)

1.5. "Hochrechnungs-" oder "Schätzverfahren"

Auswahlverfahren müssen dem Anspruch genügen, ein verläß-
liches "verkleinertes Abbild" der Grundgesamtheit zu bilden. Von den Merkmalen dieses Abbildes schließen wir dann
auf die Merkmale der Grundgesamtheit. Dies geschieht mit
Hilfe von Hochrechnungs- oder Schätzverfahren.
Man unterscheidet grundsätzlich zwischen 2 Arten solcher
Verfahren: der freien und der gebundenen Hochrechnung
bzw. Schätzung.

1.5.1. Freie Hochrechnung

Bei der freien Hochrechnung dienen lediglich die Werte,
die man mit der Auswahl ermittelt hat, als Schätzwerte;
dabei werden Durchschnitts- und Anteilswerte direkt als
Schätzwerte für die Grundgesamtheit verwendet, absolute
Merkmale werden entsprechend dem "Auswahlsatz" (f) (dem
Verhältnis von Auswahlgröße und Größe der Grundgesamtheit, $f = \frac{n}{N}$) hochgerechnet, und zwar durch Multiplikation
der Merkmalswerte mit dem reziproken Wert dieses Auswahlsatzes ($\frac{1}{f}$). Dadurch wird praktisch der Verkleinerungs-
prozeß wieder rückgängig gemacht und das "verkleinerte
Abbild" wieder "auf Lebensgröße" gebracht (Statistisches
Bundesamt, 1960, S. 45).

1.5.2. Gebundene Hochrechnung

Bei der gebundenen Hochrechnung schätzt man die Werte der
Grundgesamtheit nicht nur an Hand der in der Auswahl ermittelten Werte, sondern benutzt weitere - externe - Kenntnisse über die Grundgesamtheit. Dabei unterscheidet man
zwischen 3 Verfahren:

1.5.2.1. <u>Verhältnisschätzung</u> (ratio estimation)

Hier geht man von einem bekannten Merkmal der Grundgesamtheit aus, das zudem auch in der Auswahl erhoben wurde. Das
in der Auswahl festzustellende Verhältnis dieses Merkmals
zum eigentlichen Untersuchungsmerkmal wird mit dem bekannten Grundgesamtheitswert multipliziert, um so den Grundgesamtheitswert des Untersuchungsmerkmals zu schätzen.
Dazu ein Beispiel (Kellerer, 1963, S. 177 ff.): Angenommen,
man habe zum Zeitpunkt t_1 eine Vollerhebung über die Anzahl
der Beschäftigten in N Betrieben durchgeführt und die Zahl
X ermittelt. Zum Zeitpunkt t_2 will man nun mit Hilfe einer
Auswahl die Entwicklung der Beschäftigtenlage untersuchen.
In den n ausgewählten Betrieben erhält man die neuen Be-
schäftigungszahlen (y), die man mit den zum Zeitpunkt t_1
festgestellten Zahlen (der Auswahleinheiten, x) in Beziehung setzt. Es ergibt sich das Verhältnis $\frac{y}{x}$. Multiplizieren wir nun den Grundgesamtwert zum Zeitpunkt t_1, X, mit
diesem Verhältnis, so erhalten wir folgenden Schätzwert
für Y zum Zeitpunkt t_2:

$$Y = \frac{y}{x} \cdot X$$

Voraussetzung zur Anwendung dieses Verfahrens ist natürlich, daß das Untersuchungsmerkmal und das Vergleichs-
oder Hilfsmerkmal eng miteinander korrelieren.

1.5.2.2. <u>Differenzenschätzung</u> (difference estimation)

Das Vorgehen ist hier ganz ähnlich, nur geht man nicht
vom Verhältnis von Untersuchungs- und Hilfsmerkmal (multi-
plikative Verknüpfung), sondern von deren Differenz
(additive Verknüpfung) aus. In unserem Beispiel würde
man etwa bei den ausgewählten Betrieben den Unterschied
der Beschäftigtenzahl zum Zeitpunkt t_1 und t_2 ermitteln.

Diese Differenz in der Auswahl würde dann (durch Multiplikation mit dem reziproken Auswahlsatz $f = \frac{n}{N}$) auf die
Grundgesamtheitsdifferenz hochgerechnet und dem bereits
bekannten Grundgesamtheitswert X hinzugefügt (bzw. subtrahiert):

$$Y = X + \frac{1}{f} (y - x)$$

Voraussetzung ist hier die Gleichartigkeit der Hilfs- und
Untersuchungsmerkmale, die die Addition bzw. Subtraktion
ermöglicht.

1.5.2.3. <u>Lineare Regressionsschätzung</u> (linear regression
          estimation)

Bei diesem Verfahren wird der Zusammenhang zwischen Hilfs-
und Untersuchungsmerkmal bei jeder einzelnen Auswahleinheit (in unserem Beispiel: Betrieben) berücksichtigt. Man
bildet ein Koordinatensystem, dessen Achsen den beiden
Merkmalsausprägungen entsprechen und ordnet die einzelnen
Einheiten in dieses Koordinatensystem ein. Durch die so
entstehende "Punktwolke" legt man eine Regressionsgerade,
die den insgesamt feststellbaren Zusammenhang beschreibt.
In die Gleichung dieser Regressionsgerade kann man dann
den bekannten Grundgesamtheitswert des Hilfsmerkmals einsetzen und den Schätzwert für den Grundgesamtheitswert
des Untersuchungsmerkmals ermitteln. Der Vorteil dieses
Verfahrens liegt darin, daß hier alle Informationen pro
Auswahleinheit berücksichtigt werden (Sturm u.Vajna, 1974,
S. 69). Voraussetzung ist jedoch eine lineare Beziehung
zwischen den (ausreichend variierenden) Merkmalen, die
zudem recht eng sein muß, wenn man zu einigermaßen präzisen Schätzungen gelangen will.

In unseren weiteren Ausführungen wollen wir auf diese Formen der gebundenen Hochrechnung nicht weiter eingehen, sondern lediglich die Schätzung der Grundgesamtheitswerte

mit Hilfe der freien Hochrechnung betrachten, und zwar aus
folgenden Gründen:

Erstens liegen in aller Regel keine verläßlichen Hilfswerte
vor, die den geforderten Bedingungen (Gleichartigkeit der
Merkmale, enge Korrelation) genügen. Das ist zweitens vor
allem deshalb der Fall, weil in soziologischen Untersuchungen fast immer viele unterschiedliche Merkmale erhoben werden, die kaum in gleicher Weise mit einem solchen Hilfsmerkmal korrelieren bzw. diesem vergleichbar sein werden.
Drittens nimmt der bei der gebundenen Hochrechnung zu erzielende Genauigkeitsgewinn gegenüber der freien Hochrechnung sehr schnell ab, wenn man diese auf Auswahlverfahren
stützt, die bereits auf bestimmte Kenntnisse über die
Grundgesamtheit zugeschnitten sind (Statistisches Bundesamt, 1960, S. 89). Solche Verfahren werden wir in den Kapiteln zu "komplexen" Auswahlverfahren kennenlernen.

Schließlich eignen sich u.E. vor allem die freien Schätzverfahren dazu, die Anwendung der Wahrscheinlichkeitstheorie verständlich zu machen, die wir im nächsten Kapitel darstellen wollen. Im übrigen sprechen wir im folgenden generell von "Schätzverfahren", erstens, weil auch
Hoch-"Rechnungen" Schätzwerte ergeben, zum anderen, weil
wir uns hauptsächlich auf die Schätzung von Durchschnitts-
und Anteilswerten beschränken wollen, die in der Sozialforschung vorwiegen (und bei denen eine vergrößernde
"Hochrechnung" nicht notwendig ist)[1].

---

1) Allerdings braucht man die "Hochrechnung", wie wir
   später sehen werden, häufig bei rechnerischen Zwischen-
   schritten.

2. Zur Theorie der Wahrscheinlichkeitsauswahl

Wahrscheinlichkeitsauswahlen zeichnen sich gegenüber den
erwähnten Auswahlen nach Gutdünken und der Stichprobe
aufs Geratewohl dadurch aus, daß nur auf sie die Sätze der
Wahrscheinlichkeitstheorie angewendet werden können. Nur
ihnen liegt ein mathematisches Modell zugrunde, welches
die Anwendung statistischer Schließ-, Test- und Schätzverfahren - im Gegensatz zu den anderen Auswahlverfahren -
gestattet.

Grundlage der Anwendung der Wahrscheinlichkeitstheorie ist
die "zufällige" Auswahl von Einheiten (Personen, Gruppen,
Haushalte bzw. deren Merkmale). Daher werden Wahrscheinlichkeitsauswahlen auch häufig als Zufallsauswahl bezeichnet. Gegen die Verwendung des Begriffs "Zufall"
sprechen jedoch die schon genannten Bedenken (s. Fußnote 1, S.20), die sich aus dem Alltagsgebrauch von
"Zufall" herleiten, während der Begriff"Wahrscheinlichkeitsauswahl" sowohl auf die Zufälligkeit der Auswahl als
auch auf das den statistischen Schlüssen zugrunde liegende
Modell hinweist.

Im folgenden soll daher immer von Wahrscheinlichkeitsauswahlen gesprochen werden, wie es K ö n i g schon 1955
(S. 429) vorgeschlagen hat, der sich dabei in Übereinstimmung mit führenden angelsächsischen Statistikern befindet (Cochran, 1953; Deming, 1950; Hansen u.a.,1951;
Jahoda u.a. 1952; Stephan u. McCarthy, 1958), die von
"probability sampling" sprechen.[1] Zur Erleichterung des
Vergleichs mit anderen Quellen werden jedoch auch andere
weitverbreitete Termini wie Zufallsauswahl (random sampling) u.ä. erwähnt werden.

---

1) Wenn aus dem Zusammenhang klar wird, daß es sich um
Wahrscheinlichkeitsauswahlen handelt, werden wir zum
Teil auch nur von "Auswahlen" oder "samples" sprechen.

2.1. Der Begriff der Wahrscheinlichkeit

Trotz der Bedeutung der Wahrscheinlichkeitstheorie für die
Statistik herrscht weithin Uneinigkeit darüber, wie denn
nun "Wahrscheinlichkeit" zu definieren sei. Die außerordentliche komplexe Diskussion über die Vor- und Nachteile verschiedener Definitionen sowie ihrer Widersprüchlichkeiten[1]
kann hier nicht nachvollzogen werden. Wir wollen aber in
sehr starker Vereinfachung auf einige der Probleme hinweisen.

2.1.1. Definitionsversuche

Im Alltagsverständnis bezeichnet die Wahrscheinlichkeit
eines Ereignisses den Grad an Sicherheit, mit dem dieses
Ereignis eintreten wird, oder auch nur, daß eine gewisse
Unsicherheit über das Eintreffen eines Ereignisses
herrscht("die Wahrscheinlichkeit, daß ich komme,ist 90 zu 10;
wahrscheinlich komme ich nicht, aber sicher ist das nicht").
In der wissenschaftlichen Diskussion stellt sich zunächst
die Frage, ob "Wahrscheinlichkeit" <u>objektiv</u> oder <u>subjektiv</u>
aufzufassen sei. Im ersteren Falle müßte sie so definiert
werden, daß "ihr Zahlenwert jedesmal derselbe sein muß,
wenn zwei Forscher aus denselben Daten dieselben Wahrscheinlichkeiten zu berechnen haben (und dabei dieselben
Schlußmethoden verwenden)" (Neurath,1966, S. 47). Sie
wären also unabhängig von den Meßsubjekten. Würde man
Wahrscheinlichkeit dagegen subjektiv definieren, dann müßte
man auch den Grad an Gewißheit berücksichtigen, "mit dem
der einzelne auf Grund seines persönlichen Wissens,

---

1) Siehe hierzu: Anderson, 1963, S.96 ff.; Helten, 1974,
   S. 9 ff.; Neurath, 1966, S. 46 ff.; Stegmüller, 1969,
   S. 636 ff.; Vetter, 1967, S. 6 ff., Ritsert u.Becker,1971.

seiner persönlichen Erfahrung und seines persönlichen Ab-
schätzens der Möglichkeiten das Eintreffen eines zukünf-
tigen Ereignisses erwartet" (Neurath, a.a.O.). In der folgenden Darstellung wollen wir "Wahrscheinlichkeit" im
objektiven Sinne benutzen. Gleichwohl wird sich zeigen,
daß es auch bei objektiv errechneten Wahrscheinlichkeiten
weitgehend eine subjektive Ermessensfrage ist, ein Ereignis
als "noch wahrscheinlich" oder "schon unwahrscheinlich" zu
bezeichnen.
Eine andere Frage ist, ob man Wahrscheinlichkeit definieren kann aufgrund <u>a priori</u> vorliegender Verhältnisse bzw.
<u>logischer</u> Eigenschaften, oder ob Wahrscheinlichkeit <u>empi-
risch</u> zu bestimmen ist ("logische" und "statistische" Wahrscheinlichkeit; s. dazu Helten, 1974, S. 10).
Für den ersten Fall wird meist auf das Würfelspiel oder das
Roulette verwiesen, bei denen eine Anzahl a priori bekannter und gleichmöglicher "Ereignisse" vorliegen. Jedes Ereignis (das Würfeln einer bestimmten Zahl) ist dann auch
a priori mit einer bestimmten Wahrscheinlichkeit versehen.
Diesem Fall entspricht die Definition von L a p l a c e ,
der unter der Wahrscheinlichkeit eines Ereignissen den
"Quotient aus der Anzahl der ihm günstigen Fälle und der
Anzahl aller gleichmöglichen Fälle" versteht (nach Anderson, 1963, S. 97). Ein "günstiger Fall" wäre etwa beim
Würfelspiel "Chicago" das Würfeln einer 1; alle gleichmöglichen Fälle wären 1,2,3,4,5,6. Die Wahrscheinlichkeit,
eine 1 zu würfeln, ist also 1:6. Diese Definition von
Wahrscheinlichkeit trifft jedoch wohlgemerkt nur für Fälle
zu, in denen alle Ereignisse gleich möglich sind, d.h. in
unserem Beispiel, daß die Würfel oder das Roulette völlig
gleichmäßig gearbeitet sein müssen. Bei ungleichmäßigen
Würfeln wäre dagegen eine Wahrscheinlichkeit für einen bestimmten Wurf nicht mehr definiert (Heyn, 1960, S. 7), ein
solcher Würfel oder ein solches Roulette hätte also keine
(logischen) Wahrscheinlichkeiten.

Für die sozialwissenschaftliche Forschung wäre dieser Wahrscheinlichkeitsbegriff zu eng. Vorzuziehen ist eine Definition, bei der sich auch Wahrscheinlichkeiten für nicht "gleichmögliche" Ereignisse berechnen lassen. Dies leistet die <u>Häufigkeitsinterpretation der Wahrscheinlichkeit</u> (Vetter, 1967, S. 7), die als <u>statistische Wahrscheinlichkeit</u> der empirischen (Sozial-)Forschung angemessener ist.

<u>"Die statistische Wahrscheinlichkeit eines Ereignisses ist seine relative Häufigkeit in einer Bezugsklasse von Ereignissen"</u> (Vetter, a.a.O.). Diese "Bezugsklasse" könnte beispielsweise die Gesamtbevölkerung einer Stadt sein, die eine bestimmte Geschlechterproportion aufweist, etwa 40% männliche und 60% weibliche Bürger. Die Wahrscheinlichkeit, bei einer "zufälligen" Auswahl (auf später zu beschreibende Weise) eine Frau auszuwählen, entspricht dann dem relativen Anteil der Frauen an der Gesamtheit, ist also 60% bzw. 0,6.

Diese <u>Häufigkeitswahrscheinlichkeit</u> wäre allerdings für unsere Themenstellung nur sehr beschränkt tauglich, wenn sie nur auf endliche Gesamtheiten mit bekannten Häufigkeitsverteilungen anwendbar wäre. Wie wollte man beispielsweise die Wahrscheinlichkeit für einen bestimmten Wurf bei einem unregelmäßigen Würfel festlegen (die Anzahl der möglichen Würfe ist unbegrenzt)? Wie bestimmt sich die Wahrscheinlichkeit für die Einheiten einer Gesamtheit, deren Häufigkeitsverteilung unbekannt ist? In solchen Fällen kann man die Wahrscheinlichkeit nur durch ein <u>empirisches Massenexperiment</u> bestimmen.

So könnte man eine Serie von Würfen mit einem unregelmäßigen Würfel veranstalten, um beispielsweise die Wahrscheinlichkeit für den Wurf "1" zu ermitteln. Würde man etwa bei 600 Würfen 123mal eine 1 würfeln (anstatt 100, wie es bei einem regelmäßigen Würfel zu erwarten wäre),

so ergäbe sich eine Wahrscheinlichkeit von 123/600 = 0,205
(anstatt 100/600 ≈ 0,17) für diesen Wurf. Dieser Wahrscheinlichkeitswert ist aber möglicherweise nicht korrekt,
weil "zufällige" Abweichungen vom "wahren" Wert nicht
ausgeschlossen werden können.
Hier macht man sich nun das <u>"Gesetz der großen Zahlen"</u>
zunutze, das in der Formulierung von C o u r n o t (1843)
etwa folgendermaßen lautet (Anderson, 1963, S. 106;
Heyn, 1960, S. 9):
1) Ereignisse, deren Wahrscheinlichkeiten sehr klein sind,
   treten sehr selten auf.
2) Die Wahrscheinlichkeit dafür, daß die relative Häufigkeit (oder eine andere Kollektivmaßzahl wie das
   arithmetrische Mittel) eines Merkmals beträchtlich (um
   mehr als einen vorgegebenen Betrag) von der ihr entsprechenden Wahrscheinlichkeit abweicht, wird umso
   kleiner, je größer der Umfang der Beobachtungsserie
   ist, bei der diese relative Häufigkeit ermittelt wurde.
D.h., daß man sich der "wahren" Wahrscheinlichkeit beliebig genau nähern kann, wenn man die Beobachtungsserie
ständig ausweitet. Würde man etwa eine Vielzahl von Versuchen mit je 600 Würfen veranstalten, dann würden sich
zwar alle Versuche etwas voneinander unterscheiden, aber
der Durchschnittswert, den man sukzessiv aus den kumulierten Versuchen bilden könnte, würde schließlich einem
festen Grenzwert zustreben, der dem Erwartungswert der
Wahrscheinlichkeit und damit der wahren Wahrscheinlichkeit entspricht.
<u>Dieser Grenzwert der relativen Häufigkeit</u>, mit der ein
Ereignis auftritt, wird daher häufig als seine Wahrscheinlichkeit bezeichnet (s. v.Mises, 1928; Scheuch,
1956, S. 129; Clauss u. Ebner, 1971, S. 120). Wenn diese

Definition auch nicht unbestritten ist[1], so ist doch ihre
Verwendung für die Theorie der Wahrscheinlichkeitsauswahlen
unkontrovers.

Besonders wichtig ist in unserem Zusammenhang die Vorstellung eines _Erwartungswertes_ der Wahrscheinlichkeit bei einer Serie von empirischen Experimenten. Dieser Erwartungswert ist - in "the log run" - gleich dem Durchschnitt der
experimentellen Werte, also etwa den Häufigkeitsanteilen,
die sich bei jeweils 600 Würfen mit einem Würfel ergeben.
Diese Werte bilden ihrerseits eine Verteilung, und zwar
dergestalt, daß Werte, die dem Erwartungswert (bzw. dem
wahren Wert) nahekommen, häufiger sind als solche, die
weit von ihm abweichen. Dabei ist vorausgesetzt, daß es
sich um die einer Verteilung "zufällig" ermittelter
Werte handelt, also um die _Verteilung einer Zufalls-_
variablen.

Unter "Zufall" wollen wir dabei das _Ergebnis einer Viel-_
zahl gleichzeitig wirksamer und voneinander unabhängiger
Faktoren verstehen (Hagood u. Price, 1960, S. 273), _die_
in einer nicht vorausseh- und berechenbaren Weise, teils
widersprüchlich, teils gleichlaufend, auf ein Ereignis
einwirken.

"Zufällig" wäre etwa das Ziehen einer Karte aus einem gut
durchgemischten Blatt, das Würfeln einer bestimmten Zahl
mit einem korrekten Würfel oder das "Herauskommen" einer
Zahl beim Roulette, weil das Ergebnis durch alle möglichen nicht vorhersehbaren Faktoren wie Luftzug, Staub,
Geschwindigkeit, usw. beeinflußt wird.

---

1) Die Einwände beziehen sich einerseits auf die "Endlich-
   keit" von Versuchsserien: Wie lang muß eine solche Serie
   sein, bis die relative Häufigkeit nahezu konstant ist?
   Wie kann man bei sehr langen Versuchsreihen alle Bedingungen konstant halten (Helten, 1974, S. 11)?
   Darüber hinaus wird vorgebracht, daß sich der Begriff
   "Grenzwert" nur auf nach mathematischen Gesetzen ab-
   laufende Folgen beziehe (Vetter, 1967, S. 13).

"Nichtzufällig"wären dagegen solche Faktoren, die eine
systematische Beeinflussung des Ergebnisses bewirken, etwa
die Benachteiligung oder Bevorzugung bestimmter Zahlen bei
einem unregelmäßigen Roulette oder einem nicht korrekt an-
gefertigten Würfel. Zwar werden sich auch bei einem solchen
Fall zufällige Abweichungen ergeben, aber diese würden
sich um einen anderen Erwartungswert (als den a priori zu
erwartenden) verteilen, da sich der nichtzufällige Einfluß bei einer Serie von Versuchen in einer anderen Häufig-
keitswahrscheinlichkeit niederschlagen würde (s. obiges
Beispiel.
Die Bestimmung von "Wahrscheinlichkeit" durch das Konzept
der relativen Häufigkeit entzieht sich im Grunde jedoch
einer Definition dessen, was denn nun eigentlich als
"Wahrscheinlichkeit an sich" zu verstehen sei, zugunsten
der Angabe einer Methode, Wahrscheinlichkeit zu messen.
Schon F r y (1928) weist darauf hin, daß man sich daran
gewöhnt habe, das Maß an Wahrscheinlichkeit als die
Wahrscheinlichkeit selbst zu begreifen, ähnlich wie man
Begriffe wie "Zeit" oder "Länge" durch deren Maß veran-
schauliche bzw. (operational) definiere.
Tatsächlich spielen die verschiedenen Auffassungen von
Wahrscheinlichkeit für uns keine besondere Rolle, da sich
die für uns wichtigen mathematischen Folgerungen nicht unterscheiden. Die mathematische Wahrscheinlichkeitstheorie
bezieht sich dann auch nicht auf eine der vorangestellten Definitionen, sondern <u>bestimmt axiomatisch einige
Eigenschaften des</u> (ansonsten undefiniert bleibenden)
<u>Wahrscheinlichkeitsbegriffes</u>, aus denen sich dann alle
anderen Sätze der Wahrscheinlichkeitstheorie ableiten
lassen (Clauss u. Ebner, 1971, S. 120).

2.1.2. <u>Symbolik und Rechenregeln</u>

Die zwei wichtigsten Regeln der Wahrscheinlichkeitsrechnung basieren auf dem folgenden Axiomensystem (nach
Kolmogorov, vereinfacht zitiert nach Clauss u. Ebner,
1971, S. 120 ff.):
- Jedem zufälligen Ereignis ist eine bestimmte Wahrscheinlichkeit zugeordnet, die zwischen 0 und 1 liegt.
- Die Wahrscheinlichkeit eines sicheren Ereignisses ist
  gleich 1.
- Die Wahrscheinlichkeit der Summe von endlich vielen zufälligen Ereignissen, die sich wechselseitig ausschließen, ist gleich der Summe der Wahrscheinlichkeiten
  dieser Ereignisse.

Besonders das dritte Axiom ist für uns wichtig als der
<u>Additionssatz der Wahrscheinlichkeiten.</u> Wegen seiner Be-
deutung wollen wir ihn noch einmal genauer darstellen:
Dazu führen wir folgende Symbole ein:
Zunächst bezeichnen wir die Wahrscheinlichkeit für das
Auftreten eines Ereignisses mit dem Buchstaben "P"
(propabilitas, probability), wobei bei Auswahlen "p",
bei Grundgesamtheiten "P" benutzt wird.
Die Wahrscheinlichkeit eines Ereignisses E in einer Grundgesamtheit würde dann mit P(E) bezeichnet, die des
Ereignisses E_1 mit $P(E_1)$ usw.
Wenn wir nun eine Anzahl von Ereignissen haben, die sich
gegenseitig ausschließen, etwa die Eigenschaft von Personen, entweder verheiratet oder ledig zu sein, dann
ergibt sich die Wahrscheinlichkeit, das eine <u>oder</u> das
andere zu sein, aus der Addition der beiden Einzelwahrscheinlichkeiten. In allgemeiner Form, also bei mehr als
zwei Alternativen, können wir dies folgendermaßen ausdrücken:

$$P(E) = P(E_1) + P(E_2) + \ldots + P(E_i)$$

Dies ist der sogenannte <u>Additionssatz</u> von Wahrscheinlich-
<u>keiten</u>, nach dem die <u>Gesamtwahrscheinlichkeit sich gegen-</u>
<u>seitig ausschließender Einzelwahrscheinlichkeiten gleich</u>
<u>der Summe dieser Einzelwahrscheinlichkeiten</u> ist. Dies gilt
wohlgemerkt nur für den Fall, daß sich die jeweiligen Ereignisse oder Merkmalsausprägungen gegenseitig ausschließen.
Wenn nun diese Merkmalsausprägungen die einzig möglichen
sind, wenn also alle Elemente einer Grundgesamtheit irgendeine dieser Merkmalsausprägungen aufweisen müssen, dann
addieren sich diese Einzelwahrscheinlichkeiten zu 1, (dem
entspräche nach der Definition von Laplace, daß die Anzahl
der "günstigen" Fälle gleich der der "möglichen" ist).

So weist jeder Mensch - um das obige Beispiel zu präzisieren - in Hinsicht auf das Merkmal "Familienstand" eine
der folgenden Merkmalsausprägungen ("Ereignisse") auf: er
ist entweder "ledig" (E_1) oder "verheiratet" (E_2) oder
"verwitwet" (E_3) oder "geschieden" (E_4). Die Wahrscheinlichkeit, eine dieser einzig möglichen und sich gegenseitig ausschließenden Merkmalsausprägungen zu haben, ist

$$P(E_1) + P(E_2) + P(E_3) + P(E_4) = 1$$

Es zeigt sich in diesem Beispiel deutlich, daß die Gültigkeit des Additionssatzes von der Ausschließlichkeit der
Merkmale bzw. Merkmalsausprägungen abhängt. So müßte ein
wiederverheirateter Witwer ganz eindeutig nur einer Kategorie zugeordnet werden dürfen, etwa der Kategorie "verheiratet".
<u>Die zweite wichtige Regel für das Rechnen mit Wahrschein-</u>
<u>lichkeiten bezieht sich auf Ereignisse, die sich nicht</u>
<u>gegenseitig ausschließen (Merkmalskombinationen).</u> Die
Frage ist also, wie sich die Wahrscheinlichkeit für das
gleichzeitige Auftreten von (unabhängigen) Ereignissen
berechnet, beispielsweise die Wahrscheinlichkeit dafür,
aus einer Grundgesamtheit eine Person männlichen Ge-

schlechts (E_1), die 30 Jahre alt (E_2) und katholisch (E_3) ist, auszuwählen. Die Wahrscheinlichkeit für das gemeinsame Auftreten dieser Merkmale ergibt sich aus der <u>Multiplika-tion der Einzelwahrscheinlichkeiten</u>:

$$P(E) = P(E_1) \cdot P(E_2) \cdot P(E_3)$$

Wir müssen diese Regel aber noch erweitern, um sie unseren Erfordernissen anzupassen. Die "Gleichzeitigkeit" des Zu-sammentreffens von Merkmalen bezieht sich nämlich häufig nicht auf einen einzigen Auswahlvorgang; das Ereignis, dessen Wahrscheinlichkeit wir berechnen wollen, kann viel-mehr auch in mehreren Auswahlschritten zustande kommen. So könnte man die Zahl 66 mit einem Würfel durch zwei Würfe oder mit zwei Würfeln in einem Wurf ermitteln, wo-bei in beiden Fällen die gleiche Wahrscheinlichkeit errech-net würde, nämlich $1/6 \cdot 1/6 = 1/36$. Anders ist es jedoch, wenn die Wahrscheinlichkeit solcher aufeinanderfolgender Ereignisse oder Wahlen voneinander abhängig ist. Wenn zum Beispiel 2 Personen aus einer Gruppe von 10 Personen nacheinander ausgewählt werden sollen, dann besteht bei der ersten Wahl für jede der 10 Personen die Wahrscheinlich-keit $1/10$, ausgewählt zu werden. Bei der zweiten Wahl stehen jedoch nur noch 9 Personen zur Auswahl, die Wahr-scheinlichkeit für die Übriggebliebenen, nun gewählt zu werden, ist also größer, nämlich $1:9$. Dadurch, daß bei der ersten Wahl eine bestimmte Person gewählt wurde, haben sich also die Wahrscheinlichkeiten der anderen verändert, bei dieser zweiten Wahl liegen <u>bedingte Wahrscheinlichkeiten</u> vor. Dieses Problem der möglichen Abhängigkeit von Wahr-scheinlichkeiten, auf das wir noch mehrfach zurückkommen werden, schlägt sich im <u>"Multiplikationssatz von Wahr-scheinlichkeiten"</u> nieder:
<u>"Die Wahrscheinlichkeit des gleichzeitigen Auftretens zweier oder mehrerer Eigenschaften"</u>...<u>"ist gleich dem Produkt der Wahrscheinlichkeit einer dieser Eigenschaften</u>

mit den bedingten Wahrscheinlichkeiten, die dann den übrigen Eigenschaften zukommen, wobei wir das Wort "Eigenschaft"
durch "Merkmalsausprägung" oder "Ereignisse" ersetzen können.

Im folgenden wollen wir die Probleme von statistischer Unabhängigkeit oder Abhängigkeit, von Wahrscheinlichkeitsbe-
rechnungen und -schätzungen, bei endlichen und unendlichen
Grundgesamtheiten, von Zufälligkeit sowie die Möglichkeiten
statistischer Schließ- und Testverfahren an einem einfachen
Modell darstellen, dem sogenannten Urnenmodell.

2.2. Das Urnenmodell

Das "Urnenmodell" kann im einfachsten Fall durch irgendein
Gefäß (Urne) dargestellt werden, das mit verschiedenen
Einheiten (etwa Kugeln) gefüllt ist. Diese Urne symboli-
siert die Grundgesamtheit, aus der eine Auswahl getroffen
werden soll. Die Einheiten werden in dem Gefäß gut durchgemischt und daraufhin eine Einheit entnommen. Damit soll
die Zufälligkeit der Auswahl gesichert werden. Mit diesem
einfachen Modell lassen sich verschiedene Wahrscheinlichkeiten berechnen und Auswahlprobleme verdeutlichen.

Zunächst sind zwei verschiedene Spielarten des Modells zu
unterscheiden: einmal können auf den einzelnen Einheiten
in der Urne qualitative, nominale Merkmalsausprägungen
verzeichnet sein, also Eigenschaften, die entweder vorliegen oder nicht und keine Abstufung kennen (z.B. unterschiedliche Farbe der Kugeln). Dies ist der homograde Fall
des Urnenmodells.
Zum anderen können die Einheiten in der Urne mit bestimmten quantitativen Merkmalen versehen sein, etwa Zahlen,
die irgendwelche quantitativen Eigenschaften wie Alter,
Gewicht, usw. symbolisieren. Es handelt sich hier also
um kontinuierliche Variablenausprägungen, die beliebig
viele Unterscheidungen zulassen. Diese Situation beschreibt

der <u>heterograde Fall des Urnenmodells</u>.

2.2.1. <u>Der homograde Fall des Urnenmodells</u>

In diesem Fall ist die Urne mit Einheiten gefüllt, die
bestimmte Eigenschaften aufweisen oder nicht. Der Einfachheit halber wollen wir das Modell einschränken auf
ein Merkmal mit nur zwei Ausprägungen: Alle Einheiten in
der Urne haben eine dieser Eigenschaften, keine hat
beide oder eine dritte; d.h., diese beiden Ausprägungen
schließen sich aus und sind die einzig möglichen. (Dies
ist die Anordnung von sogenannten Bernoulli-Experimenten.)

Gegeben sei beispielsweise eine Urne, die mit 10.000
Kugeln gefüllt ist. 5.000 dieser Kugeln seien schwarz,
die anderen weiß. Diese 10.000 Kugeln könnten etwa die
Bevölkerung einer Gemeinde darstellen, wobei die unter-
schiedlichen Farben der Geschlechterverteilung entspre-
chen würden.
Diese Kugeln werden nun in unserer Urne gut durchgemischt.
Um eine Auswahl von beispielsweise 100 Kugeln zu ziehen,
wird nun eine Kugel entnommen, ihre Farbe notiert, die
Kugel zurückgelegt, erneut durchgemischt, eine weitere
Kugel entnommen,wieder zurückgelegt und durchgemischt,
usw., bis der gewünschte Auswahlumfang erreicht ist.
Diese Art des Auswahlvorgangs nennt man den <u>Fall "mit
Zurücklegen"</u>, bei dem die Grundgesamtheit durchdie
einzelnen Ziehungen nicht verändert wird, sondern für
jede der aufeinanderfolgenden Ziehungen die gleichen Bedingungen erhalten bzw. geschaffen werden. Damit sind die
<u>Ziehungen völlig unabhängig</u> voneinander, die Wahrschein-
lichkeit für die Ziehung einer Kugel wird nicht durch
die Ziehung einer anderen Kugel bedingt.
Welche Wahrscheinlichkeit besteht nun für die Ziehung
einer bestimmten Kugel bzw. für Kugeln einer bestimmten

Farbe? Die Auswahl jeder Kugel ist nach unserem Ziehungs-
modell offenbar gleich möglich, die Häufigkeitsverteilung
der Grundgesamtheit ist bekannt. Damit kann sowohl a priori
die (logische) Wahrscheinlichkeit bestimmt werden als auch
die Häufigkeitsinterpretation der Wahrscheinlichkeit Anwendung finden.
Die Wahrscheinlichkeit für die Wahl einer bestimmten Kugel
ist dann 1/10.000 ("günstig"/"gleichmöglich"), die für die
Wahl einer bestimmten Farbe entspricht dem Anteil dieser
Farbe in der Urne. Bezeichnen wir den Anteil der schwarzen
Kugeln mit P, ihre absolute Anzahl mit M und die Anzahl
aller Kugeln mit N, dann gilt

$$P = \frac{M}{N} = \frac{5.000}{10.000} = 0,5$$

Da nur schwarze und weiße Kugeln in der Urne sind, beträgt
die Anzahl der weißen Kugeln N - M und ihr relativer Anteil (meist mit "Q" bezeichnet)

$$\frac{N - M}{N} = \frac{5.000}{10.000} = 0,5 \quad (= Q)$$

ergänzt sich mit P zu 1, ist also 1 - P (P + Q = 1), wie
wir es auch aus dem Additionssatz der Wahrscheinlichkeit
sich ausschließender Merkmalsausprägungen oder Ereignisse
ableiten können.
Die Ziehung einer Kugel mit einer bestimmten Farbe hat
also die Wahrscheinlichkeit 0,5. Dies gilt, da es sich um
unabhängige Einzelziehungen handelt, auch für die nächste
und alle weiteren Ziehungen. Die Wahrscheinlichkeit,
2 schwarze Kugeln nacheinander zu ziehen, beträgt dann
nach dem Multiplikationssatz: 0,5 · 0,5 = 0,25, die für
3 schwarze Kugeln 0,5 · 0,5 · 0,5 = 0,125 usw. Das gleiche
gilt für die weißen Kugeln und auch für Zusammensetzungen
von schwarzen _und_ weißen Kugeln, da die Wahrscheinlichkeit für beide "Ereignisse" gleich ist.

Es besteht demnach die gleiche Wahrscheinlichkeit für alle
möglichen Auswahlen aus der Urne. Dies scheint der Erwartung zu widersprechen, daß sich bei einer zufälligen Auswahl der Häufigkeitsverteilung der Grundgesamtheit in der
Auswahl widerspiegelt, also etwa unsere Auswahl von 100
die folgende Verteilung aufweist (wieder verwenden wir
kleine lateinische Buchstaben):

$$p = \frac{m}{n} = \frac{50}{100} = 0,5 \qquad \text{für die schwarzen und entspre-}$$

chend q.= (1-p) = 0,5   für die weißen Kugeln.

Der scheinbare Widerspruch zwischen der Erwartung einer
bestimmten Auswahlverteilung und dem Umstand, daß in unserem Urnenmodell alle möglichen Auswahlen die gleiche
Wahrscheinlichkeit haben, löst sich auf, wenn wir unterscheiden nach der Wahrscheinlichkeit für Auswahlen mit
bestimmten Einheiten (Einzelziehungen) und für Auswahlen
mit bestimmten Anteilswerten (die sich mit verschiedenen
Einheiten (Ziehungsabläufen) ergeben können). Für alle
möglichen Auswahlen aus einer Grundgesamtheit ergibt sich
dann eine Verteilung von Auswahlen mit verschiedenen Anteilswerten, für die sich unterschiedliche Wahrscheinlichkeiten errechnen lassen.

Im folgenden wollen wir diesen zunächst verwirrenden Zusammenhang näher erläutern.[1] Dazu brauchen wir als erstes
eine Vorstellung über "alle möglichen" Auswahlen aus einer
Grundgesamtheit.

---

1) Die folgenden Ableitungen mögen für manche Leser etwas
   zu ausführlich sein.Tatsächlich kann der Gedankengang
   auch ohne die detaillierte Erläuterung der einzelnen
   Schritte verstanden werden - zumal wir auch später eher
   "plausibel" argumentieren. Zum Verständnis der einschlägigen Literatur scheint uns eine genauere Darstellung
   jedoch hilfreich zu sein.

2.2.1.1. <u>Die Binomialexpansion</u>

Wieder wollen wir davon ausgehen, daß die Urne je zur
Hälfte mit schwarzen und weißen Kugeln gefüllt ist. Angenommen nun, wir ziehen nach dem beschriebenen Verfahren
zwei Kugeln. Dann ergeben sich folgende Möglichkeiten,
wie sich eine solche Auswahl zusammensetzen kann, wobei
wir eine schwarze Kugel mit "s", eine weiße mit "w"
bezeichnen:

erste Wahl	zweite Wahl
s	s
s	w
w	s
w	w

Wie wahrscheinlich sind nun diese einzelnen Auswahlzusammensetzungen? Nach dem Multiplikationssatz ergeben
sich (da Unabhängigkeit vorliegt) die Wahrscheinlichkeiten für die 4 Zusammensetzungen[1] aus dem Produkt der
Einzelwahrscheinlichkeiten. Die Einzelwahrscheinlichkeit
beträgt in unserem Beispiel für "s" = P = 0,5 und für "w"
= 1 - P = 0,5. Es ergibt sich dann:

$$ss = PP \qquad\;\; = 0,25$$
$$sw = P\,(1-P) = 0,25$$
$$ws = (1-P)\,P = 0,25$$
$$ww = (1-P)(1-P) = 0,25$$

Jede dieser "Variationen" hat also die gleiche Wahrscheinlichkeit. Nun werden wir uns in aller Regel nicht dafür
interessieren, in welcher Reihenfolge die einzelnen Einheiten einer Auswahl gezogen wurden. Wichtiger ist die

---

1) Solche Zusammenstellungen von Einheiten, die aus einer
   größeren Grundgesamtheit entnommen wurden, in allen
   möglichen Reihenfolgen und Häufigkeiten, nennt man in
   der Sprache der Kombinatorik "Variationen" (siehe dazu
   z.B. Kellerer, 1963, S. 24).

Art der Auswahlzusammensetzung ohne Berücksichtigung der
Reihenfolge.[1] In unserem Beispiel finden wir 3 solcher
"Kombinationen":

> zwei scharze Kugeln (2 s)
>
> eine schwarze und eine weiße Kugel (1 s, 1 w)
>
> zwei weiße Kugeln (2 w)

Zur Berechnung der Wahrscheinlichkeiten können wir - für
die zweite Kombination - auf den Additionssatz zurückgreifen und erhalten:

$$
\begin{aligned}
2\ s &= P\ P & &= 0,25 \\
2\ (1\ s,\ 1\ w) &= 2\ (P(1-P)) &&= 0,5 \\
2\ w &= (1-P)\ (1-P) & &= 0,25
\end{aligned}
$$

Da es sich um eine erschöpfende Aufzählung aller Kombinationsmöglichkeiten handelt, ergänzen sich ihre Einzelwahrscheinlichkeiten, wie auch die der Variationen,
(ebenfalls nach dem Additionssatz) zu 1.

Bei der Zusammensetzung unserer Urne hat also eine Auswahl
von zwei Kugeln eine Wahrscheinlichkeit von 0,5, diese
Zusammensetzung der Grundgesamtheit widerzuspiegeln, also
je zur Hälfte schwarz und weiß zu sein. Würden wir in
einer unendlich großen Versuchsreihe jeweils Auswahlen
der Größe n=2 aus unserer Urne ziehen, dann würden 50%
diese Zusammensetzung und 50% zwei gleichfarbige Kugeln
(25% 2 s, 25% 2 w) aufweisen.

Wir wollen die verschiedenen Möglichkeiten von Auswahlzusammensetzungen und den zugehörigen Wahrscheinlichkeiten
nun auch einmal für den Fall durchspielen, daß aus unserer
Urne Auswahlen der Größe n=3 entnommen werden sollen. Dann

---

1) Die Zusammenstellung solcher Einheiten ohne Berücksichtigung der Reihenfolge, also die relative Häufigkeit des Auftretens (Scheuch, 1956, S. 180), nennt
   man "Kombinationen".

ergeben sich folgende 8 Variationen:

	Ziehung 1. 2. 3.		
1)	s	s	s
2)	s	s	w
3)	s	w	s
4)	s	w	w
5)	w	s	s
6)	w	s	w
7)	w	w	s
8)	w	w	w

Nach dem Multiplikationssatz ergeben sich bei P = 0,5
dann folgende Wahrscheinlichkeiten, die sich wieder zu 1
ergänzen:

$$1) \; sss = (P)\,(P)\,(P) \qquad\qquad = P^3 \qquad\quad = 0,5^3 = 0,125$$
$$2) \; ssw = (P)\,(P)\,(1-P) \qquad = P^2(1-P) = 0,5^3 = 0,125$$
$$3) \; sws = (P)\,(1-P)\,(P) \qquad = P^2(1-P) = 0,5^3 = 0,125$$
$$4) \; sww = (P)\,(1-P)\,(1-P) \quad = P\,(1-P)^2 = 0,5^3 = 0,125$$
$$5) \; wss = (1-P)\,(P)\,(P) \qquad = P^2(1-P) = 0,5^3 = 0,125$$
$$6) \; wsw = (1-P)\,(P)\,(1-P) \quad = P\,(1-P)^2 = 0,5^3 = 0,125$$
$$7) \; wws = (1-P)\,(1-P)\,(P) \quad = P\,(1-P)^2 = 0,5^3 = 0,125$$
$$8) \; www = (1-P)\,(1-P)\,(1-P) = (1-P)^3 \quad = 0,5^3 = 0,125$$
$$\overline{1,000}$$

Jede dieser Variationen hat also wieder die gleiche Wahrscheinlichkeit, was bei einer Häufigkeitsverteilung von
P = 0,5 plausibel ist. Auch in diesem Falle sind jedoch
für uns vor allem die Wahrscheinlichkeiten für bestimmte
Kombinationen interessant. Wir können folgende 4 Kombinationen zusammenstellen und die obigen 8 Variationen
sowie ihre addierten Wahrscheinlichkeiten diesen Kombinationen zuordnen:

Kombination	Nr.d.Variation	addierte Wahrscheinlichkeit	
3 s, o w	1	P^3	0,125
2 s, 1 w	2, 3, 5	$3\,P^2(1-P)$	0,375
1 s, 2 w	4, 6, 7	$3\,P\,(1-P)^2$	0,375
0 s, 3 w	8	$(1-P)^3$	0,125
			1,000

Die Wahrscheinlichkeit, Auswahlen mit nur einer Merkmalsausprägung zu treffen, ist also gegenüber dem vorangegangenen Beispiel gesunken; gleichzeitig nimmt offenbar
aber auch die Wahrscheinlichkeit für Auswahlen ab, die
der Häufigkeitsverteilung der Grundgesamtheit entsprechen.
Dies erklärt sich daraus, daß nun mehr Kombinationen möglich und mit gewissen Wahrscheinlichkeiten versehen sind -
andererseits die Gesamtwahrscheinlichkeit für das Auftreten aller Kombinationen gleichgeblieben ist. Im ersten
Beispiel - bei der Auswahlgröße 2 - bildete sich diese
Gesamtwahrscheinlichkeit aus den Wahrscheinlichkeiten
für 3 Kombinationen:

$$P^2 + 2\,P(1-P) + (1-P)^2 = 1$$

Bei einer Auswahl von drei Kugeln weisen die 4 Kombinationen folgende Wahrscheinlichkeiten auf:

$$P^3 + 3\,P^2(1-P) + 3\,P(1-P)^2 + (1-P)^3 = 1$$

Diese Summenausdrücke von Wahrscheinlichkeiten stellen
nichts anderes dar als die Auflösung der Binome $(a+b)^2$
bzw. $(a+b)^3$:

$$(a+b)^2 = a^2 + 2ab + b^2$$
$$\text{bzw.} \quad (a+b)^3 = a^3 + 3a^2b + 3ab^2 + b^3,$$

wobei wir lediglich "a" durch "P" und "b" durch "(1-P)"
ersetzen müssen. <u>Tatsächlich beschreibt diese</u> - nach dem
Schweizer Mathematiker Jakob B e r n o u l l i benannte -
<u>"Bernoullische Binomialverteilung" für unsere binomiales
Urnenmodell sowohl die Anzahl der möglichen Kombinationen
als auch deren Wahrscheinlichkeiten.</u> Wir wollen das für
die Kombinationen bei einer Auswahl von n=3 noch einmal
darstellen, wobei wir uns der allgemein üblichen Formulierung dieser Verteilung anpassen wollen und alle Summanden
als Produkt kennzeichnen: Ohne rechnerische Veränderungen
können wir P^0 bzw. $(1-P)^0 = 1$ dem ersten bzw. letzten Glied
der Summe hinzufügen. Es ergibt sich

$$(P+(1-P))^3 = 1P^3(1-P)^0 + 3P^2(1-P)^1 + 3P^1(1-P)^2 + 1P^0(1-P)^3$$

Jeder Ausdruck - jeder Summand - dieser (wie generell jeder) Binomialexpansion besteht dabei aus zwei Faktoren: Der erste ist der sogenannte Binomialkoeffizient, der angibt, wie oft eine bestimmte Kombination vorkommt bzw. wieviele Variationen die Häufigkeitsverteilung dieser Kombination aufweisen. Der zweite Faktor beschreibt diese Kombination als das Produkt von P und (1-P), die Exponenten von P und (1-P) geben an, wie oft das Ereignis, das eine Wahrscheinlichkeit von P bzw. (1-P) hat, in der betreffenden Kombination vertreten ist. Die Summe der Exponenten eines jeden Summanden ergibt "n", weil alle Möglichkeiten berücksichtigt sind. Die Ausdrücke unserer Binomialexpansion haben also folgende Bedeutung (vgl. Sahner, 1971, S. 83), wenn "s" die Wahrscheinlichkeit P und "w" die Wahrscheinlichkeit (1-P) hat:

$$\underbrace{1P^3(1-P)^0}_{\substack{3s \quad 0w}} + \underbrace{3P^2(1-P)^1}_{\substack{2s \quad 1w}} + \underbrace{3P^1(1-P)^2}_{\substack{1s \quad 2w}} + \underbrace{1P^0(1-P)^3}_{\substack{0s \quad 3w}}$$

Kombinationen ... Binomialkoeffizienten

Dem Ausdruck $3P^2(1-P)^1$ können wir also entnehmen, daß aus einer Grundgesamtheit - Urne - mit den Häufigkeiten P für schwarze und (1-P) für weiße Kugeln auf drei verschiedene Arten eine Kombination zusammengestellt werden kann, in der 2 schwarze und eine weiße Kugel enthalten sind. Die Wahrscheinlichkeit, eine solche Auswahl zu ziehen, ergibt sich aus der rechnerischen Auflösung dieses Ausdrucks. Bei P und (1-P) = 0,5 erhalten wir

$$3(0,5)^2(0,5)^1 = 3(0,5)^3 = 0,375$$

als Wahrscheinlichkeit dafür, aus einer gleichverteilten Urne bei einer Auswahl von 3 Kugeln 2 schwarze und 1 weiße Kugel zu ziehen.

Bei einer unendlich großen Serie von Auswahlen des Umfangs
n=3 würden daher 37,5% dieser Auswahlen eine solche Verteilung aufweisen. Bei einer endlichen Versuchsreihe würde
dagegen wohl kaum dieser Wert ganz exakt erreicht werden.
Immerhin würden wir erwarten, daß bei einer Versuchs-
serie von 10.000 Auswahlen etwa 0,375 · 10.000 = 3.750
Auswahlen diese Zusammensetzung aufweisen würden.
<u>Mit Hilfe der Binomialexpansion können wir also die Wahr-
scheinlichkeit für das Auftreten bestimmter Auswahlzusammensetzungen bei gegebener Häufigkeitsverteilung der
Grundgesamtheit und geforderter Auswahlgröße errechnen.</u>

Nun wäre die Entwicklung der Binomialexpansion für größere
Auswahlumfänge sehr mühsam. Tatsächlich brauchen wir sie
auch nicht durchzuführen. Zunächst können wir uns auf den
Ausdruck der Expansion beschränken, dessen Zusammensetzung
uns interessiert, also auf eine bestimmte Kombination.
Nehmen wir an, uns interessiert, mit welcher Wahrscheinlichkeit bei einer Auswahl von n=4 eine Kombination von
2 weißen und zwei schwarzen Kugeln zu erwarten ist, wenn
die Grundgesamtheit wiederum gleichverteilt ist:

$$P^2 (1-P)^2$$

Bezeichnen wir die Anzahl der schwarzen Kugeln mit "k",
dann bliebe für die weißen Kugeln nur noch "n-k" übrig.
In allgemeiner Form können wir also eine solche Kombination umschreiben als

$$P^k (1-P)^{n-k}$$

Es bleibt nun noch das Problem, die Anzahl von Variationen
zu bestimmen, die dieser Kombination entsprechen, also
den jeweiligen Exponentialkoeffizienten einer solchen
Kombination festzustellen. Hierzu bedienen wir uns einer
Formel der Kombinatorik, die die Anzahl aller möglichen
Reihenfolgen für die Kombination bestimmter Merkmale bei
gegebener Auswahlgröße angibt:

$$\binom{n}{k} = \frac{n!}{k!\,(n-k)!}$$

$\binom{n}{k}$ (lies: n über k) ist ein von dem Mathematiker E u l e r (1707-1783) eingeführter Ausdruck als Kurzform für den Bruch, aus dem sich die Anzahl bestimmter Kombinationen errechnet. n! bzw. k! (n-Fakultät oder n-(bzw. k-) faktorielle) bedeutet das Produkt aller n bzw. k Einheiten miteinander, also n(n-1) (n-2) (n-3) ... (3)(2)(1) bzw. (k)(k-1)(k-2)...(2)(1).

Dieses n! beschreibt die Anzahl der Permutationen[1], mit denen n Einheiten in unterschiedlicher Reihenfolge angeordnet werden können: In unserem Beispiel mit 4 Kugeln können wir alle 4 Kugeln an die erste Stelle setzen (4 Möglichkeiten). Haben wir uns für eine Kugel entschieden, können wir jede der verbliebenen Kugeln an die zweite Stelle setzen (3 Möglichkeiten). Für jede der 4 Möglichkeiten der ersten Stufe ergeben sich also nun 3 weitere Möglichkeiten (4 · 3). Ist die zweite Stelle festgelegt, ergeben sich für die verbleibenden 2 Kugeln 2 Möglichkeiten der Anordnung, und zwar für alle Möglichkeiten, die ersten 2 Stellen zu besetzen: 4 · 3 · 2. Ist nur noch eine Kugel übrig, besteht keine Wahlmöglichkeit mehr, die Besetzung dieser Stelle wird determiniert durch die vorangegangenen Möglichkeiten: 4 · 3 · 2 · 1. Auf diese Weise kommen wir zu 4 · 3 · 2 · 1 = 24 Möglichkeiten bzw. Permutationen, unsere 4 Kugeln in unterschiedlicher Reihenfolge aufzureihen.

Nun interessieren uns in unserem binomialen Fall nicht alle Permutationen, sondern lediglich die möglichen Anordnungen von Kugeln unterschiedlicher Farbe. Kugeln derselben Farbe können wir dagegen nicht unterscheiden. Bei einer

---

1) Unter "Permutation" versteht man "jede Zusammenstellung der n Elemente (einer endlichen Zahl n) in irgendeiner Anordnung, in der sämtliche Elemente verwendet werden, und zwar jedes genau einmal" (Clauss u. Ebner, 1971, S. 134).

Kombination von 2 schwarzen und zwei weißen Kugeln entfallen also jeweils $2 \cdot 1$ Unterscheidungsmöglichkeiten, um
die wir das Produkt der Anordnungsmöglichkeiten verkleinern
müssen:

$$\frac{4 \cdot 3 \cdot 2 \cdot 1}{2 \cdot 1 \cdot 2 \cdot 1} = \frac{2 \cdot 3 \cdot 1}{1 \cdot 1} = 2 \cdot 3$$

Es bleiben also nur 6 unterschiedliche Kombinationen übrig.
Würden wir nach der Anzahl der Kombinationen fragen, mit
der eine Auswahl von 4 Kugeln, die aus einer schwarzen und
3 weißen Kugeln besteht, zustande kommen kann, dann würden
sich die 24 Permutationen um die Permutationen der 3 nicht
unterscheidbaren weißen Kugeln verringern, wir erhielten
in diesem Fall (mit n=4, k=1 und n-k=3) folgende Anzahl
von unterschiedlichen Kombinationen bzw. von Variationen
der gleichen Kombination:

$$\frac{4 \cdot 3 \cdot 2 \cdot 1}{1 \cdot 3 \cdot 2 \cdot 1} = 4$$

Mit $\binom{n}{k}$ können wir also für jede Kombination eines Binoms
die Binomialkoeffizienten bestimmen und damit angeben, in
welchen Variationen eine bestimmte Kombination auftreten
kann:

$$\frac{n!}{k! \ (n-k)!} \ P^k \ (1-P)^{n-k}$$

Setzen wir die Häufigkeitsverteilung der Merkmale in der
Grundgesamtheit, P und (1-P), in diese Formel ein, können
wir die Wahrscheinlichkeit des Auftretens einer bestimmten
Kombination mit der Häufigkeitsverteilung k bzw. (n-k) errechnen.
Bei einer Auswahlgröße von n=4 und einer Grundgesamtheit
von P bzw. (1-P) = 0,5 ergibt sich dann beispielsweise
folgende Wahrscheinlichkeit, eine Auswahl von 2 schwarzen
(k=2) und 2 weißen (n-k=2) Kugeln zu ziehen:

$$\frac{4!}{2! \ (4-2)!} \ 0,5^2 \ (1-0,5)^{(4-2)} = \frac{4 \cdot 3 \cdot 2 \cdot 1}{2 \cdot 1 \cdot 2 \cdot 1} \ 0,5^4$$

$$= 6 \cdot 0,0625 = 0,375$$

Bei gleichen Bedingungen ergibt sich für eine Auswahl mit

1 schwarzen (k=1) und 3 weißen (n-k=3) Kugeln folgende Wahrscheinlichkeit:

$$\frac{4!}{1!\ (4-1)!}\ 0{,}5^1(1-0{,}5)^3 = \frac{4\cdot 3\cdot 2\cdot 1}{1\cdot 3\cdot 2\cdot 1}\ 0{,}5^4 = 4\cdot 0{,}0625 = 0{,}25$$

Die Berechnung der Wahrscheinlichkeit für bestimmte Auswahlzusammensetzungen mit Hilfe der Binomialexpansion gilt
allerdings nur für die Bedingungen des binominalen Urnenmodells, also bei unabhängigen Einzelziehungen aus einer
gut durchgemischten Urne.Die errechneten Wahrscheinlichkeiten würden sich zudem nur bei unendlich großen Versuchsserien bestätigen. Dagegen ist die Gleichverteilung
in der Urne, also :=0,5, keine notwendige Bedingung - auch
bei anderen Verteilungen der Grundgesamtheit kann unsere
Formel angewendet werden.

2.2.1.2. <u>Die Binomialverteilung und ihre Anwendungsmög-
         lichkeiten</u>

Wenn uns mit der Binomialexpansion auch die Möglichkeit gegeben ist, Wahrscheinlichkeiten für bestimmte Auswahlzusammensetzungen zu errechnen, so wäre dieses Verfahren bei
Auswahlen größeren Umfanges doch außerordentlich aufwendig;
zum einen nimmt die Anzahl der Kombinationen mit steigender
Auswahlgröße zu (sie beträgt n+1), vor allem aber die Anzahl der Variationen (nämlich 2^n) und damit die der Binomialkoeffizienten (nach $\binom{n}{k}$).
Unser Problem ist also zunächst, eine einfachere Methode
zu finden, um Wahrscheinlichkeiten für das Zustandekommen
bestimmter Auswahlen bei gegebener Grundgesamtheit (Urne)
angeben zu können. Danach erst wollen wir uns fragen, auf
welche Weise wir von einer Auswahl auf die unbekannte
Grundgesamtheit schließen können.
Aus unseren Überlegungen und aus der Formel für die Binomialexpansion ergibt sich, daß mit wachsendem Auswahlumfang
auch die Anzahl der Kombinationen zunimmt. Gleichzeitig

muß jedoch in unserem Urnenmodell die Summe der Wahrscheinlichkeiten dieser Kombinationen gleich 1 bleiben. Daraus
können wir folgern, daß sich die Wahrscheinlichkeit für
eine <u>bestimmte</u> Kombination mit wachsendem Auswahlumfang
vermindert. Allerdings trifft dies nicht für alle Kombinationen in gleichem Maße zu; vielmehr werden sich durch die
Binomialkoeffizienten und die Exponenten der Binomialexpansion die Wahrscheinlichkeiten für extrem "einseitige"
Auswahlen mit steigendem Auswahlumfang sehr viel stärker
vermindern als für Auswahlen, deren Zusammenhang ungefähr
der der Grundgesamtheit entspricht. Nehmen wir wieder als
Beispiel an, wir haben eine gleichgewichtig mit schwarzen
und weißen Kugeln gefüllte Urne (P bzw. 1-P = 0,5) und
stellen nun Auswahlen verschiedener Größe zusammen. Errechnen wollen wir die Wahrscheinlichkeit solcher Auswahlen (Kombinationen), bei denen (1.) ebenso viel schwarze
wie weiße und bei denen(2.) nur schwarze Kugeln auftauchen.

Im ersteren Fall wäre also $k = \frac{n}{2}$, im zweiten k=n. Dann ergibt sich bei

$$
\begin{array}{lll}
 & \underline{\qquad\qquad 1. \qquad\qquad} & \underline{\qquad\qquad 2. \qquad\qquad} \\
n=2 : & \frac{2!}{1!1!}\,0,5^{1}0,5^{1} = \underline{0,5}(1s,1w); & \frac{2!}{2!}\,0,5^{2} = \underline{0,25}\ (2s)
\end{array}
$$

bei
$$
n=4 : \frac{4!}{2!2!}\,0,5^{2}0,5^{2} = \underline{0,375}(2s,2w);\ \frac{4!}{4!}0,5^{4} = \underline{0,0625}(4s)
$$

bei
$$
n=6 : \frac{6!}{3!3!}0,5^{3}0,5^{3}=\underline{0,3125}(3s,3w);\ \frac{6!}{6!}\,0,5^{5} = \underline{0,015625}(6s)
$$

bei
$$
n=8 : \frac{8!}{4!4!}0,5^{4}0,5^{4}=\underline{0,2734375}(4s,4w);\frac{8!}{8!}0,5^{8}= \underline{0,00390625}(8s)
$$

usw. Dieser Zusammenhang zwischen Auswahlgröße und Wahrscheinlichkeiten für bestimmte Kombinationen läßt sich gut
graphisch darstellen, wenn man die Wahrscheinlichkeit einer
bestimmten Kombination als Strecken- bzw. in einem Blockdiagramm als Fläche darstellt; jede der n+1 Kombinationen
erhält ein Flächenstück, daß seinem Wahrscheinlichkeitswert
entspricht; die Gesamtfläche aller Kombinationen entspricht
dann dem Wert 1.

Wieder wollen wir von einer gleichgewichtigen Urne (P=0,5)
ausgehen und ein solches Blockdiagramm für eine Auswahl
von 4 Kugeln (n=4) konstruieren.

Die Binomialexpansion von $(P+(1-P))^4$ ergibt sich nach
$\binom{n}{k}P^k (1-P)^{nk}$:

$$(P+(1-P))^4 = P^4+4P^3(1-P)+6P^2(1-P)^2+4P(1-P)^3+(1-P)^4$$

Die Wahrscheinlichkeiten dieser 5 Kombinationen erhalten
wir, wenn wir P bzw. 1-P durch 0,5 ersetzen. Die Summe dieser Wahrscheinlichkeiten muß dabei 1 ergeben:

$$(0,5 + 0,5)^3 = \underset{4s}{\frac{0,0625}{}} + \underset{3s,1w}{\frac{0,25}{}} + \underset{2s,2w}{\frac{0,375}{}} + \underset{1s,3w}{\frac{0,25}{}} + \underset{4w}{\frac{0,0625}{}} = 1$$

Kombination:

Diese Wahrscheinlichkeiten können wir nun in einem Diagramm
als Strecken darstellen, die zusammen die Länge 1 ergeben
(1=10 cm):

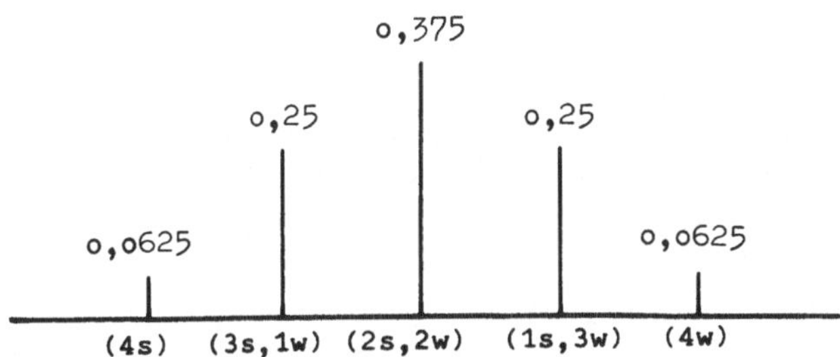

Abb.1: Streckendiagramm (n=4) der Wahrscheinlichkeit für
       die möglichen Kombinationen eines Binoms   (n=4)

Diese Verteilung der Wahrscheinlichkeiten könnte ebenso
als Fläche dargestellt werden, wobei als Ordinaten Flächen-
streifen verwendet werden, die sowohl nach ihrer Länge als
auch in ihrem Flächeninhalt "1" ergeben (in diesem Fall,
bei 2 cm Klassenbreite, 20 cm^2):

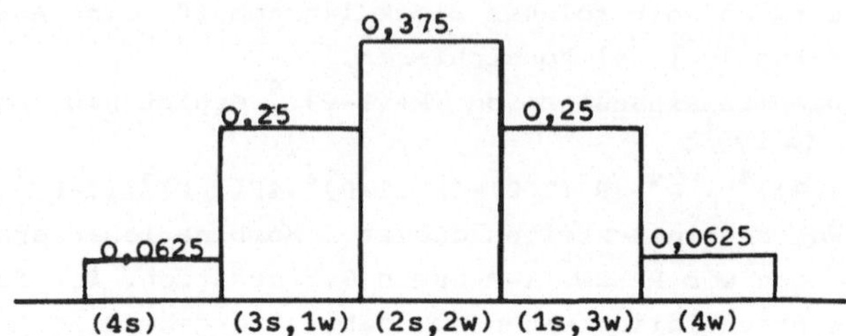

Abb.2: Blockdiagramm (n=4) der Wahrscheinlichkeiten für
die möglichen Kombinationen eines Binoms

Wenn man nun eine größere Auswahl zieht, beispielsweise
6 Kugeln, dann ergeben sich zwar mehr Kombinationen, aber
die Gesamtfläche muß definitionsgemäß 1 bleiben. Das bedeutet, daß unser Diagramm entweder in mehrere schmalere
oder niedrigere Streifen bzw. Blöcke aufgeteilt werden
muß. Der Flächeninhalt dieser Teilstücke entspricht dabei wieder der Wahrscheinlichkeit der zugehörigen Kombination, die sich aus der Binomialexpansion errechnet:

$$(0,5+0,5)^6 = 0,5^6 + 6(0,5)^5(0,5) + 15(0,5)^4(0,5)^2 + 20(0,5)^3(0,5)^3$$
$$+ 15(0,5)^2(0,5)^4 + 6(0,5)(0,5)^5 + (0,5)^6 = 1$$

In unserem Beispiel mit gleichen Wahrscheinlichkeiten für
P und (1-P)=0,5 läßt sich diese Expansion besonders gut
mit Brüchen darstellen:

$$(\frac{1}{2} + \frac{1}{2})^6 = \frac{1}{64} + \frac{6}{64} + \frac{15}{64} + \frac{20}{64} + \frac{15}{64} + \frac{6}{64} + \frac{1}{64} = \frac{64}{64} = 1$$

$$= 0,015625 + 0,093750 + 0,234375 + 0,3125$$
$$+ 0,234375 + 0,09375 + 0,015625 = 1$$

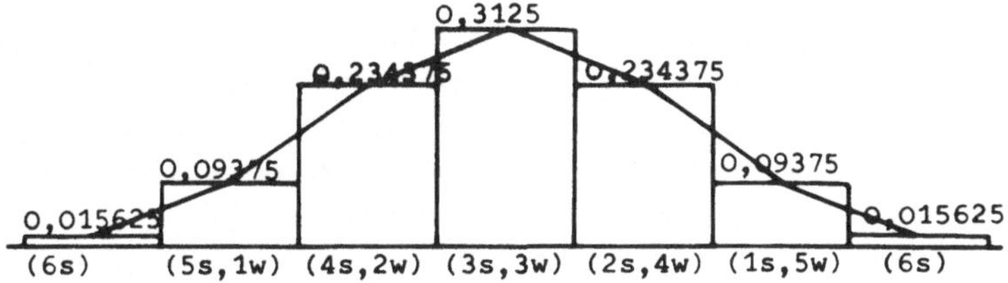

<u>Abb.3:</u> Blockdiagramm (n=6) der Wahrscheinlichkeiten für die
möglichen Kombinationen eines Binoms

Verbindet man nun die Ordinaten in den Klassenmittelpunkten,
dann ergibt sich eine Kurve, die mit steigendem n der Auswahl folgende Form annimmt:

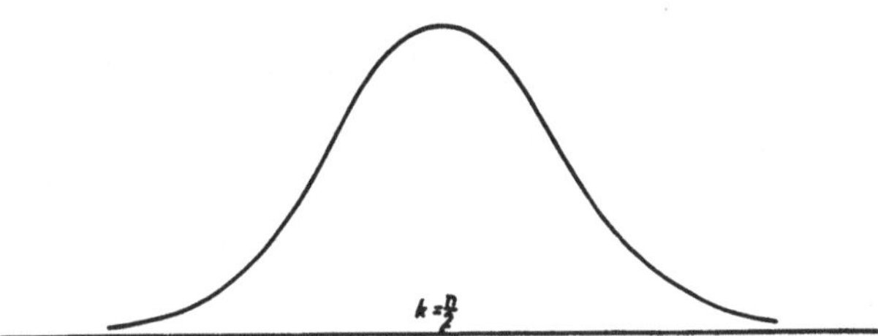

<u>Abb.4:</u> Theoretische Verteilung der Wahrscheinlichkeiten
für die Kombinationen eines Binomens (n → ∞)

Bei Beibehaltung des gleichen Maßstabs wird diese Kurve mit
wachsendem n immer breiter und immer niedriger werden, aber
ihre charakteristische Form bzw. Eigenschaften behalten.

Unverändert bleibt nach unseren Überlegungen auch der
Flächeninhalt unter der Kurve: um jeden Kurvenabschnitt
kann ein beliebig kleiner Flächenabschnitt gedacht werden,
der die Wahrscheinlichkeit einer ganz bestimmten Auswahlkombination angibt. Die Fläche unter der Kurve entspricht
damit wieder der Summe aller Einzelwahrscheinlichkeiten,
und die ist wiederum "1".

Diese Kurve der <u>Binomialverteilung</u>, also der Verteilung der
Gesamtwahrscheinlichkeit auf die einzelnen Glieder einer
Binomialexpansion, beschreibt anschaulich, was wir in unseren Beispielen mehrfach beobachten konnten: Auswahlkombinationen, die der Verteilung in der Grundgesamtheit ähneln,
haben eine verhältnismäßig hohe Wahrscheinlichkeit; die
Wahrscheinlichkeit für extrem einseitige Auswahlen nimmt
dagegen mit wachsender Auswahlgröße sehr schnell ab und
wird bald verschwindend klein. Diese Eigenschaft einer
Binomialverteilung ist für uns von besonderem Interesse:
Wenn die Kurvenabschnitte für bestimmte extreme Kombinationen sehr schnell unbedeutende Flächenabschnitte bilden,
ist offenbar der größte Flächenanteil nahe um den Scheitelpunkt der Kurve konzentriert, und zwar auch bei größeren
Auswahlen. <u>In diesem Bereich ist zudem die Form der Kurve
für Auswahlen verschiedener Größe – und aus verschiedenen
Grundgesamtheiten! – sehr ähnlich.</u>
Bisher waren wir immer von einer gleichverteilten Urne
(P=1-P=0,5) ausgegangen. Unter dieser Voraussetzung erga-
ben sich stets symmetrische Verteilungen der Binomialexpansion.
Bei einer Grundgesamtheit mit ungleicher Verteilung geht
nun diese Symmetrie verloren. Nehmen wir beispielsweise an,
unsere Urne sei zu 70% mit schwarzen (P=0,7) und zu 30%
mit weißen Kugeln (1-P=0,3) gefüllt. Für Auswahlen von 4
Kugeln ergibt sich dann folgende Binomialexpansion:

$$(0,7+0,3)^4 = (0,7)^4 + 4(0,7)^3(0,3) + 6(0,7)^2(0,3)^2 + 4(0,7)(0,3)^3$$
$$+ (0,3)^4$$
$$= 0,2401 + 0,4116 + 0,2646 + 0,0756 + 0,0081$$

Tragen wir diese Wahrscheinlichkeiten für die 5 möglichen
Kombinationen wieder in einem Diagramm ein, so ergibt sich
folgende Verteilung, die deutlich "rechts-schief" ist:

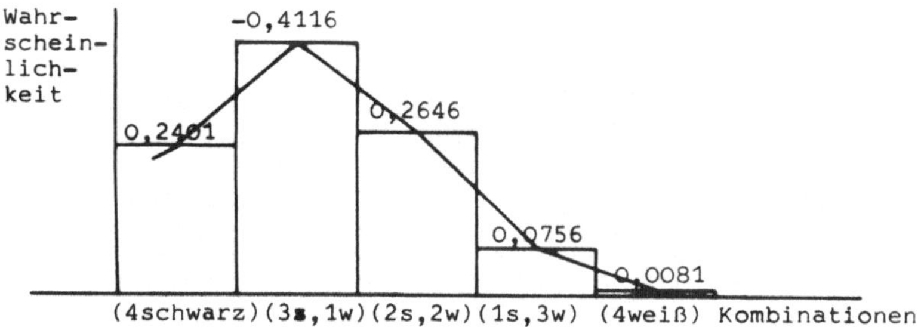

Abb.5: Verteilung der Wahrscheinlichkeit für die Kombinationen eines ungleichgewichtigen Binoms (P=0,7, n=4)

Die Schiefe dieser Verteilung ist unmittelbar einsichtig, wenn man sich überlegt, daß es unwahrscheinlicher ist, aus einer Urne, die überwiegend mit schwarzen Kugeln gefüllt ist, mehrmals hintereinander nur weiße Kugeln zu ziehen als eine wiederholte Auswahl von schwarzen Kugeln zu treffen.

Für unseren Zusammenhang ist jedoch wichtiger, daß selbst bei dieser kleinen Auswahl und bei einer solch ungleich verteilten Grundgesamtheit der <u>Bereich um den Scheitelpunkt der "Kurve" fast symmetrisch ist und der entsprechenden Kurve für eine gleichverteilte Grundgesamtheit stark ähnelt</u> (s. Abb. 2). Dieser Kurvenbereich bzw. diese Blöcke nehmen bereits über 91% der Gesamtfläche ein.
Bei größeren Auswahlen wird diese Annäherung der Kurve (im Bereich des Scheitelpunktes) an die symmetrische Form noch deutlicher. So ergibt sich bei einer Auswahl von 6 Kugeln (wiederum aus einer Urne mit 70% schwarzen (P=0,7) und 30% weißen (1-P=0,3) Kugeln folgendes Bild:

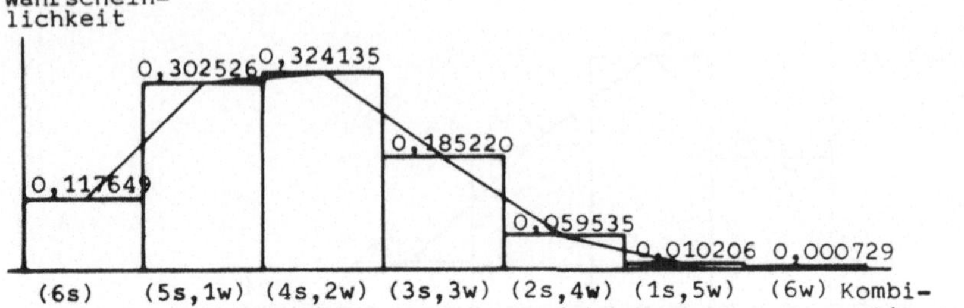

<u>Abb.6:</u> Verteilung der Wahrscheinlichkeit für die Kombina-
tionen eines ungleichgewichtigen Binoms
(P=0,7, n=6)

Die entsprechende Verteilung für gleichgewichtige Grundgesamtheiten ist Abb.3 auf Seite 61. Man sieht, daß zwar immer noch eine deutliche Rechtsschiefe vorliegt, daß aber
die ersten 5 Kombinationen bereits eine recht gute Annäherung an die symmetrische Verteilung bilden. Diese 5 Kombinationen nehmen nun bereits über 98% der Gesamtfläche ein.

Mit steigendem Auswahlumfang verbessert sich die Anglei-
chung an die symmetrische Kurvenform (in einem verhältnismäßig schmalen Bereich um den Scheitelpunkt der Kurve)
immer mehr und die "schiefen" Äste der Kurve entsprechen
einem verschwindend kleinen Flächenanteil. Ab Auswahlgrößen
von n=25 bis n=30 kann man diese Schiefe ganz vernachlässigen, wenn die Ungleichgewichtigkeit in der Urne bzw. in der
Grundgesamtheit nicht stärker als 1:10 (P=0,1 oder 0,9)
ist (Neurath, 1966, S. 186). Dieser "symmetrische" Bereich
der Kurve wird generell durch die Binomialexpansion bei
P=1-P=0,5 (mit zunehmender Auswahlgröße immer besser) beschrieben. Die uns bekannte Formel der Binomialexpansion
ist also die Kurvengleichung von Binomialverteilungen (die
bei Auswahlen von $n \geq 30$ und P bzw. $1-P \geq 0,10$ symmetrisch
wird):

$$y = \frac{n!}{k!(n-k)!}\, P^k (1-P)^{n-k}$$

Damit haben w i r eine Kurvengleichung gefunden, die die <u>Wahr-</u>

scheinlichkeiten für bestimmte Auswahlkombinationen bei bekannter Zusammensetzung der Grundgesamtheit beschreibt.
Der Scheitelpunkt dieser Kurve, also der Bereich von Kombinationen mit der größten Wahrscheinlichkeit, liegt bei der
Kombination, die der Verteilung in der Grundgesamtheit entspricht bzw. ihr am nächsten kommt.
In dieser Form ist die Formel recht unhandlich; später können wir auf sehr viel elegantere Weise die uns interessierenden Fragen beantworten. Im Augenblick genügt uns jedoch
die Feststellung, überhaupt das Verteilungsgesetz für
Binome mit einer Kurvengleichung beschreiben zu können.

Das Entscheidende ist dabei, daß die Fläche unter einem
bestimmten Kurvenabschnitt der Summe der Wahrscheinlichkeiten entspricht, die die zugehörigen Kombinationen bzw.
Auswahlzusammensetzungen haben. Wenn wir also die Fläche
unter einem Kurvenabschnitt (durch Integration oder durch
Auszählen von Flächenstücken) bestimmen, dann entspricht
dieser Flächenanteil (Gesamtfläche=1) der Wahrscheinlichkeit der betreffenden Kombinationen. Wir wollen an einem
einfachen Beispiel zeigen, welche Fragestellungen man mit
Hilfe einer solchen Kurve angehen kann. Wieder gehen wir
von einer zu gleichen Teilen mit schwarzen und weißen Kugeln gefüllten Urne aus (P=0,5), aus der wir 6 Kugeln ziehen wollen. Die Wahrscheinlichkeiten für die 7 möglichen
Kombinationen hatten wir bereits früher (s.Abb.3, S.61)
berechnet und graphisch dargestellt. Angenommen, wir wollen
wissen, wie groß die Wahrscheinlichkeit ist, Auswahlkombinationen zu erhalten, in denen höchstens 4 und mindestens
2 schwarze Kugeln sind. Dann müssen wir die Fläche für
den entsprechenden Kurvenabschnitt bestimmen:

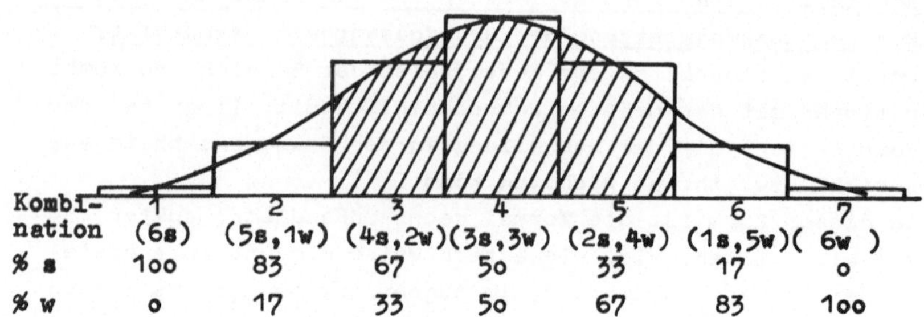

<u>Abb.7:</u> Verteilung der Wahrscheinlichkeiten für die Kombinati-
onen eines Binoms (P=0,5, n=6)

In diesem Fall entspricht die gesuchte Wahrscheinlichkeit
der schraffierten Fläche und beträgt 0,78105, Da die Gesamtfläche "1" oder 100% entspricht, können wir auch sagen, daß
die Wahrscheinlichkeit für die gesuchten Auswahlen ca.78%
beträgt. Entsprechend ist bei dieser Grundgesamtheit die
Wahrscheinlichkeit für Auswahlen mit mehr als 4 und weniger
als 2 schwarzen Kugeln etwa 22%.
Weiter können wir aus der Verteilung entnehmen, daß Auswahlen, die zu höchstens 67% aus schwarzen Kugeln bestehen,
eine Wahrscheinlichkeit von rund 0,89 bzw. 89% haben (Summe
der Kombinationen 3-7), und daß demnach für Auswahlen mit
einem höheren Anteil an schwarzen Kugeln nur eine Wahrscheinlichkeit von etwa 11% (Kombinationen 1+2) besteht (0,015625
+ 0,09375).
Wir können auch die Wahrscheinlichkeit dafür angeben, daß
der Prozentsatz von schwarzen Kugeln in der Auswahl - der
Auswahlprozentsatz p - um mehr als einen bestimmten Betrag
vom gegebenen Grundgesamtheitsprozentsatz P abweicht: In
unserem Beispiel ist die Wahrscheinlichkeit dafür, daß p
von P (50%) um mehr als 17% abweicht, gleich der Summe der
Kombinationen 1,2,6,7: die Kombinationen 1 und 2 geben die
Wahrscheinlichkeiten für Kombinationen an, die mehr als
50%+17% schwarze Kugeln aufweisen (11%), die Kombinationen

5 und 6 enthalten weniger als 50% -17% schwarze Kugeln und
haben eine Wahrscheinlichkeit von 11%. Die Wahrscheinlichkeit für Auswahlen, die um mehr als 17% vom Grundgesamtheitsprozentsatz P=50% abweichen, beträgt also 22%. Entsprechend haben Auswahlen, die höchstens 17% von P abweichen, eine Wahrscheinlichkeit von 78%.
Eine weitere, für die nachfolgenden Überlegungen sehr wichtige Frage ist die folgende: welche Auswahlzusammensetzungen
würden wir bei einer gegebenen Grundgesamtheit als unwahrscheinlich betrachten? Dazu ist es offenbar zunächst notwendig, einen Trennungsstrich zwischen "wahrscheinlich" und
"unwahrscheinlich" zu ziehen. Diese Trennung ergibt sich
nicht notwendig aus irgendeinem "objektiven", statistischen
Kalkül, sondern wird willkürlich bestimmt und kann je nach
der Problemstellung variieren. In der Sozialforschung hat
sich - wenn auch nicht durchgängig - die Konvention herausgebildet, Auswahlkombinationen, die nur 5% Wahrscheinlichkeit haben, als unwahrscheinlich zu betrachten (wir kommen
darauf noch zurück, s. Punkt 2.3.3.3).
Nachdem wir eine Entscheidung darüber gefällt haben, was
wir als wahrscheinlich oder unwahrscheinlich ansehen wollen
(siehe dazu auch die Bemerkungen zum Begriff der Wahrscheinlichkeit, S. 37), können wir auf unserer Kurve "wahrscheinliche" und "unwahrscheinliche" Bereiche abgrenzen. Haben wir
uns dafür entschieden, Kombinationen mit 5% und weniger
Wahrscheinlichkeit als unwahrscheinlich zu betrachten, dann
müssen wir den Bereich um den Mittelpunkt der Kurve bestimmen, der 95% der Gesamtfläche umfaßt. Dann bleiben links
und rechts jeweils 2,5% Flächenanteil übrig; die Kombinationen, die diesem Flächenanteil von insgesamt 5% entsprechen, würden wir als unwahrscheinlich bezeichnen. In unserem Beispiel würden wir also Auswahlen, die nur aus Kugeln
<u>einer</u> Farbe bestehen, als unwahrscheinlich bezeichnen müs-
sen, denn nur etwa 3% aller Auswahlen würde diese Verteilung haben. (Anders ausgedrückt, würden wir also hier Auswahlen, die um mehr als 33%-Punkte vom Grundgesamtheits-

prozentsatz abweichen, als unwahrscheinlich einstufen.)

Umgekehrt würden wir annehmen, daß eine Auswahl von n Kugeln, die alle die gleiche Farbe haben, wahrscheinlich
nicht aus einer Urne stammt, in der schwarze und weiße
Kugeln gleichgewichtig verteilt sind. Angenommen beispielsweise, wir hätten 2 Urnen, von denen die eine zu 50%, die
andere zu 70% mit schwarzen Kugeln gefüllt sei. Ferner
habe man ohne unser Wissen bereits eine Auswahl von 6 Kugeln aus einer dieser Urnen gezogen, und zwar 6 schwarze
Kugeln. Die Frage, aus welcher der beiden Urnen die Auswahl wahrscheinlich entnommen wurde, könnten wir dann an-
hand der Abb.6 und 7 entscheiden: Für die gleichgewichtige Urne wäre eine solche Auswahl nur mit einer Wahrscheinlichkeit von rund 0,016 bzw. 1,6% zu erwarten, während
diese Auswahlkombination bei der ungleichgewichtigen Urne
immerhin eine Wahrscheinlichkeit von rund 0,12 bzw. 12%
hat. Wir würden also annehmen, daß die Auswahl der 6 schwarzen Kugeln aus dieser Urne stammt.

Dieses Abwägen von Wahrscheinlichkeiten der Zugehörigkeit
zu verschiedenen Grundgesamtheiten ist für unsere weiteren Überlegungen von entscheidender Bedeutung; sowohl die
Schätzungen von unbekannten Grundgesamtheitsmerkmalen als
auch Signifikanztests fußen darauf.

Wir können also mit unserer Verteilung eine ganze Reihe
von Fragen beantworten, die in unserem Zusammenhang wichtig sind.

Dies kann jedoch bei größeren Auswahlen nicht mit vertretbarem Aufwand durch die Berechnung der Binomialexpansion
geschehen. Es wäre auch wenig sinnvoll, da bei großen Auswahlen die Wahrscheinlichkeit für eine ganz bestimmte
Kombination ständig abnimmt und schließlich verschwindend
klein wird. Dies gilt auch für solche Kombinationen, die
genau der Zusammensetzung der Grundgesamtheit entsprechen,
wie es sich in unseren Beispielen bereits andeutete. Bei
größeren Auswahlen ist es daher sinnvoller, nach der Wahrscheinlichkeit von Kombinationen zu fragen, die um nicht

mehr als einen vorgegebenen Betrag von der Verteilung der
Grundgesamtheit abweichen. Wir fragen dann also nach der
Wahrscheinlichkeit für Kurvenabschnitte und nicht für einzelne Punkte bzw. Kombinationsklassen.
Hier können wir uns nun die Tatsache zunutze machen, daß
selbst Auswahlen aus sehr unterschiedlichen Grundgesamtheiten (P bzw. 1-P $\geq$ 0,1) eine weitgehend übereinstimmende
Verteilung von Kombinationen haben, wenn sie genügend groß
(n$\geq$30) sind. Selbstverständlich gruppieren sich dabei die
Kombinationen mit der höchsten Wahrscheinlichkeit jeweils
um einen anderen Kurvenscheitelpunkt, der der Häufigkeitsverteilung in der jeweiligen Grundgesamtheit entspricht.
Entscheidend ist jedoch die Art und Weise dieser Verteilung um den Scheitelpunkt, und die wird mit zunehmender
Auswahlgröße immer ähnlicher. Der Gedanke liegt daher nahe,
für eine "Standardversion" dieser Verteilung verschiedene
Flächenanteile von Abschnitten um den Scheitelpunkt bzw.
Wahrscheinlichkeiten von Kombinationen zu berechnen, die
mehr oder weniger von der Häufigkeitsverteilung der Grundgesamtheit (dem Scheitelpunkt der Kurve) abweichen. Diese
exemplarisch errechneten Flächenanteile bzw. Wahrscheinlichkeiten helfen uns jedoch nur dann weiter, wenn wir die
Flächenbegrenzungen bzw. den Abstand vom Scheitelpunkt in
relativen Größen ausdrücken können, die die Besonderheiten
der unterschiedlichen Grundgesamtheiten und Auswahlen berücksichtigen.
Wir wollen die Entwicklung solcher "Standardverteilungen"
und der benötigten relativierten bzw. standardisierten
Charakteristika jedoch zunächst zurückstellen; viele der
dabei notwendigen Begriffe und Maßzahlen können wir weit
einleuchtender ableiten, wenn wir nun nach der Darstellung
des "homograden", qualitativ-nominalen Falls zunächst den
"heterograden", quantitativen Fall des Urnenmodells beschreiben.

2.2.2. <u>Der heterograde Fall des Urnenmodells</u>

Beim homograden Fall des Urnenmodells zeichneten sich die
Auswahleinheiten - die Kugeln - dadurch aus, daß sie ein
bestimmtes nominales, qualitatives Merkmal aufwiesen bzw.
sich in einem solchen Merkmal unterschieden. Wir hatten
dieses "Modell" mit Urnen dargestellt, die in einem bestimmten Verhältnis mit schwarzen und weißen Kugeln gefüllt waren. Bei der Ziehung einer Kugel konnten wir
sicher sein, daß diese die Eigenschaft hatte, schwarz oder
weiß zu sein.

Aus dieser Situation leiteten wir mit Hilfe der Binomialexpansion ein Verteilungsgesetz ab, nach dem sich die
Wahrscheinlichkeiten für bestimmte Auswahlzusammensetzungen bei bekannter Zusammensetzung der Grundgesamtheit
bildeten.

Die Berechnung solcher Wahrscheinlichkeiten für ganz bestimmte Kombinationen hatten wir an einigen Beispielen mit
sehr kleinen Auswahlen demonstriert. Dabei zeigte sich,
daß die Wahrscheinlichkeiten einzelner Kombinationen mit
zunehmendem Auswahlumfang sanken und bei sehr großen Auswahlen die Frage nach der Wahrscheinlichkeit <u>einzelner</u>
Kombinationen praktisch irrelevant wurde. Immerhin waren
wir prinzipiell in der Lage, diese Frage auch bei sehr
großen Auswahlen exakt zu beantworten, weil wir bei jeder
Auswahlgröße die Anzahl der möglichen Variationen und
Kombinationen bestimmen und - bei bekannter Verteilung in
der Grundgesamtheit - ihre Wahrscheinlichkeiten berechnen
konnten.

Beim heterograden Fall des Urnenmodells geht es nun nicht
um Merkmale (bzw. Ausprägungen), von denen man lediglich
sagen kann, daß sie vorhanden sind oder aber nicht, sondern um Merkmale, die in unterschiedlicher Stärke bzw.
Abstufung vorliegen können. Solche Merkmale oder Variablen
sind etwa das Alter, das Gewicht oder die Körpergröße von
Personen, es handelt sich also um quantitative, metrische

Merkmale bzw. Variablen, die wir mit beliebiger Genauigkeit
messen und deren unterschiedliche Ausprägung wir in Zahlen
ausdrücken können.

So können wir beispielsweise das Alter von Einwohnern einer
Gemeinde in Jahren, Monaten und Tagen oder noch genauer
angeben. Theoretisch ist es bei einem solchen Merkmal möglich, so "feine" Meßeinheiten zu benutzen, daß sich alle
Elemente der Grundgesamtheit, hier die Einwohner einer Gemeinde, mehr oder weniger unterscheiden - selbst bei Zwil-
lingen wäre das in unserem Beispiel nicht sehr problematisch.

Auf das Urnenmodell übertragen, würde das bedeuten, daß
sich alle Kugeln in der Urne voneinander unterscheiden,
wobei diese Unterschiede durch Zahlen dargestellt werden,
die auf den Kugeln vermerkt sind. Um eine Auswahl aus
dieser Urne zu ziehen, gehen wir nun genau wie im homograden Fall vor: wir mischen gut durch (Zufälligkeit),
entnehmen eine Kugel, notieren die Zahlenangabe, legen
die Kugel zurück und mischen erneut (unabhängige Einzelziehungen), entnehmen eine weitere Kugel usw., bis wir
den gewünschten Auswahlumfang erreicht haben. Die so gewonnenen Zahlen werden sich dann alle voneinander unterscheiden (sofern wir nicht eine Kugel mehrmals gezogen
haben), aber wir können einen Mittelwert berechnen und
feststellen, in welcher Weise sich die einzelnen Angaben
um diesen Mittelwert verteilen.

Die Unterschiede zwischen dem homograden und dem heterograden Fall des Urnenmodells und die daraus folgenden
Konsequenzen lassen sich anschaulich an einem Beispiel
verdeutlichen, das N e u r a t h zur Kennzeichnung "zufälliger" Ereignisse benutzt: Die Serie eines Sport-
schützen auf eine Zielscheibe (Neurath, 1966, S. 151 ff.).

Wir gehen davon aus, daß dieser Schütze mit einem einwand-
freien Gewehr ausgestattet ist, so daß nicht alle Schüsse
in einer bestimmten Weise fehlgeleitet werden. Ebenso
nehmen wir an, daß unser Schütze nicht mit einem Seh-

fehler oder anderen Gebrechen behaftet ist, die ihn das
Ziel permanent in einer bestimmten Weise verfehlen lassen.
Auch sollen alle äußeren Einflüsse, die systematisch Fehl-
schüsse hervorrufen könnten, ausgeschlossen sein.
Trotz solchermaßen idealen Bedingungen werden viele kleine
Fehlerursachen (Wind, Staub usw.) übrig bleiben, deren
Einfluß im einzelnen nicht bestimmbar ist, die aber insgesamt zu unterschiedlichen Trefferergebnissen führen werden, selbst wenn diese Unterschiede minimal sind. Solche
Einflüsse würden wir als "zufällig" bezeichnen.
Die Wirkung dieser zufälligen Einflüsse bestünde im homograden Fall darin, zwei Alternativen herbeizuführen, beispielsweise, das Ziel links oder rechts zu verfehlen,
(wobei "oben" und "unten" vernachlässigt wird). Dies entspricht in unseren bisherigen Beispielen der Alternative,
eine schwarze oder eine weiße Kugel zu ziehen. Nehmen wir
weiter an, daß Fehlermöglichkeiten nach rechts oder links
gleich wahrscheinlich sind, dann entspricht das einer
gleichgewichtig gefüllten Urne (P=1-P=0,5).

Im heterograden Fall billigen wir dem Zufall differenzier-
tere Wirkungsmöglichkeiten zu: es kann nicht nur festgestellt werden, daß das Ziel links oder rechts verfehlt
wurde, sondern auch, in welchem Ausmaß das geschieht.
Selbst wenn die einzelnen Fehlereinflüsse sehr klein sind
und negative wie positive (links oder rechts) die gleiche
Wahrscheinlichkeit haben, werden ab und zu sich gegenseitig
verstärkende Einflüsse dafür sorgen, daß der Schuß das
Ziel erheblich nach einer Seite verfehlt. In den meisten
Fällen werden wir allerdings davon ausgehen können, daß
sich positive und negative Einflüsse eher ausgleichen und
große Abweichungen nach der einen oder anderen Seite selten sein werden.
Würden wir die Treffer einer unter solchen Bedingungen er-
zielten Schußserie graphisch darstellen, dann ergäbe sich
etwa folgendes Bild, wenn wir die Häufigkeit von Treffern
in bestimmten Abständen links und rechts vom Mittelpunkt

durch verschieden hohe Säulen kennzeichnen:

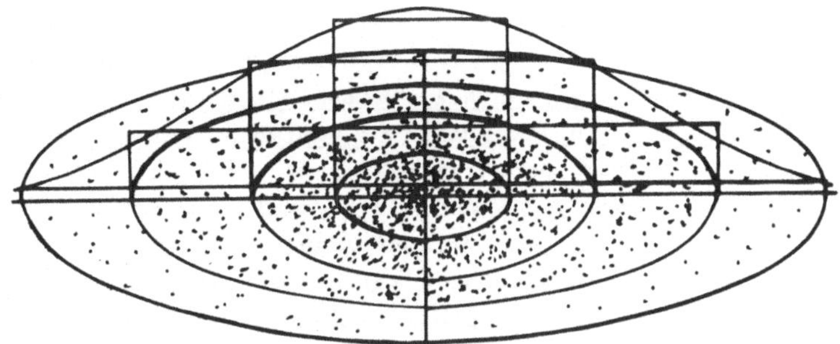

Abb.8: Verteilung von "zufällig" abweichenden Ereignissen,
       dargestellt an einer Zielscheibe

Wir erhalten eine Häufigkeitsverteilung, die uns bereits
recht vertraut ist: Ereignisse (hier Treffer), deren zufällige Abweichung gering ist, kommen relativ häufig vor,
während zufällig zustandegekommene erhebliche Abweichungen
immer seltener werden. Unser Zielscheibenbeispiel entspricht in diesem Falle - mit einigen "Ringen" bzw. Merk-
malskategorien - dem homograden Fall, in dem verschiedene
Kombinationsmöglichkeiten unterschiedlich häufig vorkamen.
Nun könnten wir die einzelnen Treffer nicht in mehr oder
weniger groben Kategorien zusammenfassen, sondern jeden
einzelnen beliebig genau ausmessen. Bei genügend feinem
Maßstab werden sich dann alle Treffer voneinander unterscheiden, d.h. unsere Variable "horizontale Abweichung"
von Treffern hat nun eine stetige, kontinuierliche Ausprägung.
Dies ist der entscheidende Unterschied zum Binomial- oder
homograden Fall, bei dem eine begrenzte Zahl von Kombinationen vorlag und für jede dieser Kombinationen Wahrscheinlichkeiten berechnet werden konnten. Bei einer stetigen
Variablen kann man nun eine solche Wahrscheinlichkeit für
ein ganz bestimmtes Ereignis nicht mehr angeben, weil in
jedem noch so kleinen Meßintervall wieder unendlich viele

Zwischenwerte gedacht werden können. Deshalb wird die
Wahrscheinlichkeit, daß ein zufälliges Merkmal auf einer
kontinuierlichen Variablen einen bestimmten angebbaren Wert
annimmt, zu Null. <u>Eine von Null verschiedene Wahrscheinlichkeit kann nur für ein Intervall von Werten angegeben werden.</u>
Im heterograden Fall können wir daher nur nach der Wahrscheinlichkeit fragen, mit der ein Merkmal in einem bestimmten Intervall von Merkmalsausprägungen liegt.
Dieser prinzipielle Unterschied zum homograden Fall wird
nun in der Praxis so gut wie nie bedeutsam sein, weil wir
meist recht grobe Meßkategorien verwenden und diese in der
Regel mehrere Einheiten zusammenfassen. So werden wir in
unserem Beispiel der Altersverteilung einer Gemeinde
Intervalle von jeweils 5 oder mehr Jahren bilden, und
selbst 1-Jahres- oder gar Monatsintervalle wären diskonti-
nuierlich. Auf der anderen Seite hatten wir für den homograden Fall festgestellt, daß mit steigendem Auswahlumfang die - mögliche - Berechnung von einzelnen Kombinationen praktisch irrelevant wurde. Tatsächlich werden wir
sehen, daß sich für den <u>homograden und heterograden Fall
unter bestimmten Bedingungen eine gemeinsame Verteilungs-
funktion</u> zufällig voneinander abweichender Ereignisse ergibt.
Für die mathematische Ableitung einer solchen Verteilungsfunktion ist jedoch die Stetigkeit bzw. Kontinuierlichkeit
einer Variablen von erheblicher Bedeutung.

2.2.2.1. <u>Die Ableitung der "Normalverteilung"</u>

Zunächst unterscheidet man bei dieser Ableitung nach der
Verteilungs- und der Dichtefunktion einer stetigen (Zu-
falls-)Variablen (Clauss u. Ebner, 1971, S. 135 ff.).
Die <u>Verteilungsfunktion</u> beschreibt die kumulierte relative Häufigkeit des Auftretens bestimmter Variablenwerte.
Betrachten wir die relative Häufigkeit eines Ereignisses
wieder als dessen Wahrscheinlichkeit, dann gibt uns die

Verteilungsfunktion Auskunft über die Wahrscheinlichkeit,
mit der die Zufallsvariable einen bestimmten Wert nicht
überschreitet. In der nachfolgenden Abbildung gibt der
Funktionswert 0,5 etwa die Wahrscheinlichkeit dafür an,
daß zufallsbedingte Werte (x) von $-\infty$ bis +2 auftreten.

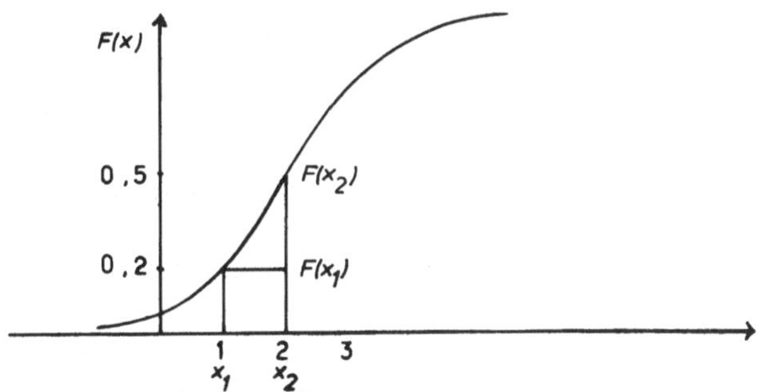

Abb.9: Verteilungsfunktion einer stetigen Zufallsvariablen

Der Wert $F(x) = 0,2$ gäbe dann die Wahrscheinlichkeit dafür
an, daß x nicht größer als 1 ist. Entsprechend kann man die
Differenz dieser beiden Wahrscheinlichkeiten bilden und
erhält die Wahrscheinlichkeit dafür, daß x im Intervall von
1 bis 2 liegt, in diesem Fall also 0,3.
Solche Intervalle könnte man nun immer kleiner werden lassen, um sich der Wahrscheinlichkeit für einen bestimmten
x-Wert, einem bestimmten Punkt auf der x-Achse, zu nähern.
Dabei ist jedoch klar, daß sich die Differenz immer mehr
dem Wert Null nähern wird. Die Wahrscheinlichkeit für das
Auftreten eines bestimmten Zufallsmerkmals ist bei einer
stetigen Variablen, wie wir bereits sagten, also gleich
Null.
Hier müssen wir nun mit der Grenzwertbetrachtung der
Wahrscheinlichkeit(-sdichte, s.u.) ansetzen, die wir bereits angedeutet haben. Einen festen Grenzwert können wir
berechnen, wenn wir die Veränderung der Funktionswerte
F(x) mit der Veränderung der Zufallswerte (x) in Beziehung

setzen. Dies geschieht durch den **Differentialquotienten**, der sich in unserem Beispiel folgendermaßen errechnet:

$$f_{(x_2)} = F'_{(x_2)} = \lim_{x_1 \to x_2} \frac{F_{(x_1)} - F_{(x_2)}}{x_1 - x_2}$$

Dieser Grenzwert wird geometrisch durch den Anstieg der Kurve im Punkt über x_2 beschrieben: je mehr sich die Funktionswerte im Bereich um x_2 verändern, desto stärker ist die Steigung der Funktionskurve. Da es sich bei den Veränderungen um kumulierte Wahrscheinlichkeiten handelt, mit denen Zufallsmerkmale auftreten, können wir aus einer großen Steigung folgern, daß in diesem Bereich relativ viele Zufallswerte x liegen, deren kumulierte Wahrscheinlichkeiten die Veränderung von F(x) bewirkt hat. Anders ausgedrückt, kann man bei einer starken Steigung auf eine dichte Verteilung von Zufallswerten schließen. Eine solche <u>Wahrscheinlichkeitsdichte</u> kann jedem Wert der Zufallsvariablen zugeordnet werden, die Verteilung, in der dies geschieht, ist die <u>Dichtefunktion einer Zufallsvariablen</u>. Diese Funktion beschreibt also, um auf unser Beispiel zurückzukommen, die Wahrscheinlichkeitsdichte von Ereignissen, die zufällig von einem bestimmten Wert abweichen. Ihre Form entspricht der Binomialverteilung für größere Auswahlen aus gleichverteilten Grundgesamtheiten:

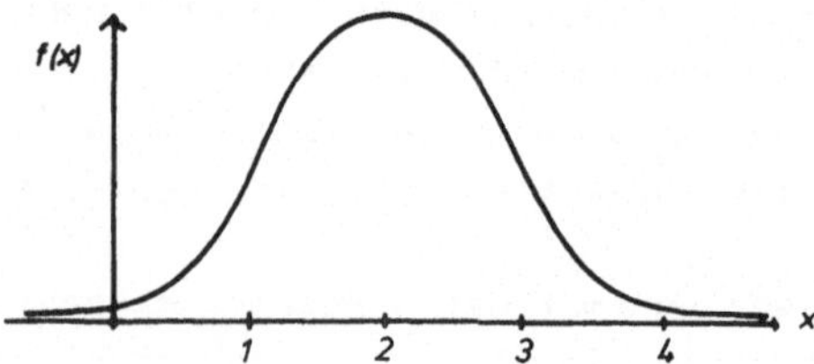

<u>Abb.10:</u> Dichtefunktion einer stetigen Zufallsvariablen

Der optischen Übereinstimmung entspricht auch die Übereinstimmung der Funktionsgleichungen für den homograden und
den heterograden Fall, wenn wir von der Binomialverteilung
für eine große (theoretisch unendlich große) Auswahl aus
einer gleichverteilten Grundgesamtheit ausgehen. Tatsächlich handelt es sich ja auch dort um zufällige Unterschiede von Ereignissen, die bei entsprechender Größe der
Auswahl beliebig klein werden. Entsprechend können wir
die Binomialverteilung als "Wahrscheinlichkeitsdichte-
funktion einer stetigen Zufallsvariablen" umformulieren.

Im Binomialfall ging es um die Wahrscheinlichkeit von Kombinationen, die der Verteilung in der Grundgesamtheit mehr
oder weniger entsprachen. <u>Bei quantitativen Merkmalen interessiert uns nun, welchen Mittelwert sie bilden und in
welcher Weise sich die einzelnen Merkmale um diesen Mittelwert verteilen, um ihn streuen.</u> Diese Streuung können
wir uns wieder an unserem Schützenbeispiel klar machen:
bei einem schlechten Schützen werden die Abweichungen vom
anvisierten Ziel größer, die Verteilungskurve daher breiter und flacher sein als bei einem guten Schützen, bei dem
sich geringe Abweichungen in einer engen und steilen Verteilung der Treffer um den Mittelwert niederschlagen werden. Als Maß für diese Streuung benutzen wir die durchschnittliche Abweichung der Einzelwerte (X) vom Mittelwert (μ). Diese durchschnittliche Abweichung von Einzelwerten von dem ihnen gemeinsamen Mittelwert bezeichnet man
als die Standardabweichung einer Verteilung von Werten,
auf die wir im folgenden noch genauer eingehen werden (s.S.
84,132ff.).[1] Hier wollen wir nur aufzeigen, warum es
sinnvoll ist, die Standardabweichung einer Verteilung (σ)

---

[1] Tatsächlich handelt es sich nicht um die durchschnittliche, sondern um die Wurzel aus der durchschnittlichen <u>quadratischen</u> Abweichung.

einzuführen, wenn wir die Wahrscheinlichkeit dafür angeben
wollen, daß ein Wert (X) in einem bestimmten Abstand zum
Mittelwert (μ) auftaucht. Denken wir wieder an die unterschiedlich breiten Wahrscheinlichkeitsdichtefunktionen
eines guten und schlechten Schützen, dann wird einsichtig,
daß der gleiche absolute Abstand X - μ mit unterschiedlichen Wahrscheinlichkeiten bzw. Wahrscheinlichkeitsdichten
verbunden ist:

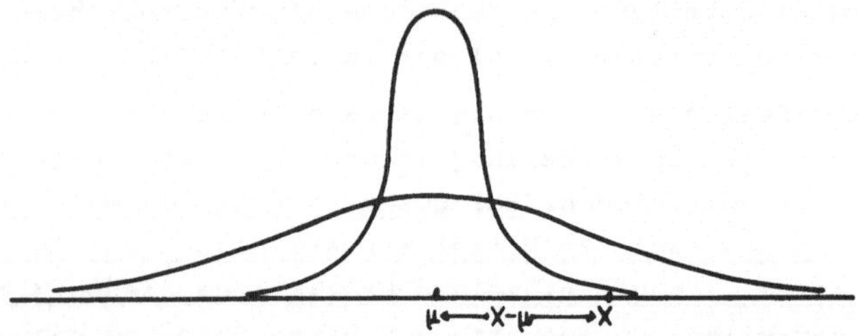

__Abb.11:__ Dichtefunktionen mit unterschiedlicher Streuung

Im einen Fall liegt der Treffer mit diesem Abstand in einem
Bereich der Verteilung, wo wir ihn als außerordentlich ab-
weichend bezeichnen würden, im anderen Falle würden wir dem
Schützen eine durchschnittliche Leistung bescheinigen, die
zu erwarten war. Diese unterschiedliche Beurteilung des
gleichen absoluten Abstandes resultiert offenbar aus der
unterschiedlichen Streuung, mit der beide Schützen bisher
ihre Schüsse abgegeben haben, d.h., wir beziehen die Abweichung eines Einzelereignisses auf die durchschnittliche
Abweichung einer ganzen Serie von Ereignissen:

$$\frac{X - \mu}{\sigma}$$

Setzen wir dieses relativierte Maß von Abweichungen zufälliger Ereignisse in die Funktion der Binomialverteilung ein,
dann ergibt sich mit Hilfe einer Grenzwertberechnung und
nach einigen weiteren Umformungen, die wir hier nicht dis-

kutieren wollen, da sie die mathematische Konfiguration
nicht verändern, folgende Formel der Wahrscheinlichkeits-
dichtefunktion:

$$y = f(X) = \frac{1}{\sigma \sqrt{2\pi}}\ e^{-\frac{1}{2}\left(\frac{X-\mu}{\sigma}\right)^2}$$

<u>Diese Gleichung hat dem äußeren Anschein nach mit der
Binomialverteilungsfunktion nicht mehr viel gemeinsam,
entspricht ihr in ihrer mathematischen Konfiguration
jedoch völlig, wenn der Auswahlumfang als unendlich
groß gedacht wird.</u>
In dieser Form ist vor allem das bei größeren Fallzahlen
kaum zu berechnende "n!" durch die sogenannte "Stirling-
sche Näherungsformel" ($n^n e^{-n} \sqrt{2\pi n}$) ersetzt worden und
an die Stelle von P und 1-P sind die Standardabweichung
und die Abweichung vom Mittelwert $(X-\mu)$ getreten.
π (Verhältnis von Kreisumfang zum Durchmesser:
3,14159)und e (Eulersche Zahl, Basis der natürlichen
Logarithmen: 2,71821...) sind Konstanten[1], so daß die
Verteilung nur durch ihren Mittelwert und ihre Streuung
variabel ist: Eine Verteilung dieser Art kann sich also
durch die Lage des Scheitelpunktes und ihre Gedrängtheit
bzw. Flachheit unterscheiden, wie wir bereits im Schützenbeispiel andeuteten.
Im Zielscheibenbeispiel wurde auch deutlich, daß sich
diese Verteilung nur auf die Wahrscheinlichkeiten von zufälligen Abweichungen um einen Mittelwert bezieht. Tatsächlich wurde diese Verteilung entwickelt, um das Auftreten zufälliger Meß- und Beobachtungsfehler bei Tatbe-
ständen, denen man einen "wahren" Wert unterstellen konnte,
zu beschreiben (Abweichungen bei der Messung von Planeten-
bahnen). Nach ihrem Schöpfer Carl Friedrich Gauß (1777-1855)

---

1) Siehe dazu Neurath, 1966, S.154 ff.; Clauss u. Ebner,
   1971, S. 140 ff.

und wegen ihrer charakteristischen Gestalt wird die Ver-
teilungskurve "Gaußsche Glockenkurve", "Gaußsche Normal-
verteilung" genannt oder einfach als Normalverteilung
bezeichnet.
Eine solche Normalverteilung hat folgende Eigenschaften
(Clauss u. Ebner, 1971, S. 141; Sahner, 1971, S. 27):
- Sie hat ihren Scheitelpunkt, ihr Maximum an der Stelle
  $X = \mu$, In diesem Punkt fallen das arithmetische Mittel,
  Modus und Median zusammen.
- Die Wahrscheinlichkeitsdichte (bzw. die Wahrscheinlich-
  keit für das Auftreten eines bestimmten Wertes) wird
  umso geringer, je weiter dieser Wert vom Mittelpunkt der
  Verteilung entfernt ist. Da wir von einer unendlich
  großen Anzahl von Merkmalsausprägungen ausgehen, nähern
  sich die Kurvenenden asymptotisch der X-Achse.
- Die Kurve ist symmetrisch in bezug auf die Ordinate des
  Mittelpunktes; würden wir vom Scheitelpunkt der Kurve
  das Lot fällen, könnten wir die beiden Kurvenhälften
  deckungsgleich aufeinander klappen.
- Die Kurve hat eine glockenförmige Gestalt; die Wende-
  punkte, bei denen die Kurve von der konkaven in die
  konvexe Form übergeht, liegen bei dem X-Wert, der der
  durchschnittlichen Abweichung aller X-Werte vom Mittelwert μ entspricht, also im Abstand von einer Standardabweichung.
Mit dieser Normalverteilung haben wir also eine Funktion
gefunden, die die Wahrscheinlichkeiten für mehr oder weniger starke Abweichungen von zufallsgestreuten Werten um
den ihnen gemeinsamen Mittelwert beschreibt. Die Funktion
der Normalverteilung entspricht der der Binomialverteilung für Kombinationen aus theoretisch unendlich großen
Auswahlen aus einer Grundgesamtheit. Allerdings ist zu
beachten, daß wir bei der Ableitung der Normalverteilung
bisher immer von Einzelereignissen (n=1) gesprochen haben
(beispielsweise von Treffern auf einer Zielscheibe),während
wir bei der Binomialverteilung von den möglichen Ergeb-

nissen von Auswahlen größer 1 ausgegangen sind und deren
Wahrscheinlichkeiten berechnet haben. Später werden wir
uns auch in diesem Punkt der Argumentation bei der Entwicklung der Binomialverteilung wieder annähern können.

Zunächst wollen wir jedoch weiter eine Normalverteilung
von Einzelereignissen und ihren Wahrscheinlichkeiten betrachten. Der Einfachheit halber wollen wir dabei im folgenden den korrekteren Ausdruck "Wahrscheinlichkeitsdichte" durch "Wahrscheinlichkeit" ersetzen (womit wir
genau genommen die Stetigkeit der Variable ignorieren).
Wie im Binomialfall können wir davon ausgehen, daß die gesamte Fläche unter der Kurve die Wahrscheinlichkeit aller
möglichen Ereignisse beschreibt, also gleich 1 oder 100%
ist. Die Flächenstücke unter bestimmten Kurvenabschnitten
entsprechen ebenso wiederum der Summe der Wahrscheinlichkeiten von Ereignissen, die diesen Kurvenabschnitten zugeordnet werden können, die also einen bestimmten Abstand zum
Mittelpunkt haben. Dies wollen wir wieder an unserem Zielscheibenbeispiel demonstrieren, wobei wir auf der X-Achse
je 10 "Ringe" links und rechts vom Mittelpunkt abtragen
(und nur die links-rechts-Abweichungen beachten):

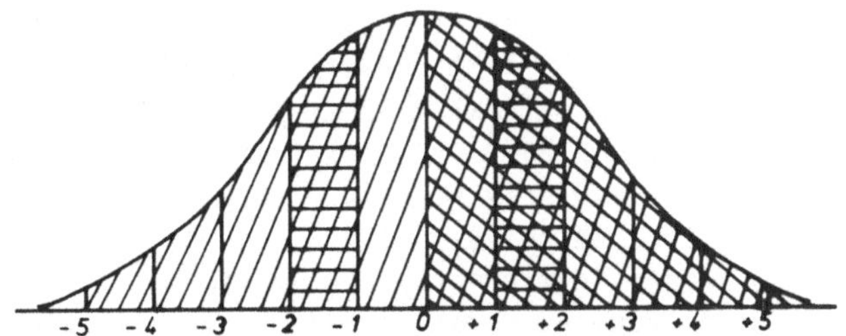

Abb.12: Verteilung von "zufällig" abweichenden Ereignissen,
dargestellt an einer Zielscheibe (s.Abb.8)

Durch Bestimmung der Flächenanteile unter bestimmten Kurvenabschnitten können wir nun analog zum homograden Fall
Fragen beantworten, wie wir sie auf den Seiten 65   ff.

angesprochen hatten: Wie wahrscheinlich ist es, daß ein
Treffer nicht mehr als 5 Ringe vom Zentrum abweicht? Dies
ist offenbar die Summe der Einzelwahrscheinlichkeiten, die
durch die Fläche im Bereich von ± 5 der Kurve ausgedrückt
wird. Die Fläche jenseits dieses Bereiches beschreibt
dann die Wahrscheinlichkeit für "schlechtere" Treffer.
Die Wahrscheinlichkeit dafür, daß ein Schuß rechts vom
Mittelpunkt landen wird, wird durch die rechte Flächenhälfte
ausgedrückt, während wir die Wahrscheinlichkeit, eine "2"
zu schießen, durch Integration der Flächenabschnitte im
Bereich von -2 und +2 errechnen können usw.
Wir können also bei normalverteilten Merkmalen Wahrscheinlichkeiten für das Auftreten von Abweichungen vom Mittelwert errechnen. Ähnlich wie beim Binomialfall ist diese
Tatsache jedoch von bescheidener praktischer Relevanz, weil
sich die Normalverteilungen ja durch die Lage ihres Mittelwertes und durch ihre Streuung bzw. ihre Breite unterscheiden können und wir für jede dieser unterschiedlichen
Kurven jeweils mühsam die Flächenanteile bestimmen müßten.

Da wir aber wissen, daß solche Normalverteilungen trotz
unterschiedlicher Breite und unterschiedlichem Mittelwert
dem gleichen Verteilungsgesetz folgen, liegt - wie im
homograden Fall - der Gedanke nahe, <u>für eine "Standardversion" dieser Verteilung exemplarisch Fläschenabschnitte
für alle möglichen Abstände zum Mittelwert zu berechnen und
diese Ergebnisse für die im Prinzip gleichen, wenn auch in
ihrer Lage und Form unterschiedlichen anderen Normalverteilungen zu nutzen.</u> Wir benötigen also einmal eine exemplarisch "ausgerechnete" Normalverteilung und zweitens ein
Verfahren, alle möglichen unterschiedlich ausgeprägten
Normalverteilungen so "umzuformen", daß wir auf sie die
errechneten Werte anwenden können.
Das erste Ziel ist durch die sogenannte "<u>Standardnormalver-
teilung</u>" verwirklicht, das zweite wird durch die <u>Transfor-
mation</u> bzw. <u>Normierung</u> von beliebigen Normalverteilungen
erreicht.

2.2.2.2. <u>Die Standardnormalverteilung</u>

Um für eine bestimmte Form der Normalverteilung Flächenanteile zu berechnen, müssen wir uns zunächst über einen Maßstab einigen, mit dem wir die Breite der Flächenstücke bzw. den Abstand zum Mittelwert messen. Als ein solcher Maßstab bietet sich der Abstand vom Mittelpunkt einer Normalverteilung bis zu ihrem Wendepunkt an, an dieser Stelle wird die Kurvenform konvex, bildlich gesprochen können wir hier den Beginn der Kurvenäste bzw. der Kurvenausläufer ansetzen.

Diesen Abstand vom Kurvenmittelpunkt bis zu den Wendepunkten bezeichnet man auch als die <u>Standardabweichung einer Verteilung</u>. Handelt es sich um Verteilungen, die aus den Maßzahlen von Wahrscheinlichkeitsauswahlen gewonnen wurden, spricht man vom <u>Standardfehler</u> (Scheuch, 1956, S. 174) solcher Verteilungen bzw. ihrer Maßzahlen. Auf Seite 77 sagten wir, die Standardabweichung einer Verteilung sei die durchschnittliche Abweichung der einzelnen Elemente von ihrem Mittelwert. Diese Aussage müssen wir nun korrigieren. Tatsächlich würde ja die Summe aller Abweichungen, die wir zur Durchschnittsbildung errechnen und durch die jeweilige Anzahl von Elementen dividieren müßten, immer Null ergeben, weil definitionsgemäß die Summe der Werte, die unter dem Mittelwert liegen, gleich der Summe der den Mittelwert überschreitenden Werte ist, und diese Summe einmal ein positives, einmal ein negatives Vorzeichen hat.

Aus diesem Grund werden die einzelnen Abstände der X-Werte vom Mittelwert μ quadriert und damit einheitlich ein positives Vorzeichen erreicht. Die Summe dieser quadratischen Abstände wird dann durch die jeweilige Fallzahl dividiert und wir erhalten als <u>durchschnittliche quadratische Abweichung</u> die <u>Varianz</u> einer Verteilung, die üblicherweise mit σ^2 (bei Grundgesamtheiten) bzw. "s^2" (bei

Auswahlen) bezeichnet wird[1]:

$$\sigma^2 = \frac{\sum\limits_{i=1}^{N}(X_i - \mu)^2}{N} \quad ; \quad s^2 = \frac{\sum\limits_{i=1}^{n}(x_j - \bar{x})^2}{n}$$

Die Quadratwurzel dieser Varianz kennzeichnet dann die <u>Standardabweichung</u> einer Verteilung (und zwar aller Verteilungen empirischer Werte, nicht nur normalverteilter):

$$\sigma = \sqrt{\frac{\sum\limits_{i=1}^{N}(X_i - \mu)^2}{N}} \quad ; \quad s = \sqrt{\frac{\sum\limits_{i=1}^{n}(x_j - \bar{x})^2}{n}}$$

Wir werden auf diese Definitionen und auf ihre Konsequenzen später noch zurückkommen (s.S. 133).

Als <u>Standardnormalverteilung</u> hat man nun eine Normalverteilung bestimmt, bei der diese Standardabweichung den Wert 1 hat und bei der der Mittelpunkt bei X=0 liegt. Für diese Standardnormalverteilung hat man Flächenanteile für eine Fülle von Kurvenausschnitten berechnet, wobei die Breite dieser Ausschnitte durch ein Vielfaches (oder einen Bruchteil) der Standardabweichung ausgedrückt wird. Diese Berechnungen finden sich in tabellarischer Form in allen einschlägigen Publikationen. Unsere Tabelle I (s.S. 392 f.) ist M e n g e s (1968, S. 346) in leicht modifizierter Form entnommen.

Einige Werte einer solchen Standardnormalverteilung wollen wir graphisch darstellen, wobei wir wegen der Symmetrie der Kurve für Flächenabschnitte mit dem gleichen Abstand links und rechts vom Mittelpunkt die gleichen Werte einsetzen können (s. Sahner, 1971, S. 43):

---

1) Häufig findet man auch anstatt "n" "n-1", was besonders bei kleinen Fallzahlen zur unverzerrten Schätzung wichtig ist.

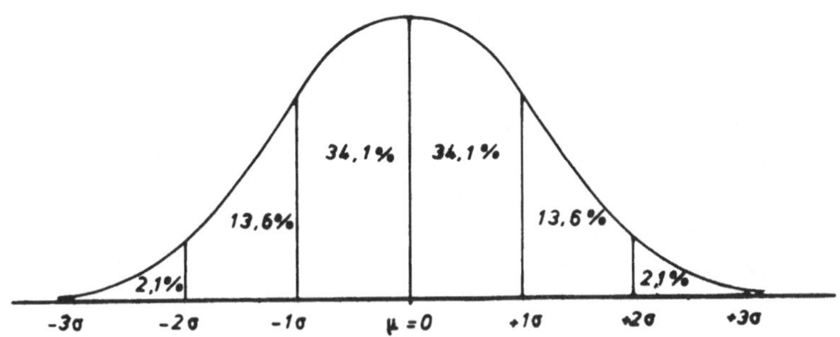

Abb.13: Flächenanteile unter einer Normalverteilungskurve

Für folgende Abstände links und rechts vom Mittelpunkt ergeben sich also folgende Flächenanteile, wenn wir die Gesamtfläche als 100% setzen (und die Werte abrunden):

$$\mu \pm 1\sigma = 0 \pm 1 = 68,3\%$$
$$\mu \pm 2\sigma = 0 \pm 2 = 95,5\%$$
$$\mu \pm 3\sigma = 0 \pm 3 = 99,7\%$$

Diese Werte geben, da die Fläche unter der Kurve der Summe
der Wahrscheinlichkeiten entspricht, die Wahrscheinlichkeit an, daß eine zufällige Abweichung vom Mittelwert die
jeweiligen Grenzen nicht überschreitet. Mit einer Wahrscheinlichkeit von 0,997 bzw. 99,7% wird also eine solche Abweichung nicht mehr als 3 Standardabweichungen betragen.
Die Wahrscheinlichkeit, daß die Abweichung größer ist,
beträgt demnach nur 1-0,997 = 0,003 oder 0,3%. Wenn wir
also eine Normalverteilung mit dem Mittelwert 0 und einer
Standardabweichung von 1 vor uns haben, dann können wir
mit unserer Tabelle I sehr einfach die Wahrscheinlichkeiten für bestimmte Abweichungen vom Mittelwert angeben.

Nun geht es darum, diese Möglichkeiten auch für Normalverteilungen zu nutzen, die einen anderen Mittelwert und
eine andere Standardabweichung haben. Dies geschieht durch

<u>**Transformation der unterschiedlichen Werte auf die normier-**</u>
<u>**te Form der Normalverteilung**</u>, die wir hier als Standard-
normalverteilung bezeichnet haben.

Bei der Berechnung von Flächenanteilen geht es meist um
den Abstand bestimmter X-Werte vom Mittelwert unserer Verteilung, also um $X-\mu$. Im Falle der Standardnormalverteilung entspricht diese Differenz (wegen $\mu = 0$) den jeweiligen X-Werten, deren zugehörige Flächenanteile wir ohne
weiteres der Tabelle I entnehmen können. Bei anderen Normalverteilungen wissen wir nun lediglich, daß die Wende-
punkte im Abstand ($\pm$) einer Standardabweichung vom
Mittelwert liegen. Diese Standardabweichung ist jedoch in
der Regel ungleich 1. Wir müssen daher den jeweiligen
Abstand vom Mittelwert bis zum Wendepunkt auf 1 transfor-
mieren (d.h., die uns interessierenden Abstände zum Mittelpunkt so umrechnen, als ob die Standardabweichung - wie
bei der Standardnormalverteilung - gleich 1 sei). Dies
geschieht, indem der Abstand des jeweiligen X-Wertes zum
Mittelpunkt der Verteilung durch die Standardabweichung
der Verteilung (ausgedrückt in X-Werten) dividiert wird.
Wir erhalten nun an Stelle der jeweiligen X-Werte sogenannte normierte Werte (z-Werte[1]), die den X-Werten der
Standardnormalverteilung entsprechen:

$$z = \frac{X-\mu}{\sigma}$$

Die Standardnormalverteilung kann daher auch als "normierte
Gaußsche Verteilung" (Clauss u. Ebner, 1971, S. 141) beschrieben werden, und für die z-Werte der zugehörige Flächenanteil in Tabelle I entnommen werden. Im Falle von
$\mu = o$ und $\sigma = 1$ entspricht dabei der z-Wert dem X-Wert:

$$z = \frac{X - 0}{1} = X$$

---

1) Manchmal werden diese Werte auch mit "u" gekennzeichnet.
   Wir wollen uns hier an die Terminologie halten, die in
   dieser Schriftenreihe bereits vorliegt (Sahner, 1971;
   Benninghaus, 1974).

Hätten wir dagegen beispielsweise eine Normalverteilung
mit dem Mittelwert $\mu = 170$ und einer Standardabweichung von
5, wie wir es etwa bei der Größenverteilung der Einwohner-
schaft einer Gemeinde annehmen könnten, dann würde sich als
z-Wert ergeben:

$$z = \frac{X-170}{5}$$

Wollen wir nun wissen, mit welcher Wahrscheinlichkeit eine
Person zwischen 168 und 172 cm groß ist, also um 2 cm vom
Mittelwert abweicht, dann ergibt sich

$$z = \frac{172-170}{5} = \frac{2}{5} = 0,4$$

Für diesen Wert können wir aus Tabelle I einen Flächenanteil von 0,155 entnehmen. Da wir sowohl an positiven wie
auch negativen Abweichungen interessiert sind, verdoppeln
wir diesen Wert und erhalten für den Kurvenbereich

$\pm$ 0,4 z den Wert 0,31. In unserem konkreten Fall bedeutet das, daß im Bereich

$$170 \pm 2 = 31\%$$

der Fälle unserer Verteilung liegen. Anders ausgedrückt
haben wir bei einer normalverteilten Grundgesamtheit und
zufälliger Auswahl eine Wahrscheinlichkeit von 31%, eine
Einheit aus diesem Intervall zu ziehen.
Wir müssen uns jedoch bewußt sein, daß wir dabei[1] tatsächlich eine normalverteilte Grundgesamtheit unterstellen müssen, also eine Verteilung, die von zufallsbedingten
Abweichungen einer stetigen und unendlich weit streuenden
Variablen um einen Mittelwert ausgeht. Eine solche Verteilung ist empirisch wohl kaum jemals zu beobachten - vor
allem nicht bei den Merkmalen, mit denen sich die Sozialforschung beschäftigt. Aus diesem Grunde hatten wir auch
das Zielscheibenbeispiel als eine mögliche Form einer Normalverteilung "bemüht". Selbst dieses Beispiel wird der
theoretischen Form nur unvollkommen gerecht, weil wir uns

---

1) zumindest im gegenwärtigen Stand der Argumentation;
   s.S. 92 ff.

keine unendlich umfangreiche Trefferserie und keine beliebig kleine Meßeinheiten in der Praxis vorstellen können.
Das würde bedeuten, daß die empirische Verteilung der
Treffer weder ganz stetig bzw. kontinuierlich wäre noch
sich an beiden Kurvenenden ins Unendliche erstrecken würde.

In der Praxis finden wir daher allenfalls Annäherungen an
die theoretisch abgeleitete Form der Normalverteilung.
Beispielsweise könnte sich die Größen- oder Gewichtsver-
teilung einer Gemeindebevölkerung in etwa "normalverteilt"
um den Mittelwert gruppieren. Doch selbst wenn eine solche
Verteilung weitgehend der Form der Normalverteilung entspricht, entspricht sie in der Regel nicht der wahrscheinlichkeitstheoretischen Ableitung, die wir beim
Binomialfall oder beim Schützenbeispiel demonstriert haben
- Menschen sind ja meist nicht "zufällig" unterschiedlich
schwer oder in anderer Weise verschieden.
Tatsächlich spielt für unsere Überlegungen -wie wir noch
sehen werden - die Vorstellung einer empirischen Normalverteilung auch keine allzu große Rolle. Uns interessieren
ja weniger die Wahrscheinlichkeiten für ganz bestimmte
Einzelziehungen, sondern die Zusammensetzung einer Auswahl
größeren Umfangs. Während wir bei der Binomialverteilung
nach der Wahrscheinlichkeit für bestimmte Kombinationen
der binominalen Einheiten gefragt hatten, geht es nun im
heterograden Fall um die Wahrscheinlichkeit, aus einer
gegebenen Grundgesamtheit Auswahlen mit bestimmten Mittelwerten zu erhalten.
Hier wollen wir wieder zum Urnenmodell zurückkehren, wobei
wir versuchen wollen, uns zunächst eine normalverteilte
Urne vorzustellen. Im heterograden Fall würde unsere Urne
mit Kugeln gefüllt sein, auf denen bestimmte quantitative
Merkmale verzeichnet sind. So könnte jede Kugel eine
unterschiedliche Zahl tragen. Der Mittelwert aller dieser
Zahlen sei uns bekannt; der Einfachheit halber nehmen wir
an, er liege bei Null. Die Zahlen auf den Kugeln symboli-

sieren zufällige Abweichungen von diesem Mittelwert, d.h.
daß (absolut) kleinere Zahlen häufiger vorkommen werden
als (absolut) größere und daß ebensoviele positive wie
negative Zahlen in der Urne vertreten sind. Damit haben
wir eine ganz ähnliche Situation wie im homograden Fall
bei einer gleichverteilten Urne. Lediglich die Auflage,
daß nur zwei Arten von Abweichungen (schwarz und weiß oder
+1 und -1) vorkommen können, ist in unserem jetzigen Modell
fallengelassen worden, vielmehr haben wir eine stetige
Verteilung einer kontinuierlichen Variablen.
Wir nehmen an, daß der Inhalt unserer Urne der Normalverteilung zufälliger Abweichungen um einen Mittelwert entspricht. Wenn wir nun eine Auswahl von n Kugeln nach dem
beschriebenen Verfahren ziehen, können wir für diese Auswahl einen Mittelwert und eine Streuung um ihn berechnen.
Anders als im Binomialfall ist es aber nicht möglich, für
eine bestimmte Auswahlgröße eine begrenzte Zahl von Kombinationen anzugeben; vielmehr kann man sich eine beliebig
große Anzahl von Auswahlen derselben Größe vorstellen, die
alle einen anderen Mittelwert und eine andere Streuung
haben.
Ebensowenig wie für bestimmte Einzelwerte können wir daher
im heterograden Fall auch für das Ergebnis einer bestimmten Auswahl eine Wahrscheinlichkeit angeben, sondern allenfalls für bestimmte Intervalle von möglichen Auswahlergebnissen. Wonach bestimmen sich nun die Wahrscheinlichkeiten
für solche Intervalle?
Die Lösung liegt nach dem bisher Gesagten und unter den Bedingungen unseres Urnenmodells auf der Hand: Der Mittelwert
einer Auswahl bildet sich aus den Werten der gezogenen Kugeln; die Wahrscheinlichkeit eines Mittelwertes ist daher
abhängig von den Wahrscheinlichkeiten der Einzelwerte, in
einem bestimmten Intervall zu liegen. Für diese Einzelwerte
gilt in unserem Modell, daß die Wahrscheinlichkeit ihrer
Ziehung umso größer ist, je näher sie am Mittelwert aller

Kugeln in der Urne liegen. Entsprechend werden wir in unserer Auswahl vor allem Kugeln zusammenstellen, die relativ eng um den Mittelwert streuen - Kugeln mit großer Abweichung haben dagegen eine kleine Wahrscheinlichkeit und werden nur selten Aufnahme in unsere Auswahl finden. Für den Mittelwert unserer Auswahl gilt dann, daß eine große Abweichung vom Mittelwert aller Kugeln wenig wahrscheinlich ist; vielmehr steigt die Wahrscheinlichkeit für einen Auswahlmittelwert mit sinkender Abweichung vom Gesamtmittelwert.

Würden wir eine - theoretisch unendlich große - Serie von Auswahlen durchführen, <u>dann würden sich die Mittelwerte dieser Auswahlen wiederum normalverteilt um den Mittelwert μ der Grundgesamtheit</u> - der Urne - <u>verteilen</u>, denn ihre Unterschiedlichkeit entspricht bei zufälliger Ziehung der einzelnen Kugeln einer Verteilung zufälliger Abweichungen, also der theoretisch abgeleiteten Verteilung.[1]

Für diese Verteilung der Mittelwerte einer Massenserie von Auswahlen gelten also die gleichen Eigenschaften wie sie die Gaußkurve aufweist. So können wir sagen, daß im Abstand von $\pm$ einer Standardabweichung der Mittelwertverteilung ($\sigma_{\bar{x}}$) vom Gesamtmittelwert 68,3% aller möglichen Auswahlmittelwerte liegen, im Abstand $\pm\, 2\,\sigma_{\bar{x}}$ 95,5% usw. (s.S. 85).

Damit haben wir im Prinzip eine Möglichkeit gefunden, Wahrscheinlichkeiten für das Ergebnis von Auswahlen im heterograden Fall anzugeben,wenn wir eine normalverteilte Grundgesamtheit mit bekanntem Mittelwert vorliegen haben. Wir müssen allerdings noch klären, wie die Standardabweichung der Mittelwertverteilung bestimmt werden kann; die Tatsache, daß sich diese Mittelwerte in einer bestimmten Weise um

---

1) Diese "plausible" Darstellung kann als mathematischer Satz, beispielsweise bei Neurath, 1966, S. 168 ff. abgeleitet werden.

den Gesamtmittelwert verteilen, sagt ja noch nichts über
die Größe der Abstände aus. Nun ist die Unterschiedlichkeit von Mittelwerten offensichtlich von der Unterschiedlichkeit der einzelnen Werte abhängig, die in diese Mittelwerte eingehen können: sind sich die Werte einer Grundgesamtheit alle sehr ähnlich, dann werden auch die Mittelwerte
verschiedener Auswahlen geringe Unterschiede aufweisen;
besteht dagegen die Grundgesamtheit aus sehr verschiedenen
Einheiten, dann besteht die Möglichkeit, daß auch die
Mittelwerte verschiedener Auswahlen sehr weit auseinander-
liegen. Dies kann umso eher vorkommen, je kleiner eine Auswahl ist: beispielsweise könnten wir mit einer kleinen
Auswahl gerade einige sehr stark abweichende Extremwerte
einer Verteilung erfassen, die dann einen entsprechend abweichenden Mittelwert bilden würden. Bei größeren Auswahlen
werden sich solche Extremwerte jedoch tendenziell ausgleichen und damit eine Nivellierung der Unterschiede bewirken.
In den Urnenmodellen konnten wir dies durch die mit steigender Auswahlgröße abnehmende Wahrscheinlichkeit von "ein-
seitigen" Auswahlzusammensetzungen beobachten.
Die Streuung der Mittelwerte von Auswahlen ($\sigma\,\bar{x}$) aus ein-
und derselben Grundgesamtheit ist also abhängig von der
Streuung der Einheiten in dieser Grundgesamtheit (σX) und
von der Auswahlgröße (n): sie nimmt mit einer größeren
Streuung der Grundgesamtheit zu und mit wachsendem Auswahlumfang ab[1]:

$$\sigma\,\bar{x} = \frac{\sigma_X}{\sqrt{n}}$$

---

1) Für die mathematische Ableitung verweisen wir wieder
   auf Neurath (1966, S. 172ff.); anzumerken bleibt hier
   nur, daß die Streuung in der Grundgesamtheit bedeut-
   samer für die Ausprägung des Standardfehlers ist als
   der Auswahlumfang, wie sich in der Radizierung von n
   zeigt. Darauf werden wir später zurückkommen.

Diese **Standardabweichung der** (theoretischen) **Verteilung der
Mittelwerte** kann als Maß für bestimmte Abschnitte der Verteilungskurve benutzt werden; wir können damit die Wahrscheinlichkeiten für bestimmte Intervalle von Abweichungen vom Gesamtmittelwert angeben, genau so, wie wir es im
homograden Fall für unterschiedlich zusammengesetzte Binome
tun konnten.

Wie im homograden Fall, können wir nun auch bei der heterogenen quantitativen Variante des Urnenmodells einige Beschränkungen aufheben, ohne nennenswerte Auswirkungen für
unsere Fragestellungen befürchten zu müssen.

Im homograden Fall konnten wir auf die Bedingung verzichten,
daß die Urne zu gleichen Teilen mit schwarzen und weißen
Kugeln gefüllt sein müsse - dennoch ergab sich wegen der
Fülle der möglichen Kombinationen bei genügend großen Auswahlen eine für unsere Zwecke ausreichende Annäherung an die
Binomialverteilung (für $P = 0,5$), besonders in dem Bereich
um den Scheitelpunkt der Kurve, in dem sich der überwie-
gende Anteil aller möglichen Kombinationen befand.

Entsprechend können wir im heterograden Fall die Bedingung
fallen lassen, daß die Grundgesamtheit normalverteilt sein
muß. Wie wir bereits sagten, lassen sich solche - für die
theoretische Ableitung konstruierbare - Verteilungen empirisch wohl kaum jemals nachweisen. In aller Regel haben wir
es mit einer begrenzten Anzahl von Merkmalsausprägungen zu
tun - von einer stetigen Variablen kann daher (so gut wie)
nie gesprochen werden. Darüber hinaus verteilen sich auch
die Häufigkeiten, mit denen diese Merkmalsausprägungen vorkommen, in den meisten Fällen nicht annähernd "normal":
als Beispiel kann etwa die Altersstruktur der Studenten
einer Universität oder die eines Altersheims dienen; in
beiden Fällen werden nur relativ wenige der insgesamt
möglichen Merkmalsausprägungen vorkommen und die dann
vermutlich etwa gleich stark.

Nun interessiert uns in diesem Zusammenhang die Verteilung
der Grundgesamtheit nur insofern, als sie Einfluß auf die

Verteilung der Mittelwerte von Auswahlen in einem theoretischen Massenexperiment hat. <u>Die Frage ist also, ob eine
solche Mittelwertverteilung auch dann als normalverteilt
angesehen werden kann, wenn die Grundgesamtheit nicht
normalverteilt ist.</u>
Dies wollen wir wieder am Urnenmodell klären, wobei wir
versuchen wollen, ein Modell zu entwickeln, das der Wirklichkeit der Sozialforschung einigermaßen entspricht. Nehmen wir an, auf den Kugeln in der Urne seien bestimmte
quantitative Merkmalsausprägungen aufgetragen, etwa Altersoder Gewichtsangaben der Menschen einer Stadt. Diese an
sich kontinuierlich unterscheidbaren quantitativen Merkmale
seien in einer begrenzten Anzahl von Merkmalsausprägungen
(etwa Altersklassen von je 5 Jahren) erfaßt worden. Diese
Merkmalsintervalle werden nun in unterschiedlicher Häufigkeit vertreten sein; so sei die Merkmalsausprägung x_1 n_1-mal
das Merkmal x_2 n_2-mal vertreten usw. Bei zufälligen unabhängigen Einzelziehungen der Kugeln werden dann bestimmte
Merkmalsausprägungen gemäß ihrer relativen Häufigkeit bzw.
entsprechend der Anzahl von Kugeln, die in einem Merkmalsintervall liegen, in der Auswahl vertreten sein - <u>die relative Häufigkeit des Auftretens einer Merkmalsausprägung
entspricht deren Wahrscheinlichkeit</u> (s.Anderson, 1963,
S. 118 ff.)
<u>Dies gilt ganz unabhängig davon, ob die Grundgesamtheit
normalverteilt ist oder nicht.</u> Würden wir nun eine ganze
Serie von Auswahlen aus der gleichen Grundgesamtheit bzw.
Urne ziehen (wobei selbstverständlich der Fall mit Zurücklegen unterstellt ist), dann ist die Wahrscheinlichkeit,
Kugeln einer bestimmten Merkmalsausprägung zu ziehen,
immer die gleiche. Dennoch werden sich die Mittelwerte
solcher Auswahlen voneinander unterscheiden, weil die
einzelnen Merkmalsklassen im Rahmen der Zufallsschwankung
immer unterschiedlich stark in der Auswahl vertreten sein
werden.

Wegen der Zufälligkeit dieser Abweichungen werden jedoch
Auswahlen mit Mittelwerten, die vom "wahren Wert" der Grundgesamtheit sehr weit entfernt sind, sehr selten vorkommen.
Vielmehr wird der Großteil der Auswahlmittelwerte diesem
wahren Wert sehr nahe kommen. <u>Damit entspricht die Verteilung der Auswahlmittelwerte einer Verteilung zufälliger
Abweichungen um einen Mittelwert.</u> Diese Verteilung ist
allerdings nicht stetig, da wir in unserem Modell eine
endliche Anzahl von Merkmalsklassen unterstellt haben. Dies
war jedoch auch bei der homograden Variante des Urnenmodells
der Fall, wo ja nur zwei Merkmalsausprägungen vorlagen.
Dennoch konnten wir im homograden Fall mit steigendem Auswahlumfang eine rasch wachsende Anzahl unterschiedlicher
Auswahlzusammensetzungen nachweisen. Im heterograden Fall
ergibt sich ganz ähnlich auch bei einer endlichen Anzahl
von Merkmalsausprägungen mit steigendem Umfang der Auswahlen unserer Serie eine beliebig große Anzahl unterschiedlicher Mittelwerte dieser Auswahlen, so daß sich ab
bestimmten Auswahlgrößen eine annähernd stetige Verteilung zufälliger Abweichungen ergeben würde, die der Gauß-
verteilung entspricht.
Wie beim Nominalfall ist es nun weitgehend Konvention, ab
wann man von "genügend" großen Auswahlen spricht. Einige
Autoren verlangen eine Auswahlgröße von n=100, aber im
allgemeinen geht man davon aus, daß schon bei n=30 eine
genügende Annäherung an die Normalverteilung vorliegt
(Sahner, 1971, S. 57; Kellerer, 1963, S. 29)[1]. <u>Würden wir
also mit Auswahlen dieser Mindestgröße ein Massenexperiment</u>

---

1) Bei kleineren Auswahlen müssen wir allerdings eine normalverteilte Grundgesamtheit fordern. Zudem greift man
bei kleineren Auswahlen auf die sogenannte "t-Verteilung" zurück. Diese nähert sich ab n=30 sehr stark der
Normalverteilung an. Da wir uns hier vor allem mit
größeren Auswahlen befassen, wollen wir weiter die
Normalverteilung als relevante theoretische Verteilung
betrachten, zumal sie leichter zu handhaben ist (s. zu
diesem Problemkreis: Sahner, 1971, S. 57 ff.)

veranstalten, dann würden sich die Mittelwerte dieser Auswahlen normalverteilt um den Mittelwert μ der Grundgesamtheit - der Urne - verteilen, unabhängig davon, ob diese
Grundgesamtheit normalverteilt ist oder nicht; d.h.,wir
könnten Wahrscheinlichkeiten dafür angeben, in welchem Abstand zum wahren Wert die Mittelwerte unserer Serie liegen
werden.

Wir haben nun für den homograden und den heterograden Fall
- also für qualitative und quantitative Merkmale - Möglichkeiten entwickelt, Wahrscheinlichkeiten für das Ergebnis
von Auswahlen anzugeben, wenn uns die Merkmale der Grundgesamtheit bekannt sind: mit bestimmten berechenbaren
Wahrscheinlichkeiten liegen solche Auswahlergebnisse in
bestimmten Abschnitten der Normalverteilung bzw. der
Binomialverteilung. Wie wir anfangs gesagt haben, sollen
jedoch Auswahlen dem Zweck dienen, Aussagen über weitgehend unbekannte Grundgesamtheiten zu erlauben. Uns interessiert also weniger der Schluß von der Grundgesamtheit
auf die Auswahl (Inklusionsschluß) sondern im Gegenteil
der induktive Schluß von den Maßzahlen der Auswahl auf
die Merkmale der Grundgesamtheit (Repräsentationsschluß).
Dies wollen wir im folgenden besprechen.

2.3. <u>Statistische Schließverfahren: Der Repräsentations-
schluß</u>

Am Urnenmodell haben wir dargestellt, wie man bei Kenntnis
der Merkmale der Grundgesamtheit (der <u>Parameter</u> einer
Grundgesamtheit) Angaben über die wahrscheinliche Zusammensetzung von Auswahlen aus dieser Grundgesamtheit machen
kann. Dabei bedienten wir uns eines theoretischen Massenexperiments von Auswahlen. Wir konnten zeigen, daß ab
bestimmten Auswahlgrößen ($n \geq 30$) die Merkmale dieser Auswahlen (ihre <u>Maßzahlen</u>) eine Normalverteilung bilden: im
heterograden Fall liegen die Mittelwerte solcher Auswahlen

normalverteilt um den Mittelwert μ der Grundgesamtheit;
im homograden Fall bilden die Kombinationen mit verschiedenen Häufigkeiten der binomialen Merkmale (p und 1-p)
eine Normalverteilung, deren Scheitelpunkt beim Grund-
gesamtheitsanteil P liegt.
Damit haben wir eine Möglichkeit, Wahrscheinlichkeiten für
mehr oder weniger starke Abweichungen vom Mittelwert dieser
Normalverteilung bzw. vom Mittelwert oder der Häufigkeitsverteilung der Grundgesamtheit anzugeben. Nun betrachten
wir diese Möglichkeiten von einer anderen Ausgangsposition;
wir gehen davon aus, daß uns lediglich die Merkmale einer
Auswahl bekannt sind, die wir aus einer gegebenen, aber
weitgehend unbekannten Grundgesamtheit gezogen haben. Dabei setzen wir voraus, daß unsere Auswahl streng nach den
Regeln einer Wahrscheinlichkeitsauswahl zusammengestellt
wurde - etwa, indem die einzelnen Einheiten nach dem beschriebenen Verfahren aus einer gut (immer wieder erneut)
durchgemischten Urne entnommen wurden. Unter diesen Umständen können wir unsere Auswahl als ein - zufällig
herausgegriffenes! - Glied einer ganzen Kette von solchen
Auswahlen in einem theoretischen Massenversuch betrachten.
Unterstellen wir zunächst einen solchen Versuch für den
heterograden Fall.

2.3.1. Der Repräsentationsschluß im heterograden Fall

Alle möglichen Auswahlen eines gedachten Massenversuchs
- bzw. deren Mittelwerte - verteilen sich nach dem vorher
Gesagten "normal" um den -uns unbekannten - Mittelwert der
Grundgesamtheit, aus der unsere Auswahl stammt. Wir wissen
daher, daß 68,3% aller möglichen Auswahlen im Abschnitt
± 1 Standardabweichung (der gedachten Verteilung!) von dem
Mittelwert der Grundgesamtheit liegen, 95,5% im Abschnitt
± 2 Standardabweichungen, usw. (s.S.85). Umgekehrt können
wir sagen, daß eine einzige zufällig herausgegriffene
Auswahl aus unserer Massenserie mit einer Wahrscheinlich-

keit von 68,3% im Bereich $\pm$ 1 Standardabweichung vom
Mittelpunkt dieser Auswahlverteilung und damit vom Mittelwert der Grundgesamtheit liegt, daß sie mit 95,5% im
Bereich $\pm$ 2 Standardabweichungen liegt usw.
Betrachten wir also eine uns vorliegende Auswahl als eine
unter allen möglichen eines solchen Massenexperiments, die
wir völlig zufällig herausgegriffen haben, dann können wir
Wahrscheinlichkeiten dafür angeben, daß sie bestimmte Abstände zum Mittelwert der gedachten Verteilung nicht überschreitet. So können wir beispielsweise sagen, daß der
Mittelwert unserer Auswahl mit 95,5%iger Wahrscheinlichkeit nicht mehr als $\pm$ 2 Standardabweichung vom Mittelwert
der Grundgesamtheit abweicht. Das heißt aber auch, daß
der wahre Wert der Grundgesamtheit - mit 95,5%iger Sicherheit - höchstens zwei Standardabweichungen größer oder
höchstens zwei Standardabweichungen kleiner ist als der
Auswahlwert.
Dies wollen wir uns wieder graphisch veranschaulichen,
wobei in den folgenden Abbildungen die Kurve die Verteilung des theoretischen Massenversuchs (die Sampleverteilung SV) darstellt, $\sigma_{\bar{x}}$ deren Standardabweichung ist und
$\bar{x}_1$ der Mittelwert unserer Auswahl sein soll; nehmen wir
zunächst an, $\bar{x}_1$ sei größer als der Mittelwert der Verteilung und damit größer als der Mittelwert der Grundgesamtheit:

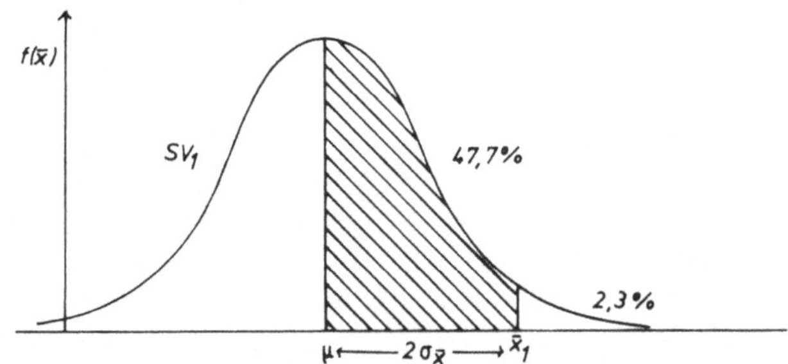

Abb.14: Sampleverteilung (SV$_1$) von Auswahlmittelwerten($\bar{x}$),
Wahrscheinlichkeit für Überschreitung des wahren
Mittelwertes(μ)

In dieser Abbildung stellt der schraffierte Bereich der
Auswahl- oder Sampleverteilung die Wahrscheinlichkeit dar,
daß unser Auswahlwert $\bar{x}_1$ höchstens 2 Standardabweichungen
größer ist als der Mittelwert der Sampleverteilung. Mit
47,7%iger Sicherheit können wir also sagen, daß sich unser
Auswahlmittelwert in diesem Kurvenabschnitt befindet; im
äußersten Fall liegt er bei $\mu + 2 \ \sigma\bar{x}$, wie es auf der
Abbildung dargestellt ist - möglicherweise liegt er auch
näher am Mittelwert, aber die Wahrscheinlichkeit, daß er
noch weiter entfernt ist, beträgt nur rund 2,3%.
Entsprechend können wir die Wahrscheinlichkeit dafür, daß
unser Auswahlwert höchstens 2 Standardabweichungen kleiner
ist als der Mittelwert der theoretischen Auswahlverteilung
(und damit dem Grundgesamtheitswert) folgendermaßen darstellen :

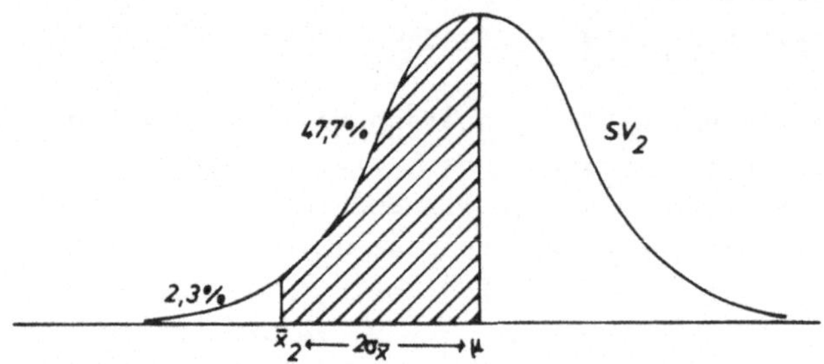

<u>Abb.15:</u> Sampleverteilung (SV_2) von Auswahlmittelwerten ($\bar{x}$),
Wahrscheinlichkeit für Unterschreitung des wahren
Mittelwertes (μ)

Auch hier stellt die Lage von $\bar{x}_1$ die unter unseren Bedingungen "ungünstigste" Situation dar: möglicherweise liegt $\bar{x}_1$
näher am Mittelwert μ , aber mit einer Wahrscheinlichkeit
von 47,7% ist er höchstens 2 $\sigma \bar{x}$ entfernt. Für eine noch
größere (negative) Abweichung besteht nur eine Restwahrscheinlichkeit von 2,3%. Fassen wir nun beide Möglichkeiten
zusammen, so erhalten wir den Bereich, in dem der Mittelwert der Auswahlverteilung bzw. der Mittelwert der Grund-

gesamtheit mit rund 95,5%iger Sicherheit liegt. Dieser Bereich wird auch der <u>Vertrauensbereich</u> oder das <u>Konfidenz-
intervall</u> genannt, in welchem der Grundgesamtheitswert
mit einer bestimmten Wahrscheinlichkeit liegt.

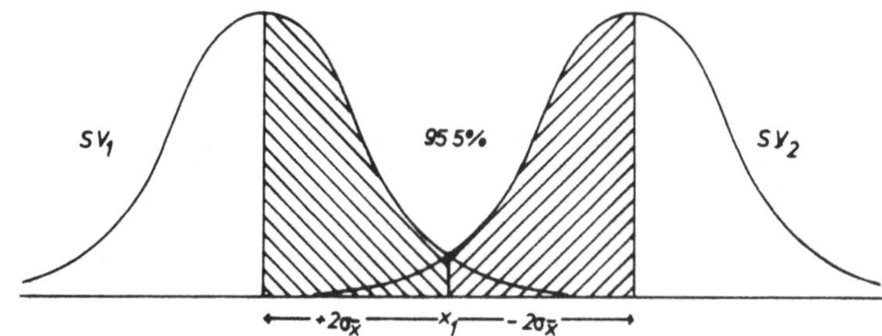

<u>Abb.16:</u> Darstellung eines Vertrauensbereichs, in dem mit
95%iger Sicherheit der wahre Mittelwert der Grundgesamtheit liegt

Diese Darstellung, die sich etwa bei S a h n e r (1971,S.47)
findet, könnte etwas verwirrend sein, weil hier zwei Kurven auftauchen, obwohl bei unserem Massenexperiment nur eine
einzige Auswahlverteilung zustande kommen würde. Tatsächlich
stellen unsere Kurven auch nur zwei Möglichkeiten dar, wie
diese eine Auswahlverteilung aussehen könnte; genauer: diese
beiden Alternativen stellen die Verteilungen um Mittelwerte
dar, bei denen unser Auswahlmittelwert gerade noch im
Bereich + bzw. - 2 Standardabweichungen liegen würde. Bei
Verteilungen mit weiter entfernten Mittelpunkten würde $\bar{x}_1$
in dem Bereich liegen, für den jeweils nur eine Restwahrscheinlichkeit von ca. 2,3% besteht. Bei Verteilungen mit
weniger weit entfernten Mittelpunkten würde dagegen $\bar{x}_1$ in
einem "wahrscheinlicheren" Bereich liegen. Diese Zusammenhänge mag die folgende Darstellung verdeutlichen, auf die
wir bei der Diskussion von statistischen Testverfahren
noch zurückkommen werden:

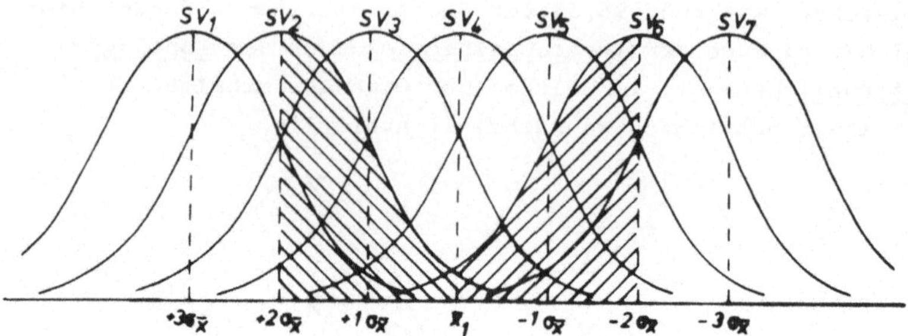

Abb.17: Darstellung der möglichen Zuordnung eines Auswahlmittelwertes zu verschiedenen Sampleverteilungen

In dieser Abbildung entsprechen die Sampleverteilungen SV_2
und SV_6 unseren bisher betrachteten, nämlich mit einem
Mittelpunkt im Abstand + bzw. - 2 Standardabweichungen. Die
Kurven SV_3 und SV_5 haben ihren Scheitelpunkt im Abstand von
nur einer Standardabweichung von $\bar{x}_1$, bei SV_4 entspricht der
Mittelwert der Auswahlverteilung sogar genau unserem bekannten Mittelwert. Diese Kurven, sowie eine ganze weitere
Schar von Kurven, deren Mittelwerte weniger als $\pm$ 2 Standardabweichungen von $\bar{x}_1$ entfernt sind, fallen in unseren
Vertrauensbereich; ihnen kommt unser Auswahlmittelwert
sogar näher als unsere <u>Sicherheitsgrenzen</u> im Abstand
$\pm$ 2 $\quad \sigma \bar{x}$ als maximale Abweichung erlauben.
Lediglich bei den Kurven SV_1 und SV_7 liegt $\bar{x}_1$ in einem
Bereich, für den jeweils nur 2,3% Wahrscheinlichkeit
besteht, also außerhalb unseres Vertrauensbereiches. Bei
SV_1 liegt $\bar{x}_1$ im Abstand von + 3 Standardabweichungen vom
Mittelwert dieser möglichen Sampleverteilung. In diesem
Bereich einer Normalverteilung liegen (s. Tab. I) 49,87%
aller möglichen Fälle, die Wahrscheinlichkeit, daß eine
noch größere positive Zufallsabweichung vorkommt, ist nur
0,13%. Entsprechend besteht nur eine Wahrscheinlichkeit
von 0,13%, daß eine Zufallsabweichung einen Auswahlwert
ergibt, der kleiner als μ - 3 $\sigma \bar{x}$ ist. $\bar{x}_1$ grenzt also für

SV_7 einen Bereich ab, in dem 49,87% aller negativen Abweichungen vom Grundgesamtheitsmittelwert liegen. Wollten
wir den Repräsentationsschluß mit 99,7%iger (2 mal 49,87)
Sicherheit vornehmen, würden wir die Sicherheitsgrenzen
im Abstand $\pm$ 3 Standardabweichungen von $\bar{x}_1$ ansetzen. Damit
würde zwar der Schluß sicherer, aber auch unpräziser, weil
unser Vertrauensbereich - auch Mutungsintervall genannt -
nun größer ist. Auf diesen Zusammenhang kommen wir ebenfalls noch zurück.

Mit der Entscheidung, den Bereich anzugeben, in dem der
Mittelwert der Grundgesamtheit mit 95,5%iger Wahrscheinlichkeit liegt, also $\bar{x}_1 \pm 2 \; \sigma\bar{x}$, sind wir ein Fehlerrisiko von rund 4,5% eingegangen: mit c.a. je 2,3% Wahrscheinlichkeit kann dieser Mittelwert mehr als 2 Standardabweichungen größer oder kleiner sein. Theoretisch kann er
auf unserer gedachten Verteilung - deren Enden sich ja
asymptotisch   der X-Achse nähern - der Auswahlwerte
sogar beliebig weit vom tatsächlichen Mittelwert der Grundgesamtheit entfernt sein, nur ist dieser Fall außerordentlich unwahrscheinlich.

Die Frage nach der Festlegung von Sicherheitsgrenzen bein-
haltet demnach die Frage, was wir als (noch) wahrscheinlich
oder als unwahrscheinlich betrachten; entscheiden wir uns
für einen Vertrauensbereich von $\bar{x}_1 \pm 2 \; \sigma_{\bar{x}}$, dann halten
wir es offenbar für unwahrscheinlich, daß wir unter allen
Möglichkeiten ausgerechnet eine Auswahl getroffen haben,
für die nur 4,5% Wahrscheinlichkeit besteht, die also in
weniger als 5 von 100 Fällen vorkommen würde. Bei Setzung
von $\bar{x}_1 \pm 3 \; \sigma_{\bar{x}}$ würden wir dagegen erst Fälle, die bei
1000 Fällen nur 3 mal zu erwarten sind, als unwahrschein-
lich bezeichnen und nicht in unseren Vertrauensbereich
einbeziehen. Wir würden dann nur eine Restwahrscheinlichkeit von 0,3% bzw. ein solches Fehlerrisiko haben. (Für
welches Risiko man sich entscheidet bzw. mit welcher
Sicherheit man Aussagen machen möchte, hängt von der jeweiligen Fragestellung ab. Die dabei zu bedenkenden Kon-

sequenzen wollen wir unter Punkt 2.3.3. diskutieren.)
Auf diese Weise können wir unseren Auswahlmittelwert mit
einem mehr oder weniger breiten Vertrauensbereich umgeben,
in dem der Mittelwert der Grundgesamtheit mit einer bestimmten Wahrscheinlichkeit bzw. Sicherheit liegt. In allgemeiner Form können wir also den <u>Repräsentationsschluß</u> folgendermaßen formulieren:

$$\mu = \bar{x} \pm z \ \sigma_{\bar{x}}$$

oder $\quad \bar{x} - z \sigma_{\bar{x}} \leqslant \mu \leqslant \bar{x} + z \ \sigma_{\bar{x}}$

Dabei ist μ der Mittelwert der Grundgesamtheit, $\bar{x}$ der
Mittelwert der Auswahl und $\sigma_{\bar{x}}$ die Standardabweichung der
theoretischen Sampleverteilung. "z" bedeutet ein Vielfaches
dieser Standardabweichung, das je nach gewünschtem Sicherheitsgrad gesetzt wird.[1] Meist interessiert man sich für
die z-Werte, die einer Restwahrscheinlichkeit von 5%
(95%ige Sicherheit) oder von 1% (99%ige Sicherheit) entsprechen. Diese z-Werte sind $\pm$ 1,96 und $\pm$ 2,58, wobei man
in der Sozialforschung häufig einem z-Wert von $\pm$ 1,96 den
Vorzug gibt. Dieser Wert wird oft auf 2 aufgerundet, selbst
wenn man dann nur von einer 95%igen Sicherheit spricht
(anstelle des korrekteren Wertes von 95,5%). Diese Konvention wird auch als <u>2 σ (zwei-Sigma – Regel)</u> bezeichnet.
Unter Anwendung dieser 2-Sigma-Regel würde unser Schluß
also folgendermaßen lauten:

$$\mu = \bar{x} \pm 2 \ \sigma_{\bar{x}}$$

oder $\quad \bar{x} - 2 \ \sigma_{\bar{x}} \leqslant \mu \leqslant \bar{x} + 2 \ \sigma_{\bar{x}}$

---

1) An Stelle von "z" wird als Multiplikator auch häufig "t"
   verwendet (so bei Scheuch, 1967, S. 318; Kellerer, 1963,
   S. 34), wenn die Auswahl größer als n=30 ist. Wir benutzen "z", um deutlich zu machen, daß wir uns auf die
   normierte Normalverteilung beziehen. Bei "t" könnte der
   Eindruck entstehen, daß die "t-Verteilung" herangezogen
   werden müßte (s.S.94,104), was bei Auswahlgrößen ab 30
   allerdings kaum einen Unterschied machen würde, da sich
   beide Verteilungen mit wachsendem Auswahlumfang an-
   gleichen.

Noch einmal in Worten: bei einem gegebenen Auswahlmittelwert $\bar{x}$ liegt der Parameter der Grundgesamtheit, μ , mit
95%iger Sicherheit im Bereich $\bar{x}$ $\pm$ 2 Standardabweichungen
der theoretischen Sampleverteilung; mit dieser Sicherheit
ist also μ höchstens 2 $\sigma_{\bar{x}}$ größer oder höchstens 2 $\sigma_{\bar{x}}$
kleiner als $\bar{x}$. Allerdings besteht jeweils ein Fehler-
risiko von ca. 2,3%, daß μ diese Grenzen überschreitet,
also insgesamt ein Fehlerrisiko von 5%.
Damit haben wir das Prinzip des Repräsentationsschlusses
dargestellt. Allerdings spielt bei diesem Schlußverfahren
neben dem uns bekannten Mittelwert unserer Auswahl die
<u>Standardabweichung einer lediglich gedachten Samplevertei-
lung</u> eine entscheidende Rolle: $\sigma_{\bar{x}}$.
Auf Seite 91 konnten wir zeigen, daß diese Standardabweichung der theoretischen Auswahlverteilung von der
Größe der Auswahl selbst und von der Streuung der Grundgesamtheit abhängig ist:

$$\sigma_{\bar{x}} = \frac{\sigma_X}{\sqrt{n}}$$

Diese Formel hilft uns nun jedoch leider nur begrenzt weiter, denn die Streuung in der Grundgesamtheit wird uns in
den meisten Fällen <u>unbekannt</u> sein. Wir wollen ja gerade
mit Hilfe unserer Auswahl etwas über die Grundgesamtheit
erfahren. Die einzigen Merkmale, von denen wir ausgehen
können, sind also in der Regel die unserer Auswahl (s.
dazu auch Kap.1.5.).
Nun läßt sich zeigen, daß die in einer nicht zu kleinen
Auswahl (n $\geq$ 30) festgestellte Streuung bzw. Varianz(s_x^2)
ein unverzerrter und hinreichend genauer Schätzwert der

Varianz der Grundgesamtheit (σ_X) ist[1]:

$$\sigma_X \approx s_X^2$$

Für die Standardabweichung der theoretischen Durchschnittsverteilung - auch als <u>Standardfehler des Durchschnitts</u> be-

---

1) Den mathematischen Beweis bringen Kellerer, 1963, S.48
ff.; Neurath, 1966, S. 179 ff. u. 455 ff., ebenso Hansen,
Hurwitz und Madow, 1964, II, S. 98. Da wir diese Ableitungen für unsere weiteren Überlegungen nicht benötigen,
soll nur kurz ihr Prinzip angedeutet werden: Ebenso wie
man bei einem Massenexperiment erwarten kann, daß der
Durchschnitt der gefundenen Auswahlmittelwerte dem Grund-
gesamtheitsdurchschnitt entspricht, kann man erwarten,
daß bei genügend großen Auswahlen deren durchschnittliche
Streuung der Streuung in der Grundgesamtheit entspricht.
Infolgedessen werden wir, wenn wir die Grundgesamtheits-
varianz durch die Varianz einer zufällig herausgegriffe-
nen Auswahl unserer Massenserie schätzen, diese nicht
systematisch über - oder unterschätzen (es liegt keine
systematische Verzerrung vor - unbiased estimate) (s.
Fußnote auf S. 84). Allerdings werden wir sie im Einzelfall mal unter, mal überschätzen. Inwieweit dies geschieht, hängt offenbar von der Unterschiedlichkeit der
Streuungen von Auswahl zu Auswahl ab: vom Standardfehler
der Standardabweichung. Für diesen Standardfehler läßt
sich nun zeigen, daß er kleiner ist als der Standardfehler des Durchschnitts bzw. die Standardabweichung der
Durchschnittsverteilung im Massenversuch, und zwar umso
mehr, je größer der Auswahlumfang ist. Die Streuung der
Standardabweichungen von Auswahl zu Auswahl wird daher
bei größeren Auswahlen (bereits ab n=30) vernachlässigt.
Bei kleineren Auswahlen kann diese Unterschiedlichkeit
allerdings nicht übergangen werden. Dies wird durch die
"t-Verteilung" (Sahner, 1971, S.57 ff.; Kellerer, 1963,
S. 49 ff.) berücksichtigt, die bei kleineren Auswahlen von
von der Normalverteilung abweicht (sie ist breiter und
flacher) und ab etwa n=30 mehr und mehr in sie übergeht.
Wird daher σ_X durch (das variable) s_X geschätzt, wäre
es korrekter, den Multiplikator "t" anstelle von "z" in
unsere Formel des Repräsentationsschlusses einzuführen,
wie es vielfach geschieht, obwohl man dann auf die Normalverteilung und nicht auf die "t"-Verteilung zurückgreift.
Der Einheitlichkeit halber (auch innerhalb der Skriptenreihe - siehe Sahner, 1971; Benninghaus, 1974) bleiben
wir bei der Benennung "z", wenn wir auf die Normalverteilung zurückgreifen, d.h. wenn wir davon ausgehen können,
daß die Streuung von s_X zu vernachlässigen ist (ab n=30).

zeichnet - ergibt sich dann[1]):

$$\sigma_{\bar{x}} = \frac{\sigma_X}{\sqrt{n}} \approx \frac{s_x}{\sqrt{n}}$$

Wenn es sich um einen Schätzwert handelt, wollen wir dies
in Zukunft mit dem Zeichen $\wedge$ kennzeichnen. Setzen wir
also als Schätzung von σ_X s_x ein, so schreiben wir:

$$\hat{\sigma}_{\bar{x}} = \frac{s_x}{\sqrt{n}}$$

Nun können wir alle für den Repräsentationsschluß erforderlichen Variablen unserer Auswahl entnehmen. Voraussetzung
zur Anwendung unserer Schlußformel ist jedoch eine Auswahlmindestgröße von 30 und selbstverständlich eine Wahrscheinlichkeitsauswahl.
Diese Bedingungen sind im folgenden Beispiel erfüllt: Angenommen, wir haben unsere vielstrapazierte Urne mit Kugeln
gefüllt, die die Einwohner einer Stadt symbolisieren und
auf denen jeweils das Alter dieser Personen aufgetragen
ist. Aus diesen Kugeln haben wir nun "zufällig" 1000 Kugeln
(Personen) gezogen und ein Durchschnittsalter von $\bar{x} = 35$
Jahren sowie eine Standardabweichung s_x von 10 Jahren errechnet. In welchen Grenzen wird - mit 95%iger Sicherheit -
das Durchschnittsalter der Stadtbevölkerung liegen? Die
Antwort ergibt sich nach dem Schema

$$\mu = \bar{x} \pm 2\,\sigma_{\bar{x}}$$
$$\mu = \bar{x} \pm 2\,\hat{\sigma}_{\bar{x}} = \bar{x} \pm 2\,\frac{s_x}{\sqrt{n}}$$

---

1) Im folgenden sprechen wir häufig über $\sigma_{\bar{x}}$, wodurch eine
   Verzerrung durch die $\sqrt{}$ erfolgen würde, wenn dies auch
   bei den Schätzformeln geschähe. Deshalb wird bei diesen
   Formeln stets die Varianz benützt.

also $\quad \mu = 35 \pm 2 \; \dfrac{10}{1000} \; \approx 35 \pm 2 \cdot 0{,}32$

$\qquad \mu = 35 \pm 0{,}64$

oder $\quad 35-0{,}64 \leqslant \mu \leqslant 35 + 0{,}64$

Das Durchschnittsalter liegt also mit einer Sicherheit von
95% zwischen 34,36 und 35,64 Jahren. Allerdings besteht
eine Restwahrscheinlichkeit von 5%, daß dieser Bereich nach
oben (2,5%) oder unten (2,5%) über- bzw. unterschritten
wird (das Durchschnittsalter also über 35,64 Jahren bzw.
unter 34,36 Jahren liegt).

2.3.2. <u>Der Repräsentationsschluß für qualitative Merkmale
bzw. für den homograden Fall</u>

Während wir im heterograden Fall vom Mittelwert quantitativer Merkmale, den wir für eine Auswahl berechnet haben,
auf den entsprechenden Mittelwert der Grundgesamtheit
schließen, geht es nun darum, von den in einer Auswahl gefundenen Prozentsätzen qualitativer Merkmale auf den Prozentsatz dieser Merkmale in der Grundgesamtheit zu schließen.
Das Prinzip bleibt dabei das gleiche wie im heterograden
Fall, allerdings benötigen wir nun nicht mehr unbedingt
die Vorstellung einer Massenserie von Auswahlen, um deren
theoretische Verteilung abzuleiten. Vielmehr konnten wir
bei der Diskussion der Binomialverteilung zeigen, daß sich
bei einer Grundgesamtheit mit bestimmten Anteilen P und
1-P die Wahrscheinlichkeiten für die Zusammensetzung der
möglichen Auswahlen (der Kombinationen) direkt errechnen
ließen - wenn auch bei steigender Auswahlgröße mit unver-
tretbarem Aufwand. Bei einer gleichgewichtigen Grundgesamtheit (P=0,5) ergab sich eine Verteilung der Kombinationen,
die bei größeren Auswahlen (n $\geqslant$ 30) in die Form der Normalverteilung überging und dieser bei unendlich großen

Auswahlen völlig entsprach (dann könnten wir allerdings wiederum keine Wahrscheinlichkeiten von einzelnen Kombinationen, sondern nur für bestimmte Intervalle berechnen).

Ferner hatten wir gesehen, daß mit steigender Auswahlgröße die Verteilung der Kombinationen auch dann der Normalverteilung weitgehend entsprach, wenn in der Grundgesamtheit eines der beiden Merkmale stark überwog: bei P bzw. 1-P $\geq$ 10% konnten wir unterstellen, daß die Normalverteilung für unsere Zwecke genügend angenähert wurde, wenn der Auswahlumfang n=30 überstieg. Der Scheitelpunkt dieser Verteilung (der Erwartungswert) würde dann wie im heterograden Fall, beim Parameter der Grundgesamtheit liegen, d.h. im homograden Fall beim Prozentsatz P des qualitativen Merkmals.
Wir können also bei einer gegebenen Grundgesamtheit wiederum die Wahrscheinlichkeiten für Kombinationen mit mehr oder weniger starker Abweichung von der Verteilung der Grundgesamtheit bzw. vom Mittelpunkt der Verteilung angeben. (Selbstverständlich würden wir mit Hilfe eines Massenexperiments zum gleichen Ergebnis kommen, da wir ja Auswahlen entsprechend ihrer Wahrscheinlichkeit ziehen würden und die Binomialverteilung diese Wahrscheinlichkeiten beschreibt.) Auswahlen bzw. Kombinationen, die nicht mehr als eine Standardabweichung vom Mittelwert der theoretischen Verteilung abweichen, haben eine Wahrscheinlichkeit von 68,3% usw. (s.S. 85). Nun drehen wir die Argumentation wieder um (Bayesscher Umkehrschluß) und folgern, daß die eine Auswahl, die uns vorliegt, mit einer bestimmten Wahrscheinlichkeit nicht mehr als eine entsprechende Anzahl von Standardabweichungen vom Mittelpunkt der Verteilung bzw. vom Mittelwert der Grundgesamtheit entfernt sein wird. Genau wie im heterograden Fall (s.S.98) bilden wir so einen Vertrauensbereich, in dem der Parameter der Grundgesamtheit mit einer bestimmten Sicherheit liegt.
Wie im heterograden Fall haben wir nun das Problem, die

Standardabweichung der theoretischen Verteilung der Kombinationen bzw. der Verteilung von Auswahlprozentsätzen in
einer theoretischen Massenserie von Auswahlen zu bestimmen.
Wir müssen also die Streuung dieser Verteilung berechnen
oder schätzen. Dabei stoßen wir auf Schwierigkeiten, die
beim heterograden Fall verwendeten Größen,nämlich den
Durchschnitt bzw. Mittelwert und die Streuung quantitativer
Merkmale, für den homograden Fall anzuwenden. So ist zunächst die Vorstellung einer Standardabweichung bei der
Häufigkeitsverteilung einer binominalen Merkmalsausprägung,
fehl am Platz, weil eine Einheit der Grundgesamtheit oder
der Auswahl eine solche Ausprägung entweder aufweist oder
nicht, eine mehr oder weniger starke Ausprägung dieses
Merkmals bei einer Einheit also nicht vorstellbar ist.
Eine Anzahl schwarzer und weißer Kugeln hat eben auch keinen Mittelwert, wenn man nicht durch pointillistische Farb-
mischung den Farbwert "grau" herstellen möchte. Ohne Mittelwert ist jedoch keine durchschnittliche Abweichung von ihm
definiert. Um die Normalverteilung für den homograden
Fall anwenden zu können, werden daher die qualitativen
Merkmale in quantitative umdefiniert und auf diese Weise
die benötigten Ausdrücke und Formeln abgeleitet. Dies wollen wir später im einzelnen darstellen (s.S. 137 ff.).

Die Vorstellung eines Mittelwertes und entsprechender Abweichungen ist jedoch auch im homograden Fall sinnvoll,
wenn man wieder von einer Massenserie von Auswahlen aus
einer Grundgesamtheit ausgeht. Die Prozentwerte eines
qualitativen Merkmals, die wir für solche Auswahlen bestimmen können, werden sich in der uns bekannten Weise um einen
mittleren Wert verteilen, und zwar um den Parameter der
Grundgesamtheit,P. <u>P ist also der Mittelwert unserer theoretischen Verteilung</u>. Wonach bestimmt sich nun die Streuung dieser Verteilung, wodurch wird die mehr oder weniger
große Unterschiedlichkeit der Auswahlen unserer Serie bzw.
der möglichen Kombinationen beeinflußt? Dies hatten wir im
Prinzip bereits bei der Entwicklung der Binomialverteilung

beantwortet: mit steigendem Auswahlumfang nahm die Anzahl
der Kombinationen stark zu; vor allem die Anzahl solcher
Auswahlzusammensetzungen, die nahe um den Mittelpunkt der
Verteilung lagen, die sich also recht wenig unterschieden,
stieg mit steigender Auswahlgröße sehr rasch an. Dagegen
wurden extrem einseitige Kombinationen immer seltener, unwahrscheinlicher. Wir können also folgern, <u>daß mit steigender Auswahlgröße die durchschnittliche Abweichung vom
Mittelwert der Auswahlverteilung abnimmt,</u> wie es auch für
den heterograden Fall zutrifft. Dort konnten wir darüber
hinaus zeigen, daß die Streuung der Auswahlverteilung von
der Streuung in der Grundgesamtheit abhängt.
Im homograden Fall können wir nun nicht von Grundgesamtheiten mit mehr oder weniger großer Streuung reden. Dagegen
kann eine solche Grundgesamtheit in bezug auf die uns
interessierenden qualitativen Merkmale mehr oder weniger
<u>homogen</u> bzw. <u>heterogen</u> sein: besteht unsere Urne nur aus
schwarzen Kugeln, dann ist sie homogen in bezug auf das
Merkmal Farbe, ebenso, wenn alle Kugeln weiß sind. Je mehr
eine Farbe bzw. eine sonstige binominale Merkmalsausprägung überwiegt, desto homogener in bezug auf dieses Merkmal
ist also unsere Urne bzw. unsere Grundgesamtheit. <u>Die
größte Heterogenität liegt dann vor, wenn beide Merkmalsausprägungen gleich stark vertreten sind, also bei P=0,5.</u>
Diesen Fall hatten wir bei der Ableitung der Binomialverteilung unterstellt, also eine Verteilung der Grundgesamtheit, bei der jede der binomialen Merkmalsausprägungen die
gleiche Wahrscheinlichkeit hatte, das Ziehen des einen
oder des anderen Merkmals "gleichmöglich" war. Fehlt diese
Gleichgewichtigkeit, dann liegen auch nicht mehr gleiche
Wahrscheinlichkeiten für die beiden Merkmalsausprägungen
vor und entsprechend werden sich die Auswahlkombinationen
nicht mehr mit gleichen Wahrscheinlichkeiten um den Scheitelpunkt der Kurve verteilen. Dies hatten wir durch
"schiefe" Verteilungen (s.S.63) dokumentiert: Die Wahrscheinlichkeit für Kombinationen, die der Zusammensetzung

der Grundgesamtheit entsprachen, war höher als bei einer
gleichverteilten Urne (heterogenen Grundgesamtheit),extrem
abweichende Kombinationen hatten eine geringere Wahrscheinlichkeit. Wenn aber größere Abweichungen vom Mittelwert
der Verteilung unwahrscheinlicher sind, dann ist die Streuung dieser Verteilung geringer.
Diesen Zusammenhang können wir an einem einfachen Beispiel
plausibel machen: Unsere Urne sei zu 90% mit schwarzen, zu
10% mit weißen Kugeln gefüllt. Wenn wir nun Auswahlen der
Größe n=2 entnehmen würden, dann bestünde für eine "nur
schwarze" Auswahl die Wahrscheinlichkeit $0,9 \cdot 0,9 = 0,81$,
für eine "schwarz-weiße" Auswahl die Wahrscheinlichkeit
$0,9 \cdot 0,1 + 0,1 \cdot 0,9 = 0,18$, für eine "nur weiße" Auswahl
die Wahrscheinlichkeit $0,1 \cdot 0,1 = 0,01$ (s.S.44). Bei einer
unendlich großen Serien von Auswahlen dieses Umfanges würden also 81% nur schwarz sein, d.h. also, daß von einer
Streuung der Auswahl-"Verteilung" kaum noch die Rede sein
kann. Diese Einseitigkeit würde mit steigendem Auswahlumfang allerdings abnehmen, bei n=3 wäre die Wahrscheinlichkeit nur noch $0,9 \cdot 0,9 \cdot 0,9 = 0,729$, usw.

<u>Die Streuung unserer Auswahlverteilung bzw. der Binomial-
verteilung ist also abhängig von der Homogenität der
Grundgesamtheit und von der Auswahlgröße: je homogener
die Grundgesamtheit und je größer die Auswahl, desto geringer ist die Streuung der Auswahlverteilung.</u>

Diese Streuung, ausgedrückt durch die Standardabweichung,
wird als <u>Standardfehler eines Prozentsatzes</u> bezeichnet,
analog zum Standardfehler eines Mittelwertes im heterograden Fall. Dieser Standardfehler σ_p des Prozentsatzes p
errechnet sich nach der Formel

$$\sigma_p = \sqrt{\frac{P(1-P)}{n}}$$

wobei $P(1-P)$ das Maß für die Homogenität der Grundgesamtheit ist. Diese Grundgesamtheit wird uns jedoch wieder
weitgehend unbekannt sein, wir müssen also die Parameter P
bzw. 1-P schätzen. Dazu dient uns der in unserer Auswahl

berechnete Prozentwert p. Die Schätzformel für den Standardfehler eines Prozentsatzes lautet also (wobei wieder durch
(n) und nicht (n-1) dividiert wird, da wir von großen
Fallzahlen ausgehen, s.S. 84):

$$\hat{\sigma}_p = \sqrt{\frac{p(1-p)}{n}}$$

Nachdem wir so den Standardfehler unserer theoretischen
Verteilung bestimmt haben, können wir nun genau wie im
heterograden Fall den Vertrauensbereich bestimmen, in dem
der Parameter der Grundgesamtheit mit einer bestimmten
Wahrscheinlichkeit liegt:

$$P = p \pm z \sqrt{\frac{p(1-p)}{n}}$$

"z" ist dabei wieder das Symbol für die Anzahl der Standardabweichungen bzw. für die Sicherheit des Repräsentationsschlusses. Da wir wie im heterograden Fall von einer
Normalverteilung der Auswahlverteilung ausgehen, sind mit
diesen "z"-Werten die gleichen Wahrscheinlichkeiten verbunden. Allerdings kann die Annahme einer Normalverteilung
der Binomialverteilung bzw. der Auswahlen einer Massenserie
nicht mehr aufrecht erhalten werden, wenn diese Auswahlen
sehr klein sind und zudem aus einer allzu homogenen Grundgesamtheit stammen. Dann nämlich würde die Auswahlverteilung "schief", also unsymmetrisch werden, wir müßten dann
die Grenzen links und rechts vom Mittelpunkt in verschiedenen Abständen setzen, um einen gleichwahrscheinlichen
Bereich abzugrenzen.
In jedem Falle werden wir gewisse Ungenauigkeit in Kauf
nehmen müssen, wenn die Grundgesamtheit nicht gleichverteilt und die Auswahl von beschränktem Umfang ist. Diese
Ungenauigkeiten sind jedoch für unsere Zwecke nicht gravierend, wenn folgende Mindestbedingungen (Neurath, 1966,
S.186; Sahner, 1971, S. 91; Clauss u. Ebner, 1971, S.149)
eingehalten werden:

- <u>Der Auswahlumfang sollte nicht kleiner als n=25 oder n=30
  sein</u>. Je weiter der Auswahlprozentsatz p von 0,5 abweicht,
  desto größer sollte die Auswahl sein (da bei solch ungleichgewichtiger Auswahl auf eine ebensolche Grundgesamtheit geschlossen wird und sich unter dieser Voraussetzung
  eine schiefe theoretische Auswahlverteilung bilden würde,
  die durch einen größeren Auswahlumfang in gewissem Maße
  kompensiert werden würde).

- Die Schiefe der Auswahlverteilung kann jedoch auch bei
  einer größeren Auswahl <u>nicht</u> genügend überdeckt werden,
  <u>wenn der Auswahlprozentsatz p kleiner als 10% bzw.</u>
  <u>größer als 90% ist.</u>[1] Dann würden wir auf eine allzu homogene Grundgesamtheit schließen müssen.

- Die dritte Mindestbedingung konkretisiert die beiden
  ersten im Falle sehr kleiner und ungleichgewichtiger
  Auswahlen: <u>die kleinere der in der Auswahl gefundenen</u>
  <u>Häufigkeiten soll mindestens 5 betragen</u> (d.h. die seltenere der beiden Merkmalsausprägungen muß mindestens 5mal
  in der Auswahl vertreten sein), wenn wir mit unseren
  Formeln auf die Grundgesamtheit schließen wollen.

<u>Wenn diese Mindestbedingungen erfüllt sind,gehen wir davon</u>
<u>aus, daß die Binomialverteilung</u> (der Kombinationen bzw.
der Auswahlen einer Massenserie) <u>in etwa durch die Normal-</u>
<u>verteilung beschrieben wird</u>. Andere Autoren verlangen
schärfere Bedingungen für die Mindesthäufigkeit oder den
Auswahlumfang (Clauss u. Ebner, 1971, S. 149), die wir
jedoch in aller Regel in der Sozialforschung ebenso leicht
erfüllen wie die hier angeführten Bedingungen, die lediglich den äußersten Rahmen angeben, innerhalb dessen man

---

1) Bei noch kleineren Prozentsätzen, also bei ganz selte-
   nen Ereignissen,greift man auf die sogenannte Poisson-
   Verteilung zurück (Neurath, 1966, S. 166; Heyn, 1960,
   S. 20).

sinnvollerweise die Normalverteilung heranziehen kann.[1]

Ein Beispiel soll noch einmal den Repräsentationsschluß von
dem Prozentwert einer Auswahl auf den der Grundgesamtheit
verdeutlichen. Nehmen wir an, wir wollten den Anteil der
Männer an der Bevölkerung einer Stadt mit Hilfe einer Auswahl bestimmen. Um bei unserem Urnenmodell zu bleiben,
nehmen wir weiter an, alle diese Einwohner seien durch
Kugeln repräsentiert, auf denen ihr Geschlecht vermerkt
ist. Nach der uns bekannten Methode ziehen wir nun 1000
Kugeln. Davon seien 450 "männlich" und 550 "weiblich".
Demnach ist also p (Anteil von "männlich") = 45% und
1-p (Anteil von "weiblich") = 55%. Von diesen Werten wollen
wir auf den Wert der Grundgesamtheit schließen, in diesem
Fall also die Geschlechtsverteilung in der Stadt (Urne)
bestimmen. Als erstes haben wir zu prüfen, ob unsere Auswahl die soeben dargestellten Mindestbedingungen erfüllt:

- Die erforderliche Mindestgröße wird bei weitem über-
  schritten.

- Der kleinere der gefundenden Prozentsätze beträgt p=45%
  oder 0,45, übertrifft also das geforderte Mindestmaß

---

1) Ob unter diesen Bedingungen der Repräsentationsschluß
zu befriedigenden Ergebnissen führt, ist allerdings
eine andere Frage. Nehmen wir beispielsweise an, wir
hätten eine Auswahl von n=25 gezogen und einen Auswahlprozentsatz von p=20% ermittelt. Dann wäre die absolute Häufigkeit des zu p gehörigen Merkmals p·n = 5.
Unsere Bedingungen wären also erfüllt. Wenden wir nun
unsere Schließformel an, dann ergibt sich für z=2:

$$P = p \pm 2 \sqrt{\frac{p(1-p)}{n}} = 0,2 \pm 2 \sqrt{\frac{0,2 \cdot 0,8}{25}} = 0,2 \pm 2\frac{0,4}{5} = 0,2 \pm 0,16;$$

$$0,04 \leq P \leq 0,36$$

d.h., wir könnten mit 95%iger Sicherheit sagen,daß der
wahre Wert der Grundgesamtheit, P, zwischen 4 und 36%
liegt - eine Aussage von nicht gerade umwerfender Genauigkeit. Bei einer bestimmten geforderten Genauigkeit
wird man daher schärfere Bedingungen,vor allem an die
Auswahlgröße, stellen müssen (s.Kap.2.4.4.).

von p=10% oder 0,10 ebenfalls deutlich.
- Keine der absoluten Häufigkeiten ist kleiner als 5, vielmehr haben wir Häufigkeiten von 450 und 550.
<u>Unter diesen Bedingungen können wir annehmen, daß die Ver-
teilung der Prozentwerte einer</u> (theoretisch unendlich
großen) <u>Serie von Auswahlen derselben Größe und aus derselben Grundgesamtheit der Normalverteilung sehr nahe käme.</u>
Wir können daher angeben, mit welcher Wahrscheinlichkeit
eine dieser Auswahlen einen bestimmten Abstand zum Mittelwert der Verteilung nicht überschreiten wird. Umgekehrt
können wir sagen, daß der Mittelwert dieser Verteilung, der
dem wahren Wert der Grundgesamtheit entspricht, mit einer
bestimmten Wahrscheinlichkeit in einem Bereich liegt, den
wir um den in der Auswahl gefundenen Prozentwert ziehen.
Die Grenzen dieses Bereiches legen wir durch die Standardabweichung der gedachten Verteilung (bzw. der Binomialverteilung der möglichen Kombinationen) fest: je mehr solcher
Standardabweichungen wir zu unserem Prozentsatz hinzu- bzw.
von ihm abziehen, desto sicherer können wir sein, daß der
Grundgesamtheitswert in diesem Bereich liegt. Nehmen wir an,
wir wollen unseren Schluß, wie in der Sozialforschung vielfach üblich, mit 95%iger Sicherheit vornehmen. Dann müssen
wir die Grenzen im Abstand $\pm$ 2 Standardabweichungen setzen.

Die Standardabweichung der gedachten Verteilung von Prozentwerten in einer Massenserie - der Standardfehler des Prozentsatzes p - ist uns jedoch unbekannt, da er sich aus
den Prozentsätzen der uns unbekannten Grundgesamtheit errechnet. Diese Werte schätzen wir durch die in der Auswahl
ermittelten Prozentsätze, p und 1-p. Damit haben wir alle
für den Repräsentationsschluß benötigten Größen: die Prozentwerte p und 1-p, die Auswahlgröße n, den Standardfehler σ_p bzw. dessen Schätzwert $\hat{\sigma}_p$ sowie die Entscheidung über den z-Wert, der die Sicherheit unseres
Schlusses angibt:

$$P = p \pm z \, \hat{\sigma}_p = p \pm z \sqrt{\frac{p(1-p)}{n}} = 0{,}45 \pm 2 \sqrt{\frac{0{,}45 \cdot 0{,}55}{1000}}$$

$$0{,}45 - 2 \sqrt{\frac{0{,}45 \cdot 0{,}55}{1000}} \leq P \leq 0{,}45 + 2 \sqrt{\frac{0{,}45 \cdot 0{,}55}{1000}}$$

$$0{,}45 - 0{,}031 \leq P \leq 0{,}45 + 0{,}031, \text{ runden wir ab:}$$

$$0{,}42 \leq P \leq 0{,}48$$

Der wahre Wert der Grundgesamtheit liegt also mit 95%iger
Sicherheit zwischen 42% und 48%. Die Bevölkerung der unter-
suchten Stadt besteht mit der angegebenen Sicherheit zu
mindestens 42% und höchstens zu 48% aus Männern. Es besteht
nur eine Wahrscheinlichkeit von 5%, daß diese Grenzen über-
bzw. unterschritten werden.

- Damit haben wir sowohl für den heterograden wie für den
homograden Fall Verfahren entwickelt, von den (Mittel- bzw.
Prozent-)Werten einer Auswahl auf den Parameter der Grundgesamtheit zu schließen. In beiden Fällen spielte dabei
die theoretische Verteilung möglicher Abweichungen von einem
Mittelwert eine entscheidende Rolle. Diese Verteilungen
(die Binomial- und Normalverteilung) konnten wir unter der
Voraussetzung ableiten, daß die Zufälligkeit der Auswahl
aller Einheiten unserer Samples gesichert war. Nur dann
konnten wir die Regeln der Wahrscheinlichkeitsrechnung anwenden und die Wahrscheinlichkeiten bestimmter Abweichungen
bestimmen. Deshalb hatten wir ja auch anfangs "Zufallsauswahlen" als "Wahrscheinlichkeitsauswahlen" bezeichnet. Bei
Vorliegen solcher Auswahlen konnten wir Bereiche festlegen,
in denen beim Repräsentationsschluß der Parameter der
Grundgesamtheit mit berechenbarer Wahrscheinlichkeit lag.
Diese Wahrscheinlichkeit entspricht der "Sicherheit" unseres
Schlusses. Diese Sicherheit konnten wir durch die Wahl des
z-Wertes, mit dem der Standardfehler des Mittelwertes bzw.
des Prozentsatzes multipliziert wird, frei bestimmen. Im
folgenden wollen wir einige Konsequenzen diskutieren, die
mit der Wahl eines bestimmten z-Wertes bzw. Sicherheitsgrades verbunden sind.

2.3.3. <u>Sicherheit und Präzision beim statistischen Schließen</u>

Wir hatten gesehen, daß der Repräsentationsschluß umso
sicherer ist, je weiter das Intervall ist, das wir um
unseren Auswahlwert legen. Dieses Intervall nennen wir
<u>Mutungsintervall</u>, <u>Sicherheits-</u> oder <u>Vertrauensbereich</u>. Die
Grenzen dieses Bereiches sind die <u>Sicherheitsgrenzen</u>, die
je nach Abstand einem bestimmten <u>Sicherheitsgrad</u> entsprechen. Der Abstand wird in Werten der normierten Standardabweichung, also z-Werten angegeben; der Sicherheitsgrad
wird durch den Prozentsatz der möglichen Auswahlwerte gekennzeichnet, die in das durch die Sicherheitsgrenzen
festgelegte Intervall der Normalverteilungskurve fallen.
In der folgenden Aufstellung, die wir Scheuch (1956,
S. 231) entnehmen, ist für einige z-Werte der zugehörige
Sicherheitsgrad aufgeführt, mit dem der gesuchte Parameter der Grundgesamtheit im Intervall "Auswahlmaßzahl
(p bzw. $\bar{x}$) $\pm$ z Standardfehler" (Vertrauensbereich) liegt.
Dabei setzen wir voraus, daß die Auswahlgröße n $\geq$ 30 ist
und die weiteren Mindestbedingungen für den Repräsentationsschluß eingehalten sind.

z-Wert	Sicherheitsgrad, mit dem der Parameter im Vertrauensbereich liegt (in %)
0,6745	50
1	68,3
1,15	75
1,64	90
1,96	95
2	95,5
2,33	98
2,58	99
3	99,7
3,29	99,9
4,89	99,9999

Je größer also der z-Wert, desto größer der Vertrauensbereich und desto höher der Sicherheitsgrad. Welchen Sicherheitsgrad sollte man nun wählen, d.h. mit welcher Sicherheit kann man sich zufrieden geben?

Wir hatten bereits mehrfach erwähnt, daß in der Sozialforschung vielfach ein Sicherheitsgrad von 95% verwendet wird
(dem man dann allerdings einen z-Wert von 2 - anstatt
1,96 - zuordnet). In den Naturwissenschaften wird dagegen
häufiger ein Sicherheitsgrad von 99% oder 99,9% verlangt.
<u>Beide Entscheidungen sind willkürlich und können nicht
verabsolutiert werden.</u> Vielmehr kommt es ganz auf den
Einzelfall an, welches <u>Sicherheitsrisiko</u> wir zu tragen
bereit sind. Diese Risikobereitschaft wird von den Folgen
abhängen, die ein eventueller Fehlschluß hat. A n d e r -
s o n (1963, S. 113) illustriert diesen Zusammenhang mit
einigen plastischen Beispielen: "Wenn es z.B. feststünde,
daß in einem Bergkurort im Sommer und Herbst durchschnittlich nur an 5 Tagen von 100 Nebel auftritt, so würde man
mit Recht behaupten, dieser Ort sei in der angegebenen
Zeit praktisch nebelfrei. Sollte unser Verwandter eine
Krankheit bekommen, an der im Durchschnitt nicht weniger
als 5 vH. sterben, so würde uns sein Leben als recht gefährdet erscheinen, und falls es sich herausstellt, daß
ganze 5 vH. der Brücken, die eine Eisenbahnverwaltung
baut, beim Durchgang des ersten Zuges zusammenstürzen, so
würden sich von allen Seiten flammende Proteste erheben
und die schuldigen Unternehmer bzw. Aufsichtspersonen
hätten schwerste Strafen zu erwarten." Ohne die Bedeutsam-
keit der Sozialforschung in Frage stellen zu wollen, müssen
wir doch davon ausgehen, daß solch drastische Folgen für
Leib und Leben wie ein Brückeneinsturz bei unseren Fragestellungen nicht zu befürchten sind. Zudem stehen die Ergebnisse der Sozialforschung - wie generell bei empirischer Forschung - in aller Regel nicht isoliert, sondern
werden - zumindest nach der Popperschen Idealvorstellung -
immer wieder an vergleichbaren Untersuchungen gemessen und
ständigen Falsifikationsversuchen ausgesetzt.
Nun würde die Setzung eines von der Fragestellung her
"unnötig" hohen Sicherheitsgrades keine Bedenken auslösen,
wenn nicht zugleich mit der Entscheidung für einen solchen

Sicherheitsgrad auch eine Entscheidung über die Genauigkeit des Schlusses getroffen würde: Je größer die geforderte Sicherheit, desto größer der Mutungsbereich und
desto unpräziser unser Schluß. Auf Seite 105f. hatten wir
beispielsweise eine Sicherheit von 95% gewählt (z=2) und
einen Vertrauensbereich von 34,36 bis 35,64 Jahren ausgerechnet, in dem das Durchschnittsalter der Grundgesamtheit
mit der angegebenen Sicherheit liegt. Hätten wir eine
Sicherheit von 99,9% (z=3,29) gefordert, dann hätte das
Produkt z $\sigma_{\bar{x}}$ den Wert 1,05 ergeben und wir hätten einen
Vertrauensbereich von ca. 34 und 36 Jahren erhalten. Es ist
nun offensichtlich, daß die Ungenauigkeit eines Repräsentationsschlusses umso größer wird, je größer der Standardfehler ist, den wir mit dem (wachsenden) z-Wert multiplizieren. Wenn wir daher trotz eines höheren Sicherheitsgrades auf einer bestimmten Genauigkeit des Schlusses bestehen wollen, müssen wir diesen Standardfehler zu reduzieren suchen. Dies könnte auf zweierlei Art geschehen,
wie die Formel für den Standardfehler zeigt:

$$\sigma_{\bar{x}} = \frac{\sigma_X}{\sqrt{n}} \quad ; \quad \sigma_p = \sqrt{\frac{P(1-P)}{n}}$$

Einmal könnte die Streuung in der Grundgesamtheit
(σ_X bzw. $\sqrt{P(1-P)}$)verkleinert werden. Diese zunächst
sonderbar anmutende Möglichkeit besteht tatsächlich, wie
wir bei den komplexen Auswahlverfahren zeigen werden. Hier
interessiert jedoch hauptsächlich die zweite Möglichkeit
zur Verringerung des Standardfehlers, die in der Vergrößerung des Auswahlumfanges liegt.

2.3.3.1. <u>Steigerung der Präzision bzw. der Sicherheit
durch Vergrößerung des Auswahlumfanges</u>

Nehmen wir wieder unser Beispiel des Durchschnittsalters,
wobei wir nun fordern, daß der Repräsentationsschluß
höchstens einen Vertrauensbereich von einem Jahr umfassen
soll. Das bedeutet, daß wir unsere Sicherheitsgrenzen im

Abstand von $\pm$ einem halben Jahr um unseren Auswahlwert
setzen. Dieses halbe Jahr wollen wir als den zulässigen
"Fehler" (e = error) bezeichnen. In der Formel

$$\mu = \bar{x} \pm z \frac{\sigma X}{\sqrt{n}}$$

würde also $z \frac{\sigma X}{\sqrt{n}}$ diesem Fehler entsprechen, und wir können
diesen Ausdruck nach n auflösen:

$$e = z \frac{\sigma X}{\sqrt{n}} ; \quad n = \frac{z^2 \sigma_X^2}{e^2}$$

Bei gegebenem Sicherheitsgrad (z) und zulässigem Fehler (e)
bzw. geforderter Genauigkeit können wir dann die notwendige Auswahlgröße ermitteln. Allerdings müssen wir nun
voraussetzen, daß uns die Streuung in der Grundgesamtheit
bekannt ist; wir können sie ja nicht mit unseren Auswahlwerten schätzen, weil diese Auswahl ja gerade erst vorbe-
reitet werden soll. Wir müssen also entweder aus anderen
vergleichbaren Untersuchungen bzw. aus einer kleinen Vorauswahl (pilot-study) Schätzungen für diese Streuung entnehmen (ist dies nicht möglich, können wir die größte
denkbare Streuung einsetzen, was allerdings zu unvertret-
bar und unnötig großen Auswahlen führen könnte).
Nehmen wir nun der Einfachheit halber an, wir hätten aus
einer Voruntersuchung einen Schätzwert von 10 Jahren für
die Streuung in der Grundgesamtheit ermittelt. Dann ergibt
sich (für e = 0,5) folgende Auswahlgröße:

$$n = \frac{z^2 \cdot 100}{0,25}$$

d.h., n ist nun nur noch davon abhängig, welchen z-Wert
wir wählen bzw. welchen Sicherheitsgrad wir fordern. Bei
einem Sicherheitsgrad von 95,5% (z=2) ergibt sich:

$$n = \frac{z^2 \cdot 100}{0,25} = \frac{400}{0,25} = 1600$$

Mit 99,7%iger Sicherheit (z=3) können wir bei gleicher Genauigkeit schließen, wenn n folgende Größe annimmt:

$$n = \frac{3^2 \cdot 100}{0,25} = \frac{900}{0,25} = 3600$$

und für einen Sicherheitsgrad von 99,9% (z=3,29) müssen wir
folgenden Auswahlumfang fordern:

$$n = \frac{3,29^2 \cdot 100}{0,25} = \frac{1080}{0,25} = 4320$$

Wir sehen also, daß eine Erhöhung des Sicherheitsgrades bei
gleichbleibender Genauigkeit ein sehr aufwendiges Verfahren
ist; aus der Formel für den Standardfehler

$$\sigma_{\bar{x}} = \frac{\sigma X}{\sqrt{n}}$$

können wir entnehmen, daß wir n mit dem Quadrat des Faktors
multiplizieren müssen, um den sich der Fehler verringern
soll. Wünschen wir etwa eine Halbierung des Standardfehlers,
müssen wir n vervierfachen. Die verhältnismäßige Ineffi-
zienz der Auswahlvergrößerung sehen wir auch an unserem
ursprünglichen Beispiel, bei dem eine Auswahl von n=1000
einen Fehler von 0,64 ergab, während wir bei gleichem
Sicherheitsgrad einen maximalen Fehler von 0,5 nur mit
1600 Auswahleinheiten erreichen können.
Abgesehen davon, daß in aller Regel der Umfang von Auswahlen schon aus Kostengründen nicht beliebig ausgedehnt werden
kann, ist dies gerade in der Praxis der Sozialforschung
auch nicht unbedingt wünschenswert, wie wir anfangs (s.S.14)
andeuteten: wir müssen vielmehr erwarten, daß sich mit
steigendem Auswahlumfang andere Fehler einschleichen werden (s.dazu den Exkurs über Fehlerarten, 4.2.), die die
Verkleinerung des Standardfehlers wieder zunichte machen
würden - allerdings würden wir diese Fehler nun schlechter
kontrollieren können als bei Auswahlen mit überschaubarer
Größenordnung. Durch die Angabe eines sehr hohen Sicherheitsgrades bei gleichzeitiger relativer Präzision des
Repräsentationsschlusses könnte daher eine unangemessen
optimistische Einschätzung der im allgemeinen erreichbaren
Zuverlässigkeit in der empirischen Sozialforschung provo-
ziert werden.

Im allgemeinen begnügt man sich daher in der Sozialforschung
mit dem relativ niedrigen Sicherheitsgrad von 95% bzw. einem
z-Wert von 2 (2-Sigma-Regel). Allerdings ist es nach dem
Vorhergesagten klar, daß man auch diese Regel nicht absolut
setzen sollte, sondern jeweils für den Einzelfall entscheiden muß, welches Fehlerrisiko man einzugehen bereit
ist und welche Genauigkeit man erreichen möchte.

2.3.3.2. Sicherheit, Präzision und Signifikanztests

Das Dilemma, daß - bei konstantem Auswahlumfang - eine Erhöhung des Sicherheitsgrades gleichzeitig eine Verbreite-
rung des Vertrauensbereiches (und damit sinkende Präzision
des Schlusses) und umgekehrt eine Einengung des Konfidenz-
intervalles gleichzeitig eine Vergrößerung des Fehlerrisikos bedeutet, gewinnt besondere Bedeutung bei dem neben
dem Repräsentationsschluß wichtigsten Anwendungsgebiet der
schließenden Statistik, nämlich bei den sogenannten Signifikanztests. Wir wollen das Prinzip dieser Testverfahren
nur in groben Umrissen darstellen, um den Zusammenhang mit
der Theorie der Wahrscheinlichkeitsauswahl und den dabei
anfallenden Fehlermöglichkeiten aufzuzeigen. Für eine eingehende Erörterung verschiedener Signifikanztests und
ihrer Anwendungsbedingungen verweisen wir auf Band 23
dieser Skriptenreihe (Sahner, 1971).
Mit Signifikanztests will man herausfinden, ob beobachtete
Unterschiede von Maßzahlen in bzw. zwischen Auswahlen statistisch bedeutsam sind, ob und mit welcher Sicherheit man
solche Unterschiede auch für die Grundgesamtheit unterstellen kann.
Nehmen wir beispielsweise an, wir hätten in zwei Bundes-
ländern der BRD eine Auswahl durchgeführt und unterschiedliche Parteipräferenzen festgestellt. In Land A seien
p_1 = 40% potentielle SPD-Wähler, in Land B p_2 = 60% SPD-
Sympathisanten erhoben worden. Wir wollen nun wissen, ob
uns diese in der Auswahl gefundenen Unterschiede berech-

tigen, einen Unterschied in der Parteipräferenz der Gesamtbevölkerung der beiden Bundesländer zu konstatieren. Es
wäre ja denkbar, daß in beiden Ländern "eigentlich" die
gleiche Parteipräferenz vorliegt, wir aber zufällig eine
Auswahl zusammengestellt haben, die die tatsächliche
Häufigkeitsverteilung verzerrt wiedergibt.
Diese Möglichkeit wird nun zum Ausgangspunkt für Signifikanztests, indem wir als <u>Nullhypothese</u> behaupten, daß der
beobachtete Unterschied der Auswahlprozentsätze p_1 und p_2
sich durch Zufallsschwankung erklären lassen und zwischen
den wahren Prozentwerten p_1 und p_2 kein Unterschied besteht. Wir könnten dann von einer übereinstimmenden bzw.
von einer gemeinsamen Grundgesamtheit sprechen. Doch selbst
wenn wir dies unterstellen, würden sich, wie wir es schon
häufig dargestellt haben, verschiedene Auswahlen voneinander unterscheiden, und zwar wiederum in einer ganz bestimmten Weise. Nehmen wir an, wir würden eine Massenserie
von Auswahlen durchführen und jeweils die Differenzen für
die Bundesländer berechnen. Diese Differenzen sind offenbar - nach der Nullhypothese - nur durch den Zufall bestimmt, wir werden also eine Verteilung zufälliger Abweichungen von einem Mittelwert erhalten, in diesem Fall
eine Normalverteilung von Auswahldifferenzen um die tatsächliche Differenz der Grundgesamtheit. Diese Differenz
ist nach unserer Nullhypothese = 0. Wir würden also mit
einer solchen Massenserie von Auswahldifferenzen eine
Normalverteilung dieser Differenzen um den Mittelwert
Null erhalten. Mit dieser Normalverteilung könnten wir
wieder die Wahrscheinlichkeit von Abweichungen vom Mittelwert - von mehr oder weniger großen Auswahldifferenzen -
angeben: mit 68,3%iger Wahrscheinlichkeit ist der Abstand
nicht größer als $\pm$ 1 Standardabweichung der Verteilung
der Auswahldifferenzen, mit 95,5%iger Wahrscheinlichkeit
nicht größer als $\pm$ 2 Standardabweichungen, usw. Genau
wie bei der Bestimmung des Vertrauensbereiches normieren
wir nun die tatsächlich gefundene Differenz, indem wir

sie auf die Standardabweichung der Differenzenverteilung -
den Standardfehler der Differenz - beziehen. Wir erhalten
dann folgenden Ausdruck:

$$z = \left| \frac{(p_1 - p_2)}{\sigma(p_1 - p_2)} \right|$$

den man auch als "kritischen Bruch" oder "kritischen Quotient" (critical ratio) bezeichnet. Durch diesen Bruch
wird der uns schon bekannte z-Wert berechnet und wir
können nun in unserer Tabelle nachschauen, mit welcher
Wahrscheinlichkeit ein solcher beobachteter Abstand vom
Mittelwert unserer Verteilung zu erwarten ist. Der Signi-
fikanztest reduziert sich dann auf die Prüfung, ob dieser
z-Wert noch in einen von uns als wahrscheinlich definierten
Bereich fällt oder in einem Abstand vom Mittelwert der
Auswahldifferenzenverteilung liegt, den wir unter den
gegebenen Bedingungen (Grundgesamtheitsdifferenz = 0) als
unwahrscheinlich betrachten. Definieren wir beispielsweise
den Bereich, in dem 95% aller möglichen Abweichungen liegen,
als wahrscheinlichen Bereich und den Bereich an den Kurvenenden, in dem nur 5% zu erwarten sind, als unwahrscheinlich, dann entspräche dieser Grenzziehung ein z-Wert von 2.
Ergibt sich durch den kritischen Quotienten ein kleinerer
Wert, betrachten wir die beobachtete Abweichung als noch
wahrscheinlich, übersteigt der Wert des kritischen Quotienten den Wert 2, bezeichnen wir die Auswahldifferenz als
unwahrscheinlich unter den Bedingungen unserer Nullhypothese. Im ersteren Fall akzeptieren wir die Nullhypothese,
d.h., wir kommen zu dem Schluß, daß die beobachtete Unterschiede noch durch Zufallsschwankungen erklärt werden können. Im letzteren Fall verwerfen wir die Nullhypothese und
vertreten nun die _Arbeitshypothese_, die besagt, daß der
Unterschied unter der Annahme einer gleichen Grundgesamtheit als unwahrscheinlich bezeichnet werden muß, also
die beobachtete Differenz dadurch zustande kommt, daß hier
tatsächlich Unterschiede in der Grundgesamtheit bzw. zwi-

schen den Grundgesamtheiten (den Ländern) vorliegen. In
unserem Beispiel würden wir dann folgern, daß die in den
Auswahlen beobachtete Unterschiedlichkeit der Parteipräferenz signifikant ist und sich die Länder tatsächlich
diesbezüglich unterscheiden.

Dieses Prinzip des Vergleichs einer beobachteten Differenz
mit der theoretischen Verteilung zufälliger bzw. wahrscheinlicher Differenzen - der Prüfverteilung - wiederholt sich
in allen Signifikanztests. Der gerade in seinen Grund-
zügen geschilderte z-Test unterscheidet sich also in
seiner Logik nicht vom sogenannten t-Test für kleine Auswahlen, auch wenn hier eine andere Prüfverteilung herangezogen werden muß.

Auch der Chi-Quadrat-Test, bei dem die Signifikanz unterschiedlicher Zellenbesetzungen in Tabellen überprüft wird,
hat das gleiche Prinzip: aus den Randverteilungen von
Tabellen werden Zellenbesetzungen konstruiert, die dann
erscheinen müßten, wenn keinerlei Beziehungen zwischen den
gegenübergestellten Variablen bestehen würden. Dann werden
die Unterschiede zu den tatsächlich erhobenen Zellenbesetzungen betrachtet und wiederum mit einer theoretischen
Verteilung verglichen, die die Wahrscheinlichkeiten zufälliger Abweichungen beschreibt. Sind die beobachteten
Unterschiede nach dieser theoretischen Chi-Quadrat-Ver-
teilung "unwahrscheinlich", dann schließt man auf signifikante Beziehungen zwischen den in der Tabelle erfaßten
Variablen, d.h., solche Beziehungen können auch für die
Grundgesamtheit angenommen werden.

Entsprechend wird bei der sogenannten Varianzanalyse eine
beobachtete Differenz, nämlich die von Binnen- und Zwischen-
varianz (hier als Quotient ausgedrückt), mit einer theoretischen Verteilung verglichen und überprüft, ob dieser
Unterschied schon in einen Bereich fällt, der bei unserer
Nullhypothese "unwahrscheinlich" wäre ("Ablehnungsbereich",
"kritische Region" der Nullhypothese).

2.3.3.3. <u>Bestimmung des Signifikanzniveaus: Abwägen</u> <u>alternativer Fehlermöglichkeiten</u>

Aus der kurzen Aufzählung einiger Signifikanztests ergibt
sich zweierlei: Zum einen nehmen alle diese Tests Bezug
auf wahrscheinlichkeitstheoretische Überlegungen, die nur
<u>bei Wahrscheinlichkeitsauswahlen einen Sinn</u> ergeben. Zum
anderen zeigt sich, daß alle diese Tests eine Entscheidung
darüber verlangen,welchen Bereich der theoretischen Prüfverteilung man unter der Annahme zufälliger Abweichungen
als "wahrscheinlich" bezeichnet und welche Abweichungen
unter dieser Annahme als "unwahrscheinlich" betrachtet
werden. Will man möglichst sicher sein, daß man einer
möglicherweise zufälligen Abweichung keine Signifikanz
bescheinigt, dann wird man die Sicherheitsgrenzen relativ
weit vom Mittelpunkt ansetzen (den von diesen Grenzen um-
schlossenen Bereich könnte man dann als "Mißtrauensbe-
reich" kennzeichnen). Dann bleibt nur eine kleine Restwahrscheinlichkeit übrig, daß diese Grenzen zufällig über-
schritten werden. Diese Restwahrscheinlichkeit kennzeichnet
den <u>Signifikanzgrad</u> oder das <u>Signifikanzniveau.</u> Wollen wir
mit 95%iger Sicherheit Aussagen über die Grundgesamtheit
machen, wählen wir z=2; die Restwahrscheinlichkeit ist
dann 5% oder 0,05 und damit der Signifikanzgrad ebenfalls
0,05 oder 5%. Bei z=3 haben wir ein Signifikanzniveau von
0,003 oder 0,3% usw. (s.S. 116): je größer der geforderte
z-Wert, desto kleiner die Restwahrscheinlichkeit, zufällige
Abweichungen als unwahrscheinlich zu kennzeichnen, und
desto höher der Signifikanzgrad (der also mit fallenden
Zahlenwerten steigt (s.o.)!).
<u>Mit steigendem Signifikanzniveau</u> wird es daher immer
"schwieriger",Signifikanz nachzuweisen, d.h., die <u>Null-</u>
<u>hypothese wird begünstigt und die Arbeitshypothese be-</u>
<u>nachteiligt.</u> Umgekehrt wird bei einem niedrigen Signifikanz-
niveau die Arbeitshypothese begünstigt und die Nullhypothese benachteiligt, d.h., diese wird schon bei verhält-

nismäßig kleinen Abweichungen verworfen. <u>Bei der Entscheidung für ein bestimmtes Signifikanzniveau ist daher zu bedenken, daß sich hier zwei Fehlermöglichkeiten gegenüberstehen:</u> wählt man ein hohes Signifkanzniveau, dann riskiert man, daß eine beobachtete Unterschiedlichkeit als "zufällig" abgetan wird, obwohl sie auf tatsächlich vorhandenen Unterschieden in der Grundgesamtheit beruht. Entscheiden wir uns dagegen für ein niedriges Signifikanzniveau, dann riskieren wir, daß wir die Nullhypothese fälschlicherweise verwerfen, also eine Abweichung als signifikant bezeichnen, die nur zufällig zustande gekommen ist. <u>In jedem Fall steigt die eine Fehlermöglichkeit an, wenn wir uns für die Verkleinerung der anderen entscheiden.</u>

Ausschlaggebend für die Wahl eines Signifikanzniveaus ist daher - wie beim Repräsentationsschluß - die <u>Einschätzung der Konsequenzen</u>, die der "begünstigte" Fehlertyp haben kann.

Hat die Annahme einer falschen Arbeitshypothese (<u>Fehlertyp I; fälschliches Verwerfen der Nullhypothese</u>) gravierende Folgen, wird man eher ein hohes Signifikanzniveau fordern. Erscheint uns dagegen die Möglichkeit, eine an sich richtige Arbeitshypothese abzulehnen, als besonders bedenklich (Fehlertyp II; <u>fälschliche Annahme der Nullhypothese</u>), dann würde ein niedrigeres Signifikanzniveau angemessener sein.

Geht es beispielsweise darum, in einem bislang wenig bearbeiteten Forschungsgebiet eine neue Hypothese zu testen, dann werden wir ein relativ niedriges Signifikanzniveau wählen und damit das Risiko vermindern, eine möglicherweise fruchtbare Hypothese frühzeitig abzulehnen bzw. die beobachteten Hinweise auf ihre Richtigkeit als zufällig abzutun. Andererseits werden wir bei Problemstellungen, bei denen es etwa um die Widerlegung einer bisher vielfach bestätigten Hypothese geht, von unserem Material eine hohe Signifikanz fordern, um nicht durch zufallsbedingte Unterschiedlichkeiten zu falschen Schlüssen zu gelangen.

N e u r a t h (1966, S. 89) empfiehlt folgende Vorsichts-
maßregel: <u>"Am Anfang einer (statistischen) Untersuchung
nicht zu rasch vielleicht erfolgverheißende Resultate ablehnen, nur weil sie zunächst nicht als völlig stichhaltig
erwiesen sind; und am Ende der Untersuchung besser nicht zu
rasch Ergebnisse als erwiesen ansehen, auch wenn vieles
für ihre mutmaßliche Richtigkeit spricht, weil sie eben
in Wahrheit doch nicht völlig stichhaltig sein mögen."</u>

Mit diesem Hinweis auf die Notwendigkeit, den Einsatz
statistischer Verfahren je nach Forschungsproblem und
Stand einer Untersuchung zu entscheiden, wollen wir unsere
Überlegungen zur Theorie der Wahrscheinlichkeitsauswahl
vorerst abschließen. Bevor wir uns den eigentlichen Auswahlverfahren zuwenden, wollen wir nun das bisher Erarbei-
tete kurz zusammenfassen sowie die im weiteren benötigten
Symbole und Formeln zusammenstellen und ergänzen.

2.4.   <u>Zusammenfassung und Ergänzung der Überlegungen zur
        Wahrscheinlichkeitsauswahl</u>

2.4.1. <u>Terminologie</u>

Zunächst seien einige terminologische Festsetzungen wiederholt bzw. zusätzlich getroffen. Dabei führen wir, um den
Einstieg in die meist englischsprachige Fachliteratur zu
erleichtern, die gebräuchlichen englischen Termini mit
auf.
Wir hatten anfangs gezeigt, daß es eine ganze Reihe von Möglichkeiten gibt, aus einer Gesamtmasse eine Teilmasse zu
erheben. Uns interessieren dabei nur solche <u>Auswahlen
(samples)</u>, die uns erlauben, aus ihrer Kenntnis Aussagen
über die Gesamtmasse zu machen. Entsprechend hatten wir
mit S t e p h a n und M c C a r t h y (1963, S. 23)
unter <u>Auswahlverfahren (sampling)</u> verstanden die "Anwendung
eindeutig festgelegter Vorgehensweise für die Auswahl einer
Teilmasse mit dem ausdrücklichen Zweck, von diesem Teil

Beschreibungen oder Schätzwerte bestimmter Eigenschaften und
Charakteristika des Ganzen zu erhalten". Wir hatten einige
der möglichen Verfahren, die diesen Zweck verfolgen, beschrieben und waren zu dem Schluß gekommen, daß nur <u>Wahr-
scheinlichkeitsauswahlverfahren (probability sampling)</u> in
der Lage waren (statistisch), befriedigende Rückschlüsse auf
"das Ganze" zu ermöglichen. Unter <u>Wahrscheinlichkeitsauswah-
len</u>[1] (probability sample) verstehen wir Auswahlverfahren,
"bei denen jede Einheit eines Kollektivs (einer Gesamtmasse)
durch Kontrollen eine bekannte Wahrscheinlichkeit erhält, in
die Teilmasse eingeschlossen zu werden" (Scheuch, 1956, S.
125). Wie wir am <u>Urnenmodell</u> sahen, konnten wir auf derarti-
ge Auswahlen die Erkenntnisse der <u>Wahrscheinlichkeitstheorie</u>
anwenden und unsere <u>Schließverfahren</u> auf ein mathematisches
Kalkül begründen. In späteren Kapiteln wird uns beschäftigen,
wie wir in der Praxis die Bedingungen für die Anwendung dieses Modells schaffen können. Hier ist für uns zunächst lediglich von Bedeutung, daß uns nur Wahrscheinlichkeitsauswahlverfahren (die wir im folgenden auch als Wahrscheinlichkeitsauswahlen oder Auswahlen bezeichnen werden, obwohl diese
eigentlich erst das Ergebnis der angewandten Verfahren sind)
die Möglichkeit geben, den in einer Auswahl erreichten Grad
an Repräsentativität zu kalkulieren.
Unter <u>Repräsentativität</u> verstanden wir, daß in einer Auswahl
alle für die Grundgesamtheit typischen und charakteristischen
Merkmale und Merkmalskombinationen getreu ihrer relativen
Häufigkeit vertreten sein müssen und somit die Auswahl ein
verkleinertes Abbild der Grundgesamtheit selbst für solche
Merkmale ist, von deren Vorhandensein wir (noch) gar nichts
wissen.[2]

---

1) Der Bezeichnung "Stichprobe"oder"Zufallsauswahl"(random
   sample)schlossen wir uns nicht an, weil der "Zufall" für
   die Auswahl gesichert werden muß, dem Alltagsverständnis
   nur unvollkommen entspricht (s.S. 20).
2) Eine so streng definierte Repräsentativität wird sich
   allerdings in Auswahlen nie erreichen lassen. Man kann
   aber bereits damit zufrieden sein,wenn die unvermeidlichen
   Abweichungen nicht systematisch verzerrend sind und sich
   abschätzen lassen. Dem dient die Theorie des Auswahlfehlers.

Die <u>Grundgesamtheit (population)</u> ist "die Gesamtheit,die
Gegenstand einer Erhebung ist und als solche...eindeutig
definiert worden ist" (Büschges, 1961, S. 452, Anm.15).
Auf die Kriterien einer solchen eindeutigen Definition
wollen wir später eingehen. Die Grundgesamtheit stellt
also die Gesamtheit dar,"welche der Erhebung zugrunde
liegt und untersucht werden soll" (ebenda). Nun wird es
nicht immer gelingen, allen Einheiten - und nur ihnen! -
dieser Grundgesamtheit eine Chance zu sichern, in die Auswahl zu gelangen; manchmal werden wir Bestandteile der
Grundgesamtheit fälschlicherweise nicht berücksichtigen,
manchmal werden nicht zur Grundgesamtheit gehörende Einheiten in die Auswahl gelangen. Es kann daher sein, daß
die tatsächlich erfaßte <u>Erhebungsgesamtheit (sampled popu-</u>
<u>lation, survey population)</u> sich von der ins Auge gefaßten
Grundgesamtheit (<u>target population,</u> <u>Zielpopulation</u>) unterscheidet. Unsere Auswahl kann sich dann natürlich immer
nur auf die Erhebungsgesamtheit beziehen. Man muß daher
durch sorgfältige Definitionen und Kontrollen eine Identität von Erhebungs- und Grundgesamtheit anstreben. Wenn wir
im folgenden von Grundgesamtheit sprechen, setzen wir diese
Identität voraus.
Unter <u>Erhebungseinheiten</u> verstehen wir schließlich die
Elemente der Grundgesamtheit, über die wir Informatinen
erlangen wollen. Das Aggregat dieser Elemente ist die
Grundgesamtheit, über die wir Aussagen machen können. Die
Erhebungseinheiten können, müssen aber nicht zugleich auch
die <u>Auswahleinheiten</u> sein; vielmehr kann (so z.B. bei der
Klumpenauswahl, Kap. 5.2.) eine Auswahleinheit mehrere
Erhebungseinheiten umfassen. Dies ist etwa bei Haushalts-
listen der Fall, wenn man einzelne Personen erheben will.
Die Gesamtheit solcher Auswahleinheiten, die zum Auswahl-
prozess zur Verfügung steht, bezeichnet man als <u>Auswahl-</u>
<u>gesamtheit.</u>
Auswahlen und Grundgesamtheiten wollen wir durch bestimmte
Merkmale oder Eigenschaften kennzeichnen. Solche Merkmale

oder Merkmalsausprägungen, die sich auf Auswahlen beziehen, nennen wir <u>Auswahl- oder Samplemaßzahlen</u>, sie werden häufig auch lediglich als <u>Maßzahlen</u> oder <u>Statistiken</u> bezeichnet. Die Merkmale der Grundgesamtheit werden dagegen durch <u>Para-meter</u> beschrieben. Parameter wollen wir im folgenden durch große lateinische oder kleine griechische Buchstaben oder Symbole kennzeichnen, während für Samplemaßzahlen kleine lateinische Buchstaben verwendet werden. Mit Hilfe der Maßzahlen wollen wir dann auf die Parameter schließen (<u>Re-präsentationsschluß</u>).

2.4.2. <u>Durchschnitts- und Streuungsmaße, Standardfehler und Schätzformeln</u>

Im folgenden wollen wir einige solcher Maßzahlen und Para-meter zusammenstellen, und dabei nur in einigen Fällen näher auf die einzelnen Ausdrücke eingehen.[1] Die Maßzahlen und Parameter, die uns vordringlich interessieren, sind im <u>homo-graden Fall die relative Häufigkeit einer Merkmalsausprägung</u> bzw. deren Prozentwert, <u>im heterograden Fall der (arithm.) Mittelwert</u> einer quantitativen Variablen und deren <u>Streuung</u>.

2.4.2.1. <u>Heterograder Fall</u>

Bei quantitativen Variablen, etwa den Altersangaben von Personen, drücken wir den Durchschnitt - zumindest in unserem Zusammenhang - durch das arithmetische Mittel aus.

---

1) Die notwendigen Ableitungen und Begründungen für die einzelnen Ausdrücke sind auch in der deutschsprachigen Literatur gut dokumentiert. Siehe etwa Band 22 dieser Reihe (Benninghaus, 1974) sowie die sehr ausführlichen Erläuterungen bei Neurath (1966), Clauss und Ebner (1971), Kellerer (rde 103/104,1965).

Bezeichnen wir eine Merkmalsausprägung mit X, dann ergibt
sich das arithmetische Mittel μ einer Grundgesamtheit durch
die Summe (Σ) aller "i" (von 1 bis N) Einzelbeobachtungen
X_i, dividiert durch deren Anzahl N:

$$\mu = \frac{\sum_{i=1}^{N} X_i}{N} \qquad (1)$$

Für die Auswahl verwenden wir kleine lateinische Buchstaben:

$$\bar{x} = \frac{\sum_{i=1}^{n} x_i}{n} \qquad (1a)$$

Teilweise verzichtet man auf die Angabe des Summationsbereiches, wenn klar ist, welcher Bereich gemeint ist. Dies
werden wir später manchmal ebenfalls tun.
In den meisten uns interessierenden Fällen werden wir allerdings auch bei einer an sich kontinuierlichen Variablen
nur verhältnismäßig wenige (M) Merkmalsklassen (i) bilden,
die dann mit verschiedenen Häufigkeiten (F_i) besetzt sind.
Zur Berechnung des arithmetischen Mittels nimmt man dann
an (Benninghaus, 1974, S. 45), daß die jeweilige Klassen-
mitte (X_i) in etwa dem Durchschnitt der Werte in dem i-ten
Merkmalsintervall entspricht und gewichtet diese Klassen-
mitte mit der jeweiligen Häufigkeit:

$$\mu = \frac{\sum_{i=1}^{M} X_i F_i}{N} \qquad (2)$$

Entsprechend ist der Ausdruck für die Auswahl[1]:

$$\bar{x} = \frac{\sum_{i=1}^{m} x_i f_i}{n} \qquad (2a)$$

---

1) Wir wollen dies, um unserem Anspruch zu erfüllen, auch
Lesern ohne Vorkenntnisse gerecht zu werden, an einem
einfachen Beispiel demonstrieren, in dem 100 Personen
(einer Auswahl) in 4 Altersklassen eingeordnet wurden:
(Fortsetzung siehe nächste Seite)

Neben dem Mittelwert einer Verteilung von Merkmalsausprägungen ist für uns die Art und Weise wichtig, in der sich
die einzelnen Merkmale bzw. Merkmalsklassen um den Mittelwert verteilen. Diese _Streuung_ wird durch die _Varianz_ bzw.
die _Standardabweichung_ beschrieben.
Die Varianz ist definiert (s.Neurath, 1966, S. 118 ff.)
als die durchschnittliche quadratische Abweichung aller
Meßwerte von ihrem arithmetischen Mittel:

$$\sigma_X^2 = \frac{\sum_{i=1}^{N}(X_i - \mu)^2}{N} \tag{3}$$

Dem entspricht für Auswahlen:

$$s_X^2 = \frac{\sum_{i=1}^{n}(x_i - \bar{x})^2}{n} \tag{3a}$$

Haben wir es nicht mit stetigen Einzelbeobachtungen, sondern mit Merkmalsklassen verschiedener Besetzungszahlen
bzw. Häufigkeiten zu tun, nimmt der Ausdruck folgende Form
an:

$$\sigma_X^2 = \frac{\sum_{i=1}^{M}(X_i - \mu)^2 F_i}{N} \tag{4}$$

Fortsetzung Fußnote 1 von S.131:

Merkmalsklasse in Jahren	Klassenmitte x_i	Häufigkeit f_i	$x_i f_i$
20 - 30 (1)	25	20	500
30 - 40 (2)	35	30	1050
40 - 50 (3)	45	30	1350
50 - 60 (4)	55	20	1100
Summen m		n=100	$\sum_{i=1}^{4} x_i f_i = 4000$

Nach Formel (2a) ergibt sich dann folgendes arithmetische
Mittel

$$\bar{x} = \frac{\sum_{i=1}^{4} x_i f_i}{n} = \frac{4000}{100} = \underline{40\ \text{Jahre}}$$

Für die Auswahl ergibt sich[1]:

$$s_x^2 = \frac{\sum_{i=1}^{m}(x_i - \bar{x})^2 f_i}{n} \tag{4a}$$

Die <u>Standardabweichung</u> ist definiert als die Quadratwurzel aus der Varianz. Ihr wird häufig der Vorzug vor der Varianz gegeben, "weil sie ein Kennwert in der Dimension der zugrundeliegenden Meßwerte ist (beispielsweise nicht cm^2 oder Min^2, sondern cm oder min)" (Benninghaus, 1974, S. 58). Es ergibt sich also als Standardabweichung bei Einzelwerten:

$$\sigma_X = \sqrt{\frac{\sum_{i=1}^{N}(X_i - \mu)^2}{N}} \tag{5}$$

Bei Auswahlmaßzahlen:

$$s_x = \sqrt{\frac{\sum_{i=1}^{n}(x_i - \bar{x})^2}{n}} \tag{5a}$$

---

1) Auch dies wollen wir an einem Beispiel klarmachen. Dazu greifen wir auf die Werte der vorher dargestellten Altersverteilung (S.132) zurück:

Merkmalsklasse in Jahren		Klassen-mitte x_i	Abstand zum Mittelwert $(x_i-\bar{x})$; $\bar{x}=40$	Quadrierter Abstand $(x_i-\bar{x})^2$	Häufigkeit f_i	Abstandsgewichtung $(x_i-\bar{x})^2 f_i$
20 - 30	(1)	25	-15	225	20	4500
30 - 40	(2)	35	- 5	25	30	750
40 - 50	(3)	45	5	25	30	750
50 - 60	(4)	55	15	225	20	4500
Summen	m		$\sum_{i=1}^{m}(x_i-\bar{x})$ $= 0$	$\sum_{i=1}^{m}(x_i-\bar{x})^2$ $=500$	$\sum_{i=1}^{m}f_i$ $n=100$	$\sum_{i=1}^{m}(x_i-\bar{x})^2$ $=10500$

Nach Formel(4a) ergibt sich dann für die Varianz dieser Auswahl:

$$s^2 = \frac{\sum_{1}^{4}(x_i-40)^2 f_i}{100} = \frac{10500}{100} = 105$$

Liegen die Beobachtungen für Merkmalsklassen vor, bilden
wir die Quadratwurzel aus (4):

$$\sigma_X = \sqrt{\frac{\sum_{i=1}^{M} (X_i - \mu)^2 F_i}{N}} \qquad (6)$$

bzw. bei Auswahlen nach (4a):

$$s_X = \sqrt{\frac{\sum_{i=1}^{m} (x_i - \bar{x})^2 f_i}{n}} \qquad (6a)$$

Will man die Streuung verschiedener Verteilungen vergleichen,
empfiehlt es sich, die in einer Verteilung gemessene Streuung durch den jeweiligen Mittelwert zu relativieren. Dies
geschieht durch den <u>Variationskoeffizienten</u> (Kellerer,
1963, S. 69), bei dem die Standardabweichung auf den Mittelwert bezogen wird:

$$V_X = \frac{\sigma_X}{\mu} \qquad (7)$$

bzw.:

$$v_X = \frac{s_X}{\bar{x}} \qquad (7a)$$

In unserem Beispiel der Altersverteilung hatten wir etwa
eine Varianz von 105 errechnet. Die Standardabweichung beträgt dann rund 10 Jahre. Der Variationskoeffizient ist
dann 0,25 oder 25%, d.h. die Streuung beträgt ein Viertel
des Mittelwertes. Auf diese Weise können wir leicht die
<u>relative Streuung</u> verschiedener Verteilungen vergleichen.

Auch bei den folgenden Ausdrücken geht es darum, Unterschiedliches vergleichbar zu machen: es geht hier darum,
die relative Position einer Einzelbeobachtung (zum Durchschnitt) innerhalb einer Verteilung deutlich zu machen.
Dabei bezieht man die Einzeldifferenz auf die Streuung
der gesamten Verteilung, mißt also diese Differenz in
Einheiten der Standardabweichung:

$$z = \frac{X_i - \mu}{\sigma_X} \qquad (8)$$

Im Falle der Auswahl:

$$z = \frac{x_i - \bar{x}}{s_x} \qquad (8a)$$

<u>Mit solchen z-Werten wird es möglich, die relative Stellung innerhalb verschiedener Verteilungen vergleichbar zu machen</u> (Sahner,1971, S. 22 ff.): Ist ein 40jähriger in einer Gruppe mit einem Durchschnittsalter von 30 Jahren und einer Standardabweichung von 10 Jahren relativ (in bezug auf diese Gruppe) jünger oder älter als ein 80jähriger in bezug auf eine Gruppe mit einem Durchschnittsalter von 70 und einer Standardabweichung von 20 Jahren? Antwort: Der 40jährige ist um eine Standardabweichung älter als der Gruppendurchschnitt, der 80jährige nur um 0,5 Standardabweichungen. Der "Alte" ist also relativ jünger.
Solche Messungen von relativen Abständen haben besondere Bedeutung für die <u>schließende Statistik</u>, vor allem bei <u>Signifikanztests.</u> Dort werden verschiedene Verteilungen durch die <u>z-Transformation</u> vergleichbar gemacht; man kann dann entscheiden, ob ein bestimmter beobachteter Abstand noch in einen als wahrscheinlich definierten Bereich fällt (s.Kap.2.3.3.2.). Uns interessiert jedoch vor allem der <u>Repräsentationsschluß</u>, in diesem Zusammenhang also der Schluß vom Mittelwert einer Auswahl auf den Mittelwert der Grundgesamtheit. Um diesen Schluß mit einer bestimmten Sicherheit vornehmen zu können, hatten wir folgende Umwege eingeschlagen:
Zunächst hatten wir an Hand des <u>Urnenmodells</u> Verteilungsgesetze für Auswahlen aus einer bekannten Grundgesamtheit abgeleitet. Unter bestimmten Bedingungen ergab sich dann die sogenannte <u>Normalverteilung</u>. Für diese Normalverteilung konnten bestimmte Wahrscheinlichkeiten dafür angegeben werden, daß der Abstand der Auswahlwerte vom wahren Mittelwert gewisse Grenzen nicht überschritt. Diese Grenzen wurden durch Vielfache der Standardabweichung gesetzt, und zwar der Standardabweichung einer theoretischen Verteilung von Ausmaßzahlen. Diese Standardabweichung nannten

wir den __Standardfehler der entsprechenden Maßzahl__. Mit Hilfe
des Standardfehlers konnten wir dann einen __Vertrauensbereich__
um den gemessenen Auswahlwert legen, in dem der gesuchte
Parameter der Grundgesamtheit mit angebbarer Sicherheit
lag.

Der __Standardfehler des Durchschnitts__ wurde definiert als:

$$\sigma_{\bar{x}} = \frac{\sigma_X}{\sqrt{m}} \tag{9}$$

Um diesen Standardfehler für den Repräsentationsschluß anwenden zu können, mußten wir die Standardabweichung σ_X
der Grundgesamtheit schätzen. Wenn die Auswahlgröße $n \geq 30$
war, konnten wir das durch die Standardabweichung s_x der
Auswahl tun:

$$\sigma_X \approx s_X \tag{10}$$

Als Schätzwert des Standardfehlers des Durchschnitts ergab
sich dann (s.S. 105):

$$\hat{\sigma}_{\bar{x}} = \frac{s_X}{\sqrt{n}} \tag{11}$$

Die Formel für den Repräsentationsschluß

$$\mu = \bar{x} \pm z\,\sigma_{\bar{x}} = \bar{x} + z\,\frac{\sigma_X}{\sqrt{n}} \tag{12}$$

kann also für den in aller Regel vorliegenden Fall, daß uns
nur die Werte unserer Auswahl zur Verfügung stehen, folgendermaßen ausgedrückt werden:

$$\mu = \bar{x} \pm z\,\hat{\sigma}_{\bar{x}} = \bar{x} \pm z\,\frac{s_X}{\sqrt{n}} \tag{13}$$

Häufig wird dies auch in einer Form umschrieben, die den
Zusammenhang mit unserer graphischen Erläuterung (s.S. 99)
deutlich werden läßt:

$$\boxed{\; \bar{x} - z\,\hat{\sigma}_{\bar{x}} \leq \mu \leq \bar{x} + z\,\hat{\sigma}_{\bar{x}} \;} \tag{14}$$

2.4.2.2. <u>Homograder Fall</u>

Hier haben wir es mit qualitativen Merkmalen zu tun, wobei
im Binomialfall nur zwei Merkmalsausprägungen (etwa a_1 und
a_2) vorhanden sind. Jede Einheit der Grundgesamtheit besitzt eines dieser Merkmale, keine besitzt beide. Dann
interessiert uns zunächst die relative Häufigkeit, mit
der diese Merkmale auftreten. Bezeichnen wir die absolute
Häufigkeit mit $F(F_1$ oder $F_2)$, dann ergibt sich der relative
Anteil[1] nach

$$P = \frac{F_1 A_1}{N} = \frac{F_1}{N} \qquad (15)$$

Für die Auswahl gilt

$$p = \frac{f_1 a_1}{n} = \frac{f_1}{n} \qquad (16)$$

Dem entspricht im Binomialfall ein Anteil des anderen Merkmals (den wir in Zukunft Q bzw. q nennen wollen) von:

$$1-P = \frac{N - F_1}{N} = \frac{F_2}{N} = Q \qquad (17)$$

Entsprechend bei Auswahlmaßzahlen:

$$1-p = \frac{n - f_1}{n} = \frac{f_2}{n} = q \qquad (18)$$

P und Q bzw. p und q ergänzen sich also immer zu 1 und die
absoluten Häufigkeiten F_1 und F_2 bzw. f_1 und f_2 zu N bzw. n.

Für die Ableitung der Formeln für den Repräsentationsschluß
bedienen wir uns der gleichen Überlegungen wie im heterograden Fall. Dabei definieren wir vorübergehend die qualita-

---

1) Wird dieser relative Anteil mit 100 multipliziert, ergibt sich der Prozentsatz dieser Merkmalsausprägung.

tiven Merkmale in quantitative um[1]. Wir unterstellen also, daß unsere beiden nominalen Merkmale a_1 und a_2, quantitative Variablen (etwa x_1 und x_2) sind. Dann wäre es sinnvoll, nach Formel (2a) das arithmetische Mittel zu berechnen:

$$\bar{x} = \frac{\sum f_1 x_1}{n} = \frac{\sum f_1 a_1}{n} = \frac{f_1 a_1}{n} + \frac{f_2 a_2}{n} = \frac{f_1 x_1}{n} + \frac{f_2 x_2}{n}$$

Setzt man für $\frac{f_1}{n}$ p und für $\frac{f_2}{n}$ (1-p) ein, so ergibt sich

$$\bar{x} = px_1 + (1-p)x_2 \tag{a}$$

Diesen Durchschnittswert können wir nun zur Berechnung der Varianz nach Formel (4a) benutzen:

$$s_x^2 = \frac{\sum (x_1-\bar{x})^2 f_i}{n} = \frac{f_1(x_1-\bar{x})^2}{n} + \frac{f_2(x_2-\bar{x})^2}{n}$$

Durch Einsetzen von p und (1-p) erhalten wir dann

$$s_x^2 = p(x_1-\bar{x})^2 + (1-p)(x_2 - \bar{x})^2 \tag{b}$$

In die beiden Klammerausdrücke können wir nun den obigen Ausdruck für $\bar{x}$ einsetzen und erhalten für

$$x_1-\bar{x} = x_1 - [px_1 + (1-p)x_2] = x_1-px_1-(1-p)x_2 =(1-p)(x_1-x_2)$$

---

1) Dabei folgen wir Neurath (1966, S.183 ff.), dessen Ableitung zwar etwas umständlich erscheint, gegenüber anderen Ansätzen (z.B. Kellerer, 1963, S. 23) jedoch den Vorteil hat, daß bei der gesamten Ableitung für x_1 und x_2 jeder beliebige quantitative Wert angenommen werden kann, ohne die Ableitung zu gefährden. Im übrigen ist zwar das Ergebnis dieser Ableitungen unbestritten, das wir ja auch schon verbal rechtfertigen konnten, doch stößt der "Trick" der Unterstellung eines quantitativen Charakters bei nominalen Merkmalen vielfach auf Bedenken. Deshalb bemüht man sich auch um Ableitungen, die diesen Umweg vermeiden (s.Scheuch, 1956, S. 190). Wir wählen dennoch dieses Vorgehen, weil es auf einfache Weise zum gleichen Resultat führt.

und für

$$x_2 - \bar{x} = x_2 - [\,px_1 + (1-p)x_2\,] = x_2 - px_1 - x_2 + px_2 = p(x_2 - x_1)$$

Unsere Gleichung für s_x^2 wird dann zu

$$s_x^2 = p(1-p)^2 (x_1 - x_2)^2 + (1-p)p^2 (x_2 - x_1)^2 \qquad (c)$$

Da $(x_1 - x_2)^2$ und $(x_2 - x_1)^2$ gleich sind, kann der beiden Summanden gemeinsame Ausdruck $p(1-p)(x_1 - x_2)^2$ herausgenommen werden und es ergibt sich:

$$s_x^2 = p(1-p)(x_1 - x_2)^2 \,[\,(1-p)+p\,]$$

Der Ausdruck in der eckigen Klammer ist definitionsgemäß gleich 1, so daß wir nun schreiben können:

$$s_x^2 = p(1-p)(x_1 - x_2)^2 = pq(x_1 - x_2)^2 \qquad (d)$$

Entsprechend erhalten wir für die Standardabweichung

$$s_x = \sqrt{s_x^2} = \sqrt{pq}\,(x_1 - x_2) \qquad (e)$$

Für die Grundgesamtheit gelten die gleichen Überlegungen; es ergäbe sich also hier für die Varianz

$$\sigma_X^2 = PQ\,(X_1 - X_2)^2 \qquad (f)$$

bzw. für die Standardabweichung

$$\sigma_X = \sqrt{PQ}\,(X_1 - X_2) \qquad (g)$$

Für die Anwendung des Repräsentationsschlusses brauchen wir nun wieder den Standardfehler des Durchschnitts, wie er in Formel (9) definiert wurde:

$$\sigma_{\bar{x}} = \frac{\sigma_X}{\sqrt{n}} = \frac{\sqrt{PQ}\,(X_1 - X_2)}{\sqrt{n}} = \sqrt{\frac{PQ}{n}}\,(X_1 - X_2) \qquad (h)$$

Die Prozentwerte der Parameter P und (1-P) werden dann wieder durch die Auswahlmaßzahlen geschätzt. Wir erhalten:

$$\hat{\sigma}_{\bar{x}} = \sqrt{\frac{pq}{n}}\,(x_1 - x_2) \qquad (i)$$

Damit haben wir alle für den Repräsentationsschluß notwendigen Formeln für eine <u>Häufigkeitsverteilung zweier quantitativer Variablen</u> abgeleitet. Nun ist es offensichtlich für die Ableitung dieser Formeln völlig unerheblich, welche Zahlenwerte für x_1 und x_2 eingesetzt werden. Man kann daher ohne weiteres für $x_1=1$ und für $x_2=0$ einsetzen. Tun wir dies, so reduzieren sich die Ausdrücke folgendermaßen, wodurch sie <u>für den homograden Fall anwendbar</u> werden:

Als Durchschnittswert erhalten wir nach (a):

$$\bar{x} = px_1 + (1-p)x_2 = p \cdot 1 + (1-p) \cdot 0 = p$$

bzw. für die Grundgesamtheit

$$\mu = P$$

Der Anteilswert P (p) im Binomialfall entspricht also dem Durchschnitt μ ($\bar{x}$) im heterograden Fall. Entsprechend können wir nun die Varianz definieren als das Maß für die Homogenität bzw. Heterogenität (s.S.109):

$$\sigma^2 = PQ \tag{19}$$

Für die Auswahl schreiben wir:

$$s^2 = pq \tag{20}$$

Die Standardabweichung ist dann

$$\sigma = \sqrt{PQ} \tag{21}$$

bzw.

$$s = \sqrt{pq} \tag{22}$$

Dem Standardfehler des Durchschnitts entspricht dann nach (h) der Standardfehler einer Proportion:

$$\sigma_p = \sqrt{\frac{PQ}{n}} \tag{23}$$

Sein Schätzwert ist nach (i):

$$\hat{\sigma}_p = \sqrt{\frac{pq}{n}} \tag{24}$$

Diese Ableitung bestätigt also das, was wir über das Ausmaß des Standardfehlers gefolgert hatten: <u>je heterogener die Grundgesamtheit und je kleiner die Auswahl, desto größer der Standardfehler bzw. je homogener die Grundgesamtheit</u>

<u>und je größer die Auswahl, desto kleiner dieser Fehler.</u>
Allerdings sind dieser Homogenität Grenzen gesetzt, wenn
man noch Bezug auf die Normalverteilung als Prüfverteilung
nehmen möchte, wie es in den folgenden Formeln für den Repräsentationsschluß geschieht. <u>Voraussetzung für die Anwendung dieser Formeln ist, daß keine Häufigkeit kleiner als 5,
kein Prozentwert kleiner als 10% und die Auswahl nicht
kleiner als n=30 ist.</u> Dann erhalten wir als Formel für die
Bestimmung des Vertrauensbereiches:

$$P = p \pm z \; \sigma_p = p \pm z \sqrt{\frac{PQ}{n}} \qquad (25)$$

die bei Schätzung der Parameter folgende Form annimmt

$$P = p \pm z \; \hat{\sigma}_p = p \pm z \sqrt{\frac{pq}{n}} \qquad (26)$$

bzw. folgenden Repräsentationsschluß ermöglicht:

$$\boxed{P - z \; \hat{\sigma}_p \leq P \leq p + z \; \hat{\sigma}_p} \qquad (27)$$

Die mit der Setzung eines bestimmten z-Wertes verbundenen
Sicherheitsgrade bzw. Fehlerrisiken haben wir an mehreren
Stellen dargestellt (s.S. 85, 116).

Wir haben nun, soweit das mit einfachen mathematischen
Operationen möglich war, die formelhaften Bedingungen für
den Repräsentationsschluß im homograden und heterograden
Fall erarbeitet. Wir müssen uns jedoch vor Augen halten,
daß wir dabei immer von den Bedingungen des Urnenmodells
ausgegangen sind: es wurde eine mit einem qualitativen
oder quantitativen Merkmal versehene Kugel gezogen, das
Merkmal notiert, die Kugel zurückgelegt, erneut gemischt,
die nächste Kugel gezogen usw.. Das war also der <u>"Fall mit
Zurücklegen",</u> bei dem die Unabhängigkeit einer Ziehung von
der anderen gewährleistet war. Gleichzeitig entsprach dieses Modell einer unerschöpflichen, also <u>unendlich großen
Grundgesamtheit.</u>

2.4.3. <u>Der Korrekturfaktor für endliche Grundgesamtheiten</u>

In der Praxis wird man fast ausschließlich endliche, wenn
auch häufig sehr große Grundgesamtheiten haben. Das könnten
wir mit einer sehr großen Urne vergleichen, aus der wir
Kugeln für eine Auswahl entnehmen, die gezogenen Kugeln
aber nicht wieder zurücklegen. Dann verändert sich, wie
wir schon zeigten (s.S. 44), die Grundgesamtheit mit jeder
neuen Ziehung; jede nachfolgende Ziehung ist damit auch von
der vorhergegangenen insofern abhängig, als sich die Chance
der verbleibenden Kugeln, gezogen zu werden, ständig erhöht.
Nennen wir die Anzahl der Kugeln N, dann besteht bei der
ersten gezogenen Kugel die Chance 1/N, bei der zweiten
1/N-1, bei der dritten 1/N-2, usw. bis die letzte unserer
n gezogenen Kugeln die Chance 1/N-n hätte. Bei fortge-
setzter Ziehung würde zudem die Urne völlig entleert, im
"Fall ohne Zurücklegen" handelt es sich also um das <u>Modell</u>
<u>einer endlichen Grundgesamtheit.</u>
Schließlich ist für die Größe des Standardfehlers einer
Auswahl aus endlichen Grundgesamtheiten auch der <u>Auswahl-</u>
<u>satz</u> von Bedeutung, also das Verhältnis der Größe der Aus-
wahl und der Grundgesamtheit, $\frac{n}{N}$, das ja ebenfalls nur bei
endlichen Grundgesamtheiten sinnvoll betrachtet werden
kann. Diese Gesichtspunkte, die den "Fall ohne Zurücklegen"
von dem "Fall mit Zurücklegen" unterscheiden, finden durch
den sogenannten <u>Korrekturfaktor</u> (<u>finite population correc-</u>
<u>tion, f.p.c.</u>) Berücksichtigung:

$$f.p.c. = \frac{N-n}{N-1} \tag{28}$$

Für den Fall, daß N sehr groß ist, was in der Sozialforschung in der Regel zutrifft, wird die Verminderung um 1
im Nenner häufig vernachlässigt und der Korrekturfaktor[1]
beschrieben als

---

1) Dieser Faktor wird teilweise auch als "Korrektions-
   faktor" bezeichnet (s.z.B. Kellerer, 1963).

$$f.p.c. = \frac{N-n}{N} = 1 - \frac{n}{N} \qquad (29)$$

Für den Standardfehler des Durchschnitts ergibt sich dann
für endliche Grundgesamtheiten bzw. für den "Fall mit
Zurücklegen" als Schätzwert:

$$\hat{\sigma}_{\bar{x}} = \frac{s_x}{\sqrt{n}} \sqrt{1-\frac{n}{N}} \qquad (30)$$

Und der Standardfehler einer Proportion wird geschätzt
durch:

$$\hat{\sigma}_p = \sqrt{\frac{pq}{n}(1-\frac{n}{N})} \qquad (31)$$

Die Bedeutung dieses Faktors gegenüber der Berechnung des
Standardfehlers nach den Formeln (11) und (24) wird deutlich, wenn man sich zwei Extremsituationen vorstellt
(Scheuch, 1956, S. 221 ff.): macht man eine Vollerhebung,
dann ist n=N und der Korrekturfaktor wird zu Null. Damit
wird der gesamte Standardfehler zu Null, was auch ganz
plausibel ist, denn wo keine Auswahl mehr stattfindet,
kann es auch keinen Auswahlfehler bzw. Vertrauensbereiche
und Fehlerrisiken geben (die ja auf Wahrscheinlichkeitsauswahlen bezogen sind). Würde man dagegen den Auswahlsatz
sehr klein werden lassen, dann würde der Korrekturfaktor
schließlich zu 1, der Standardfehler würde dann also durch
den Faktor nicht mehr korrigiert. Auch dies ist unmittelbar plausibel, denn in diesem Fall hätten wir praktisch
eine unendlich große Grundgesamtheit bzw. den "Fall mit
Zurücklegen" vor uns.
Bei sehr kleinem Auswahlsatz, d.h., bei einer im Verhältnis
zur Grundgesamtheitsgröße N sehr kleinen Auswahlgröße n,
wird der Korrekturfaktor daher immer unbedeutender. Als
Konvention hat sich herausgebildet (Kellerer, 1963, S. 37),
ihn nur dann anzuwenden, wenn der Auswahlsatz größer ist
als 0,05, die Auswahl also mehr als 5% der Grundgesamtheit
ausmacht. Erst dann führt der Korrekturfaktor zu einer
nennenswerten Verkleinerung des Auswahlfehlers - daß er in

<u>keinem Fall den Auswahlfehler vergrößern</u> kann, ist an der
Darstellung der Extremfälle deutlich geworden. Ohne Berücksichtigung des Korrekturfaktors wird also der Standardfehler als zu groß ausgewiesen, was bedeutet, daß der Sicher-
heitsbereich beim Repräsentationsschluß größer ist als für
unseren gewünschten Sicherheitsgrad eigentlich notwendig.
Die Vereinfachung unserer Schließverfahren durch Nichtberücksichtigung des Korrekturfaktors bedeutet also eine
Verminderung des Fehlerrisikos. Wegen dieses Zusammen-
hanges sollte man nun aber nicht den Korrekturfaktor einfach ignorieren, auch wenn der Auswahlsatz mehr als 5% der
Grundgesamtheit beträgt; wie wir gezeigt hatten (s.S.118),
bedeutet ja die Ausdehnung des Sicherheitsbereiches zugleich
eine Verminderung der Präzision des Repräsentationsschlusses. Auch bei Signifikanztests kann die Vernachlässigung des Korrekturfaktors zu unerwünschten Ergebnissen führen, denn mit der Vergrößerung der Sicherheitsgrenzen
steigt die Wahrscheinlichkeit, einen Fehler vom Typ II
(s.S.125 ff.) zu begehen, also eine an sich richtige
Arbeitshypothese zu verwerfen.
<u>Bei einem verhältnismäßig großen Auswahlsatz</u>($\frac{n}{N} \geq 0,05$)
<u>sollte man daher nicht auf den Korrekturfaktor verzichten</u>
und folgende Schätzformeln für den Repräsentationsschluß
verwenden:

$$\mu = \bar{x} \pm z \left(\frac{s_x}{\sqrt{n}} \sqrt{1- \frac{n}{N}} \right) \tag{32}$$

bzw. im homograden Fall:

$$P = p \pm z \sqrt{\frac{pq}{n}\left(1- \frac{n}{N}\right)} \tag{33}$$

Der Korrekturfaktor hat auch Bedeutung bei der Berechnung
des notwendigen Auswahlumfanges bei vorgegebenem Fehler.
die wir auf S. 119 ff. kurz dargestellt hatten. Im folgenden
wollen wir auf nähere Einzelheiten eingehen, wobei wir weitgehend K e l l e r e r (1963, S.62 ff.) folgen.

2.4.4. Bestimmung der Mindestgröße von Auswahlen

Die Frage, wie groß eine Auswahl sein muß, um Aussagen einer bestimmten Präzision und Sicherheit machen zu können,hat offenbar einen besonderen Reiz für manche Statistiker,wenn man als Maßstab dafür die Ausführlichkeit und Kunstfertigkeit nimmt,mit der dieses Problem diskutiert wird. Für die Praxis der Sozialforschung haben diese Bemühungen jedoch verhältnismäßig wenig Bedeutung. Um diese Behauptung zu belegen - und um einige für die weitere Diskussion wichtigen Zusammenhänge aufzuzeigen, müssen wir uns im folgenden kurz mit diesem Fragenkomplex auseinandersetzen.

2.4.4.1. Mindestgröße bei vorgegebenem absoluten Fehler

Als "Fehler"(e=error) bezeichnen wir den absoluten Wert des Ausdrucks, der vom errechneten Mittelwert bzw. dem Prozentsatz einer Auswahl subtrahiert bzw. ihm hinzugefügt wurde. Im heterograden Fall, dem wir uns zunächst widmen wollen, können wir also aus Formel (12) entnehmen:

$$e = z \cdot \frac{\sigma_x}{\sqrt{n}}$$

und nach entsprechender Umformung erhalten wir als notwendigen Auswahlumfang[1]:

$$n = \frac{z^2 \cdot \sigma_x^2}{e^2} \tag{34}$$

Unter Berücksichtigung des Korrekturfaktors verändert sich, wie wir gesehen haben, der Mutungsbereich, der durch diesen Fehler begrenzt wird: er wird mit steigendem Auswahlsatz schmaler, die Aussage also präziser:

$$e = z \frac{\sigma_x}{\sqrt{n}} \cdot \sqrt{\frac{N-n}{N}}$$

Bei einer bestimmten geforderten Präzision - bei gegebenem Fehler - wird dann entsprechend der notwendige Auswahlum-

---

1) Um klarzumachen,daß es sich hier um eine Mindestgröße handelt,wird häufig an Stelle des Gleichheitszeichens das Symbol ≥ gewählt. n≥x drückt also die Tatsache aus, daß n natürlich größer sein kann,um die geforderten Bedingungen zu erreichen.

fang geringer:

$$n = \frac{z^2 \cdot N \cdot \sigma_X^2}{z^2 \cdot \sigma_X^2 + N \cdot e^2} \tag{35}$$

und zwar umso mehr, je kleiner die Grundgesamtheit (und je größer e) ist. <u>Während bei sehr großen Grundgesamtheiten durch den Korrekturfaktor keine nennenswerte Verringerung der Auswahlgröße zu erreichen ist, ergibt sich bei nicht allzu großen Populationen eine deutliche Reduzierung der Mindestgröße der Auswahl.</u> Wir wollen das am Beispiel der Altersverteilung, das wir bereits auf Seite 119 benutzt hatten, demonstrieren. Dabei wollen wir alle Größen unverändert lassen ($z=2$, $\sigma_X=10$, $e=0,5$), aber nun annehmen, daß unsere Auswahl aus einer Gemeinde von nur 10.000 (N) Einwohnern gezogen werden soll. Dann ergibt sich nach Formel (35) folgende Mindestgröße:

$$n = \frac{z^2 \cdot N \cdot \sigma_X^2}{z^2 \cdot \sigma_X^2 + N \cdot e^2} = \frac{4 \cdot 10.000 \cdot 100}{4 \cdot 100 + 10.000 \cdot 0,25} = \frac{4.000.000}{2.900} \approx 1379$$

Ohne Berücksichtigung des Korrekturfaktors - d.h. mit der Unterstellung einer unendlich großen Grundgesamtheit - hatten wir dagegen auf Seite 119 (nach Formel (34)) eine Auswahlgröße von $n=1600$ errechnet. Wir können also den Repräsentationsschluß mit gleicher Sicherheit und Präzision bei sehr viel geringerem Aufwand vornehmen. Je größer die (endliche) Grundgesamtheit ist, desto geringer wird dieser Gewinn; würde es sich beispielsweise nicht um eine kleine Gemeinde, sondern um eine Großstadt ($N=100.000$) handeln, betrüge die Mindestgröße bereits $n=1575$, d.h. es besteht kaum noch ein Unterschied zur Annahme einer unendlich großen Grundgesamtheit.

Im <u>homograden Fall</u> ist das Vorgehen ganz analog, wobei für σ_X lediglich PQ eingesetzt werden muß. Der Fehler ist dann nach Formel (25)

$$e = z \sqrt{\frac{PQ}{n}}$$

und der notwendige Auswahlumfang ohne Berücksichtigung des
Korrekturfaktors beträgt

$$n = \frac{z^2\ PQ}{e^2} \qquad (36)$$

Bei Berücksichtigung des Korrekturfaktors erhalten wir
dagegen:

$$e = z\ \frac{PQ}{n}\left(\frac{N-n}{N}\right)$$

und als notwendigen Auswahlumfang:

$$n = \frac{z^2 N \cdot PQ}{z^2 PQ + N \cdot e^2} \qquad (37)$$

Dazu folgendes Beispiel: Wir haben eine Urne, die mit 10.000
Kugeln gefüllt ist, von denen 2000 schwarz und 8000 weiß
sind ($P = 0,2$) . Wie groß müßte eine Auswahl sein, die
bei 95%iger Sicherheit einen Schluß zuläßt, der nur 1% vom
wahren Prozentwert abweicht[1] (e=0,01)?
Bei Berücksichtigung des Korrekturfaktors ergibt sich nach
Formel (37):

$$n = \frac{4 \cdot 10.000 \cdot (0,2 \cdot 0,8)}{4 \cdot (0,2\ 0,8)+10\ 000 \cdot 0,01^2} = \frac{6400}{1,64} \approx 3900$$

Hätten wir den Korrekturfaktor vernachlässigt, hätten wir
nach Formel (36) erhalten:

$$n = \frac{4 \cdot 0,16}{0,01^2} = 6400$$

Dieses Ergebnis hätten wir auch bei einer kleineren Urne
erhalten, etwa einer, die mit nur 5000 Kugeln gefüllt ist.
Ohne Berücksichtigung des Korrekturfaktors wären wir also,
wie K e l l e r e r (1963, S.64) an diesem Beispiel klar-
macht, zu dem "falschen Resultat gekommen, daß wir mit

---

1) Das Beispiel ist natürlich ziemlich konstruiert, denn
   bei der Kenntnis aller dieser Daten bräuchten wir keine
   Auswahl mehr. Darauf kommen wir noch zurück.

einer Stichprobe die angestrebte Genauigkeit gar nicht
hätten erreichen können", weil ja der zu fordernde Auswahlumfang die Größe der Grundgesamtheit überstiegen hätte (!).
Das ist natürlich unsinnig, denn bereits mit 5000 Einheiten
hätten wir ja eine Vollerhebung gehabt, die jede Diskussion
über Auswahlfehler und Sicherheitsgrenzen überflüssig
gemacht hätte.
Hier zeigt sich auf drastische Weise, daß der Korrekturfaktor bei kleineren Grundgesamtheiten unbedingt zu berücksichtigen ist (wenn man möglichst kleine Auswahlen - bei
gegebener Sicherheit und Präzision - machen möchte). Als
Maßstab kann gelten, daß der Korrekturfaktor unerheblich
wird, wenn eine Berechnung nach Formel (36) eine Auswahlgröße ergibt, die weniger als 5% der Grundgesamtheit ausmacht.

2.4.4.2. Mindestgröße der Auswahl bei vorgegebenem relativen Fehler

Ein absoluter Fehler hat je nach Größe des Parameters ein
unterschiedliches Gewicht. So beträgt ein Fehler von 1%-
Punkt (0,01) bei einem Parameter von P=0,4 nur 2,5%, bei
einem Parameter von P=0,2 dagegen 5% des jeweiligen Parameters. In Fällen, in denen man diese Relativität des
Fehlers berücksichtigen will, gibt man daher den "relativen" Fehler an Stelle des absoluten vor. Der relative
Fehler errechnet sich aus dem Verhältnis von absolutem
Fehler und Parameter, ist also im homograden Fall

$$e_r = \frac{e}{P} \quad \text{bzw.} \quad e_r = \frac{e}{Q}$$

und im heterograden Fall

$$e_r = \frac{e}{\mu}$$

Daraus können wir nun wieder den einem bestimmten relativen Fehler entsprechenden absoluten Fehler ableiten und

unsere bereits erarbeiteten Formeln anwenden. Man kann
natürlich die Formeln auch direkt auf den relativen Fehler
zuschneiden. Der Vollständigkeit halber wollen wir dies
kurz tun, zunächst für den <u>homograden Fall</u>:
Wir formulieren den obigen Ausdruck für den relativen Fehler um und erhalten als absoluten Fehler:

$$e = e_r P \quad \text{bzw.} \quad e = e_r Q$$

Diesen Ausdruck für e setzen wir in Formel (36) ein und erhalten

$$n = \frac{z^2 PQ}{e^2} = \frac{z^2 PQ}{e_r^2 P^2} = \frac{z^2 Q}{e_r^2 P} \tag{38}$$

bzw.

$$n = \frac{z^2 PQ}{e^2} = \frac{z^2 PQ}{e_r^2 Q^2} = \frac{z^2 P}{e_r^2 Q} \tag{39}$$

Je nachdem, ob man als Parameter P oder Q einsetzt, ergeben
sich also andere Formeln und damit andere Mindestgrößen, was
ja plausibel ist, weil der gleiche relative Fehler bei
unterschiedlichen Parametern unterschiedliche absolute Anforderungen stellt. Lediglich bei P=Q=0,5 ist die Formel
symmetrisch.
Das gilt natürlich auch bei Berücksichtigung des Korrekturfaktors: Nach Formel (37) erhalten wir

$$n = \frac{z^2 NQ}{z^2 Q + NP\, e_r^2} \tag{40}$$

bzw.

$$n = \frac{z^2 NP}{z^2 P + NQ\, e_r^2} \tag{41}$$

wenn wir uns auf Q beziehen.
Wollen wir beispielsweise einen relativen Fehler von 1% bzw.
0,01 zulassen, dann würde sich - in unserem Beispiel von
Seite 147 (P=0,2, Q=0,8, z=2, N=10.000) - folgende Mindestgröße der Auswahl ergeben, wenn wir uns auf Q beziehen:

$$n = \frac{2^2 \cdot 10\,000 \cdot 0,2}{2^2 \cdot 0,2 + 10\,000 \cdot 0,8 \cdot 0,01^2} = 1000$$

Beziehen wir uns dagegen auf P, so ergibt sich

$$n = \frac{2^2 \cdot 10.000 \cdot 0,8}{2^2 \cdot 0,8 + 10.000 \cdot 0,2 \cdot 0,01^2} = \frac{32.000}{3,4} \approx 9400$$

d.h., wir müßten schon fast eine Vollerhebung veranstalten, um einen solchen relativen Fehler nicht zu überschreiten. Die Unterschiedlichkeit der Anforderungen wird deutlich, wenn man e_r wieder in die absolute Größe e umrechnet. Bei P=0,2 ergibt sich ein absoluter Fehler von

$$e = e_r \cdot P = 0,01 \cdot 0,2 = 0,001 = 0,1\%$$

d.h., wir würden nur Abweichungen von 0,1% tolerieren, während wir bei Q=0,8 folgenden absoluten Fehler erhielten

$$e = e_r \cdot Q = 0,01 \cdot 0,8 = 0,008 \approx 1\%$$

also fast 1% als Fehler zulassen würden.

Diese Asymmetrie entfällt natürlich beim <u>heterograden Fall</u>. Hier wird der relative Fehler durch

$$e_r = \frac{e}{\mu}$$

bestimmt. Dem entspricht dann ein absoluter Fehler von $e = e_r\,\mu$, den wir bei sehr großen oder unendlichen Grundgesamtheiten in die Formel (34) einsetzen können:

$$n = \frac{z^2 \; \sigma_X^2}{e_r^2 \; \mu^2} \tag{42}$$

Drücken wir nicht nur den Fehler, sondern auch die Streuung in der Grundgesamtheit durch eine relative Größe aus, nämlich durch den Variationskoeffizienten V_X (s.S.134 , Formel (7)) so ergibt sich:

$$n = \frac{z^2 V^2}{e_r^2} \tag{43}$$

Bei Berücksichtigung des Korrekturfaktors ergibt sich aus Formel (35)

$$n = \frac{z^2 N \; \sigma_X^2}{z^2 \; \sigma_X^2 + N \; e_r^2 \; \mu^2} \tag{44}$$

und bei Verwendung des Variationskoeffizienten nach entsprechender Umformung

$$n = \frac{z^2 N\ V^2}{z^2 V^2 + N\ e_r^2} \tag{45}$$

Damit haben wir die Formeln zur Bestimmung der notwendigen Mindestgröße bei gegebenem Sicherheitsgrad und zulässigem Fehler erarbeitet. Allerdings sollten wir ihren Wert für die Praxis der Sozialforschung nicht überschätzen.

2.4.4.3. Gesichtspunkte zur Bestimmung des Auswahlumfangs

Zunächst ist in aller Regel keine hinreichend genaue Kenntnis der Streuungsparameter vorhanden (wenn dies der Fall wäre, dann dürfte auch der Mittelwert bekannt und die Auswahl überflüssig sein). Man muß also diese Streuung schätzen. Dies kann durch vergleichbare vorliegende Untersuchungen oder durch eine kleine Vorstudie geschehen. Liegt gar keine Schätzmöglichkeit vor, wird man den denkbar ungünstigsten Fall unterstellen, also etwa eine Streuung von P=Q=0,5 annehmen. Im heterograden Fall wird man die Größe der Spannweite von Merkmalsausprägungen ermitteln und die Mindestgröße für den (unwahrscheinlichen) Fall bestimmen, daß die Grundgesamtheit sich je zur Hälfte auf die beiden möglichen Extremfälle verteilt.
Ein solches Vorgehen kann auch deshalb geboten sein, weil wir ja bei soziologischen Umfragen nach verschiedenen Merkmalen fragen werden, die sehr unterschiedlich streuen können. Setzen wir daher die ungünstigste Möglichkeit ein, können wir sicher sein, daß unsere Auswahl für alle zu messenden Merkmale groß genug ist. Andererseits ist dieses Vorgehen natürlich unökonomisch für solche Merkmale, die nur sehr wenig streuen und die eigentlich mit sehr viel weniger Aufwand hätten erhoben werden können. Das gleiche Problem ergibt sich, wenn sich die Grundgesamtheit aus verschiedenen Untergruppen zusammensetzt, in denen die Merkmale unterschiedlich stark streuen. Um ganz sicher zu gehen, würden wir die Gruppe mit der größten Streuung als Maßstab für die Berechnung der Auswahlmindestgröße nehmen.

Wenn wir nun in der Auswahl alle Gruppierungen entsprechend
ihrem Anteil in der Grundgesamtheit vertreten haben wollen,
dann richtet sich die Größe der anderen Gruppen nach der
mit der höchsten Streuung, obwohl möglicherweise andere
Gruppen eine sehr geringe Streuung haben und eigentlich
einen geringeren Auswahlumfang gerechtfertigt hätten. (Diese
Überlegung ist der Ausgangspunkt für die sogenannten (disproportional) geschichteten Auswahlen, die wir unter Punkt
5.1.4. besprechen wollen.)
Der Umstand, daß man die Grundgesamtheit und die Auswahl
bei der Bestimmung der Auswahlmindestgröße nicht als eine
unstrukturierte Gesamtheit ansehen kann, spielt auch in
einem anderen Zusammenhang eine Rolle. Wenn man eine Auswahl erstellt hat, möchte man ja Beziehungen zwischen bestimmten Variablen feststellen. Dazu wird man Untergruppen
bilden, Aufteilungen vornehmen, zwei- und mehrdimensionale
Tabellierungen bilden, usw..Je weiter man die Daten auf-
gliedert, desto kleiner wird die Anzahl derFälle in den
einzelnen Kategorien werden. Bei einer Tabelle mit mehreren
Merkmalsausprägungen (z.B. eine Tabelle mit 5 Zeilen und 5
Spalten ergäbe bereits 25 Zellen) etwa können so rasch
Grenzen für eine statistische Auswertung unterschritten
werden.
Als Minimum für die Anwendung der hier dargestellten wahrscheinlichkeitstheoretischen Überlegungen hatten wir immer
eine Fallzahl von 30 angenommen; man wird daher die Auswahl
so groß werden lassen, daß in allen sich voraussichtlich
bildenden Untergruppen diese Besetzung erreicht wird. Dabei
gilt es jedoch zusätzlich zu bedenken, welche Schlüsse
man aus den Merkmalen solcher Untergruppen ableiten will;
grundsätzlich müssen wir abhängige und unabhängige Untergruppen (Scheuch, 1974, S. 49 ff.) unterscheiden. Abhängige
Untergruppen sind solche, deren Merkmalsverteilung "lediglich im Verhältnis des gleichen Merkmals in der gesamten

Auswahl" (ebenda) interessiert. Wollen wir jedoch von der
Merkmalsverteilung einer Untergruppe Schlüsse auf die
dieser Untergruppe entsprechende Gruppierung in der
Grundgesamtheit ableiten, dann spricht man von einer unabhängigen Untergruppe. Der Auswahlumfang einer solchen Gruppe
müßte dann genau wie bei der Bestimmung der Mindestgröße
einer ganzen Auswahl festgelegt werden.
Wir wollen diese Zusammenhänge an einem Beispiel klarmachen, das M o s e r und K a l t o n (1971, S. 147)
durchspielen. Angenommen, man will feststellen, wie hoch
der Anteil von Rauchern in der Gesamtbevölkerung ist. Nehmen wir an, wir haben einen relativ hohen Fehler zuge-
lassen sowie einen einigermaßen verläßlichen Schätzwert
für die Streuung vorliegen und errechnen mit diesen Größen
eine Mindestgröße von n=600.
Nun wird uns auch interessieren, welche Altersgruppen mehr
Raucher stellen als andere, ob relativ mehr Frauen als
Männer rauchen usw..Betrachten wir etwa den Anteil an
Rauchern in der Gruppe "Frauen zwischen 20 und 25 Jahren",
dann können wir diesen Prozentwert vergleichen mit dem
anderer Untergruppen in unserer Auswahl oder mit dem
Prozentsatz, der sich für unsere Auswahl insgesamt ergeben hat. Damit würden wir diese Untergruppe als "abhängig" betrachten. Andererseits könnten wir jedoch versuchen, den Anteil von Raucherinnen in der Gruppe junger
Frauen als Schätzwert für den Prozentsatz von Rauchern
unter allen 20- bis 25-jährigen Frauen der Grundgesamtheit
zu verwenden. Dann würden wir also diese Untergruppe unserer Auswahl als unabhängig betrachten und entsprechend
ganz andere Maßstäbe an die Mindestgröße dieser Untergruppe stellen.
Nach dem Gesagten sollte klar sein, daß eine Bestimmung
der Auswahlgröße nach einer handlichen Formel kaum möglich ist. Das gilt vor allem deshalb, weil ja auch andere
als statistische Argumente (Geld, Zeit und Arbeitskraft)

eine entscheidende Rolle spielen, sich auch andere Fehlerquellen mit dem Umfang von Auswahlen verbinden als der
eigentliche Auswahlfehler (s. 4.2.; S.227 f.)
S c h e u c h (1974, S. 51) nennt folgende <u>Faktoren, die
es bei der Bestimmung der Auswahlgröße zu bedenken gilt:</u>

- Annahmen über geplante Aufgliederungen des Datenmaterials
  und Bestimmung von Mindestbesetzungen

- Erfahrungswerte über das jeweilige Arbeitsoptimum eines
  Instituts bzw. einer Arbeitsgruppe, wobei dieses Optimum
  je nach Art des erhobenen Materials und der Fragestellung
  variieren wird.

- Orientierung an Erfahrungen bei vergleichbaren Untersuchungen

- schließlich die formelhafte Berechnung des Auswahlumfangs bei vorgegebenem Sicherheitsgrad und Fehler. Dabei
  kann man in der Sozialforschung meist auf die Anwendung
  des Korrekturfaktors verzichten.

<u>Das heißt, man wird im allgemeinen die Auswahlgröße völlig
unabhängig von der Größe der Grundgesamtheit bestimmen,</u>
was zunächst einigermaßen kühn anmutet. Bei den Größenordnungen, die in der Sozialforschung meist vorliegen, ist
dies jedoch gerechtfertigt, wenn nicht allzu hohe Anforderungen an die Sicherheit und die Präzision der Schlüsse
gestellt werden.

Folgendes Beispiel mag das verdeutlichen:

Angenommen, man will eine Aussage mit 95%iger Sicherheit
(z=2) treffen und ist bereit, einen absoluten Fehler von
3%-Punkten (e=0,03) zuzulassen. Als ungünstigsten Streuungsparameter nimmt man P=Q=0,5 an.

Für eine unendlich große Grundgesamtheit (N=∞) würde sich
dann nach Formel (36) folgende Mindestgröße der Auswahl
ergeben:

$$n = \frac{4 \cdot 0,25}{0,0009} = 1111$$

Nehmen wir nun an, wir wollen unter sonst gleichen Bedingungen die Mindestgröße einer Auswahl aus einer Millionen-

stadt (N=1.000.000) bestimmen und dabei den Korrekturfaktor
berücksichtigen. Dann ergibt sich nach Formel (37):

$$n = \frac{4 \cdot 1.000.000 \cdot 0,25}{4 \cdot 0,25 + 1.000.000 \cdot 0,0009} = 1110$$

Bei einer Großstadt (N=100.000) würde nach derselben Formel
folgende Mindestgröße bestimmt:

$$n = \frac{4 \cdot 100.000 \cdot 0,25}{4 \cdot 0,25 + 100.000 \cdot 0,0009} = 1099$$

und bei einer Kleinstadt (N=10000) erhielten wir:

$$n = \frac{4 \cdot 10.000 \cdot 0,25}{4 \cdot 0,25 + 10.000 \cdot 0,0009} = 1000$$

D.h., mit der gleichen Sicherheit und Präzision, mit der wir
bei einer Auswahlgröße von n=1000 auf die Kleinstadt schließen können, können wir mit einer Auswahl von n=1111 auf
eine unendlich große Grundgesamtheit schließen. In der Regel
— bei nicht zu strengen Anforderungen — kann man daher
unterstellen, daß die Größe der Grundgesamtheit keinen entscheidenden Einfluß auf die notwendige Mindestgröße einer
Auswahl hat.

Als für die Zwecke der Sozialforschung besonders geeignet
hat sich eine Auswahlgröße zwischen 1000 und 3000 heraus-
gestellt (Neurath, 1966, S. 194; Noelle, 1963, S. 153).
Der Schwerpunkt kann bei Auswahlgrößen um 2000 (Scheuch,
1974, S. 51) festgelegt werden.

Wir haben nun die wichtigsten Begriffe und Formeln zusammen-
getragen, die wir zur Darstellung der verschiedenen Auswahlmodelle und Auswahlverfahren benötigen.

Dabei konnten wir uns immer wieder auf das Urnenmodell
beziehen, um die Zufälligkeit von Auswahlen, die Bildung
von Häufigkeitsverteilungen und Mittelwerten, die Streuung
von Merkmalen sowie die Ableitung der entsprechenden Formeln darzustellen. Das Urnenmodell wird uns auch in den
folgenden Kapiteln begleiten, vor allem zur Verdeutlichung
der komplexen Wahrscheinlichkeitsauswahlen (Kap.5.), aber
auch bei der Diskussion der konkreten Techniken, nach denen
Auswahlen zusammengestellt werden. <u>Diese Verfahren könnte
man geradezu definieren als Bemühungen, die Auswahlen den
Bedingungen des Urnenmodells anzupassen bzw. diese Bedingungen zu erfüllen.</u>

Einen Gesichtspunkt, den wir bereits mehrfach betont haben,
wollen wir noch einmal hervorheben: in der Sozialforschung
entsprechen den Einheiten des Urnenmodells - also etwa
Kugeln unterschiedlicher Farbe - die Erhebungseinheiten
bestimmter Untersuchungen. Diese Einheiten sind beispielsweise die Personen, die zu bestimmten Problemen befragt bzw.
untersucht werden sollen.[1] Tatsächlich besteht ja die
vordringliche Aufgabe zunächst darin, diese Personen zu
bestimmen und aufzufinden.

Die eigentliche Auswahl bezieht sich jedoch nicht nur auf
die Person selbst, sondern auch auf die Merkmale, die wir
an ihr messen wollen.[2] Dieser Gesichtspunkt spielt z.B. bei
der Berechnung von Streuungsmaßzahlen eine Rolle: verschiedene Merkmale ein- und derselben Person können
durchaus unterschiedlich streuen - es sei denn, alle Merkmale stehen in einem völlig eindeutigen Zusammenhang und
treten nur gleichlaufend auf. (In diesem Fall könnte man

---

1) s.dazu Stephan u. McCarthy, 1963, S. 20 ff.

2) Die Erhebungseinheiten können aber auch Haushalte,Be-
   triebe, Gebietsteile, Protokolle sowie generell Schrif-
   ten bzw. Texte usw. sein.

auf die empirische Sozialforschung weitgehend verzichten.)
Der Regelfall jedoch, daß einzelne Merkmale unterschiedlich
streuen und damit bei den Personen in unterschiedlicher
Kombination auftreten, hat Konsequenzen für die Konstruktion geeigneter Auswahlmodelle, wie wir in Kap. 5. sehen
werden.

Im folgenden wollen wir uns <u>Verfahren</u> zuwenden, mit denen
Auswahlen erstellt werden können, auf die die bisher abgeleiteten wahrscheinlichkeitstheoretischen Überlegungen
angewendet werden können. Dabei können wir von <u>drei hauptsächlichen Anforderungen</u> ausgehen, denen solche Auswahlverfahren genügen müssen (Neurath, 1966, S. 91):

1) Sicherstellung der "Zufälligkeit" der Auswahl, um die
   Voraussetzung für die Anwendung der Wahrscheinlichkeitstheorie zu schaffen;

2) Sicherstellung einer genügend großen Wahrscheinlichkeit,
   daß die Auswahl für die entsprechende Grundgesamtheit
   repräsentativ ist;

3) Die Erfüllung dieser Aufgaben unter Berücksichtigung
   der Mittel an Zeit, Arbeitskräften, Geld usw.

Zunächst sollen die Verfahren besprochen werden, die dem
dargestellten Urnenmodell am ehesten entsprechen.

3. Verfahren zur Erstellung "einfacher" Wahrscheinlichkeitsauswahlen

Die in diesem Kapitel zu behandelnden Auswahlverfahren erfüllen ein Kriterium, das zuweilen als ein Charakteristikum aller Wahrscheinlichkeitsauswahlen definiert wird (M.Parten, 1965, S. 219; Stephan u. McCarthy, 1963, S. 35), nämlich für jede Einheit einer Grundgesamtheit die gleiche Chance oder Wahrscheinlichkeit zu gewährleisten, in die Auswahl aufgenommen zu werden.

Als zweites grundsätzliches Merkmal solcher einfachen Wahrscheinlichkeitsauswahlverfahren (simple random sampling, simple probability sampling, reine Zufallsauswahl) kann herausgehoben werden, daß die Bestimmung der Auswahleinheiten durch einen einzigen Auswahlvorgang aus einer Grundgesamtheit erfolgt. Damit erfüllen diese Verfahren - zumindest im Anspruch - die Bedingungen des Urnenmodells, wie wir es bislang dargestellt haben. Die für dieses Modell abgeleiteten Rechen- und Schätzformeln gelten daher für die in diesem Kapitel behandelten Verfahren.

Die systematische Gliederung der einfachen Wahrscheinlichkeitsauswahlverfahren ist nicht ganz unproblematisch (s. dazu Scheuch, 1956, S. 131, 332 ff.). Einmal kann man unterscheiden nach der Art und Weise, wie die Einheiten der Auswahlgesamtheit definiert sind, zum anderen nach dem Verfahren, mit dem man die - wie auch immer definierten - Einheiten auswählt. Wir wollen versuchen, beiden Möglichkeiten miteinander zu verbinden.

Zunächst unterscheiden wir Auswahlen danach, ob die Auswahleinheiten in einer Liste oder Kartei zusammengefaßt bzw. durch sie vertreten sind, oder ob diese Einheiten geographisch, durch ihre Stellung im Raum, definiert sind. Wir unterscheiden demnach Karteiauswahl (Listenauswahl, file sample) und Gebietsauswahl (Flächenstichprobe, area sample).

Für die Erstellung sowohl von Kartei- als auch Gebietsauswahlen können gleichermaßen drei Verfahren genannt wer-
den: <u>Lotterieauswahl</u>, <u>Zufallszahlenauswahl</u> und <u>systematische
Auswahl</u> mit verschiedenen Modifikationen.[1]
Zunächst geben wir eine gestraffte Übersicht über die verschiedenen Verfahren, die wir dann im folgenden nach und
nach ergänzen wollen.

3.1. <u>Karteiauswahlen</u>

Bei der Karteiauswahl geht man davon aus, daß die Grundge-
samtheit in Listen oder Karteien (Platteien) oder in
maschinenlesbarer Form (EDV) zusammengefaßt ist. Solche
Karteien finden sich beispielsweise bei Einwohnermeldeämtern, Standesämtern oder - für Verkehrssünder - in
Flensburg.
Das entscheidende Problem ist dabei, eine Kartei oder
Liste zu finden bzw. zusammenzustellen, die der angestrebten Grundgesamtheit möglichst vollständig entspricht -
darauf werden wir noch genauer eingehen.
Nehmen wir zunächst einmal an, eine solche vollständige
Kartei stände uns zur Verfügung und für jede Auswahleinheit
wäre eine Karteikarte angelegt. Dann können wir auf folgende Weisen eine Auswahl aus dieser Kartei treffen:

3.1.1. <u>Lotterieauswahl</u>

In dieser "klassischen" Form einer einfachen Wahrscheinlichkeitsauswahl wird eine <u>völlige Entsprechung zum Urnen-</u>

---

1) Diese Verfahren finden sich in allen noch zu besprechenden
   Auswahlmodellen wieder (Kap.5.1.,5.2.,5.3.), wenn auch
   meist als Kombination mehrerer dieser Verfahren. Wir lei-
   sten also in diesem Kapitel Vorarbeit für die späteren
   Überlegungen. Deshalb handeln wir in diesem Zusammenhang auch Verfahren ab, die in der Praxis seltener bei
   einfachen Wahrscheinlichkeitsauswahlen verwendet werden.
   Dies gilt insbesondere für die Gebietsauswahl.

modell angestrebt: alle Einheiten der Grundgesamtheit bzw.
entsprechende symbolische "Vertreter" werden in einer Urne
oder Lotterietrommel oder auf sonstige Weise zusammengefaßt
und gut durchgemischt.

Man muß also beispielsweise für jeden Bürger einer Stadt
einen Zettel oder eine Karteikarte anfertigen oder vorrätig
haben, diese "Vertreter" mischen und die gewünschte Anzahl
von Einheiten aus der Mischtrommel entnehmen. Dann hat man
eine "Zufallsauswahl" genau nach dem Urnenmodell und kann
entsprechend die daraus entwickelten Formeln und Schließverfahren anwenden: legt man eine gezogene Karte jeweils
wieder zurück, finden die Formeln für den "Fall mit Zurücklegen", werden die Karten aussortiert, die für den "Fall
ohne Zurücklegen" Anwendung.[1) Im letzteren Fall, der in
der Praxis fast ausschließlich vorkommt, muß dann der
Korrekturfaktor berücksichtigt werden - es sei denn, der
Auswahlsatz ist so gering, daß durch den Korrekturfaktor
keine zahlenmäßig nennenswerte Veränderung der Ergebnisse
bewirkt wird (das kann bei einem Auswahlumfang, der nur 5%
oder weniger der Grundgesamtheit ausmacht, angenommen
werden).

Wie leicht einzusehen ist, wird diese klassische Form der
Lotterieauswahl nur beschränkt praktikabel sein, und zwar
deshalb, weil hier die physische Vertretung und Manipulier-
barkeit aller Einheiten der Grundgesamtheit gefordert werden muß. Nun gibt es zwar Einwohnermeldekarteien oder
ähnliche Listen (files) von menschlichen Grundgesamtheiten,
und die Möglichkeit einer Mischung selbst großer Mengen
solcher Karten ist technisch kein Problem, wie die Fernsehlotterie mit ihrer Riesentrommel beweist. Im Unterschied

---

1) Moser u. Kalton (1971, S.80) sprechen lediglich beim
   "Fall ohne Zurücklegen" von _einfachen_ Auswahlverfahren,
   während sie den "Fall mit Zurücklegen" als _uneinge-
   schränkte_ Zufallsauswahl (unrestricted random sampling)
   kennzeichnen, weil nur hier für jede Einheit tatsächlich die gleiche Chance besteht (aa.O., S. 81).

zur Fernsehlotterie werden jedoch Karten einer Einwohnermeldekartei normalerweise nach einer solchen Mischung wieder
in geordneter und unbeschädigter Form benötigt, was diese
genaue Anwendung des Urnenmodells bei größeren Grundgesamtheiten praktisch verbietet.
Man muß daher versuchen, zumindest den Mischvorgang, der
die Zufälligkeit der Auswahl und damit die Anwendbarkeit
der Wahrscheinlichkeitstheorie sichern soll, auf andere
Weise zu bewerkstelligen. Das geschieht durch Verwendung
sogenannter Zufallszahlen.

3.1.2. <u>Zufallszahlenauswahl</u>

Bei <u>Zufallszahlen</u> (<u>random numbers</u>) handelt es sich um Zahlen bzw. Abfolgen von Zahlen, die getreu unserem Urnenmodell ermittelt und meist in Tabellenform zusammengestellt
werden (Tippett, 1927; Fisher u. Yates, 1948, usw.)
Solche <u>Zufallszahlentafeln</u> wurden zunächst von dem englischen Statistiker T i p p e t t zusammengestellt, der 100
Kugeln von 1 bis 100 bezifferte, sie in einer Urne durchmischte, eine Kugel entnahm, ihre Ziffer notierte, sie
zurücklegte, erneut durchmischte usw. und auf diese mühsame
Weise, die genau dem Urnenmodell (Fall mit Zurücklegen) entspricht, eine Reihe von Zahlen in zufälliger Reihenfolge
erhielt.
Eine solche Tafel von Zufallszahlen stellt nun so etwas wie
eine "<u>Urne auf Vorrat</u>" (Kellerer, 1963, S. 52) dar, die den
Mischvorgang der tatsächlichen Auswahleinheiten erübrigt.
Allerdings setzt ihre Anwendung voraus, daß sämtliche Auswahleinheiten durchnummeriert sind, um jeder Zufallszahl
eine entsprechende Einheit oder Karte zuordnen zu können.
Nehmen wir beispielsweise an, wir hätten eine Grundgesamtheit, die aus den 10 000 Einwohnern einer Gemeinde besteht.
Für diese Gemeinde existiere eine vollständige Einwohner-

kartei, die wir von 1 bis 10 000 (gleichgültig nach welchem
System) durchnumeriert haben.

Wir nehmen nun eine Zufallszahlentafel zur Hand, wie sie
etwa N e u r a t h (1963, S. 93) im Ausschnitt darstellt.
In diesem Fall sind Zufallszahlen von 0 bis 9 in Blocks
von je 4 Spalten und 5 Zeilen zusammengestellt:

```
0 1 4 5    8 9 0 1    4 3 6 4
3 6 4 9    3 4 3 9    8 5 4 9
8 8 6 5    2 3 2 5    0 8 7 9
3 6 7 4    1 6 7 2    1 4 4 3
7 8 1 2    0 3 5 2    2 0 2 1
```

Um - in unserem Beispiel - alle Ziffern zwischen 1 und 10 000
erfassen zu können, müßten wir die Zufallsziffern zu fünf-
stelligen Zahlen zusammenfassen (etwa die Spalten). Im vorliegenden Fall bietet es sich jedoch an, jeweils eine Zeile
unserer Zahlentafel (4-stellig) zu verwenden (und die Folge
0000 als 10 000 zu werten), weil sonst sehr häufig zu große
Zahlen ermittelt würden, die dann überschlagen werden müßten.

Wenn wir von vorne anfangen, dann ist die erste Einheit, die
in die Auswahl gelangt, die Karteikarte mit der Nummer
0145, die nächste 3649 (oder 8901) usw. Auf diese Weise
fährt man fort, bis man den gewünschten Auswahlumfang n
erreicht hat (man kann sich diese Zufallszahlen auch durch
Computerprogramme erstellen lassen). Wichtig ist in jedem
Fall, daß man in keiner Weise eine subjektive Auswahl unter
den geeigneten Ziffern trifft, etwa, indem man nur gerade
Zahlen nimmt oder ähnliches. Damit würde der Zufallscharakter
der "Urne auf Vorrat" zerstört.[1]
<u>Bei gewissenhafter Handhabung entspricht die Verwendung von
Zufallszahlen in ihren statistischen Konsequenzen völlig
der Lotteriauswahl und dem Urnenmodell.</u> Daher können auch
die entsprechenden Formeln ohne Bedenken verwendet werden.

---

1) Diese Warnung ist im gegenwärtigen Stand unserer Überlegungen vielleicht noch nicht ganz einleuchtend.Sie basiert
auf der Möglichkeit,daß die Nummerierung einem bestimmten
Schema folgt, so daß sich zwischen der Nummer einer Karte
und ihren Merkmalen ein Zusammenhang ergibt. Diese Problematik werden wir bei den systematischen Auswahlen aufgreifen.

Der "Fall ohne Zurücklegen" ist dann gegeben, wenn man eine
bereits einmal aufgetretene Zahl übergeht und die nächste
noch nicht aufgetauchte Zahl verwendet.
Bedingung für die Anwendung dieser Auswahltechnik ist (neben
einer vollständigen Kartei oder Liste der Grundgesamtheit)
die Durchnumerierung aller Einheiten. Dies wirft bei großen
Grundgesamtheiten erhebliche praktische Probleme auf, ganz
zu schweigen von der Schwierigkeit, die durch Zufallszahlen
bestimmten Einheiten aus einer Kartei auszusortieren (wenn
man keine Lochkarten und Sortiermaschinen zur Verfügung
hat).
In einem solchen Falle könnte man sich dadurch helfen, daß
man den Einheiten einer Kartei indirekt einen Zahlenwert zuordnet, indem man etwa den in Millimetern ausgedrückten Abstand einer Karte vom (vorderen) Rand des Karteikastens als
die Ordnungsnummer dieser Karte definiert. So gingen beispielsweise S c h e u c h u.a. 1954/55 bei einer Erhebung
des Forschungsinstituts für Sozialwissenschaften in Köln
vor, um 500 Einheiten aus einer Kartei von 500 000 Karten
zu ziehen (Scheuch, 1956, S. 138). Das Aussortieren von Einheiten aus einer Kartei ist natürlich sehr viel einfacher,
wenn eine Datei in maschinenlesbarer Form vorliegt und die
Einheiten durch fortlaufende (oder zumindest eindeutige)
Identifikationsnummern gekennzeichnet sind. Dann können
die gewünschten Einheiten durch einfache Computerprogramme
ermittelt und ausgedruckt (oder auf Lochkarten gestanzt)
werden. Desgleichen können Einheiten aus Lochkartendateien
relativ einfach aussortiert werden.

3.1.3. Systematische Auswahlverfahren

Das "Millimeterverfahren" (sowie das Aussortieren über
Computerprogramme) kann auch bei der "systematischen Auswahl" angewendet werden.
In der Praxis wird dieses Verfahren häufig - ebenso wie
das Lotterie- und Zufallszahlenverfahren - als eine voll-

kommene Entsprechung zum Urnenmodell angesehen. Dies ist
jedoch nur unter bestimmten Bedingungen gerechtfertigt, die
- wie wir sehen werden - meist nicht vorliegen.
Bei systematischen Auswahlverfahren verzichtet man auf die
Mischung von Karten oder auf die Ermittlung von Zufallszahlen (was einer Mischung entsprechen würde). Vielmehr
werden die Einheiten - wie der Name andeutet - nach einem
bestimmten festgelegten System aus der Grundgesamtheit bzw.
der sie vertretenden Liste oder Kartei entnommen. Je nach
Art dieses Systems unterscheidet man verschiedene Versionen
systematischer Auswahlen.

3.1.3.1. <u>Ziehen jeder n'ten Karte</u>

Das "Ziehen jeder n-ten Karte" ist das meistangewandte Verfahren zur Erstellung systematischer Auswahlen. Wir wollen
die Vorgehensweise an einem Beispiel deutlich machen.
Gegeben sei wieder eine Grundgesamtheit von 10 000 Einheiten. Diese Einheiten stehen in einer Einwohnermeldekartei
zur Verfügung (brauchen allerdings nicht durchnumeriert
zu sein). Durch die uns bekannten Formeln haben wir nun
festgelegt, daß wir zur Erreichung einer bestimmten Präzision bei gegebenem Sicherheitsgrad eine Auswahl vom Umfang
n=500 ziehen müssen. Unser Auswahlsatz beträgt demnach 5%
der Grundgesamtheit.
Diesen Auswahlsatz erreichen wir, wenn wir jede 20.Karte
aus dem Karteikasten ziehen (allgemein gibt der Bruch $\frac{N}{n}$
die Größe des Intervalls an, in bzw. mit dem die Einheiten
gezogen werden; in diesem Fall also $\frac{10\ 000}{500} = 20$).
Bei der Ziehung der Karten hat man einen gewissen Vorteil
gegenüber der Auswahl nach Zufallszahlen, weil man nun die
vorhandenen Karten "lediglich" durchzählen und jede 20.Karte
entnehmen bzw.die auf ihr vermerkten Merkmale notieren muß.
(Auch hier können wir das Zahlenintervall in Millimeterab-
stände umrechnen und uns dann die Zählung der einzelnen
Karten ersparen.)

Grundlage aller unserer wahrscheinlichkeitstheoretischen
Überlegungen war die "Zufälligkeit" der Auswahl. Diese <u>Zu-
fälligkeit versucht man beim "Ziehen der n-ten Karte" dadurch zu sichern, daß man mit Hilfe von Zufallszahlen einen
Ausgangs- oder Startpunkt bestimmt</u>, von dem aus man dann in
den bestimmten regelmäßigen Abständen fortschreitet (systematic sampling with regular intervals). In unserem Beispiel
würde man also eine Zahl zwischen 1 und 20 zufällig bestimmen und dann immer um 20 fortschreiten.
Trotz dieser durch den Zufall festgelegten Ausgangsposition
kann man jedoch hier nicht mehr von Zufälligkeit der Auswahl im Sinne der bisher besprochenen Wahrscheinlichkeitsauswahlen sprechen. So hatten wir die entscheidenden Formeln
für die Schließverfahren aus der Vorstellung entwickelt,
man würde eine (theoretisch unendlich) große Serie von Auswahlen aus einer Grundgesamtheit ziehen und so zu einer Normalverteilung von Samplemaßzahlen kommen, die uns erlaubt,
den Standardfehler dieser Maßzahl zu bestimmen.
Diese Vorstellung läßt sich mit der geschilderten systematischen Auswahl <u>nicht</u> mehr (allenfalls bei sehr großen Intervallen) verbinden; so können wir in unserem Beispiel mit dem
Auswahlintervall 20 allenfalls 20 verschiedene Auswahlen zusammenstellen, je nachdem, mit welcher zufällig bestimmten
Zahl des ersten Intervalls wir unsere systematische Ziehung
beginnen.
Damit wird auch klar, daß nun <u>keine - dem Urnenmodell entsprechende - Unabhängigkeit der Einzelziehungen</u> mehr vorliegt: nachdem wir einmal einen Startpunkt bestimmt haben,
sind wegen des fixen Intervalls alle weiteren zu ziehenden
Einheiten ebenfalls festgelegt.Fangen wir in unserem Beispiel bei 20 an, dann ist damit die 40., 60. usw. Einheit
als Auswahleinheit festgelegt. Damit ist auch entschieden,
daß von je 20 Einheiten nun 19 keine Chance mehr haben, in
die Auswahl zu gelangen, während beim einfachen Urnenmodell
durch die Wahl einer Einheit die Ziehungschancen aller anderen nicht beeinflußt wurde (mit Einschränkungen beim

- 166 -

"Fall ohne Zurücklegen").

Aus diesen Gründen vermeiden es manche Autoren, bei solchen
systamtischen Auswahlen von Wahrscheinlichkeits- oder Zufallsauswahlen zu sprechen. So verwendet etwa M o s e r
(1969, S.77) den Terminus "quasi random sampling". <u>Eine
"Zufälligkeit", die die Anwendung der wahrscheinlichkeitstheoretisch abgeleiteten Formeln rechtfertigen würde, kann
sich nur dann ergeben, wenn die Liste bzw. Kartei zufällig
"geordnet" (ungeordnet) ist bzw. ihre Ordnung ohne Bedeutung für die zu erhebenden Merkmale ist.</u> Dies kann jedoch
nicht ohne weiteres angenommen werden.

Auch die Bezeichnung "systematische" Auswahl stößt auf Bedenken, weil sie zu Verwechslungen mit solchen Auswahlverfahren führen könnte, bei denen man sich bewußt auf eine
systematische Ordnung der Grundgesamtheit bezieht.[1] Dies
ist etwa bei den geschichteten Auswahlen (Kap.5.1.) der
Fall. M o s e r (a.a.O.) schlägt deshalb vor, allenfalls
von "systematic sampling from lists" zu sprechen, wobei
dann wie gesagt die Zufälligkeit der Auswahl davon abhängt,
wie die Liste geordnet ist.

Da wir in der Regel davon ausgehen müssen, daß Listen oder
Karteien nach einem bestimmten Ordnungsprinzip aufgestellt
werden, wollen wir die damit verbundenen Vor- und vor allem
Nachteile genauer betrachten. Als Nachteil bzw. als Gefähr-
dung der Zufälligkeit erweist sich die Ordnung einer Kartei
dann, wenn sie Periodizitäten oder Zyklen enthält, die mit
dem jeweiligen Auswahlintervall übereinstimmen könnten.
Besonders anschaulich schildert v. M i s e s (1931, S.11)
die möglichen Folgen einer systematischen Auswahl in einem
solchen Fall: Angenommen, die Grundgesamtheit seien die an
einer Straße aufgestellten Kilometer- und 100-Meter-Steine
und man habe ein Auswahlintervall von 10 gewählt. Dann
können sich als Ergebnis dieser "Auswahl" nur zwei glei-

---

1) Darüber hinaus sind auch Lotterie- und Zufallszahlen-
   auswahlen in dem Sinne "systematisch", daß sie "mit
   System" die Zufälligkeit der Auswahl sichern.

chermaßen falsche Schlüsse ergeben: Entweder beginnt man
mit einem Kilometerstein - dann kommt man zu dem Ergebnis,
alle Straßensteine seien Kilometersteine; beginnt man dagegen mit einem 100-Meter-Stein, dann kann man nur zu dem
Schluß gelangen,daß es nur 100-Meter-Steine gibt.
<u>Die Gefahr liegt also in der möglichen Übereinstimmung der
Systematik der Grundgesamtheit mit der Systematik der Auswahl.</u>
Diese Gefahr ist auch bei weniger fachfremden Untersuchungen
gegeben, wie sich in den folgenden Beispielen zeigt.
So könnten für eine Gemeinde von beispielsweise 10 000 Einwohnern eine Individualkartei vorliegen, in der die Mitglieder aller Familien immer in der Reihenfolge "Vater,
Mutter, ältestes Kind, zweitältestes Kind, usw. aufgelistet
sind. Nehmen wir nun an, daß die Mehrzahl aller Familien
zwei Kinder haben und daß wir eine Auswahl von 625 Personen
ziehen wollen. Bei einer Grundgesamtheit von N= 10 000
müssen wir dann also jede 16. Karte ziehen.
Wenn wir nun zufällig als erste Karte das erste Kind ziehen, dann wird bei der angenommenen Familienstruktur und
Karteiordnung (mit Viererzyklus) bei einem Intervall von 16
immer wieder die gleiche Position in dieser Viererabfolge
"gewählt". Im Extremfall haben wir dann schließlich eine
"Auswahl" von 625 "ältesten Kindern".
Eine solch extreme <u>systematische Verzerrung (bias)</u> wird nun
allerdings bei einer Individualkartei kaum jemals auftauchen, weil ja die Serie "typischer" Familien ab und zu
durch Familien anderer Größe oder von Einzelpersonen unter-
brochen wird. Dadurch wird in der Regel die verzerrende
Periodizität immer wieder durchbrochen. Anders sieht es
jedoch aus, wenn der Auswahl eine Kartei oder Liste zugrunde gelegt wird, wo pro Familie oder Haushalt immer ein
bestimmtes formales Auflistungsschema vorgeschrieben ist.
So könnten etwa auf einem Fragebogen oder einer Karteikarte
immer die gleichen Zeilen oder Spalten für bestimmte Posi-
tionen in Familien vorgesehen sein. Bei einem Junggesellen-

haushalt würden dann die für Ehefrau und Kinder vorgesehenen Spalten frei bleiben. Wichtig ist in unserem Zusammenhang, daß jeweils eine bestimmte Zeile ganz bestimmten
Familienmitgliedern vorbehalten bleibt. In diesem Falle
könnte die Auswahl jeder n-ten Zeile erhebliche Verzerrungen herbeiführen.

K e l l e r e r (1963, S. 55) schildert diese Möglichkeit an
einem konkreten Fall: Bei der amerikanischen Volkszählung
von 1940 waren die Zähllisten nicht auf einzelne Haushalte
abgestellt, sondern pro Liste waren 80 Zeilen vorgesehen,
in die die verschieden großen Haushalte hintereinander
eingetragen werden sollten. So würde etwa eine fünfköpfige
Familie auf den Zeilen 1 bis 5 eingetragen, eine nachfolgende 6-köpfige Familie auf den Zeilen 6-11, der folgende
Junggeselle in Zeile 12 usw.

Bis hierher scheint kein gravierender Anlaß zu Verzerrungen
vorzuliegen. Es bestand jedoch bei der Zählung die Auflage,
jeden Haushalt nur auf einer einzigen Liste aufzuführen und
dabei immer die gleiche Reihenfolge von Familienmitgliedern
einzuhalten (etwa Vater, Mutter, Kind).

Wenn man also bei einer Zählliste bei der Zeile 76 angekom-
men war, konnte man beispielsweise eine fünfköpfige Familie
nicht mehr auf dieser Liste aufführen und ging zur nächsten
Liste über, wo man dann in Zeile 1 wieder mit dem Vater begann. Bei dieser Volkszählung wollte man nun neue Fragestellungen verwenden, was wegen der beschränkten Mittel
nicht für jeden Haushalt bzw. jede Person möglich war. Man
entschied sich daher, nur 5% aller Personen nach diesen
zusätzlichen Merkmalen zu befragen. Deshalb sollten von
den 80 Zeilen jeder Liste nur 4 mit diesen Fragen versehen
werden, und zwar jede 20.Zeile. Hier liegt nun die Gefahr
einer systematischen Verzerrung vor.

So mußte man die Zeilenabfolge 20-40-60-80 ausschließen,
weil die letzte Zeile wegen der Nichtübertragbarkeit häufig
nicht besetzt war. Die Zeilen 1-6 konnte man ebenfalls nicht
als Startpunkt wählen, weil in Zeile 1 immer der Vater, in

Zeile 2 die Mutter usw. aufgeführt war. Zudem konnte - wiederum wegen der Nichtübertragbarkeit - angenommen werden, daß in den ersten Zeilen jeder neuen Liste vor allem größere Haushalte erscheinen würden. Nach entsprechenden Vorstudien konnte man weitere Zeilen ausfindig machen, bei denen <u>systematische Fehlerquellen</u> vorlagen. Insgesamt wurden in diesem Falle 16 der 80 Zeilen als zu verzerrungsanfällig ausgeschlossen (und zudem eine wechselnde Abfolge der Intervalle vorgenommen).

<u>An diesem Beispiel wird vor allem deutlich, daß bei einer systematischen Auswahl erhebliche Kenntnisse über die Struktur der Grundgesamtheit vorliegen müssen, wenn man eine mögliche Verzerrung vermeiden will.</u> Beim Lotterieverfahren und bei der Zufallszahlenauswahl konnten wir dagegen auch bei völliger Unkenntnis der Struktur und Ordnung der Grundgesamtheit eine unverzerrte (nicht systematisch, sondern innerhalb wahrscheinlichkeitstheoretisch abgeleiteter Zufallsabweichungen fehlerhafte) Auswahl erwarten.

Natürlich ist <u>nicht jede Ordnung</u> einer Kartei oder Liste, selbst wenn sich eine übereinstimmende Periodizität mit dem Auswahlintervall ergibt, <u>von Bedeutung</u>. Ist beispielsweise eine Einwohnerkartei für bestimmte Straßen nur nach dem Namen geordnet, so ist es schwer vorstellbar, daß sich eine systematische Verzerrung ergibt,wenn wir jeden 10. Haushalt herausgreifen und etwa das Haushaltseinkommen messen. In diesem Fall können wir annehmen, daß das Ordnungskriterium der Liste - der Name - in keiner Beziehung zum Erhebungsmerkmal steht.

<u>Systematische Verzerrungen treten also nur dann auf, wenn Ordnungskriterium und Erhebungsmerkmal miteinander korreliert sind.</u>

Das könnte in folgendem Beispiel der Fall sein. Angenommen, die Haushalte einer Straße sind in einer Karte nach der

Hausnummer geordnet,[1] wobei die Hausnummern vom Zentrum
zur Peripherie hin ansteigen. Weiter nehmen wir an, daß
das Haushaltseinkommen im allgemeinen ebenfalls zur
Peripherie ansteigt. Wenn wir nun ein Auswahlintervall
bestimmen, das ungefähr mit der Anzahl der Häuser in den
(etwa gleich langen) Straßen übereinstimmt, würden wir je
nach Startpunkt (wie im Kilometersteinbeispiel, s.S. 166)
immer Haushalte mit der gleichen Entfernung zum Zentrum
(mit ungefähr gleicher Hausnummer) erfassen. Wenn wir dann
wieder das Haushaltseinkommen messen, würden wir bei einem
niedrigen Startpunkt eine systematische Unter- und bei einem
hohen Startpunkt eine systematische Überschätzung des Durch-
schnittseinkommens erhalten (weil Einkommen und Wohnlage
korreliert sind).
Auch ohne eine solche Periodizität kann eine Kartei zu
systematischen Verzerrungen führen, wenn ihre Ordnung mit
dem Erhebungsmerkmal korreliert bzw. übereinstimmt.
M o s e r (1969, S.77) macht das an einem einfachen Beispiel klar: Wenn wir das Durchschnittseinkommen einer
Grundgesamtheit mit einer Auswahl aus einer Liste, in der
die Einheiten nach dem Einkommen geordnet sind, bestimmen
wollen, dann hängt unser Ergebnis wiederum davon ab, mit
welchem Startpunkt wir beginnen; würden wir etwa bei einem
Auswahlintervall von 20 die 1., 21., 41., 61. usw. Einheit
bestimmen, dann hätte jede dieser Einheiten ein höheres
Einkommen als die 2., 22., 42. usw., die wir beim Startpunkt 2 gezogen hätten. Entsprechend kämen wir allein deshalb zu unterschiedlichen Durchschnittswerten, weil wir
von verschiedenen Startpunkten systematisch fortgeschritten
wären. (Dabei würden die Unterschiede umso größer, je unterschiedlicher das Untersuchungsmerkmal und je größer die
Auswahlschritte.)

---

1) Hier greifen wir schon auf Probleme der Gebietsauswahl
   vor: Die Kartei ist nach räumlichen Gesichtspunkten
   geordnet.

Was ist nun zu tun, wenn man aus Vorkenntnis der Grundgesamtheit vermuten muß, daß eine Periodizität oder eine sonstige Systematik besteht, die mit den zu untersuchenden Merkmalen zusammenhängt und die Auswahl zu verzerren droht?
Zunächst gilt es, eine bekannte Regelmäßigkeit der Grundgesamtheit bzw. der Kartei oder Liste nicht durch die Systematik der Auswahl zu wiederholen, wie wir es am Beispiel der Volkszählung sahen. Im Zweifel empfiehlt es sich, den Startpunkt, von dem aus wir in Intervallen fortschreiten, mehrmals zu wechseln. Im Extremfall führt uns dieser Wechsel des Startpunktes dann dazu, nicht mehr etwa jede 20.Karteikarte zu ziehen, sondern jeweils "Haufen" von 20 Karten zu bilden und aus jedem dieser Haufen eine Karte per Zufallszahl zu bestimmen,[1] was wegen der geringen Anzahl pro Haufen keine Probleme macht.
S t e p h a n u. M c C a r t h y (1963, S.73) bringen ein konkretes Beispiel, das die Nützlichkeit dieser Vorgehensweise gut illustriert:
Während des zweiten Weltkrieges wollte man eine Umfrage unter amerikanischen Soldaten durchführen. Da für alle Lager Listen der Soldaten vorlagen, bot sich eine systematische Auswahl an Hand dieser Listen an. Bei der Überprüfung der Auswahl zeigte sich dann jedoch, daß "master sergeants" weit überrepräsentiert waren. Es stellte sich heraus, daß in den einzelnen Lagerlisten die Soldaten jeweils nach Baracken und pro Baracke nach ihrem militärischen Rang geordnet waren. Außerdem war jede Baracke mit gleich vielen Soldaten belegt. Da nun "zufällig" das Auswahlintervall mit dieser Belegungszahl übereinstimmte, erfaßte man immer wieder die gleiche militärische Position. Nachdem die Fehlerquelle entdeckt war, bestimmte man nun je Baracke per Zufalls-

---

1) Hier zeigen sich bereits Parallelen zu den komplexen Auswahlverfahren (Kap.5), insbesondere zum sogenannten Deming-Plan, bei dem die Grundgesamtheit in "Zonen"eingeteilt wird, aus denen dann eine Zufallsauswahl gezogen wird (Statistisches Bundesamt, 1960, S. 72 ff.).

zahl die zu befragende Person (s.auch Kap.5.1.).
Man kann also bei Einführung gewisser Vorsichtsmaßregeln
die Verzerrungsmöglichkeiten einer systematischen Auswahl
einschränken und dieses verhältnismäßig leicht handhabbare
Verfahren mit vertretbarem Risiko anwenden.
<u>Die Entscheidung für eine systematische Auswahl kann jedoch
in manchen Fällen nicht trotz, sondern gerade wegen ihrer
besprochenen Eigenart getroffen werden.</u>

Wie wir bereits andeuteten, birgt nämlich die Tatsache, daß
die meisten Listen oder Karteien nach bestimmten inhaltlichen oder formalen Kriterien geordnet sind, nicht nur
Gefahren, sondern auch Vorteile, weil die "Struktur des
Kollektivs nicht hypothetisch verändert", sondern die einzelnen Einheiten in ihrer "relativen Position zueinander
belassen" (Scheuch, 1956, S. 141) werden.
Wieder kann uns eine Einwohnermeldekartei als Beispiel
dienen. Wenn hier die einzelnen Bürger nach Stadtteilen
oder Straßenzügen aufgelistet sind, dann kann durch eine
systematische Auswahl jeder n-ten Karte eine bessere Abbildung der Streuung innerhalb der Grundgesamtheit erzielt werden. [1]
Wählen wir beispielsweise jede 100.Karte, dann können wir
sicher sein, daß auf jeden Fall jedes Viertel oder jede
Straße mit 100 und mehr Einwohnern in unsere Auswahl gelangt. Auf diese Weise haben wir eine gesicherte Vertretung
aller räumlichen Einheiten etwa einer Stadt, wobei für uns
wichtig ist, daß sich damit in den meisten Fällen andere
Merkmale wie Einkommen, Bildung, Parteipräferenz usw. verbinden, deren repräsentative Vertretung in der Auswahl bei
soziologischen Fragestellungen von Bedeutung ist.
Bei einer "reinen Zufallsauswahl" nach dem Lotterieprinzip
könnte es dagegen vorkommen, daß bestimmte Stadtteile gar
nicht vertreten sind, daß also zufällige Abweichungen vom

---

1) siehe hierzu auch die Beschreibung des ADM-Mastersample (Kap.5.3.5.).

"verkleinerten Abbild" der Grundgesamtheit vorkommen werden.
Besonders bei Grundgesamtheiten, die sehr unterschiedlich
sind, die also in bezug auf das Auswahl- (und Erhebungs-)
kriterium eine große Streuung aufweisen, würde das zu einem
großen Auswahlfehler führen und damit den gewünschten Schluß
auf die Grundgesamtheit unsicherer beziehungsweise ungenauer
machen.

Diese Tatsache macht man sich bei der geschichteten Auswahl
zunutze, die wir später diskutieren werden. Hier sei nur
festgehalten, daß durch eine sorgfältig vorgenommene systematische Auswahl eine gesicherte Repräsentativität bestimmter relevanter Merkmale eher zu erwarten ist als beim
Lotterie- oder Zufallszahlenverfahren.[1]

Das "Ziehen der n-ten Karte" ist zwar das gebräuchlichste,
aber keineswegs das einzige Verfahren zur Erstellung systematischer Auswahlen. Vielmehr gibt es einige ebenso praktikable und einfache Verfahren, die zudem keine so weitreichende Kenntnis der Grundgesamtheit zur Vermeidung von
systematischen Verzerrungen erfordern. Bei diesen Verfahren
kann man auch zum Teil auf die Bedingung verzichten, daß
die Grundgesamtheit vollständig in einer Kartei oder Liste
zusammengefaßt sein muß. Dies gilt zum Beispiel für die sogenannte Buchstabenauswahl.

---

1) Wenn man - bei nicht systematisch verzerrten Auswahlen -
   den Auswahlfehler systematischer Auswahlen dennoch nach
   den aus dem einfachen Urnenmodell abgeleiteten Fehlerformeln berechnet, kann man erwarten, daß die Schätzwerte
   für die Parameter zu vorsichtig ausfallen. Man vernachlässigt in diesem Fall die Tatsache, daß ein Teil der
   Merkmalsstreuung nun nicht mehr dem Zufallsfehler unter-
   liegt. Diesen "Schichtungseffekt" werden wir bei den
   geschichteten Auswahlen (Kap.5.1.) durch entsprechende
   Auswahlmodelle und Schätzformeln berücksichtigen.

3.1.3.2. <u>Buchstabenauswahlverfahren</u>

Dieses Verfahren bietet sich vor allem dann an, wenn keine
vollständige (oder numerierte) Kartei vorliegt. Wir wollen
das Prinzip dieses Auswahlverfahrens an einem Beispiel
klarmachen, das wir von S c h e u c h (1956, S. 144) übernehmen:
Im April 1945 wollten die Alliierten eine Untersuchung
über den Einfluß von Radiosendungen auf die Deutschen
durchführen. Nun erlaubte die damalige Situation der deutschen Städte keine der üblichen Auswahlverfahren: Die Zusammensetzung der Bevölkerung war bei Kriegsende weitgehend
unbekannt, es konnten daher keine Schlüssel für die Anwendung des Quotenverfahrens (s. Kap.1.4.2.3.; 6.) erarbeitet
werden. Ebenso fiel eine Gebietsauswahl nach Straßenzügen
und Häuserblocks (s.Kap.3.2.1.) wegen der weitgehenden Zerstörung der Städte und der dadurch bewirkten Irrelevanz
des kartographischen Materials aus. Auch eine Karteiauswahl im besprochenen Sinne konnte wegen der weitgehenden
Zerstörung solcher Karteien nicht durchgeführt werden, zumal
auch die noch bestehenden Karteien wegen der großen Bevöl-
kerungsfluktuation dieser Jahre kaum brauchbar waren.
Angesichts dieser Umstände griff man auf das Buchstabenverfahren zurück, was allerdings erst bei den Verfügungs-
möglichkeiten der Militärverwaltung einigen Erfolg ver-
sprach: Man forderte nämlich alle Personen, deren Namen mit
einem bestimmten Buchstaben begann, auf, sich zu einem bestimmten Zeitpunkt an einem angegebenen Ort einzufinden.
Damit hoffte man zu einem repräsentativen Querschnitt der
Bevölkerung zu gelangen.
Die Berechtigung dieser Hoffnung ist nun - analog zum Problem der Periodizität - offenbar davon abhängig, ob sich mit
dem Anfangsbuchstaben des Namens nicht bestimmte nichtzufällige Merkmale verbinden.
Im geschilderten Beispiel schloß man etwa den Buchstaben
"W" aus, weil man annahm, daß damit vor allem slawische

Namen beginnen und weil man davon ausging, daß Personen
slawischer Herkunft ganz bestimmte Merkmale aufweisen könnten, die das Ergebnis hätten verzerren können (weil so beispielsweise Heimatvertriebene überrepräsentiert werden könnten).
Aus dem gleichen Grunde würde man beispielsweise bei einer
Buchstabenauswahl in NRW kaum die Anfangsbuchstaben "Sch"
wählen, weil damit der Kölner Raum durch die überdurch-
schnittlich vielen Träger des Namens "Schmitz" überrepräsentiert werden könnten.
Die alliierte Militärregierung entschied sich 1945 für den
Anfangsbuchstaben "B", von dem sie annahm, daß er keine
Über- oder Unterrepräsentation bestimmter Bevölkerungsgruppen bewirken würde. Tatsächlich machte man mit diesem
Verfahren gute Erfahrungen.
Dies bestätigte sich auch bei der sogenannten "L"-Unter-
suchung, in der 1955 alle in den Karteien der damaligen
Bundesanstalt für Arbeitsvermittlung und Arbeitslosenver-
sicherung auffindbaren Rentner mit dem Anfangsbuchstaben
"L" zu ihrer wirtschaftlichen Lage befragt wurden. Dieses
Verfahren könnte also auch dann angewendet werden, wenn von
einer Kartei lediglich einige "Buchstabenpakete" verfügbar
sind - sofern man davon ausgehen kann, daß der Anfangs-
buchstabe des Namens in keinem systematischen Zusammenhang
mit den zu untersuchenden Merkmalen steht. Ist dies nicht
der Fall, kann man annehmen, daß die so ausgewählte Perso-
nengruppe über die gesamte Merkmalsbreite streut (s.dazu
auch Kap.5.2.).
Bei vollständig vorliegenden Karteien kann man zudem durch
die Buchstabenauswahl auf einfache Weise einen zusätzlichen
Vorteil erreichen: Die meisten Karteien oder Listen sind
nicht nur nach dem Namen geordnet, sondern in einer über-
geordneten Stufe auch nach Stadtteilen, Straßen, Einkommen,
Wirtschaftsbereichen oder anderen Kriterien unterteilt.
Indem man aus jeder dieser Unterteilungen ein "Buchstaben-
paket" herausnimmt, erreicht man den - auch durch das

"Ziehen der n-ten Karte" erzielbaren - Schichtungseffekt,
d.h. man sichert der Auswahl eine Repräsentativität gewisser
Merkmale, die bei dem Lotterieprinzip nicht als gesichert
angenommen werden könnte.
Voraussetzung dafür, daß man die Buchstabenauswahl als eine
Zufallsauswahl im Sinne unseres Urnenmodells behandelt und
auch die aus ihm abgeleitete Formel anwendet, bleibt jedoch
die Nicht-Korrelation des Buchstabens mit für die Untersuchung relevanten Merkmalen (da sonst ein "Klumpeneffekt"
entstehen könnte: Kap.5.2.1.3.). Dagegen ist es nicht von
Bedeutung, daß einige Buchstaben häufiger als Anfangsbuchstaben eines Namens Verwendung finden ohne damit bestimmte
Gruppen zu kennzeichnen. Damit ist im Gegenteil ein Mittel
gefunden, auf einfache Weise die Größe der Auswahl dem gewünschten Auswahlsatz anzupassen.

3.1.3.3. <u>Geburtstagsauswahlverfahren</u>

Das sogenannte Geburtstagsverfahren beruht auf ganz ähnlichen Überlegungen wie das Buchstabenverfahren. Diese Auswahltechnik wurde 1950 vom Leiter des Statistischen Bundesamtes Schleswig-Holstein entworfen und angewendet. Auch hier
versucht man, eine "natürliche" Gliederung der Bevölkerung
für die Auswahl zu nutzen.
Man kann sich ja die Bevölkerung je nach dem Geburtstag in
366 "Klumpen" (einschließlich des 29. Februar) eingeteilt
vorstellen. Diese Klumpen von Menschen mit dem gleichen
Geburtstag werden sich in der Verteilung soziologisch relevanter Merkmale kaum von der Gesamtbevölkerung unterscheiden (sofern man nicht astrologischen Einflüssen Be-
deutsamkeit zugesteht). Wenn man daher die Personen mit
gleichem Geburtstag - über alle "Jahrgänge" hinweg - zu-
sammenfaßt, kann man davon ausgehen, ein zufällig zusammen-
gesetztes verkleinertes Abbild der Grundgesamtheit zu erhalten - also eine Auswahl, die dem Urnenmodell entspricht.

Dies kann wiederum nur deshalb angenommen werden, weil wir
das Ordnungskriterium "Tag der Geburt" als unkorreliert mit
soziologisch relevanten Merkmalen ansehen. In der Tat kann
man sich systematische Verzerrungen solcher Merkmale - also
die Über- oder Unterrepräsentation bestimmter Bevölkerungsgruppen - an bestimmten Geburtstagen schwer vorstellen.[1]
Das Geburtstagsverfahren verlangt vielleicht am wenigsten
Kenntnisse der Grundgesamtheit und ist daher ähnlich sicher
wie das Lotterieverfahren. Allerdings dürfte die Aussortie-
rung der meisten nicht nach dem Geburtstag geordneten Karteikarten in der Praxis erhebliche Probleme machen, wenn
die Daten nicht in maschinenlesbarer Form vorliegen.
Während beim Geburtstagsverfahren keine durchnumerierte
Kartei vorliegen muß, ist dies Voraussetzung bei dem im
folgenden geschilderten Verfahren.

3.1.3.4. <u>Schlußziffernauswahlverfahren</u>

Bei diesem Verfahren werden solche Einheiten einer durchnumerierten Karte oder Liste in die Auswahl aufgenommen,
die eine bestimmte Schlußziffer aufweisen. Je nach dem Auswahlsatz bestimmt man durch Zufallszahlen eine ein- oder
mehrstellige Zahl, und alle Einheiten, die diese Zahl als
Schlußziffer(n) haben, werden aussortiert.
K e l l e r e r bringt ein Beispiel, wie die Bestimmung
solcher Schlußziffern aussehen kann (1963, S.59):

---

1) Dies gilt zumindest für unseren Kulturkreis. Als systematische Verzerrungsfaktoren könnte man sich etwa reli-
   giöse Enthaltsamkeitsvorschriften vorstellen, die in
   bestimmten Jahresabschnitten zur Unterrepräsentation
   der betreffenden Konfession führen könnten.

Vorgeschriebener Auswahlsatz	Es werden in die Auswahl einbezogen alle Nummern mit der bzw. den Schluß- ziffer(n)
20%	4 und 7
10%	6
2%	27 und 68
1%	33
0,2%	401 und 918

Um eine dem Urnenmodell entsprechende Zufallsauswahl zu erreichen, muß bei diesem Verfahren gefordert werden, daß ähnlich wie beim Ziehen der n-ten Karte keine Periodizität vorliegt, was besonders bei kleineren Karteien oder Listen nicht immer unterstellt werden kann. Zudem muß gesichert sein, daß diese Ziffer nicht als "Kennziffern für bestimmte Merkmale" (Scheuch, 1956, S. 145) benutzt werden, wie es bei manchen Karteien der Fall ist. Diese Fehlerquellen sind häufig nur schlecht zu vermeiden, wie sich auch bei der Anwendung des Schlußziffernverfahrens bei der deutschen Lohnsteuerstatistik 1950 zeigte (Kellerer, 1963, S.104).

Im übrigen kann natürlich das Prinzip der Endziffernauswahl auch für Buchstaben angewandt werden, wobei dann die gleichen Vorsichtsmaßregeln beachtet werden müssen wie bei der Auswahl nach dem Anfangsbuchstaben.
Ohne maschinenlesbare Karteien ist jedoch die Auswahl nach dem Endbuchstaben - wie auch die nach der Endziffer - ein nicht sehr praktikables Auswahlverfahren, weil Karteien in den seltensten Fällen nach ihrer Endziffer geordnet sind.

3.1.4. Probleme der Chancengleichheit bei Kartei- bzw. Listenauswahlen

Bei der Besprechung der verschiedenen Möglichkeiten, Auswahlen aus Karteien zu treffen, waren wir immer davon ausgegangen, daß für jede Einheit eine Karte oder eine sonstige "Vertretung" vorhanden war.
Dies kann jedoch nicht immer vorausgesetzt werden. Vielmehr kommt es häufig vor, daß die Erhebungseinheit mit der "Kar-

teieinheit" (Auswahleinheit) <u>nicht</u> übereinstimmt.
Das ist beispielsweise dann der Fall, wenn man einzelne
Personen auswählen möchte und in der zur Verfügung stehenden Kartei lediglich Haushalte aufgeführt sind. Würde man
nun eine Karte ziehen, auf der mehrere Personen verzeichnet
sind, dann könnte man zwar ohne weiteres durch Zufallszahlen
eine einzige Person herausgreifen, aber es ist klar, daß
damit die Personen, die zu großen Haushalten gehören, eine
kleinere Chance haben, in die Auswahl aufgenommen zu werden,
als Personen aus kleinen oder gar Ein-Personenhaushalten.

<u>Diese ungleiche Auswahlchance ist darauf zurückzuführen,</u>
<u>daß die Auswahleinheit,</u> die Karteikarte, eine <u>ungleiche</u>
<u>Anzahl von Erhebungseinheiten "vertritt",</u> aus denen dann
erneut eine Auswahl gezogen werden muß, wobei je nach Anzahl
der aufgeführten Einheiten eine unterschiedliche Einzelwahrscheinlichkeit besteht (s.dazu Kap. 5.3.1.).
Da man davon ausgehen muß, daß das Merkmal, in einem mehr
oder weniger großen Haushalt zu leben, für viele Fragestellungen von Bedeutung ist, wird eine mangelnde Repräsentativität für Personen aus Haushalten unterschiedlicher Größe
die Auswahlergebnisse verzerren.
Dieses Problem tritt sowohl bei der Lotterieauswahl als auch
beim Zufallszahlenverfahren und der systematischen Auswahl
generell immer dann auf, wenn nicht die Erhebungseinheiten
selbst, sondern übergeordnete Einheiten in Karteien oder
Listen aufgeführt sind.
Leider kann man nun allerdings nicht davon ausgehen, daß man
bei Vorliegen einer Liste, auf der die Einheiten einzeln
vertreten sind (etwa einer Personalkartei), allen Problemen
zur Sicherung der Chancengleichheit enthoben ist.
Vielmehr kann das Problem der ungleichgewichtigen Vertretung
von relevanten Merkmalen sich auch in genau entgegengesetzter
Form darstellen: Angenommen, wir wollen Daten über Haushalte
zusammenstellen, etwa die durchschnittliche Wohnraumgröße.
Wenn wir nun eine Individualkartei als unsere Erhebungs-

grundgesamtheit vorliegen haben, dann besteht offenbar für
einen Mehrpersonenhaushalt eine größere Chance, in die Auswahl zu gelangen, als für einen Einpersonenhaushalt, weil
der letztere im Gegensatz zum ersteren nur durch eine Einheit in der Kartei vertreten ist.

Legen wir beispielsweise wieder die Kartei einer Gemeinde
mit 10 000 Einwohnern zugrunde, dann besteht für eine Einzel-
person eine Wahrscheinlichkeit von 1/10 000, in die Auswahl
zu gelangen; ein Haushalt mit 5 Personen hätte demnach eine
Wahrscheinlichkeit von 5/10 000, in der Auswahl repräsentiert zu sein. Bei Nichtberücksichtigung dieses Umstandes
würden wir in unserem Beispiel dann eine Überrepräsentation
großer Haushalte und damit (so wollen wir optimistischer-
weise annehmen) eine zu hohe durchschnittliche Wohnraumgröße pro Haushalt als Ergebnis erhalten (und sehr wahrscheinlich eine zu kleine Wohnraumfläche pro Person).
Auch dieses Problem ist allen bisher geschilderten Verfahren
gemeinsam.

Bei systematischen Auswahlen kann jedoch durch Festlegung
eines bestimmten Auswahlintervalls (beim Ziehen der n-ten
Karte) diese Verzerrungsmöglichkeit eingeschränkt werden.
Bei einem Auswahlintervall von 10 würde beispielsweise nur
ein Haushalt oder ein sonstiges Aggregat von Einheiten mit
10 und mehr Mitgliedern eine höhere Auswahlchance haben als
kleinere Aggregate. Auf diese Weise kann durch die Wahl des
Auswahlintervalls (bei Vermutungen über die Struktur der
Grundgesamtheit) eine Sicherung der Chancengleichheit erreicht werden, was wir schon in anderem Zusammenhang (Schichtungseffekt) andeuteten.[1]
Diese möglichen Vorteile systematischer Auswahlen können jedoch - wie wir noch einmal betonen wollen - nur dann eingesetzt werden, wenn eine recht weitreichende Kenntnis der

---

1) Diese Chancengleichheit gilt allerdings nicht für die Wahl
   des Startpunktes durch Zufallszahlen. Liegt nun noch eine
   Periodizität vor, kann dies die angedeutete Verbesserung
   der Repräsentatitivität zunichte machen.

Struktur der Grundgesamtheit beziehungsweise der Kartei vorhanden ist. Nur dann kann der Auswahlplan den verschiedenen Gefahren, die sich mit einer systematischen Auswahl verbinden, Rechnung tragen und die möglichen Vorteile ausschöpfen.

Liegen dagegen kaum oder mangelhafte Kenntnisse dieser Grundgesamtheit vor, dann empfiehlt sich, trotz des größeren Arbeitsaufwandes bei der Aufbereitung der Liste bzw. der Kartei, auf die Lotterieauswahl oder das Zufallszahlenverfahren zurückzugreifen, weil dabei der Auswahlfehler berechenbar ist und nicht durch systematische Verzerrungen eine zusätzliche - unbekannte - Fehlerquelle geschaffen wird.

Den praktischen Problemen, die sich durch Überrepräsentation verschiedener Einheiten auf der individuellen oder der Aggregatebene ergeben, muß dann je nach Fragestellung Rechnung getragen werden. So würde man beispielsweise, wenn sich das Interesse auf Haushalte richtet, die Angehörigen eines Haushaltes alle mit der gleichen Nummer kennzeichnen oder im umgekehrten Fall bei einer Haushaltsliste, aus der man eine Auswahl von Individuen erstellen möchte, einen Mehrpersonenhaushalt durch eine entsprechende Anzahl von Karteikarten oder Nummern repräsentieren.
Selbst wenn man auf diese Weise Chancengleichheit für die Einheiten der Kartei - der Erhebungsgesamtheit - hergestellt hat, kann man deshalb noch nicht sicher sein, daß man auch die Grundgesamtheit, auf die man die Ergebnisse der Auswahl beziehen möchte, in angemessener Weise repräsentiert hat. Wie wir bereits andeuteten (s.S. 129), besteht ja die krasseste Form der Chancenungleichheit darin, daß eine Einheit der Grundgesamtheit in der Erhebungsgesamtheit überhaupt nicht erfaßt ist.
Wenn man daher bei Karteiauswahlen von gleicher Auswahlwahrscheinlichkeit spricht, dann bezieht sich das nur auf die in der Kartei vertretenen Einheiten. <u>Nur wenn die angestrebte Grundgesamtheit und die Kartei tatsächlich übereinstimmen, wird die Grundgesamtheit in angemessener Weise repräsentiert.</u>

Üblicherweise sind jedoch Karteien oder entsprechende Listen
häufig nicht auf dem neuesten Stand oder in sonstiger
Weise mangelhaft, so daß diese selbstverständliche Voraussetzung häufig nicht erfüllt ist. Auf diese Problematik
werden wir noch näher eingehen (s.Kap. 4.1., 4.2.).
Wegen der Mangelhaftigkeit vieler Karteien - sofern überhaupt vorhanden - hat die im folgenden besprochene Gebietsauswahl immer mehr an Bedeutung gewonnen.

3.2. <u>Gebietsauswahlen</u>[1)]

Bei Gebietsauswahlen (area sampling, Flächenstichprobe)
sind die auszuwählenden Einheiten nicht durch die Karten
einer Kartei oder auf einer Liste vertreten, sondern werden "nach ihrer geographischen Lage innerhalb eines räum-
lich abgegrenzten Universums bestimmt" (Scheuch, 1956,
S.149).
Ihre erste Anwendung fanden Gebietsauswahlen naheliegender-
weise dort, wo die gewünschte Erhebungseinheit tatsächlich
ein Gebiet bzw. ein Flächenstück ist, nämlich in der Agrar-
statistik. In diesem Fall stimmen also Auswahl- und Erhebungseinheit überein, was bei der sozialwissenschaftlichen
Anwendung der Gebietsauswahl meist nicht der Fall ist.
Zunächst jedoch ist das Vorgehen hier wie dort vergleichbar:

3.2.1. <u>Verfahren analog der Karteiauswahl</u>

Das Gebiet der Grundgesamtheit, etwa eine bestimmte Bodenart
oder die Fläche einer Stadt, wird in kleinere Flächenstücke

---

1) Wir wollen die verschiedenen Möglichkeiten der Durchführung von Gebietsauswahlen schon an dieser Stelle besprechen, obwohl diese Verfahren meist in einem mehrstufigen
   Auswahlmodell (Kap.5.3.) Anwendung finden. Auf den einzelnen Stufen kann jedoch jeweils eine einfache Wahrscheinlichkeitsauswahl stattfinden. Dabei unterscheiden sich
   die Probleme im Prinzip nur durch die andere Art der Definition der Auswahlgesamtheit von den bereits bei der
   Karteiauswahl besprochenen.

aufgeteilt, diese werden durch Zettel, Ziffern oder Buchstaben gekennzeichnet oder auf eine sonstige Weise symbolisch vertreten. Dann wird aus dieser Masse einzelner
Flächenstücke bzw. deren symbolischer Vertretung mit Hilfe
der bereits geschilderten Verfahren eine Auswahl getroffen.
Wir haben also eine Situation, die sich in nichts von der
besprochenen Karteiauswahl unterscheidet, nur daß hier die
auszuwählenden Einheiten geographische Einheiten und nicht
Personen sind (oder Haushalte usw.). Entsprechend können
wir, nachdem wir einmal die Unterteilung in geographische
Einheiten vorgenommen haben,
1) eine Lotterieauswahl veranstalten, indem wir die durch
   Symbole (Zettel usw.) vertretenen Flächeneinheiten
   durchmischen und zufällig ziehen,
2) das Zufallszahlenverfahren anwenden, indem wir aus den
   durchnumerierten Einheiten eine Auswahl mit Hilfe von
   Zufallszahlentafeln treffen,
3) systematische Auswahlverfahren anwenden, indem wir etwa
   jeden n-ten Häuserblock in die Auswahl einbeziehen.
Nehmen wir an, wir wollten eine Auswahl von Bezirken oder
Flächenabschnitten aus der Gesamtfläche einer Stadt treffen,
dann geht es zunächst darum, die Stadtfläche, also unsere
Grundgesamtheit, eindeutig zu umreißen.
Dies erfordert vor allem eine gute Karte bzw. eine Luftauf-
nahme des Stadtgebietes. Hier kann die Gebietsauswahl bereits der Karteiauswahl überlegen sein: während (amtlich
geführte) Karteien sich auf Verwaltungsgebiete beziehen,
deren Grenzen recht willkürlich verlaufen können, können
wir nun unsere <u>Grundgesamtheit nach den jeweiligen Erfor-
dernissen</u> der Untersuchung bestimmen.
So können wir etwa die Stadtgrenzen überschreiten und die
Vororte mit einbeziehen oder auch bestimmte Gebiete aus-
klammern (beispielsweise Parks und Grünanlagen, aber auch
Industriegebiete usw.). Die dann zusammengestellte Grundgesamtheit teilen wir nun in einzelne Abschnitte ein.

Dazu könnten wir ein Netz oder Raster über die Karte legen
und diese in beliebig kleine Teilstücke zerlegen. Dabei
taucht das Problem auf, daß die Linien eines solchen Ra-
sters zusammengehörige räumliche Einheiten - Häuserblocks
und auch einzelne Häuser - durchschneiden können. Man versucht daher, die Untereinheiten möglichst durch <u>"natürliche"</u>
<u>Grenzlinien</u> wie Straßen, Parks, Eisenbahnlinien usw. gegen-
einander abzugrenzen (die Wahl "natürlicher" Grenzen empfiehlt sich auch häufig deswegen, weil sich damit eine
gewisse "Klumpung" vergleichbarer Merkmale ergibt; s.
Kap.5.2.). Damit soll nicht nur verhindert werden, daß
einzelne Einheiten eine mehrfache Chance haben, in die Auswahl zu gelangen (so würde ein "durchschnittenes" Haus
beispielsweise von zwei Planquadraten erfaßt und eine
doppelte Auswahlwahrscheinlichkeit haben), sondern auch die
praktische Arbeit "im Feld" erleichtert werden: Die ausgewählten räumlichen Einheiten können bei "natürlicher" Abgrenzung leichter aufgefunden und Abgrenzungsfehler von
Interviewern usw. eingeschränkt werden.
Überhaupt dürfen wir bei der Vorbereitung einer Gebietsauswahl nicht aus den Augen verlieren, daß wir in der Regel
nicht an räumlichen Einheiten, sondern an den Merkmalen von
Personen interessiert sind, die wir lediglich aufgrund einer
räumlichen Position auswählen. Dabei wird man meist in mehreren Stufen vorgehen, d.h. ein durch eine Gebietsauswahl
bestimmtes Gebiet erneut untergliedern, eine weitere Auswahl
treffen, deren ausgewählte Gebiete wiederum Grundlage weiterer Unterteilungen werden usw., bis man sich schließlich
den zu befragenden Personen genähert hat (die dann meist
mit Hilfe einer Listenauswahl ausgewählt werden).
Nehmen wir jedoch zunächst an, mit einer einzigen Gebietsauswahl seien bereits unsere Erhebungseinheiten festgelegt -
etwa, wenn alle Personen der auf einem Stadtplan eingezeich-
neten und ausgewählten Planquadrate berücksichtigt werden.

Dann haben alle Bewohner eines solchen Planquadrats die
gleiche Chance, in die Auswahl zu gelangen; sie entspricht

der Wahrscheinlichkeit für die Auswahl der Quadrate.[1] Zur
Sicherung der gleichen Auswahlwahrscheinlichkeit der Personen
genügt es daher, die Chancengleichheit der Flächenabschnitte
zu gewährleisten.

Dies ist nun offenbar die gleiche Problemstellung wie bei
Kartei- oder Listenauswahlen: die Flächenstücke können
durchnumeriert, "Vertreter" mit den entsprechenden Zahlen
versehen und etwa nach dem Lotterieprinzip ausgewählt werden.
Einfacher wäre auch hier die Auswahl mit Zufallszahlen.
Schließlich können wir ebenfalls eine systematische Auswahl
vornehmen, indem wir jede n-te Flächeneinheit in die Auswahl
aufnehmen. Dies hat, wie wir bereits sagten, den Vorteil,
daß wir eine gesicherte Streuung über das Gebiet der Grundgesamtheit und damit zumindest eine räumliche Repräsentativität erreichen können.

Allerdings müssen wir auch hier damit rechnen, daß die Auswahl verzerrt werden kann, wenn eine gewisse <u>Regelmäßigkeit</u>
<u>bzw. Periodizität</u> sich im Auswahlintervall widerspiegelt.
Eine solche räumliche Periodizität könnte beispielsweise
auftreten, wenn wir das Stadtgebiet Kölns in Planquadrate
aufteilen: hier liegen um das historische Zentrum in kon-
zentrischen (Halb-)Kreisen die sogenannten "Ringe" und
"Gürtel"; es könnte nun vorkommen, daß beispielsweise jedes
20. der durchnumerierten Planquadrate einen Abschnitt der
"Ringe" erfaßt. Hätten wir nun als Auswahlintervall ebenfalls 20 bestimmt, dann hängt es analog dem "Kilometerstein-
Beispiel" (s.S. 166) nur von der Wahl des Startpunktes ab,
ob diese Gebiete (und damit bestimmte Merkmale wie Geschäfts-
dichte, Verkehrsaufkommen, Wohndichte, usw.) ausschließlich
oder überhaupt nicht berücksichtigt werden.
Ebenso wie bei der Karteiauswahl muß also auch bei der Gebietsauswahl eine gewisse Kenntnis der Struktur der Grundgesamtheit vorausgesetzt werden, wenn man solche Verzerrungen vermeiden will. Spätere Beispiele werden das noch deut-

---

1) Dies ist, wie wir unterstreichen wollen, <u>nicht</u> der Regelfall (s.Kap.5.3.1.).

licher machen.

Nach der Auswahl der Flächenstücke - der Auswahleinheiten -
würden dann die Erhebungseinheiten aufgelistet und untersucht werden, etwa die Bewohner der ausgewählten Planquadrate. Analog zum Buchstabenverfahren bei der Karteiauswahl
haben wir also den <u>Vorteil, nicht von vorne herein eine
Liste aller möglichen Erhebungseinheiten zu benötigen.</u>
Dieser Vorteil wird jedoch bei der einfachsten Form der
Gebietsauswahl, bei der in einem Auswahlvorgang Gebiete und
alle sich in ihnen befindlichen Erhebungseinheiten erfaßt
werden, kaum nennenswert zu Buche schlagen, und zwar aus
folgendem einfachen Grund: die Anzahl der Erhebungseinheiten
ist aus verschiedenen Gründen (s.Kap.2.4.4.3.) meist recht
beschränkt, meist können nur etwa 2000 Personen untersucht
werden. Diese Anzahl wird in dicht besiedelten Gebieten von
relativ kleinen Flächenstücken erreicht. So könnte bereits
die Auswahl bzw. die Untersuchung eines einzigen großen Bau-
blocks die zur Verfügung stehenden Mittel erschöpfen. Wenn
man also eine Streuung über das gesamte Stadtgebiet ermöglichen möchte, müßte man eine sehr große Anzahl sehr kleiner
räumlicher Einheiten bilden und auswählen. Die Einteilung
und Definition solch kleiner räumlicher Einheiten wäre nun
wiederum nur mit erheblichem Aufwand und entsprechenden
Kenntnissen der Grundgesamtheit möglich.

Liegen solche Kenntnisse (vor allem über die Einwohnerzahlen
in bestimmten Flächenstücken! - s.Kap.5.3.) nicht vor, so
kann man dennoch mit Hilfe der Gebietsauswahl in einem
<u>systematischen Zähl- und Auswahlvorgang</u> zu relativ kleinen
Einheiten gelangen. Dazu könnte man auf einer Stadtkarte
einen (in der Praxis mehrere) "Startpunkt" zufällig oder
bewußt festlegen und ihn zum Ausgangspunkt eines systematischen Erhebungsvorganges machen. Wir könnten beispielsweise festlegen (so Scheuch, 1956, S. 431 ff.), daß in
einem Planquadrat die Straßenkreuzung, die der rechten
oberen Ecke dieses Quadrats am nächsten liegt, als Ausgangspunkt gelten soll. Wenn wir diese Kreuzung gefunden

haben (ist keine vorhanden, wird die nächstliegende eines anderen Planquadrats genommen), suchen wir nach bestimmten Kriterien ein Haus aus, das dann der eigentliche Startpunkt ist (in der zitierten Kölner Untersuchung war dies das Eckhaus, das dem Dom zugerichtet und ihm am nächsten war). Ab diesem Haus kann dann die Anweisung etwa folgendermaßen lauten: der Wohnblock, zu dem das Haus gehört, soll im Uhrzeigersinn umrundet werden; jedes n-te Haus soll erfaßt und seine Bewohner aufgelistet bzw. befragt werden.

Auch hier kann durch die systematische Auswahl eine Verzerrung entstehen. Als Beispiel wollen wir eine hypothetische Siedlung (die beispielsweise das Ergebnis des Planungsauftrags "gemischte und aufgelockerte Bebauungsweise bei begrenzter Anzahl von Haustypen" sein könnte): diese Forderung haben wir in unserem Beispiel "erfüllt", indem wir zeilenweise in umgekehrter Reihenfolge 5 Einfamilienbungalows, 3-4geschossige Mietshäuser und ein Wohnhochhaus aneinandergereiht bzw. "geplant" haben. Das könnte etwa folgendermaßen aussehen:

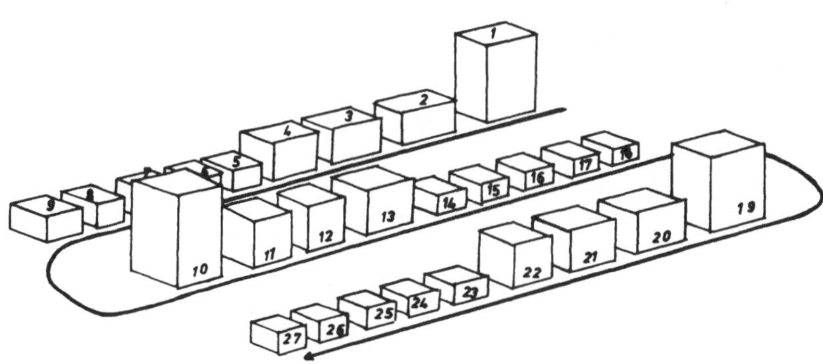

Abb.18: Hypothetische "Begehungsanweisung"

Angenommen, diese Siedlung würde gebaut, und man will eine
Umfrage über die Wohnzufriedenheit der Bewohner veranstalten. Man entscheidet sich dafür, jedes 9. Haus zu berücksichtigen. Dann würde man (bei dieser "Begehungsanweisung")
je nach Startpunkt entweder nur Einfamilienhäuser, oder
nur 4-geschossige Mietshäuser oder nur Hochhäuser erfassen
(1., 10., 19.), was die Höhe der Wohnzufriedenheit recht
deutlich beeinflussen dürfte. Wieder liegt der Fehler in
einer Übereinstimmung von Auswahlintervall und Systematik
der Grundgesamtheit.

In der Literatur wird häufig ein weniger konstruiertes Beispiel gegeben, das vor allem für die USA Bedeutung hat: bei
gleichmäßiger Blockbebauung sollte man vermeiden, daß man
durch eine Übereinstimmung von Auswahlintervall und Anzahl
der Häuser pro Block-Seite immer wieder an ein Eckhaus
kommt (oder diese völlig ausschließt), weil damit eine
Überrepräsentation (bzw. Unterrepräsentation) begüterter
Haushalte verbunden sein kann. In der BRD würden wohl vor
allem Geschäfte oder "Eck"-Kneipen überrepräsentiert werden.
Solche Verzerrungsmöglichkeiten werden durch das im folgenden geschilderte Verfahren weitgehend vermieden.

3.2.2. Verfahren des "Zufallsweges"

Mit diesem Verfahren soll durch genau festgelegte Regeln
zunächst eine geographische Position und dann eine Person
bzw. eine sonstige Auswahleinheit zufällig bestimmt werden.
Ein Beispiel dafür gibt N o e l l e in Form
einer Anweisung zur Adressenermittlung von Haushalten
(1963, S.127 ff.).
Ausgangspunkt des Zufallsweges ist ein Haus oder ein sonstiger Startpunkt, der nach den uns bekannten Verfahren
zufallsbedingt bestimmt werden kann, meist jedoch nach Gutdünken festgelegt wird. Diesen Punkt sucht der mit der
Ermittlung beauftragte Interviewer bzw. Adressenermittler
auf. Seine weitere Anweisung könnte dann etwa folgender-

maßen lauten (Noelle, a.a.O., S. 128): "Stellen Sie
sich vor den (Haupt)Eingang, mit dem Gesicht zur Straße,
und gehen Sie dann nach links in das zweite Haus auf der
gleichen Seite (s.Skizze). In diesem zweiten Gebäude zur
Linken des Ausgangspunktes beginnen Sie mit der Adressenermittlung.

Zum Aufsuchen der weiteren Haushalte gehen Sie in der gleichen Richtung und auf derselben Straßenseite weiter, bis
Sie an eine Querstraße oder eine Abzweigung nach rechts
kommen. Dort biegen Sie nach rechts ab und begeben sich auf
die rechte Straßenseite. Dieser neuen Straße folgen Sie
bis zur nächsten Straße, die nach links abgeht, und suchen
hier die Häuser auf der linken Straßenseite auf.

Regel: Abwechselnd rechts abbiegen und rechte Straßenseite
       wählen, links abbiegen und linke Straßenseite wäh-
       len. Gehen Sie also rechts, müssen Sie links ab-
       biegen, gehen Sie auf der linken Seite,müssen Sie
       rechts abbiegen.

Ist die Straßenseite, die nach unserer Regel an der Reihe
ist, überhaupt nicht bebaut (Seeufer, Park und dergleichen),
benutzen Sie die gegenüberliegende und folgen weiter unserer
Regel. Ist die "richtige" Straßenseite aber lediglich in
großen Abständen bebaut, müssen Sie trotzdem die Regel
einhalten.

Stoßen Sie auf die Bebauungsgrenze, oder geraten Sie in
eine Sackgasse, gehen Sie bis zum letzten Haus und dann <u>ohne</u>
zu zählen und ohne zu notieren auf der <u>gleichen</u> Seite zurück, bis Sie in der richtigen Richtung abbiegen können.
Müssen Sie weiter zurück als bis zu der Stelle, an der Sie
in diese Straße einbogen, beginnen Sie dort wieder mit dem
Zählen und Notieren." (Notiert werden sollte in diesem Fall
jeder 6. Haushalt).

Es folgen detaillierte Vorschriften für die Bestimmung und
Zählung der Haushalte (und - als zweite Auswahlstufe - für
die Auswahl von Personen). Eine Skizze verdeutlicht die
vorangestellten Anweisungen (a.a.O., S. 129-130):

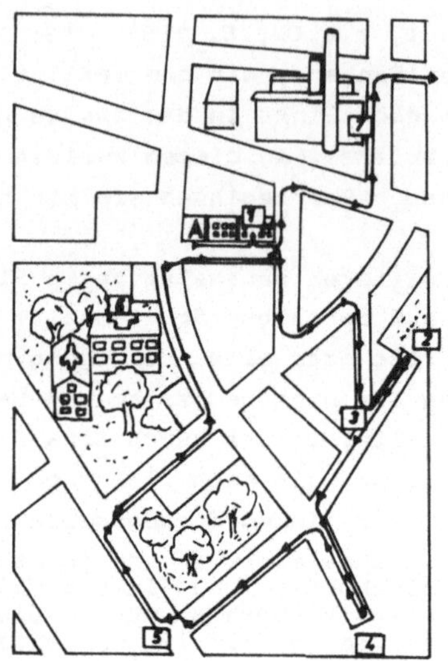

<u>Abb.19:</u> Begehungsanweisung (nach Noelle, modifiziert)

Erklärung der Skizze:

A: Ausgangsadresse

1: Beginn der Ermittlungen (zweites Haus zur Linken von A,
   wenn Sie mit dem Gesicht zur Straße vor dem Eingang von
   A stehen); dann jeweils rechts abbiegen und rechts gehen,
   danach links abbiegen und links gehen.

2: Bebauungsgrenze der Stadt; Sie gehen auf der gleichen
   Seite zurück, aber ohne zu zählen, und suchen die nächsten Abzweigung nach links.

3: Hier überqueren Sie die Stelle, an der Sie in diese Straße
   einbogen. Nach dieser Einbiegung setzen Sie die Ermittlungen fort.

4: Sackgasse; Sie gehen auf der gleichen Seite zurück,ohne
   zu zählen, bis zur nächsten Abzweigung nach links.

5: Hier sollten Sie nach der Regel auf der rechten Straßenseite gehen. Sie entdecken jedoch, daß hier ein öffent-
   licher Park ist, in dem keine Häuser stehen. Daher wechseln Sie auf die linke Straßenseite über. Wäre jedoch in
   dem Park an dieser Straßenseite ein Haus mit Wohnräumen,
   müßte die rechte Straßenseite benutzt werden.

6: Krankenhaus; in das Krankenhaus gehen Sie nicht, da es
   sich ja um einen Anstaltshaushalt handelt. Aber Sie müssen die Häuser davor und danach aufsuchen.

7: Fabrik; auf dieser Straßenseite grenzt nur eine Fabrik an
   aber Sie müssen dennoch diese Seite benutzen und die Fabrik
   aufsuchen. Sie ermitteln bitte, ob auf dem Fabrikgelände

jemand seine Wohnung hat; beispielsweise der Pförtner,
manche Fahrer oder auch einige Angestellte könnten hier
wohnen. Deren Haushalte müßten mitgerechnet und, falls
sie nach Ihrer Auswahlvorschrift und der Zufallsziffer
passend sind, müßte eine Person aus ihnen notiert werden.

Mit Hilfe solch detaillierter Anweisungen können dann Adres-
senlisten aufgestellt werden, die unabhängig sind von der
subjektiven "Zufälligkeit", mit der ein einzelner Ermittler
eine Liste nach Gutdünken zusammenstellen würde.
<u>Dabei empfiehlt es sich, die Aufstellung der Liste und die
Datenerhebung bzw. die Interviews selbst in getrennten
Arbeitsgängen und von unterschiedlichen Personen durchführen
zu lassen,</u> um nicht doch eine subjektive Entscheidung des
Interviewers (nach Bequemlichkeit, Zugänglichkeit usw.) zu
provozieren.
Der Adressenermittler spielt dann meist die Rolle des "Kon-
taktinterviewers" (Scheuch, 1956, S. 429), der zugleich
einen Termin für das eigentliche Interview vereinbaren
kann, das dann von einer anderen Person durchgeführt wird.
Man versucht also Bedingungen zu vermeiden, die beispielsweise beim Quotenverfahren als Verzerrungsursachen moniert
werden (s.Kap.6.). Bei gewissenhafter Befolgung der Regeln
des Zufallsweges ist diese Gefahr in der Tat ausgeschaltet,
denn im Unterschied zum Quotenverfahren ist die Erhebungseinheit von vornherein festgelegt - wenn auch noch unbekannt. Das zu überprüfende Kriterium ist also vor allem
die gewissenhafte Erfüllung der Auswahlauflagen (s.dazu
Noelle, 1963, Fußnote S. 144).
Denkbar - wenn auch außerordentlich unwahrscheinlich[1] -
wäre auch eine Verzerrung durch das Auswahlintervall (jeder
6. erfaßte Haushalt). So könnten in einem Wohngebiet ausschließlich Sechs-Familien-Häuser vorliegen. Je nach Start-

---

1) Unwahrscheinlich, weil eine außerordentlich gleichför-
   mige Strukturierung der Grundgesamtheit vorliegen müßte,
   die die Verzerrungsmöglichkeit sofort deutlich werden
   ließe.

punkt würde man dann immer einen Wohnungstyp (beispielsweise Erdgeschoßwohnung) bevorzugen. Bei dem im Begehungsplan vorgesehenen Richtungswechsel ist dies jedoch in der
Praxis kaum vorstellbar.

Im übrigen zeigt sich bei diesem Verfahren wieder, daß durch
systematische Auswahlen eine gewisse Sicherung der Repräsentativität erreicht werden kann. So können wir ziemlich
sicher sein[1], daß sich die Haushalte gemäß ihrem Anteil
über Wohnblocks unterschiedlicher Siedlungsdichte, über
Hochhäuser sowie Einfamilienhäuser verteilen werden.
Dies kann im folgenden Verfahren nicht unterstellt werden,
zumindest nicht,wenn es als mehrstufiges Verfahren eingesetzt wird, wie es in der Regel der Fall ist.

3.2.3. Der"Schwedenschlüssel"

Der "Schwedenschlüssel"[2] ist ein <u>Zufallszahlenschlüssel</u>,
der auf einfache Weise eine Zufallszahlenauswahl ermöglicht und leicht auf die jeweiligen Erfordernisse abgestellt werden kann. Das Vorgehen soll wieder an Hand der
bereits zitierten Kölner Untersuchung dargestellt werden:
man hatte zunächst das Stadtgebiet in Flächen gleicher
Größe aufgeteilt und eine Anzahl dieser Flächenstücke
per Lotterieauswahl ausgewählt. Pro ausgewähltem Stadt-
bezirk hatte man 5 Häuser systematisch ausgewählt (s.S. 187)
Aus diesen Häusern sollte jeweils 1 Person über 21 Jahren
ausgewählt werden. Dabei sollten die Wohnungen der Befragten nach der Geschoßhöhe (zufallsbedingt) variieren.
Es handelt sich hier also um eine Auswahl, die in mehreren
nachgelagerten Schritten erfolgt. Daraus ergeben sich erhebliche Konsequenzen für die Auswahlwahrscheinlichkeit
der Erhebungseinheiten und die Repräsentatitivtät der Aus-

---

1) Es sei denn, daß bestimmte Siedlungseinheiten kleiner
   sind als das Auswahlintervall.

2) Die Gründe dieser Namensgebung blieben dem Verfasser
   unerfindlich. Er schließt sich aber dennoch diesem häufig gebrauchten Ausdruck an.

wahl, wie wir später erläutern werden (s. Kap.5.3.1.).
Hier geht es zunächst nur um die Darstellung des Verfahrens.
In unserem Beispiel wurde der Schwedenschlüssel <u>sowohl zur
Auswahl der Stockwerke als auch der Personen</u> innerhalb einer
Wohneinheit benutzt.
Er hatte dann beispielsweise folgendes Aussehen (Scheuch,
1956, S. 433):

Haus Etage	1	2	3	4	5	6	7	8	und mehr Etagen bzw. mehr Personen über 21 Jahre
A	1	1	3	4	3	6	7	2	
B	1	2	1	3	5	2	6	7	
C	1	1	2	2	2	3	3	5	
D	1	2	3	1	4	5	4	1	
E	1	1	2	4	1	4	1	8	

<u>Abb.20</u>: "Schwedenschlüssel"

Die Buchstaben A bis E stehen (zunächst) für die systematisch auszuwählenden 5 Häuser, die im Kopf der Tabelle angegebenen Ziffern (zunächst) für die Anzahl der Stockwerke
in jedem dieser Häuser. Die Felder der Tabelle sind mit
Zufallszahlen versehen, die innerhalb der gesetzten Grenzen schwanken und aus einer entsprechenden Urne nach dem
Lotterieprinzip gewonnen wurden.
Angenommen, man ist beim dritten ausgewählten Haus angekom-
men und will nun bestimmen, auf welcher Etage man ein
Interview durchführen soll. Dann halten wir uns an die Zufallszahlen, die in der Reihe 3 bzw. C stehen. Dann suchen
wir die Spalte, die der Geschoßzahl des Hauses C entspricht; hat dieses Haus beispielsweise 5 Geschosse, gibt
uns die 5.Spalte die passenden Zufallszahlen an. Im
Schnittpunkt von 3.Reihe und 5.Spalte steht in diesem Fall
die Zufallszahl 2; wir wählen also das 2.Stockwerk aus
(falls dieses unbewohnt ist, geht man zur nächsten Zufallszahl über). Befinden sich in diesem Stockwerk mehrere Wohneinheiten, könnte man wiederum den Zufallszahlenschlüssel
anwenden, indem man in der der Zahl der Wohnungen entsprechenden Spalte nachsieht.

Nachdem wir auf diese Weise zu einer Wohneinheit gelangt
sind, benutzen wir den Schlüssel zur Bestimmung der Erhebungseinheit bzw. der zu befragenden Person. Dabei stehen
nun die Ziffern im Tabellenkopf für die Anzahl der Personen
pro Wohneinheit.

Angenommen, im 2. Stock des 3. Hauses leben in der ausgewählten Wohnung 8 Personen, von denen 6 über 21 Jahre alt
sind. Da wir nach dem Auswahlplan nur an dieser Altersgruppe interessiert sind, ordnen wir (nur) diese Personen
nach ihrem Alter (stellen also auf diese Stufe eine Liste
auf). Befragt wird dann die n-älteste Person, wobei wir
n aus dem Zahlenschlüssel entnehmen: bei 6 Personen finden
wir diese Zahl in der 6.Spalte in der dritten Reihe: 3.
Wir befragen demnach die drittälteste Person der Wohneinheit. [1]

Der grundsätzliche <u>Vorteil</u> dieses Verfahrens liegt darin,
daß man <u>nach objektiv festgelegten</u> (und damit im nach-
herein kontrollierbaren) <u>Regeln</u> - ohne den subjektiven
Einfluß des Interviewers (s.Kap.6.)[2] - die Auswahl der
Erhebungseinheiten planen kann, <u>ohne irgendeine Kenntnis
etwa von Art und Zustand des Hauses sowie von der Anzahl
der Wohnparteien und ihrer Mitglieder zu haben.</u>

---

1) Dabei ist klar, daß keine unabhängigen Einzelziehungen
   vorliegen: ist einmal eine Einheit (eines Hauses, einer
   Etage) bestimmt, haben die anderen keine Auswahlchance
   mehr. Noch mehr wird die Auswahlwahrscheinlichkeit dadurch beeinflußt, daß eine mehrstufige Auswahl vorliegt
   (s.Kap.5.3.).

2) Dies setzt allerdings eine gute Interviewermoral voraus,
   die man nicht unkontrolliert unterstellen sollte. Der
   Verdacht liegt nahe, daß der Zufallszahlenschlüssel ver-
   fälscht wird, wenn etwa die eigentlich zu befragende
   Person nicht zu Hause ist, nicht antworten will oder
   kann (s.dazu auch S.191; Trennung von Auflistung und
   Befragung).

- Wir wollen hier die Schilderung der praktischen Verfah-
rensweisen bei der Gebietsauswahl abbrechen. In den meisten
Lehrbüchern über Auswahlverfahren findet der interessierte
Leser detaillierte Schilderungen, so beispielsweise bei
K i s h (1965, insbesondere in Kap.9).
Wie mehrfach betont, werden die dargestellten Verfahren selten in Form eines einfachen Wahrscheinlichkeitsauswahlmo-
dells angewendet. Vielmehr wird man in der Regel aus Gründen, die wir bereits andeuteten und die wir später (Kap.
5.3.) weiter ausführen wollen, mehrere Auswahlvorgänge vornehmen. Auch dann jedoch stellen sich auf jeder Auswahlstufe die Probleme, die wir nun kennengelernt haben, wie
überhaupt die einfachen Wahrscheinlichkeitsauswahlen oder
gar das Urnenmodell nicht wegen ihrer unmittelbaren Praxis-
relevanz, sondern wegen der Verdeutlichung wahrscheinlich-
keitstheoretischer Zusammenhänge und möglicher Fehlerquellen
von Bedeutung sind.
Die Kenntnis der theoretischen und praktischen Bedingungen
der einfachen Wahrscheinlichkeitsauswahlen und entsprechender Verfahren ist daher eine Voraussetzung zum Verständnis
der komplexen Auswahlverfahren, mit denen wir uns im 5.
Abschnitt befassen wollen.
Vor diesem zentralen Abschnitt wollen wir jedoch noch einmal
zwei grundsätzliche Bedingungen für die Erstellung (einfacher)
Wahrscheinlichkeitsauswahlen unterstreichen und in zwei Exkursen auf Probleme eingehen, die in der Diskussion um Wahrscheinlichkeitsauswahlen häufig im Vordergrund stehen.

4. **Grundbedingungen für die Erstellung (einfacher) Wahrscheinlichkeitsauswahlen und Probleme bei der Erfüllung der Modellbedingungen**

4.1. **Eindeutige Bestimmung der Erhebungs- bzw. Auswahleinheiten und der Grund- bzw. Auswahlgesamtheit**

Um aus einer Grundgesamtheit eine Auswahl treffen und die Ergebnisse der Auswahl auf diese Grundgesamtheit verallgemeinern zu können, muß zunächst die Grundgesamtheit eindeutig definiert sein. Eine solche Definition ist natürlich zunächst von der Themenstellung der Untersuchung zu begründen, muß sich aber auch an der praktischen Durchführbarkeit der Erhebung orientieren.

Angenommen, man will eine Untersuchung über die Wohnzufriedenheit der "Kölner Bevölkerung" machen. Dann würde man zunächst - was sehr banal klingt - die angestrebte Grundgesamtheit "Kölner Bevölkerung" so definieren müssen, daß bei der Erhebung eindeutig zu unterscheiden ist, ob bestimmte Personen dieser Grundgesamtheit angehören oder nicht. Die Definition der Grundgesamtheit schließt also eine Definition der Erhebungseinheiten bzw. der Elemente der Grundgesamtheit ein.

Damit können wir uns jedoch nicht begnügen; wir müssen auch klarstellen, ob die Erhebungseinheiten mit den Auswahleinheiten identisch sind oder nicht. Die Bestimmung der Auswahleinheiten wiederum ist abhängig von den vorhandenen oder beschaffbaren Unterlagen, die als Auswahlgesamtheit genutzt werden können. Im Falle der Kartei- oder Listenauswahl muß beispielsweise eine Auswahlgesamtheit in Form einer Einwohnermeldekartei oder eine sonstige Liste vorliegen, bei der Gebietsauswahl wären genaue Karten, Gebietsabgrenzungen usw. vonnöten, beim "Zufallsweg" eine genaue Bestimmung der Wege und der Auswahleinheiten (z.B. alle Klingelschilder).

Die Auswahlgesamtheit bestimmt die Auswahlchance der Einheiten der Grundgesamtheit; damit ist die Gültigkeit des

<u>Schlusses auf die "angestrebte" Grundgesamtheit davon ab-
hängig, inwieweit die Erhebungsgesamtheit der Auswahlgesamtheit entspricht und ob diese Auswahlgesamtheit der Grundgesamtheit angemessen ist.</u>
Würden wir beispielsweise die Grundgesamtheit "Bevölkerung
Kölns" definieren als "alle Personen, die im Stadtgebiet
Kölns leben", ließe sich schlecht eine angemessene Auswahlgesamtheit denken, weil sich wohl kaum eine Liste aller in
Köln "lebenden" Menschen aufstellen ließe. Man würde also
etwa präzisieren "im Stadtgebiet Kölns lebende und dort
gemeldete Personen". Doch auch diese Definition wird kaum
praktikabel sein, weil im Einzelfall schwer entscheidbar
sein wird, ob denn nun ein in Köln Gemeldeter auch dort
"lebt". Man könnte also etwa formulieren "mit ständigem
Wohnsitz und Arbeits- oder Ausbildungsstelle in Köln". Bei
dieser Definition ergeben sich dann notwendige Abgrenzungen,
was als "Arbeitsstelle" zu verstehen ist (Haushalt, usw.),
wie Arbeitslose einzustufen sind, usw.
Eine weitere Einschränkung der Auswahlgesamtheit und der
Erhebungsgesamtheit ergibt sich aus der banalen Tatsache,
daß man nur die Merkmale solcher Personen erhebt, die
willens und imstande sind, die gestellten Fragen zu beantworten (s.dazu den Exkurs über "Ausfälle"). Bei einer Umfrage über die Wohnzufriedenheit einer Stadtbevölkerung
wäre zum Beispiel die Zufriedenheit der Kinder ein wesent-
licher Faktor, der kaum in die Erhebung eingeht, weil normalerweise lediglich Altersgruppen über 18 Jahren erfaßt
werden - was bei der Interpretation der Daten bzw. beim
Rückschluß auf die Grundgesamtheit häufig vernachlässigt
wird.
Auch hier zeigt sich das <u>generelle Problem, daß zwischen der
inhaltlich optimalen</u> Definition <u>und der "operationalen"</u>
(der zur praktischen Anwendung geeigneten) <u>Definition meist
Kompromisse gefunden werden müssen.</u>
Bei der Zusammenfassung der Erhebungs- bzw. Auswahleinheiten
zur Auswahl- bzw. Erhebungsgesamtheit ("Stadtgebiet Kölns")

stellt sich ein zweifaches Problem: einmal die praktische
Überlegung, für welche Gesamtheit gut geführte Listen oder
andere Unterlagen vorliegen bzw. beschafft werden können,
zum anderen aber auch die Abgrenzung nach Kriterien, die
der jeweiligen Fragestellung angemessen sind.
Will man beispielsweise die Folgen stark verdichteter Wohn-
weise untersuchen, würde man etwa dünnbesiedelte "Stadt"-
Gebiete mit teilweise ländlichem Charakter aus den politisch
festgelegten Grenzen des Stadtgebietes herauslösen (wozu
sich dann die Gebietsauswahl anbietet). Die so erhaltene
Auswahlgesamtheit ist dann die einzige Grundgesamtheit,
über die wir Aussagen machen können - vorausgesetzt unsere
Auswahl entspricht den Kriterien der Wahrscheinlichkeitsauswahl. Dabei sei noch einmal betont, daß die Auswahlgesamtheit sich - bei der Karteiauswahl - nur aus den Personen
zusammensetzt, von denen irgendwelche Listen oder sonstige
Verzeichnisse vorliegen, die also tatsächlich eine Chance
haben, in unsere Auswahl zu gelangen.
Nimmt man beispielsweise als Auswahlgesamtheit eine Einwohnermeldekartei, dann sind dort häufig die neu hinzugezoge-
nen Bürger noch nicht aufgeführt bzw. die Weggezogenen noch
nicht abgemeldet. Man hat also eine von der tatsächlichen
angestrebten Grundgesamtheit abweichende Auswahlgesamtheit.
Das ist vor allem dann von Bedeutung, wenn angenommen werden muß, daß sich solche Unterscheidungen auf nicht zufällige Weise ereignen, wenn also die Gruppe der Neuzugänge
und der Abgänge besondere nicht durchschnittliche Merkmale
aufweisen - beispielsweise mobiler, jünger, gebildeter usw.
sind als der Bevölkerungsdurchschnitt.
Eine Kartei - wie auch eine Begehungsanweisung - ist demnach
immer daraufhin zu überprüfen, ob sie in bestimmter selek-
tiver Weise bestimmte Gruppen über- oder unterrepräsentiert.
Würde man beispielsweise ein Telefonverzeichnis als Auswahlgesamtheit verwenden, dann würde man aus einer solchen
Auswahl kaum gültige Schlüsse etwa auf eine Stadtbevölkerung
allgemein ziehen können, weil Personen mit Telefonanschluß

sich meist nicht nur durch dieses Merkmal, sondern sich auch durch ein anderes Einkommen, Ausbildung und Beruf von solchen ohne Telefon unterscheiden werden. Die aus einer solchen Auswahlgesamtheit gezogene Auswahl ist also - wie gesagt - immer nur für diese Auswahlgesamtheit repräsentativ, die Gültigkeit des Schlusses auf die Grundgesamtheit hängt davon ab, inwieweit sich Auswahl- und Grundgesamtheit entsprechen, bzw. <u>inwieweit die bestehenden Unterschiede Relevanz für die zu untersuchenden Merkmale haben.</u> (So würde etwa die Untersuchung der Haarfarbe von Telefonbesitzern ohne einsehbare Bedenken auch auf Nicht-Telefonbesitzer verallgemeinert werden können.)
Die Problematik der Abgrenzung von Grund- und Auswahlgesamtheit war bereits unter Punkt 1.4. angesprochen worden. Tatsächlich erhalten auch Wahrscheinlichkeitsauswahlen durch die bewußte Abgrenzung der Grundgesamtheit ein Element "bewußter" Auswahlen (1.4.2.) selbst wenn der Auswahlvorgang selbst nach Wahrscheinlichkeitsmodellen erfolgt.
Auch die "Auswahlen aufs Geratewohl"(1.4.1.) lassen sich nun besser einschätzen: natürlich ist jede "Auswahl" für irgendeine Grundgesamtheit repräsentativ - die Frage ist nur, für welche. <u>Es geht also um die Repräsentativität für die Zielpopulation.</u>

4.2. <u>Sicherung der Chancengleichheit</u>

Die Definition der Erhebungs- bzw. Auswahleinheiten und der Auswahlgesamtheit ist die selbstverständliche Grundlage jeder Auswahl. Nur definierte und aufgeführte Einheiten haben überhaupt eine Chance, in die Auswahl zu gelangen. Um nun das Kriterium der einfachen Wahrscheinlichkeitsauswahlen, die <u>gleiche</u> Auswahlchance, zu sichern, müssen alle definierten Einheiten in der Auswahlgesamtheit aufgeführt sein, und zwar alle nur einmal (bzw. alle in gleicher Anzahl). Wenn wir beispielsweise wieder ein Telefonbuch als Auswahlgesamtheit annehmen, dann werden dort einzelne Personen

mehrfach vertreten sein - etwa über Privat- und Geschäfts-
anschluß. Eine solche Person hat dann also eine mehrfache
Chance, in die Auswahl aufgenommen zu werden. Damit ist
unser Modell, aus dem wir die verschiedenen Formeln berechnet haben, verletzt. Wir müssen also dafür Sorge tragen,
daß jede Auswahleinheit nur einmal vertreten ist.
Würde man beispielsweise eine Auswahl unter den Schüler-
eltern einer bestimmten Schule treffen wollen, indem man
die Schülerliste als Auswahlgesamtheit nimmt (dieses Beispiel bringt R.Mayntz u.a. 1971, S. 71), dann würden Eltern,
die mehrere Kinder auf diese Schule geschickt haben, eine
mehrfache Auswahlchance haben. Man würde dann etwa festlegen, daß nur das älteste Kind als Auswahleinheit gezählt
wird, oder daß durch entsprechende Gewichtungsfaktoren
die Chancengleichheit wiederhergestellt wird. (Bedingung
ist dann also nur eine berechenbare, bekannte Chance.)

Die Forderung, daß jede Erhebungseinheit der angestrebten
Grundgesamtheit in gleichem Maße vertreten sein muß, ist
in der Praxis kaum zu erfüllen. Vollständige und aktuelle
Verzeichnisse von Personen sind nur in den seltensten Fällen
vorhanden. Gerade deshalb hat auch die Gebietsauswahl
einen starken Aufschwung genommen. Hier ist die Forderung
nach vollständiger und einmaliger Auflistung der Auswahleinheiten - der Flächenstücke - verhältnismäßig problemlos
zu erfüllen. Die Probleme stellen sich dann allerdings -
einmal abgesehen vom Problem der Zweitwohnungen - wenn man
nun in der nächsten Auswahlstufe eine Auswahl unter den
durch die Flächenstücke vertretenen Personen treffen möchte.
Dabei hat man jedoch den großen Vorteil, daß man nun eine
bereits sehr eingeschränkte Auswahlgesamtheit hat, die mit
verhältnismäßig geringem Aufwand aufgelistet werden kann.
Wir können also hier, wie wir bereits sagten, von der Forderung abgehen, daß alle möglichen Erhebungseinheiten der
Grundgesamtheit, auf die wir schließen wollen, physisch oder
symbolisch gegenwärtig bzw. manipulierbar sein müssen. Vielmehr brauchen wir nur zu fordern, daß eine Auflistung denk-

bar und möglich ist.
Den gleichen Vorteil hatten wir auch beim Buchstaben- und
Geburtstagsverfahren hervorgehoben, wo wir nur für ausgewählte Teileinheiten vollständige Listen zusammenstellen
mußten. Dabei muß allerdings zur Sicherung der Chancengleichheit aller Einheiten ein gewisses Maß an Kenntnissen
der Struktur der Grundgesamtheit vorausgesetzt werden, damit nicht bereits auf der ersten Auswahlstufe irreparable
Verzerrungen entstehen. (s. Kap.5.3.).

4.3. <u>Zwei Exkurse zur Diskussion um Auswahlverfahren</u>

Im folgenden wollen wir in zwei Exkursen auf Probleme eingehen, die im Zusammenhang mit Auswahlverfahren diskutiert
zu werden pflegen, obwohl sie mit den eigentlichen Auswahlmodellen und ihrer theoretischen Begründung nur bedingt
etwas zu tun haben. Auch hier beziehen wir uns nicht nur
auf die einfachen Wahrscheinlichkeitsauswahlen, sondern generell auf alle Auswahlmodelle.

4.3.1. <u>Das Problem der "Ausfälle" bei Wahrscheinlichkeits-
       auswahlen</u>

Mit Hilfe der beschriebenen Verfahren können wir eine Auswahl von Einheiten so vornehmen, daß alle Einheiten der
Grundgesamtheit die gleiche Chance haben, in die Auswahl
zu gelangen und dann nach ihrer Wahrscheinlichkeit tatsächlich erfaßt werden. Wir könnten so also eine Liste der
Erhebungseinheiten nach den Regeln des Urnenmodells zusammenstellen und die entsprechenden Formeln, vor allem zur
Berechnung des Auswahlfehlers, anwenden.
Nun wird eine Auswahl nicht als Selbstzweck veranstaltet;
die ausgewählten Einheiten (Personen) sollen ja befragt
oder ihre Merkmale auf sonstige Weise gemessen werden, wie
wir ja generell nicht an einer Auswahl von Personen, sondern von Merkmalsausprägungen interessiert sind, die wir

auf eine Grundgesamtheit verallgemeinern wollen. Dies ist
aber banalerweise nur dann möglich, wenn wir die durch die
Auswahl bestimmten Personen oder sonstigen Einheiten tatsächlich auffinden bzw. deren Merkmale messen können.
Damit schneiden wir ein Problem an, daß in manchen Fällen
die praktische (und theoretische) Relevanz unserer Auswahlmodelle in Frage stellt, nämlich das Problem der Ausfälle
von Einheiten, die wir durch die Auswahl als Erhebungseinheiten bestimmt haben.
Zu diesem Problemkreis besteht eine Fülle von Literatur,
die wir hier nicht in aller Breite darstellen wollen. Für
die weiterführende Lektüre sei auf P a r t e n (1950),
S t e p h a n u. M c C a r t h y (1963), K i s h (1965)
und auf neuere Darstellungen von K r e u t z (1970/71)
sowie die Zusammenfassung der Problematik sowie die Untersuchung von E s s e r (1974), R a d k e u. Z e h (1974)
und K o o l w i j k (1974) verwiesen.
Das Grundproblem besteht darin, daß bei auftretenden Ausfällen die tatsächliche Erhebungsgesamtheit und die "target
population" auseinanderfallen. Für die Erhebungsgesamtheit
(die man bei Unkenntnis der Merkmale der Ausfälle allerdings nicht genau umschreiben kann, ähnlich wie bei "Auswahlen aufs Geratewohl") ist die Repräsentativität nicht
gefährdet, wohl aber für die Grundgesamtheit, über die man
Aussagen machen wollte.
Es ist dann ein im Einzelfall zu lösendes empirisches Problem, inwieweit diese beiden Gesamtheiten auseinanderfallen.
(Dieses Problem war uns schon bei unvollständigen Karteien
oder Listen begegnet.)
Eine zusätzliche Komplikation erfährt die Beurteilung von
Ausfällen dadurch, daß es nicht nur um Ausfälle von Personen oder sonstigen Einheiten geht, sondern sich die Frage
nach der Ausfallquote bei jedem einzelnen Merkmal stellt.
So kann eine Dame sich weigern, ihr Alter anzugeben, aber
bereitwillig und exakt Auskunft über ihre Einstellung zur
Kindererziehung geben (Problem der "missing values").

K r e ut z (1970/71, S.253) unterscheidet darüber hinaus
nach "offenen" und "verdeckten" Ausfällen, womit er darauf
hinweist, daß falsche Informationen oder solche, die nicht
in der vorgesehenen Weise erhoben wurden, eigentlich als
Ausfälle gewertet werden müssen. So würde die Anwesenheit
eines Dritten bei einem als Zwiegespräch geplanten Interview den "Ausfall" dieses Interviews bedeuten. Aus verschiedenen - nicht nur pragmatischen - Gründen scheint uns diese
Auffassung überzogen, wie wir noch belegen werden.
Bei der folgenden Aufstellung von Ausfallgründen und ihren
Konsequenzen für die Repräsentativität der Auswahl wollen
wir zunächst vereinfachend annehmen, daß bei jeder Person
nur ein Merkmal erhoben werden soll. Tatsächlich können
wir ja eine Erhebung von mehreren unterschiedlichen Merkmalen als eine Reihe von jeweils merkmalsspezifischen Erhebungen betrachten - wenn wir die Möglichkeit wechselsei-
tiger Beeinflussung verschiedener Fragen und Antworten einmal
außer Acht lassen.

4.3.1.1. <u>Ausfallarten und Ausfallfolgen</u>

Uns geht es in diesem Zusammenhang nur um Ausfälle,die
unter den für die Auswahl bestimmten Erhebungspersonen vorkommen, nicht um das Problem, daß einzelne Teile der Grundgesamtheit nicht in die Auswahlgesamtheit aufgenommen wurden
(noncoverage).
Man unterscheidet (so beispielsweise Stephan u. McCarthy,
1963) grundsätzlich zwei Arten solcher Ausfälle, nämlich
einmal Ausfälle aufgrund fehlender Erreichbarkeit (in-
accessibility, inavailability) und fehlender Bereitschaft
zur Mitarbeit (non-cooperation):
1) Ausfälle aufgrund von <u>Nichterreichbarkeit</u>
   Hier können für die Auswahl vorgesehene Personen nicht
   erreicht werden (nach Scheuch, 1974, S. 49 etwa 8%),
   und zwar

1a) weil sie zum Zeitpunkt der Erhebung nicht mehr der
Grundgesamtheit angehören, etwa, weil sie verstorben
oder verzogen sind und die der Auswahl zugrunde gelegte
Kartei diese Veränderungen noch nicht erfaßt hat (not
found, movers),

1b) weil sie wegen "ungünstiger äußerer Umstände oder objek-
tiver Verhinderung" (Büschges, 1961, S. 301) nicht erreicht werden konnten.
Darunter fallen beispielsweise solche Personen, die
trotz mehrmaliger Kontaktversuche nicht angetroffen
werden konnten (not-at-homes) oder solche, die verreist, krank oder wegen sonstiger Umstände unfähig sind,
interviewt zu werden (incapacity, inability). Ob man
solche Personen, die generell den Zutritt von Interviewern (oder wem auch immer) verweigern, unter die
"Nichterreichbaren" einordnen sollte, scheint uns im
Gegensatz zur Darstellung von B ü s c h g e s (1961,
S.301) zweifelhaft. Einen Großteil dieser Fälle wird
man wohl der zweiten Kategorie zurechnen müssen, der

2) Ausfälle aufgrund von Verweigerungen
Hier ist es also zunächst gelungen, die ausgewählte
Person zu erreichen, doch diese verweigert (nach Esser,
1974, S.72 etwa 7-15%) die Kooperation (refusals), und
zwar

2a) weil sie bei einer bestimmten Befragung Bedenken gegen
deren Zielsetzung hat, ihr die Fragen zu delikat oder
in sonstiger Weise unangebracht scheinen, sie mögliche
Sanktionen befürchtet und der Zusicherung der Anonymität mißtraut. Dies kann auch bei einzelnen Fragen unterstellt werden, bei denen man "keine Meinung" äußert
(Leverkus-Brüning, 1966).

2b) Andere Personen lehnen die Mitarbeit unabhängig von bestimmten Fragestellungen deshalb ab,weil sie "keine Zeit
dazu haben oder generell "kein Interesse" oder Verständnis für solche Erhebungen aufbringen.

Diese unterschiedlichen Ausfallgründe sind von unterschiedlicher Bedeutung für die Verzerrung einer Auswahl, also für
das Auseinanderfallen von angestrebter Grundgesamt (und
Auswahlgesamtheit) und **tatsächlicher** Erhebungsgesamtheit.

Bei Ausfällen der Kategorie 1a) ist beispielsweise zunächst
lediglich eine empirische Korrektur der zugrundegelegten
Kartei erfolgt; es findet daher eine Verbesserung bzw. An-
passung der Auswahlgesamtheit in bezug auf die Grundgesamtheit statt ("unechte" Ausfälle, Statistisches Bundesamt,
1960, S. 93). Eine Verzerrung tritt hier vor allem deshalb
auf, weil zwar die nicht mehr zur Grundgesamtheit Zählenden
ausgeschlossen, andererseits aber häufig die Neuzugänge noch
nicht in der Auswahlgesamtheit - etwa einer Kartei - vermerkt sind. Bei sehr großen Unstimmigkeiten von Kartei und
tatsächlicher Grundgesamtheit und daraus resultierenden
Ausfällen stellt sich darüber hinaus das Problem der zu
großen Verminderung des Auswahlumfangs, besonders bei wie-
derholter Befragung der gleichen Erhebungsgesamtheit (panel).

Auch bei der Kategorie 2b) wird von manchen Autoren angenommen, daß sich keine schwerwiegenden systematischen Verzerrungen ergeben, da "immer ein Teil von ihnen zufälligen
Charakters ist" (Büschges, 1961, S. 307). Das würde also in
diesem Fall bedeuten, daß Personen, die ganz generell die
Teilnahme an Erhebungen ablehnen, nicht durch gemeinsame
besondere Merkmale gekennzeichnet sind, die für die entsprechenden Erhebungen von Wichtigkeit sind.[1] Eine solche
Annahme kann jedoch nicht als hinreichend gesichert oder
auch nur wahrscheinlich gelten. Vielmehr deuten einzelne
Untersuchungen darauf hin, daß sich hier systematische Verzerrungen ergeben, etwa ein "upper-class-bias" (keine Zeit,
normative Gründe) oder ein "lower-class-bias" (kein Verständnis bzw. mangelnde Interaktionsfähigkeit), wodurch

---

[1] Die gleiche Auffassung stellt Esser (1974) bei manchen
Autoren auch für die "Nichterreichbarkeit" fest.

die jeweiligen Gruppen in der Auswahl unterrepräsentiert
würden. E s s e r (1974, S. 133) stellt generell eine höhere
Verweigerungsrate fest, je mehr die jeweiligen Personen von
der sozialen Position der Mittelschicht entfernt sind.
Auch bei Verweigerungen, die unabhängig vom jeweiligen In-
terviewthema sind, muß also überprüft werden, inwieweit die
Gruppe der Verweigerer und damit der Ausfälle bestimmte
Merkmale aufweist, die im Zusammenhang mit den Erhebungsmerkmalen von Bedeutung sein können. Dies ist der grundsätzliche Gesichtspunkt, nach dem Ausfälle beurteilt werden
sollten: <u>Die Frage ist, ob sich die Ausfälle in bestimmten,
für eine Untersuchung relevanten Merkmalen in nicht zufälliger Weise von der Grundgesamtheit unterscheiden.</u>
Könnte man davon ausgehen, daß die Ausfälle bei einer Wahrscheinlichkeitsauswahl ebenso zufällig sind wie die Auswahl selbst, dann ist damit keine systematische Verzerrung
gegeben. Diese "Zufälligkeit" von Ausfällen wird in der
Regel schon dann unterstellt, wenn man annehmen kann, daß
die Ausfallgründe so unterschiedlich sind, daß sie sich
tendenziell ausgleichen. Unter diesem Gesichtspunkt verlieren sehr weitgehende Ausfall-Bestimmungen, wie sie etwa
K r e u t z (s.S.203) angibt, an Bedeutung. Hier kann in
der Regel unterstellt werden, daß diese "Ausfälle" mit so
unterschiedlichen Merkmalen verbunden sind, daß sich keine
systematische Verzerrung ergibt.
Muß man jedoch beispielsweise feststellen, daß vor allem
ältere Menschen (so etwa bei Stephan u. McCarthy, 1963;
Radke u. Zeh, 1974) die Befragung verweigern, dann würde
diese Gruppe unterrepräsentiert. Dies wiederum würde nur
dann zu verzerrten Ergebnissen - neben einer verzerrten
Schätzung des Durchschnittsalters - führen, wenn das Merkmal
Alter mit der zu untersuchenden Frage korreliert ist, etwa,
wenn man sich über "Einstellungen zur Jugend" informieren
möchte, wo altersspezifische Unterschiede wahrscheinlich
sind.

Nach diesen Kriterien müssen auch alle anderen Ausfallkategorien beurteilt werden. So kann man bei der Kategorie 1b davon ausgehen, daß beispielsweise Mütter von Kleinkindern sehr viel eher zu Hause erreichbar sein werden als kinderlose Ehepaare (Stephan u. McCarthy, 1963), daß Berufstätige - vor allem Nichtselbständige - ebenfalls weniger zu Hause sind als andere - zumindest zu bestimmten Tageszeiten (Kish, 1965). Andererseits wird gerade die Gruppe der Berufstätigen nach Feierabend sicherer anzutreffen sein, wobei dies wieder von Berufsgruppe zu Berufsgruppe variieren wird (Schichtarbeit, Überstunden, Teilzeitjobs, freie Arbeitszeit usw.).
Es ist einsichtig, daß hier durch unüberlegt festgelegte Termine grobe Verzerrungen der Grundgesamtheit zustande kommen können, eben weil der Ausfall der Auswahleinheiten nicht zufällig ist, sondern aus ganz bestimmten Merkmalen erklärbar ist, die ganz bestimmte Gruppen von Personen gemeinsam haben.
Von weniger großer Bedeutung könnten etwa Ausfälle durch Krankheit usw. sein, wenn man unterstellt, daß Krankheit relativ unabhängig ist von Merkmalen, die für soziologische Untersuchungen von Bedeutung sind. Diese Annahme ist allerdings nicht recht überzeugend (Alter,Beruf,wirtschaftliche Lage usw. werden Einfluß auf Dauer und Häufigkeit von Krankheiten haben).
Die Frage, ob Ausfallgrund und Merkmale der ausfallenden Person in Beziehung zu der Erhebung gebracht werden können, ist auch das entscheidende Kriterium bei der Beurteilung von Ausfällen bei speziellen Erhebungen (2a) . Auch hier zeigen empirische Untersuchungen, daß sich in vielen Fällen die Gruppe der Verweigerer in signifikanter - also nicht zufälliger, systematischer Weise von der Grundgesamtheit unterscheidet. So zeigen z.B. Wahluntersuchungen, daß vor allem ältere Menschen ihre Parteipräferenz nur ungern offenlegen (Stephan u. McCarthy, 1963), während Untersuchungen zur Einkommenssituation häufig durch die "Zurückhaltung" besonders Begüterter verzerrt werden können (Parten, 1965, S. 414-415).

<u>Die Berücksichtigung der Ausfälle nach Ausfallgrund und be-
stimmten Merkmalen ist daher unerläßlich, wenn man eine über-
prüfbare Repräsentativität erreichen möchte</u>. Erst dann wird
es möglich, die Abweichungen von unserem Urnenmodell - bei
dem dieses Problem ja nicht auftaucht und dementsprechend
auch nicht in den Formeln Berücksichtigung findet - abzu-
schätzen und entsprechende Korrekturen vorzunehmen. Bei einer Nichtberücksichtigung der Ausfälle sind Schlüsse auf die
Grundgesamtheit in fast allen Fällen nicht gerechtfertigt,
weil die Auswahl dann keine Wahrscheinlichkeitsauswahl mehr
ist, sondern die <u>"Auswahl aus der Auswahl"</u> durch Ausfälle
eben nicht zufällig und damit nicht mit wahrscheinlichkeitstheoretischen Modellen erfaßbar vor sich geht.

Deshalb versucht man auch in der Praxis, die Ausfallquote
durch verschiedene Anstrengungen, die wir später schildern
wollen, möglichst gering zu halten und damit eine Entsprechung von Erhebungsgesamtheit und Grundgesamtheit bzw. Auswahlgesamtheit zu erreichen.

Man kann - leider - das Problem der Ausfälle nicht dadurch
aus der Welt schaffen, daß man eine "ausgefallene" Person
einfach - und wenn auch zufällig - durch eine andere ersetzt, da dadurch der Ausfallgrund bzw. die sich damit ver-
bindenden Merkmale unterrepräsentiert würden (falls eine
Systematik vorliegt). Da bei den "Ersatzpersonen" wiederum
Ausfälle zu erwarten sind (die möglicherweise den gleichen
Regeln folgen), ist sogar eine noch größere Verzerrung
wahrscheinlich (Deming, 1968; Scheuch, 1967, s. aber auch
S. 218).

Diese Gefahr besteht vor allem auch beim Quotenverfahren,
das ja typischerweise keine Ausfälle im besprochenen Sinn
haben kann, weil a priori gar keine bestimmte Zielperson
festgelegt wurde. Dennoch besteht hier das gleiche Problem,
denn bestimmte Gruppen können über- oder unterrepräsentiert
werden, mit dem Unterschied, daß dies in der Regel nicht
be- bzw. vermerkt wird (s.Kap.6.).

"Echte" Ausfälle wird es dagegen bei der Gebietsauswahl
(mit Liste auf der letzten Stufe) geben, weil ja hier die
Erhebungseinheit wiederum von vornherein festgelegt ist -
wenn auch durch eine geographische Definition. Allerdings
werden Ausfälle der Kategorie 1a) wegen dieser geographischen Definition nicht auftreten, es sei denn, es ereignet
sich ein Todesfall oder ein Wohnungswechsel usw. zwischen
Kontaktinterview und eigentlichem Interview.
Eine besondere Schwierigkeit liegt beim Problem der Ausfälle darin, daß sich solche Ausfälle nicht nur aus Gründen ergeben, die mit der Themenstellung, der Person des
Befragten oder mit widrigen Umständen zusammenhängen.
Vielmehr trifft auch häufig den Interviewer ein Großteil
der Verantwortung (Büschges, 1969, S. 302). So kann er
beispielsweise durch besonders "abenteuerliches" Aussehen
dazu beitragen, daß brave Bürgersfrauen in der Auswahl
unterrepräsentiert werden, wie auch das Geschlecht des
Interviewers nicht ohne Einfluß auf geschlechtsspezifische
Verweigerungen ist. Nicht ausgeschlossen werden können
auch solche Fälle, in denen schlecht erreichbare Zielpersonen aus Bequemlichkeit als "Ausfall wegen Nichterreichbarkeit" gekennzeichnet werden. Eine entsprechende Inter-
viewerschulung und -auswahl gehört daher ebenfalls zu den
im folgenden dargestellten Maßnahmen zur Verringerung der
Ausfallquote.

4.3.1.2. <u>Maßnahmen zur Reduzierung der Ausfallquote</u>

Diese Maßnahmen können zunächst unterschieden werden in
solche, die die Nichterreichbarkeit vermindern und in solche, die die Verweigerungsquote senken.
1) Zur Reduzierung der <u>Nicht-Erreichbarkeit</u> ist vor allem
   eine möglichst aktuelle und vollständige Kartei der
   Einheiten der Grundgesamtheit zu fordern. Es ist dabei
   in den meisten Fällen zweckmäßig, auf die zur Verfügung
   stehende Primärkartei zurückzugreifen und nicht eine

daraus entwickelte Sekundärkartei zu benutzen. So schlägt
S c h e u c h (1956, S.135) vor, eher die Einwohnermeldekartei als eine daraus zusammengestellte Liste der Wahlberechtigten als Auswahlgesamtheit zu benutzen, weil
sich erfahrungsgemäß die Fehlerquellen von Karteien bei
Anfertigung von Sekundärkarteien vervielfältigten.
In manchen Fällen wird man einer Kartei - beispielsweise
wegen Veralterung - von vornherein nur wenig Vertrauen
entgegen bringen können. Dann empfiehlt es sich, die
Einheiten mit Hilfe der Gebietsauswahl zu definieren und
auszuwählen. Hierbei können dann selbstverständlich auch
Ausfälle auftreten, aber die Nichterreichbarkeit wegen
Todesfällen, Um- oder Wegzuges wird fast völlig ausgeschlossen. Gleichzeitig werden jedoch die Neuzugänge,
die in den entsprechenden Karteien noch nicht vermerkt
sind, erfaßt und damit eine größere Übereinstimmung von
Erhebungs- und Grundgesamtheit erreicht.

2) Ausfälle der Kategorie 1b), also von Einheiten (Personen)
   die zwar noch zur Grundgesamtheit zählen, aber entweder
   nicht zu Hause angetroffen werden oder wegen Krankheit
   oder anderer Umstände nicht befragt werden können, lassen
   sich durch verschieden Maßnahmen einschränken (wobei wir
   zunächst Ausfälle beim mündlichen Interview betrachten):
   a) "not-at-homes" können nach mehrfachen Kontaktver-
      suchen (call-backs) häufig doch noch angetroffen
      werden, vor allem, wenn man bei Nachbarn feststellen
      kann, wann die Zielperson normalerweise zu Hause ist.
      Fehlt eine solche Information[1], so wird man die "call-
      backs" zu verschiedenen Tageszeiten und Wochentagen
      vornehmen. Häufig eignet sich auch das Wochenende dazu,
      solche Personen doch noch zu erreichen.

---

1) s.auch Anmerkung 1), S.216.

Allerdings ist auch eine verzerrende Wirkung von solchen mehrfachen Kontaktversuchen nicht auszuschließen
(Hartmann, 1972, S. 128). Über die erfolgversprechenden
Anordnungen von call-backs existieren ebenfalls eine
Fülle von Untersuchungen. Neuere Ergebnisse lassen
eine Kombination von kurzfristigen (3 Tage) und län-
gerfristigen (27 Tage) Erinnerungsschreiben als zweckmäßig erscheinen (Nichols u. Meyer, 1966, S. 306 ff.).
Neben mehrfachen Kontaktversuchen kann es in manchen
Fällen sinnvoll sein, die Zielperson an ihrem Arbeits-
platz oder in der Zweit- und Ferienwohnung usw. auf-
zusuchen.

b) Personen, die beim ersten Kontaktversuch verreist
oder krank waren, können, wenn mit dem Zeitplan der
Untersuchung vereinbar, nach ihrer Rückkehr beziehungsweise Genesung aufgesucht werden. Dabei, wie generell
bei call-backs, besteht allerdings das Problem, daß
durch die <u>zeitliche Differenz</u> die Antworten anders
ausfallen können.

c) Auch die <u>Auswahl und Schulung der Interviewer</u> trägt
dazu bei, die Ausfälle aufgrund von Nichterreichbarkeit zu verringern. Dabei ist vor allem auf die gewissenhafte Durchführung der call-backs zu achten,
die nicht nur durch Ermahnungen oder Appelle, sondern
auch durch Kontrolle und entsprechende Art der Hono-
rierung (z.B. nicht pro Interview, sondern nach
Arbeitsstunden) gesichert werden sollte.

3) Das Verhalten der Interviewer ist auch ein entscheidender Aspekt bei der Verringerung der Ausfälle aufgrund
von <u>Verweigerungen.</u>

a) In vielen Fällen wird es einem geschulten Interviewer
gelingen, bei zunächst ablehnenden Personen Interesse
für die Thematik der Untersuchung und damit Bereitschaft zur Mitarbeit zu wecken. Daher muß bei der
Planung einer Auswahl auch bedacht werden, welche
Interviewer zu welchen Personen geschickt werden

sollen. Damit will man vor allem Verweigerungen der
Kategorie 2a) vermindern.

So empfiehlt sich beispielsweise bei manchen "heiklen"
Themenstellungen, die Interviewer nach dem Geschlecht
der Zielpersonen einzusetzen. Ebenso sollte man bei
bestimmten Fragenkomplexen bei der Auswahl der Interviewer Rücksicht auf angesprochene Altersgruppen
nehmen. Entsprechendes gilt natürlich für die Berücksichtigung von Dialekten oder nicht ausreichenden
Sprachkenntnissen von Befragten (etwa Gastarbeitern).

b) Der Einsatz von geschulten Interviewern kann auch
zur Reduzierung von grundsätzlichen (2b) Verweigerungen führen. Dabei wird es sich empfehlen, Aufklä-
rung über den Sinn und die Notwendigkeit von Befragungen sowie über den Auswahlmodus zu verbinden mit
einer Zusicherung der Anonymität der Ergebnisse.
Eventuell können auch finanzielle Anreize oder kleine
Geschenke zur größeren Bereitwilligkeit zur Mitarbeit
führen, was allerdings meist wegen der hohen Kosten
für Interviewereinsatz und Auswertung an Geldmangel
scheitern wird. Solche Anreize werden aber bei kleineren Studien, etwa Voruntersuchungen zu größeren
Erhebungen, sinnvoll sein, vor allem, wenn eine
größere Anzahl von Fragen getestet werden soll.

4) Von großer Bedeutung für die Verweigerungsrate ist auch
die Ankündigung des Interviews und seine Begründung
durch entsprechende Schreiben, wobei es sich als zweckmäßig erwiesen hat, mit möglichst "offiziellen" und
reputierlichen Namen und Instituten die Seriösität der
Befragung zu unterstreichen (Büschges, 1961).

a) Daneben sollte in der schriftlichen Ankündigung bzw.
im Begleitschreiben des Interviews eine Erläuterung
der Wichtigkeit der Befragung und evtl. die Schilderung
der inhaltlichen Problematik eines Themas das Interesse an einer Mitarbeit stärken.

b) Auch in diesem offiziellen Schreiben sollte die Zu-

sicherung der Anonymität des Befragten nicht fehlen
- und außerdem durch entsprechende Erklärungen zur
Zufälligkeit der Auswahl, zur Technik der Auswertung
und den damit verbundenen Konsequenzen plausibel
gemacht werden. Die Furcht vor Anonymitätsverletzung
stellt sich vor allem bei mündlichen Befragungen, wo
eine Zuordnung von Fragebogen und Befragten keinerlei Schwierigkeiten macht und daher der Schutz der
Anonymität lediglich durch die Zusicherung des befragenden Interviewers bzw. seines Auftraggebers gewährt
wird.

5) Die Wahl des _Befragungsverfahrens_ wird also ebenfalls
von Einfluß auf die Höhe der Ausfälle sein (Kish, 1965).
Zunächst könnte man unterscheiden

a) nach _postalischer_ und mündlicher Befragung. Bei er-
   sterer könnte man die Befürchtung der Verletzung der
   Anonymität durch Antwortbriefbögen und Umschläge
   ohne Absenderadresse glaubhaft verkleinern. Andererseits zeigt sich, daß schriftliche Befragungen -
   wegen der mangelnden Überredungsmöglichkeit durch
   Interviewer der für den Befragten entfallenden Notwendigkeit, Verweigerungen zu begründen usw. - zu
   sehr viel höheren Verweigerungsraten oder auch
   mangel- bzw. fehlerhaften Antworten führen (Esser,
   1974, S.78 berichtet von 50% Ausfällen). Letzteres
   ist auch wegen der mangelnden Schreibpraxis vieler
   Befragter zu befürchten - und zwar auch in Ländern,
   in denen die offizielle Analphabetenrate verschwindend gering ist.
   Ein Nachteil postalischer Befragungen besteht auch
   darin, daß bei Ausfällen der Ausfallgrund nicht direkt ermittelt werden kann, wie es bei Interviewereinsatz meist möglich ist. Zudem sind _call-backs bei_
   schriftlichen Befragungen nur dann möglich, wenn eine
   Zuordnung von Ausfällen und Adressen möglich ist -
   es sei denn, man schreibt alle Adressen noch einmal

an. In jedem Fall wird dann die Zusicherung der
Anonymität auf besondere Skepsis stoßen.

H a n s e n u. H u r w i t z (1946) versuchten deshalb, die Ausfälle bei einer postalischen Erhebung
zu verringern, indem eine Auswahl unter den Ausfällen
gezogen (subsampling) und diese Unterauswahl dann
persönlich interviewt wurde. Auch hier ist also die
Zuordnungsmöglichkeit (von angeschriebenen Zielpersonen und erhaltenen bzw. nicht zurückgesandten
Fragebögen) Voraussetzung - allerdings könnten Bedenken dagegen im persönlichen Interview möglicherweise verringert werden. Selbst bei einer erfolgrei-
chen Verringerung der Ausfälle stellt sich u.E. jedoch die Frage, ob die Vergleichbarkeit der posta-
lisch und durch Interviewereinsatz gewonnenen Daten
gesichert ist.

b) Eine weitere Unterscheidung betrifft die Form des
   Interviews bzw. des Fragebogens: die Ausfallquote
   ist auch davon abhängig, ob sogenannte "offene" oder
   "geschlossene" Fragen gestellt werden, ob also die
   Antwortkategorien vorgegeben werden oder aber die
   Befragten mit ihren eigenen Worten antworten können.
   Auch dies kann - ebenso wie die mehr oder weniger
   komplizierte Fragestellung und Wortwahl - eine
   systematische Verzerrung herbeiführen. So werden
   manche wenig Sprachgewandte die Beantwortung "ge-
   schlossener" Fragen vorziehen, während "Gebildete"
   die Beschränkung auf wenige vorgegebene Antwortkategorien als Zumutung empfinden (Erbslöh, 1972).

6) Das Problem der Ausfälle beschränkt sich nicht nur darauf,
   ob eine Zielperson erreicht und zur generellen Mitarbeit
   gewonnen werden kann, sondern besteht auch weiter, wenn
   diese Voraussetzungen erfüllt sind. Auch dann werden
   ja - wie bereits angedeutet - immer noch Antwortverwei-
   gerungen bei bestimmten Einzelfragen vorkommen. Wenn
   einzelne Fragen von Befragten mit bestimmten gemeinsamen

Merkmalen systematisch nicht beantwortet werden, besteht
das gleiche Problem mangelnder Repräsentativität bei
Rückschlüssen auf die Grundgesamtheit in bezug auf das
in der Frage erhobene Merkmal, wie es sich beim systematischen Ausfall von Personen bzw. bei völliger Verweigerung des Interviews ergab.

Auch hier kann die Ausfallquote durch den Zuspruch ge-
schulter Interviewer, aber auch durch entsprechende An-
passung an den jeweiligen Befragten gesenkt werden -
wobei dann allerdings erhebliche Probleme dadurch entstehen, daß die Antworten auf unterschiedlich gestellte
Fragen des gleichen Inhalts nicht vergleichbare Resultate zeitigen können (Gültigkeit, Stimulusäquivalenz).

Wir wollen die Aufzählung möglicher Ausfallgründe und Thera-
pien zu ihrer Verminderung hier abbrechen und den interessierten Leser auf die umfangreiche Literatur zu diesem
Problemkreis verweisen (s.S. 202). Vor zwei Methoden zur
Verhinderung von Ausfällen sei jedoch noch einmal ausdrück-
lich gewarnt:

- Ausfälle sollten nicht einfach durch andere Einheiten ersetzt werden, weil dadurch das entstandene Problem systematischer Verzerrungen nur verdeckt wird und daher umso
  leichter unkontrollierte Fehlschlüsse geschehen können
  (s.auch die Bemerkungen beim Quotenverfahren, Kap.6).

Einen denkbaren Ausweg bietet das sogenannte "Politz-
Schema" (Politz u. Simmons, 1949), das allerdings umstrit-
ten ist (Kish, 1965, S. 559) und auch kaum Anwendung gefunden hat. Der Grundgedanke ist, daß bei den (im ersten An-
lauf) Angetroffenen erfragt wird, in wieviel von n Fällen
man sie ebenfalls angetroffen hätte. Daraus wird die Wahrscheinlichkeit der Erreichbarkeit errechnet und die Merkmale
der Befragten mit dem (modifizierten) reziproken Wert dieser
Wahrscheinlichkeit gewichtet. Je mehr also ein Befragter von
sich behauptet, er sei nur sehr schwer anzutreffen, desto
mehr werden die bei ihm gemessenen Merkmale gewichtet. Gegen

dieses Vorgehen spricht natürlich die Möglichkeit der -
schichtspezifischen? - Unkorrektheit der Angaben, die
dann multipliziert würde. Besonders bedenklich ist u.E.
aber vor allem die Bedeutung, die ein - wie auch immer
gewählter - Zeitpunkt auf die Ausprägung der Ergebnisse
gewinnt.[1)]

- Ebensowenig geeignet wie die "einfache" Ersetzung von
  ausgefallenen Einheiten ist die Methode, den Auswahlsatz so groß zu wählen, daß nach dem Wegfall der Ausfälle ein statistisch genügend großes Sample übrig-
  bleibt. Auch hier bleibt die Tatsache bestehen, daß die
  Erhebungsgesamtheit erheblich von der Grundgesamtheit
  abweichen kann.[2)]

4.3.1.3. <u>Ausfallkontrolle</u>

Nach dem bisher Gesagten dürfte klar sein, daß Ausfälle
wohl kaum jemals ganz vermieden werden können - nicht nur
in nichtamtlichen Erhebungen. Dies wird durch alle empirisch belegten Versuche zur Reduzierung der Ausfallquote
unterstrichen. Aus diesem Grund ist es besonders wichtig,
die Ausfälle genau zu kontrollieren, also den Ausfallgrund
und soviele Merkmale des Ausgefallenen wie möglich auch
ohne Befragung festzuhalten.

---

1) Eine verläßlichere Grundlage scheinen systematische Untersuchungen über die häusliche Anwesenheit zu sein.So
   veröffentlicht das US Department of Commerce als Neben-
   ergebnis des Mikrocensus eine solche Aufstellung:"Who's
   home when?" US-Dep.of C.;Bureau of the Census,Working
   Papier 37, Jan. 1973.

2) Problematisch erscheint uns auch die "Doppelung" von
   Einheiten, um die Ausfälle zu ersetzen (Statistisches
   Bundesamt, 1960, S.94,95), selbst wenn die zu doppelnden
   Einheiten zufallsbestimmt der Auswahl entnommen werden.
   Besonders bei weitgehender statistischer Analyse des
   Materials besteht die Gefahr der Konstruktion (sinnloser)
   Zusammenhänge. Für die Randverteilung allerdings ent-
   spricht das "Doppeln" der Gewichtung bei unterschied-
   lichen Wahrscheinlichkeiten.

So wurde etwa bei der schon zitierten Kölner Untersuchung
(Büschges, 1961, S. 314) für jeden Ausfall eine Lochkarte
angefertigt, auf der vermerkt war:

1) Art des Auswahlverfahrens

2) Geschlecht

3) Alter

4) Familienstand

5) Konfession

6) Geburtsort

7) Sozialschicht

8) Beruf oder Berufszugehörigkeit

9) Stadtteil

10)Grund des Ausfalls

Diese Angaben waren zum Teil aus einer Kartei entnommen, zum
Teil durch Befragungen von Nachbarn und durch Interviewer-
schätzungen gewonnen worden.

Die Kontrolle der Ausfälle ist darum so wichtig, weil allein
sie die Möglichkeit bietet, zu entscheiden, ob hier eine
systematische Über- oder Unterrepräsentation bestimmter Personen bzw. Merkmalsgruppen stattgefunden hat - vorausgesetzt, man hat einigermaßen verläßliche Angaben über einige
Merkmale der Grundgesamtheit, die man als Maßstab anlegen
kann. Diesen Vergleichsmaßstab wird man auch durch vergleichbare Untersuchungen an vergleichbaren Objekten gewinnen können.[1]

---

[1] Eine Abschätzung des systematischen Fehlers bei Auswahlen bietet auch (nicht nur bei Ausfällen) die Kumulation
von Auswahlergebnissen, wie sie zur Vergrößerung der
Datenbasis von Datenarchiven angestrebt wird. Ohne auf
die Probleme der Zusammenfassung von verschiedenen Auswahlen eingehen zu wollen (Indikatorenäquivalenz usw.)
zeigt sich hier eine Möglichkeit, durch Kumulierung und
Durchschnittsbildung von verschiedenen Auswahlen den
systematischen Fehler quantifizieren zu können (Klingemann, Pappi, 1969). Man geht davon aus, daß bestimmte
Merkmale, die aus der amtlichen Statistik bekannt sind,
eine relative Konstanz (regional und im Zeitablauf) besitzen. Bei mehreren Umfragen würden nun diese bekannten
Merkmale zufallsbedingt streuen, wie wir es bereits beschrieben haben. Der Mittelwert dieser Auswahl-Verteilung
(Fortsetzung nächste Seite)

Liegen solche Vergleichsmöglichkeiten vor, dann versucht man gelegentlich, die Ausfälle durch einen entsprechend konstruierten Quotenplan zu ersetzen - mit allen Risiken des Quotenverfahrens.[1]

Als extremes Mittel[2] einer Vermeidung von Verzerrungen bietet sich an, die Grundgesamtheit entsprechend umzudefinieren und nur auf solche Bevölkerungsgruppen oder Gebiete zu verallgemeinern, deren Repräsentativität nicht durch systematische Ausfälle gefährdet ist - was allerdings die Erhebung bestimmter Merkmale der Ausgefallenen und möglichst auch des Ausfallgrundes voraussetzt. Die so umdefinierte Auswahl würde dann ihren Charakter als Wahrscheinlichkeitsauswahl behalten, der bei nichtzufälligen Ausfällen verloren geht (siehe Anmerkung 2)).

(Fortsetzung Fußnote 1) von S.217:
müßte jedoch dem wahren Wert entsprechen,wenn keine systematische Verzerrung bei allen Umfragen vorliegt. Läßt sich dagegen eine signifikante Abweichung zum "wahren"Wert beobachten,muß eine systematische Verzerrung vorliegen,vorausgesetzt,der bekannte Vergleichswert ist tatsächlich der "wahre".Zudem wird sich eine solche Abweichung nur bei den Fehlern ergeben,die für alle kumulierten Erhebungen gleichlaufend sind,während sich gegenseitig entgegengesetzte systematische Fehler pro Umfrage tendenziell ausgleichen würden. Selbst wenn jedoch eine systematische Verzerrung nachgewiesen werden kann, bleibt zu überprüfen, inwieweit die verzerrten Merkmale mit den zu messenden korrelieren.

1) So wurde etwa 1965 beim bundesweiten Sample der internationalen Zeitbudget-Untersuchung verfahren (Szalai, 1972). Siehe auch S. 387.

2) "Extrem" dann, wenn dieses Mittel nach der Erhebung angewendet wird. Dagegen bestimmt die voraussichtliche Ausfallquote durchaus die pragmatische Abgrenzung der Grundgesamtheit, wie wir bereits deutlich machten.

Das Problem der Ausfälle tritt nicht ausschließlich bei
Auswahlen - oder gar nur bei Wahrscheinlichkeitsauswahlen -
auf. Vielmehr werden systematische Ausfälle auch bei einer
Vollerhebung zu Verzerrungen führen, ebenso wie bei jeder
anderen Erhebungsart.[1] <u>Bei Wahrscheinlichkeitsauswahlen
verletzen sie jedoch das unterstellte Wahrscheinlichkeits-
modell.</u> Allein deshalb sind übertriebene Erwartungen an
die Anwendungsmöglichkeiten dieses Modells nicht gerechtfertigt (etwa bei der exakten Berechnung der Vertrauens-
grenzen).

Allerdings ist diese Einschränkung nicht so schwerwiegend,
wie sie zuweilen dargestellt wird. Man muß sich ja darüber
im klaren sein, daß der von uns in aller Breite besprochene
Auswahlfehler - der Fehler also, der auf der Tatsache der
Auswahl selbst beruht und den wir durch unsere Modelle berechnen wollen - nur eine unter vielen möglichen Fehlerquellen ist, die jede Art von Erhebung betreffen. Wie wir
bereits andeuteten (s.Kap.1.1.), ist es sogar häufig so,
daß gerade bei Vollerhebungen die sachlichen und personel-
len Fehlerquellen so stark zunehmen, daß eine Auswahl trotz
des nur bei ihr vorkommenden Auswahlfehlers zuverlässigere
Ergebnisse erbringt. Dabei ist es noch von entscheidender
Bedeutung, daß der Auswahlfehler berechenbar ist und entsprechend berücksichtigt werden kann, während das für die
meisten anderen Fehler nicht der Fall ist und damit eine
nicht bestimmbare Unsicherheit bei der Bewertung der Resultate entsteht.

---

1) Siehe hierzu das Beispiel von Deming und Simmons (in:
   Deming, 1961, S. 356 ff.), wo (1944) eine Vollerhebung
   aufgrund einer vollständigen Liste eine höhere non-
   response-Rate (17%) erbrachte als eine nachgezogene
   Auswahl (3%), weil man sich bei der Auswahl intensiver
   um die Verringerung der Ausfallquote kümmern konnte
   (s.auch S. 371).

4.3.2. Überblick über mögliche Fehlerarten bei Planung, Erhebung und Auswertung von Wahrscheinlichkeitsauswahlen

Wir wollen im folgenden eine Liste von Fehlerquellen aufführen, wobei wir uns vor allem auf die Arbeiten von B ü s c h g e s (1961), D e m i n g (1961) und S c h e u c h (1956) stützen. Wie wir sehen werden, ist nur ein kleiner Teil der möglichen Fehlerquellen den Auswahlen eigentümlich und deshalb zur Behandlung unseres Themas direkt relevant. Dennoch erscheint es sinnvoll, einen solchen Fehlerkatalog aufzustellen, um die erreichbare Genauigkeit von sozialwissenschaftlichen Erhebungen realistisch einzuschätzen. Zudem entkräftet eine Liste allgemeiner Fehlerquellen die Behauptung, Auswahlen seien wegen des unvermeidlichen Auswahlfehlers prinzipiell minderwertig. Andererseits läßt eine solche Liste die Bemühungen, den Auswahlfehler und damit verbundene statistische Größen bis zur 10. Stelle hinter dem Komma berechnen zu wollen, als übertrieben erscheinen. Unter diesem letzteren Gesichtspunkt sollten auch die verschiedenen Schätzwerte und Annäherungen, die wir bei der Entwicklung des Auswahl- und Standardfehlers benutzt haben, betrachtet werden.

4.3.2.1. Fehlerarten

In der Literatur existieren verschiedene Fehlerschemata, deren eingehende Schilderung wir uns ersparen wollen. Grundsätzlich unterscheiden sich diese Versuche dadurch, daß sie eher deskriptiv (Hansen, Hurwitz und Madow (1964); auch die sehr umfangreiche Liste - mit vielen instruktiven Beispielen! - von Deming (1961), gehört hierhin) oder mehr analytisch sind (Dodd (1955), Scheuch (1956)). Unseres Erachtens vereinigt der Vorschlag von B ü s c h g e s (1961) die Vorteile beider Vorgehensweise in sich: einerseits nimmt er eine analytische Gliederung vor und schärft damit

den Blick für den Zusammenhang von Forschungsziel bzw.
Forschungsstrategie und den entsprechenden Fehlerquellen,
andererseits wird das analytische Schema durch detaillierte
Aufführung verschiedener Fehlermöglichkeiten praktikabler.[1]
B ü s c h g e s benutzt als "Gliederungsprinzip einerseits
die verschiedenen Stufen"..."welche eine Erhebung von der
Planung und Vorbereitung bis hin zur Auswertung durch-
läuft, und zum anderen die verschiedenen Personen, welche
an einer Erhebung beteiligt sind: Den Forscher, seine Mitarbeiter und die Befragten" (S.459, Anmerkung 43).
Es ergibt sich dann folgendes Schema von Fehlern, die bei
einer repräsentativen Auswahl auftreten können (Büschges,
1961, S. 35 ff., die Anmerkungen in Klammern sind hinzugefügt):

1) Fehler bei der Planung und Vorbereitung:
   a) Fehler bei der Bestimmung des Forschungsproblems, des
      Forschungsobjekts und des Forschungsziels.
   b) Fehler bei der Definition einer dem Forschungsproblem,
      dem Forschungsobjekt und dem Forschungsziel sowohl
      räumlich und zeitlich als auch sachlich adäquaten
      Grundgesamtheit
   c) Fehler bei der Wahl des strategisch richtigen Aus-
      wahlverfahrens sowie bei der Konstruktion des Aus-
      wahlmodells
      (Diese Fehlerarten werden uns bei den komplexeren
      Auswahlverfahren beschäftigen)
   d) Fehler bei der Aufstellung des Auswahlplanes und der
      Festlegung der Auswahlgesamtheit
   e) Fehler bei der Abfassung des Fragebogens
   f) Fehler bei der Zusammenstellung der Aufbereitungs-
      und Auswertungspläne

---

[1] Dennoch ist eine solche Fehlerliste bei konkreten Forschungen allenfalls als didaktisches Mittel bedeutsam,
In der Feldarbeit selbst,vor allem in der Zusammenarbeit
mit Erhebungsinstituten,empfehlen sich eher aus der Praxis gewonnene "diagnostische Fragen",wie sie Scheuch
(1974, S. 73 ff.) vorschlägt.

g) Fehler durch eine schlechte Auswahl sowie eine un-
   zureichende Ausbildung und Information der Interviewer und sonstigen Mitarbeiter

h) Fehler durch mangelhafte oder sorglose Organisation
   der Feldarbeit (damit bezeichnet man die praktische
   Erhebungsarbeit), der Aufbereitungs- und der Auswer-
   tungsarbeiten

2) Fehler bei der Auswahl der Erhebungseinheiten:

   a) Auswahlfehler, bedingt durch die Befragung lediglich
      einer relativ kleinen und zufällig (im wahrschein-
      lichkeitstheoretischen Sinn) ausgewählten Erhebungs-
      auswahl (= eigentliche Auswahlfehler)

   b) Verzerrungen der Erhebungsauswahl durch bewußte oder
      unbeabsichtigte Abweichungen der Mitarbeiter (Inter-
      viewer) vom festgelegten Auswahlplan

   c) Verzerrungen der Erhebungsauswahl durch Ausfälle aus-
      gewählter Erhebungseinheiten infolge Nichtantreffen
      oder Verweigerungen

3) Fehler bei der Befragung:

   a) Fehler durch bewußte und beabsichtigte oder unbewußte
      Beeinflussung der Antworten und Angaben durch den
      Interviewer

   b) Fehler durch bewußte und beabsichtigte oder unbeab-
      sichtigte falsche Antworten und Angaben des Befragten.

   c) Fehler durch Mißverständnisse bei der Fragestellung
      und bei den Antworten sowie durch falsche Einordnung
      der Antworten und Angaben (bei dafür vorgesehenen
      Spalten und Kästchen)

   d) Fehler durch Verweigerung der Antwort auf einzelne
      Fragen oder Teile von Fragen

4) Fehler bei der Aufbereitung und Auswertung:

   a) Fehler bei der Verschlüsselung und Übertragung der
      Angaben sowie der Anfertigung von Lochkarten (und
      natürlich, bei der Aufbereitung des Materials zur
      Anwendung von Analyseprogrammen; Doppellochungen,
      Variablenidentifikation usw.)

b) Fehler bei der Auszählung

c) Fehler bei der Aufstellung von Tabellen

d) Fehler durch Anwendung falscher oder fehlerhafter
   Formeln für die Berechnung der Schätzwerte und der
   Standardfehler

e) Fehler bei der Interpretation der Erhebungsdaten

Diese Aufstellung könnte, wie B ü s c h g e s selbst
vermerkt, beliebig durch die in der Praxis beobachteten
Fehlerarten der hier aufgeführten Fehlerquellen erweitert
werden. Ebenso könnten viele Fehlerquellen und -arten, die
sich durch die Benutzung von Computern ergeben können, hinzugefügt werden. In unserem Zusammenhang ist jedoch vor
allem entscheidend, daß nur ein verhältnismäßig geringer
Teil der hier aufgeführten - und auch möglicher weiterer -
Fehler darauf zurückzuführen ist, daß wir eine Auswahl
und keine Vollerhebung vorgenommen haben. Unterscheiden
wir mit D e m i n g (1961, S.26) nach "Verfahrensfehlern"
(procedural biases), welche sowohl bei Teil- als auch bei
Vollerhebungen entstehen, und Fehlern, die auf der Tatsache der Auswahl beruhen (Auswahlfehlern und Auswahlverzerrungen, random sampling errors und sampling biases),
dann zeigt sich, daß lediglich 5 der aufgeführten 20 Fehlerarten der Auswahl eigentümlich sind. Dies sind die unter
1c) und 1d) sowie unter 2) aufgeführten Fehlerarten. Im
Gegensatz zu B ü s c h g e s selbst sollte man vielleicht
auch 4d) hinzurechnen.
Dabei bezeichnet 2a) den eigentlichen Auswahlfehler, dessen
Berechnung die Grundlage der Schätzverfahren zur Bestimmung
der Parameter ist. 2b) und 2c) kennzeichnen die Auswahlverzerrungen, die in ihrer Wirkung zu einer Abweichung vom
Modell der Wahrscheinlichkeitsauswahl führen. Nur diese
beiden Kategorien können wir - neben dem Auswahlfehler -
mit der Theorie der Wahrscheinlichkeitsauswahl in Verbin-
dung bringen, während die Fehlerarten 1c) und 1d) sowie
4d) eher den Verfahrensfehlern zugeordnet werden können.

Berechenbar ist jedoch nur der Auswahlfehler, während die
Auswahlverzerrungen sowie die meisten Verfahrensfehler nur
durch ständige Kontrollen und sorgfältige Planung und Organisation der Erhebungs- und Auswertungsarbeit eingeschränkt
und in ihrer Größe und Richtung abgeschätzt werden können.

4.3.2.2. Auswirkungen und Kontrollversuche

Wie wirken sich nun die verschiedenen Fehlerarten auf die
Repräsentativität von Auswahlen aus? Es empfiehlt sich,
zu unterscheiden nach der Repräsentativität der Erhebungs-
resultate und der der Erhebungsauswahl (Büschges, 1961,
S. 39). Die Genauigkeit bzw. die Repräsentativität der
Resultate ist offenbar abhängig von allen möglichen Fehlerarten, nämlich:
1) vom Auswahlfehler,
2) von Auswahlverzerrungen,
3) von den Verfahrens- oder sachlichen Fehlern.
Die "berechenbare Genauigkeit", die wir in den Beispielen
des 2.Kapitels angegeben haben, ist also mit der Einschränkung zu versehen, daß Verfahrensfehler und Auswahlverzerrungen ausgeschaltet sind. Dies ist jedoch leider
eine in der Praxis so gut wie nie zu rechtfertigende Annahme. Vielmehr kann man sich schon recht glücklich schätzen,
wenn durch entsprechende Kontrollen wenigstens ihr unge-
fähres Ausmaß und ihre Richtung bekannt sind und bei der
Bewertung der Resultate berücksichtigt werden können.
Bei der Beurteilung der Repräsentativität der Erhebungsaus-
auswahl sind dagegen nur
1) die Auswahlfehler und
2) die Auswahlverzerrungen
von Bedeutung, "weil nur diese aus der Beschränkung der
Befragung auf einen relativ kleinen Querschnitt der Grundgesamtheit resultieren", während die auch bei Auswahlen
anfallenden Verfahrensfehler "anderen Ursprungs sind und
bei allen Erhebungen vorkommen können" (Büschges, 1961,S.39).

Auch hier können wir uns B ü s c h g e s nicht voll anschließen, weil beispielsweise Verzerrungen durch Ausfälle
keineswegs allein auf Auswahlen beschränkt sind, sondern
auch bei "Vollerhebungen" auftreten können, wie man überhaupt manche "Vollerhebungen" als - freilich unfreiwillige
und unkontrollierte - Auswahl (der erreichbaren Einheiten
nämlich)kennzeichnen muß. Allerdings muß gesagt werden, daß
trotz der prinzipiellen Vergleichbarkeit des Problems Ausfälle vor allem bei Auswahlen von praktischer Bedeutung
sind.

Die Repräsentativität der Erhebungsauswahl ist also vom
Auswahlfehler("Zufallsfehler")und von Auswahlverzerrungen
("systematischer"Fehler) abhängig, nur diese Fehlerarten
können zur Kritik von Auswahlverfahren herangezogen und im
Rahmen unserer Überlegungen abgehandelt werden, wobei wir
das Schwergewicht auf den reinen Auswahlfehler legen und
für die Auswahlverzerrungen nur einige allgemeine Anhalts-
punkte für ihre Vermeidung bzw. Kontrolle diskutieren
können.

Damit beschränken wir uns darauf (wie es auch Scheuch, 1956,
S. 397 vorschlägt), nur die Fehlerquellen im Zusammenhang
mit der Auswahltheorie zu diskutieren, um die "eine Auswahl
'schlechter' sein kann als eine entsprechende Vollerhebung."
Diese Beschränkung versuchen einige Autoren (so z.B.Deming,
1961; Hansen, Hurwitz u. Madow, 1964) durch die Entwicklung
allgemeiner Fehlerformeln zu überwinden, also auch systematische bzw. sachliche[1]Fehler neben dem eigentlichen Auswahlfehler in einer Fehlerformel zu erfassen. Dabei empfiehlt
es sich, den sachlichen Fehler nach seiner systematischen

---

1) In diesem Zusammenhang wird häufig nur vom "systematischen" Fehler gesprochen. Uns scheint dieser Sprachgebrauch nicht sehr glücklich, weil "systematisch" eine
   einheitliche Richtung eines Fehlers andeutet, während
   gerade dies bei den verschiedenen Fehlerformeln vernachlässigt bzw. auszuschalten versucht wird (Scheuch, 1956
   S. 369 ff.).

und mehr zufälligen Komponente zu unterscheiden (Scheuch,
1974, S. 54). Wenn es gelingt, den Auswahlplan so zu gestalten, daß ein Großteil der sachlichen Fehler nicht systematisch, sondern zufallsverteilt auftreten, dann kann dieses Problem mit den Mitteln der Wahrscheinlichkeitstheorie
angegangen werden. H a n s e n u.a. versuchen daher beispielsweise, durch ständigen Wechsel von Interviewern,
durch Variation des Einsatzortes und der gestellten Fragen,
durch Aufteilung der Auswertungsarbeit usw. größere "Klumpen" von systematischen Fehlern zu vermeiden und eine "maximale Zufallsstreuung" dieser Fehler zu erreichen.
Selbst wenn man einmal davon absieht, daß "Zufälligkeit"
im Sinne "im einzelnen nicht meßbarer Einflußfaktoren" auf
diese Weise wohl kaum mit vertretbarem Aufwand erreicht
werden kann, scheint uns dieser Ansatz für die Praxis nicht
empfehlenswert. Mit der Herstellung einer maximalen Zufallsstreuung der sachlichen Fehler wird nämlich die Kontrolle
dieser Fehler so gut wie unmöglich gemacht, während gröbere
sachliche Fehler und systematische Verzerrungen durch gewissenhafte Kontrollen der Interviewer und des gesamten
Erhebungs-, Aufbereitungs- und Auswertungsprozesses entdeckt
und (zumindest als Schätzwert) quantifiziert werden können.
Ohne eine solche Kontrollmöglichkeit ist zu befürchten, daß
der erweiterte "Zufallsfehler" größer ist als die Summe von
eigentlichem Auswahlfehler und sachlichem Fehler - selbst
wenn man annimmt, daß sich ein Teil der sachlichen Fehler
bei "maximaler" Streuung gegenseitig aufheben werden.
Wenn sich auch die Verwendung einer einheitlichen umfassenden Fehlerformel bislang nicht durchgesetzt hat, so haben
doch die verschiedenen Versuche ihrer Konstruktion und Begründung Bedeutung für die Erstellung von konkreten Aus-
wahlplänen. So folgt man der Anregung von H a n s e n u.a.,
indem man vermutete, aber nur schwer zu kontrollierende
systematische Fehlerquellen durch Streuung des Interviewer-
einsatzes, der Vercoder usw. in ihrer Wirkung abzuschwächen
sucht.

Aus dem Ansatz von D e m i n g gewinnt man vor allem die
Erkenntnis, daß sich die Güte einer Auswahl nicht unbegrenzt
durch die Verkleinerung des Standardfehlers der Auswahl
(des eigentlichen Auswahlfehlers) verbessern läßt. D e m i n g
stellt die Zusammensetzung des Gesamtfehlers durch folgendes Schaubild dar (1961, S. 129):

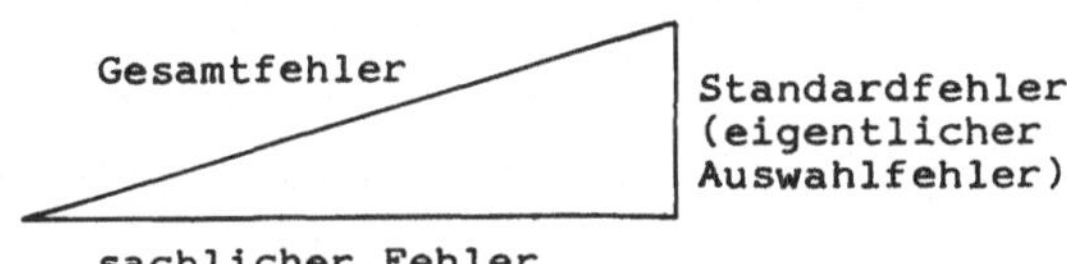

<u>Abb.21:</u> Darstellung des Gesamtfehlers nach Deming

Dabei wird deutlich, daß man zwar den Standardfehler durch
Vergrößerung der Auswahl verkleinern kann, daß aber dann
der mit der Auswahlgröße korrelierende sachliche Fehler ansteigt. S z a m e i t a t u. K o l l e r (1958, S. 15)
geben als Faustregel an, daß sich die Verringerung des
Standardfehlers durch Erhöhung des Auswahlumfangs nur so-
lange lohnt, bis der Standardfehler die Hälfte des sachlichen Fehlers beträgt.
Der sachliche Fehler wird in der Regel jedoch nur bei sich
wiederholenden Erhebungen und auch dann nur bei relativer
Konstanz des eingesetzten Erhebungsinstituts bzw. der eingesetzten Mittel und des Forschungspersonals abschätzbar sein.
Unter solchen Voraussetzungen besteht dann das Verdienst
der Versuche zur Berechnung des Gesamtfehlers vor allem
darin, pro Erhebungs(und Auswertungs-)-institution sowie
Themenstellung eine optimale Auswahlgröße zu bestimmen.
Diesen Zusammenhang versucht S c h e u c h (1974, S.56)
durch folgende Darstellung zu verdeutlichen:

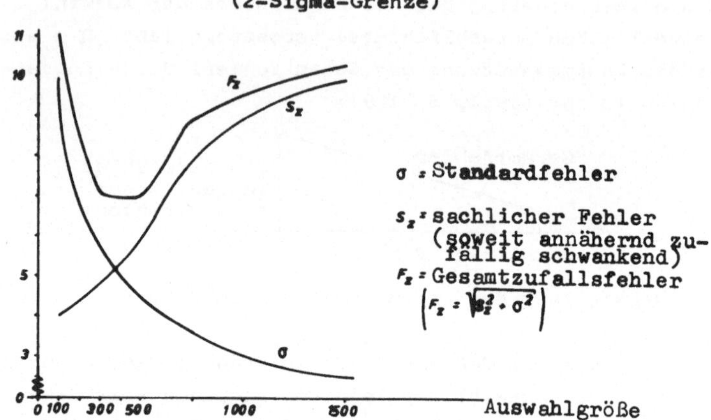

$$F_z = \sqrt{s_z^2 + \sigma^2}$$

Abb.22: Der Zusammenhang zwischen der Größe des Auswahlfehlers, des sachlichen Fehlers (soweit annähernd zufällig schwankend) und des "gesamten Zufallfehlers" unter den Arbeitsbedingungen eines UniversitätsInstituts (modifizierte Darstellung)

Angesichts der vielen möglichen Fehlerarten und des Überwiegens sachlicher Fehler und systematischer Auswahlverzerrungen stellt sich die Frage nach der Berechtigung aufwendiger Bemühungen zur Bestimmung des eigentlichen Auswahlfehlers. Tatsächlich wird dieser Auswahlfehler in aller Regel keine überragende praktische, sondern eher eine "didaktische" Bedeutung haben. Durch die Beachtung der verschiedenen Faktoren, die diesen Fehler bestimmen, wird nämlich generell die Einsicht in mögliche Fehlerquellen vertieft. Vorallem wird der Wahrscheinlichkeitscharakter der Auswahl bei der Berechnung des Auswahlfehlers immer wieder diskutiert und überprüft werden müssen.

Dies ist deshalb so wichtig, weil - besonders bei weitgehender Unkenntnis der Grundgesamtheit - die möglichst exakte Umsetzung bzw. Anwendung des Modells der Wahrscheinlichkeitsauswahl die beste Sicherung vor unkontrollierten systematischen Verzerrungen ist.

5. <u>Komplexe Wahrscheinlichkeitsauswahlverfahren</u>

Die geschilderten einfachen Wahrscheinlichkeitsauswahlen
weisen einige Aspekte auf, die sich in der praktischen For-
schungsarbeit als außerordentlich nachteilig erweisen. So
wäre es etwa bei einer regional sehr weit gestreuten Grundgesamtheit sehr mühsam und aufwendig, die zufällig ausgewählten und über das gesamte Gebiet verstreuten Einheiten
(Personen) aufzufinden und zu befragen. Praktischer wäre es,
die Erhebungseinheiten so auszuwählen, daß sie jeweils
relativ nah beieinanderliegen und so die Erhebung erleichtert würde.

Ein weiterer Aspekt betrifft die Herstellung einer (relativ)
gesicherten Repräsentativität. Bei einfachen Wahrscheinlichkeitsauswahlen ist es ja im Rahmen der Zufallsschwankung
durchaus möglich, daß bestimmte Gruppen über- oder unterrepräsentiert werden. Auf diese Weise könnte es zum Beispiel
geschehen, daß kleine Untergruppen gar nicht in der Auswahl
vertreten sind. Auf diese Problematik hatten wir schon bei
der Besprechung der systematischen Auswahl hingewiesen und
gezeigt, daß durch die Festlegung der Auswahlsystematik
solche Abweichungen beschränkt werden können. In diesem
Kapitel wollen wir nun andere Möglichkeiten besprechen um
gewisse Kenntnisse der Struktur der Grundgesamtheit aus-
zunutzen.

Davon betroffen sind auch die Möglichkeiten, die Genauigkeit des Repräsentationsschlusses bei gegebenem Sicherheitsgrad zu erhöhen. Bei einfachen Wahrscheinlichkeitsauswahlen
bot sich dazu nur die Erhöhung des Auswahlumfangs an, der
erstens meist recht enge finanzielle und personelle Grenzen
gesetzt sind und die zweitens die sachlichen Fehler ansteigen läßt.

Vor allem aber sprechen in vielen Fällen inhaltlich-metho-
dische Argumente dafür, das Modell der einfachen Wahrscheinlichkeitsauswahl nicht anzuwenden. Muß man beispielsweise davon ausgehen, daß sich eine Grundgesamtheit aus sehr
unterschiedlichen Untergruppen zusammensetzt, dann bietet

ein allen Gruppen gemeinsamer Durchschnitts- oder Streuungswert eine sehr zweifelhafte Information. So kritisiert
K ö n i g (1972, S.177 ff.) an der Gemeindestudie des Deutschen Unesco-Instituts von 1954, daß aus der sehr heterogen zusammengesetzten Gemeinde nur eine einfache Wahrscheinlichkeitsauswahl gezogen wurde und so die bestehenden Unterschiede zwischen Alt- und Neubürgern, Katholiken
und Protestanten, die sich in verschiedenen Gebieten der
Gemeinde konzentrierten, allzusehr "in einen Topf" gewor-
fen wurden.
Zwar gibt es auch bei der einfachen Wahrscheinlichkeitsauswahl bei der Auswertung der Daten die Möglichkeit, das ge-
sammelte Material entsprechend solcher Unterschiede zu gliedern und getrennte Parameter zu berechnen, doch ergeben
sich dann in den Untergruppen häufig zu geringe Fallzahlen
(s.Kap.2.4.4.3.). In einem solchen Fall - wo also bereits
einige Kenntnisse über die - heterogene- Struktur der
Grundgesamtheit vorliegen, hätte man ein anderes Auswahlmodell als das der einfachen Wahrscheinlichkeitsauswahl
anwenden müssen. Maßstab für die Anwendung der im folgenden
zu besprechenden Auswahlmodelle ist dabei, daß das ver-
wandte "statistische Modell auch der Wirklichkeitskonstella-
tion entspricht" (König,1972, S.178).
Solche statistischen Modelle wollen wir in 3 Abschnitten
abhandeln. Zunächst behandeln wir das Vorgehen bei "geschichteten" und "Klumpen"-Auswahlen und deren Problematik, sodann wenden wir uns den "mehrstufigen" Auswahlen zu.
Dazu müssen wir nun allerdings die Definition der einfachen
Wahrscheinlichkeitsauswahl (gleiche Chancen) für die komplexen Modelle erweitern: bei mehrstufigen und bei geschichteten Auswahlen gilt zwar selbstverständlich auch
die Voraussetzung, daß alle Einheiten der Grundgesamtheit
(auf die man sich beziehen möchte) eine Auswahlchance haben
müssen, aber diese Chance ist in manchen Fällen nicht für
alle Einheiten gleich. Dennoch kann die Wahrscheinlichkeitstheorie angewendet werden, wenn diese unterschiedliche

Auswahlwahrscheinlichkeit bekannt ist - und die Unterschiedlichkeit entsprechend berücksichtigt wird, wie wir es
zeigen werden. Die erweiterte Definition der Wahrscheinlichkeitsauswahl lautet demnach (Kish, 1965, S. 25):
die Auswahleinheiten müssen eine - durch Kontrollen
(Scheuch, 1956, S. 125) - <u>bekannte, von Null verschiedene
Auswahlwahrscheinlichkeit haben.</u>

5.1. <u>Die "geschichteten" Auswahlen</u>

Um das Prinzip der geschichteten Wahrscheinlichkeitsauswah-
len deutlich zu machen, wollen wir noch einmal auf die
wichtigsten Überlegungen zurückgreifen, die wir an Hand des
Urnenmodells angestellt haben, um zu Schätzformeln für die
Parameter der Grundgesamtheit zu kommen.
Wir waren ausgegangen von einer Urne, die - im homograden
Fall - mit schwarzen und weißen Kugeln gefüllt war. Mit
Hilfe der Binomialverteilung konnten wir aufzeigen, daß
bei einer ganzen Serie von Auswahlen sich diese je nach
ihrem Anteil von schwarzen und weißen Kugeln in charakteri-
stischer Weise um den wahren Anteilswert der Grundgesamtheit verteilen würden: diese charakteristische Verteilung
wird - unter bestimmten Bedingungen (s.S. 112) - durch die
Normalverteilung beschrieben; mit Hilfe der Normalverteilung kann die Wahrscheinlichkeit für Abweichungen vom wahren
Anteilswert der Grundgesamtheit bei einer solchen (gedachten) Massenserie von Auswahlen angegeben werden. Dazu bedarf es allerdings eines Maßstabes für diese Abweichungen.
Diesen Maßstab gab uns die Standardabweichung der gedachten Normalverteilung unseres Massenexperiments, die wir
als den <u>Standardfehler</u> (eines Prozent- oder Durchschnittswertes) bezeichneten.
Für diesen Standardfehler konnten wir nachweisen, daß er
vom Umfang der Auswahl und von der Streuung in der Grundgesamtheit abhängig ist (s.S. 91, 136, 140)

$$\sigma_p = \sqrt{\frac{PQ}{n}} \tag{23}$$

bzw. im heterograden Fall,

$$\sigma_{\bar{x}} = \frac{\sigma_X}{\sqrt{n}} \qquad (9)$$

Im Zusammenhang mit dem geforderten Sicherheitsniveau bestimmt dieser Standardfehler die Breite des Vertrauensintervalles bzw. die Genauigkeit des Repräsentationsschlusses:

$$P = p \pm z \ \sigma_p \qquad (25)$$

bzw.

$$\mu = \bar{x} \pm z \ \sigma_{\bar{x}} \qquad (12)$$

Bei gleichbleibendem Sicherheitsniveau kann daher die Präzision des Repräsentationsschlusses nur durch Verkleinerung des Standardfehlers erfolgen, also entweder durch eine Erhöhung des Auswahlumfanges oder durch eine Reduzierung der Streuung der Grundgesamtheit.
Im folgenden wollen wir uns mit der zweiten Möglichkeit befassen.
Zunächst scheint diese Möglichkeit absurd, denn die Parameter der Grundgesamtheit sind ja feststehende Größen, die wir nicht manipulieren können, es sei denn, wir definieren unsere Grundgesamtheit um.<u>In einem gewissen Sinne handelt es sich beim geschichteten Auswahlverfahren auch tatsächlich um eine Neudefinition von "Grundgesamtheiten" aus einer umfassenden Grundgesamtheit</u>. Dies wollen wir wieder an unserem Urnenmodell demonstrieren.
Angenommen, wir haben eine Urne, die zu gleichen Teilen mit schwarzen und weißen Kugeln gefüllt (P = 0,5) ist. Dann können wir als Streuungsmaß dieser Grundgesamtheit (s. die erläuternden Bemerkungen zum Begriff der Streuung bei binomialen Verteilungen, S.108 ff.) die Varianz berechnen:

$$\sigma^2 = PQ = 0,5 \cdot 0,5 = 0,25$$

Man kann auch den Standardfehler eines Prozentsatzes einer Auswahl angeben, die (Fall mit Zurücklegen) aus dieser Grundgesamtheit entnommen worden ist: Nehmen wir der Einfachheit halber an, wir hätten eine Auswahl vom Umfang n = 100 gezogen (die Parameter setzen wir als bekannt voraus):

$$\sigma_p = \sqrt{\frac{PQ}{n}}$$

$$\sigma_p = \sqrt{\frac{0,25}{100}} = \frac{0,5}{10} = 0,05$$

Wir hätten also einen Standardfehler von 0,05 oder 5%, der
die Größe unseres Vertrauensbereiches mitbestimmt. Nehmen
wir weiter an, wir haben einen Sicherheitsgrad von 95%,
also z = 2 bestimmt. Dann erhalten wir nach Formel (25)

$$P = p \pm 2 \cdot 0,05$$

$$= p \pm 10\%$$

also einen recht weiten Vertrauensbereich bzw. recht un-
präzises Ergebnis, und zwar deshalb, weil die Streuung
in der Urne so groß ist.

Wenn es uns nun möglich wäre, die Kugeln dieser Urne, unserer Grundgesamtheit, auf zwei Urnen so zu verteilen, daß in
der einen nur weiße, in der anderen nur schwarze Kugeln
sind, dann hätten wir zwei in sich völlig homogene "Unter-
Grundgesamtheiten" oder Schichten, die sehr präzise Schlüsse
zuließen:

Für jede dieser Schichten gilt, daß ihre Varianz PQ = Null
ist (100 · 0), und auch der Standardfehler pro Schicht wird
zu Null:

$$\sigma_p = \sqrt{\frac{0}{n}} = 0$$

Entsprechend reduziert sich Formel (25)

$$P = p \pm z \, \sigma_p \qquad \text{auf} \qquad P = p$$

und zwar völlig unabhängig davon, wie groß n ist. Wir kommen also zu dem plausiblen Ergebnis, daß wir bei Grundgesamtheiten oder Schichten, von denen wir wissen, daß sie
völlig homogen sind, nur eine einzige Einheit ziehen müssen, um einen absolut sicheren Schluß auf die Gesamtheit
machen zu können: Wenn wir wissen, daß in jeder Urne nur
Kugeln einer Farbe sind, brauchen wir - trivialerweise -
nur eine Kugel zu ziehen (wobei in diesem extremen Fall

auch die Art der Ziehung völlig gleichgültig ist), um die
Farbe aller anderen Kugeln in dieser Urne angeben zu können.

In unserem binomischen Urnenbeispiel genügt uns sogar - bei
Kenntnis des Umfangs der beiden Urnen oder Schichten - die
Ziehung einer einzigen Kugel aus einer Urne, um eine völlig
sichere Aussage über die Verteilung der Grundgesamtheit zu
machen, obwohl diese Grundgesamtheit die größtmögliche
Streuung ($P = 0,5$) besitzt.
Durch die Aufteilung der Grundgesamtheit haben wir nämlich
deren Streuung so "zerlegt", daß sich Unterschiede nur noch
zwischen den Urnen, nicht mehr innerhalb einer Urne ergeben.
Für jede Urne ist daher auch keine Standardabweichung berechenbar, weil es keine Abweichungen vom Mittelwert mehr
geben kann. Ebensowenig können wir nun bei einer Serie von
Auswahlen aus beiden Urnen einen (von Null verschiedenen)
Standardfehler ableiten, weil es keine unterschiedlichen Verteilungen mehr gibt. Auch dies ist ganz plausibel, denn wir
haben die bei der Bestimmung des Standardfehlers entscheidenden "zufälligen" Abweichungen durch ein nichtzufälliges
Eingreifen verhindert.
Damit haben wir das - für die Theorie der Wahrscheinlichkeitsauswahlen - entscheidende Charakteristikum von geschichteten Auswahlen genannt: <u>Die Merkmalsstreuung einer
Grundgesamtheit wird aufgeteilt in eine Streuung zwischen
den gebildeten Schichten</u> (Urnen) (<u>Inter-Schichten-Streu-
ung, externe Streuung,</u> variation between strata) <u>und in
eine Streuung innerhalb der Schichten</u> (Intra-Schichten-
Streuung, interne Streuung, variation within strata).

<u>In Hinblick auf die Reduzierung des Auswahlfehlers ist eine
Schichtung umso erfolgreicher, je besser es gelingt, die
gesamte Merkmalsstreuung in eine Streuung zwischen den
Schichten zu überführen.</u>

An dem bereits erwähnten Beispiel einer Gemeindestudie
(s.S. 231) könnte das etwa folgendermaßen aussehen:
Angenommen, diese Gemeinde besteht zu je 50% aus Katholiken

und Protestanten. In bezug auf dieses Merkmal herrscht
also die größtmögliche Streuung, woraus ein großer Standardfehler resultieren würde. Wir wollen nun weiter annehmen,
daß sich diese Gemeinde in zwei abgrenzbare Gebiete gliedert, die jeweils völlig homogen in bezug auf das Merkmal
Konfession sind, also nur von Katholiken bzw. Protestanten
bewohnt werden. Würden wir in jedem dieser Teile getrennte
Auswahlen vornehmen, dann ergäbe sich also keine Streuung
dieses Merkmals in den Teilgebieten (interne Streuung);
die bei der Gesamtbetrachtung festzustellende Streuung ist
also völlig in Unterschiede zwischen den Teilgebieten
(externe Streuung) aufgegangen und spielt bei der Berechnung des Standardfehlers (in den Teilen) keine Rolle mehr.
Es ist einsichtig, daß die Schichtung umso erfolgreicher
ist, je mehr es gelingt, eine ursprünglich heterogene Grundgesamtheit in möglichst homogene "Teilgesamtheiten",
Schichten, zu gliedern.
Zur weiteren Verdeutlichung soll ein Beispiel mit quantitativen Merkmalen dienen, das uns auch zu weiteren Fragestellungen führt.
Angenommen, wir haben eine Einwohnermeldekartei, die wir
- unter Beachtung möglicher Fehlerquellen (s.Kap.3.3.)! -
als unsere Grundgesamtheit (Auswahlgesamtheit) betrachten.
Für jeden Haushalt sei auf dieser Kartei das Haushaltseinkommen eingetragen, und wir wollen nun mit einer repräsentativen Auswahl der Größe n Aussagen über das durchschnittliche Haushaltseinkommen machen. Wir haben es hier also mit
dem heterograden Fall zu tun, da wir das Haushaltseinkommen
als eine stetige und quantitative Variable auffassen können.
Diese Einkommen werden sehr unterschiedlich sein, wir können also eine große Merkmalsstreuung voraussetzen. Dabei
werden sehr niedrige Einkommen verhältnismäßig selten vorkommen, die Masse der Einkommen in der Mittelklasse liegen
und wiederum eine verhältnismäßig geringe Anzahl von Haushalten Spitzeneinkommen beziehen. Würden wir eine einfache

Wahrscheinlichkeitsauswahl - beispielsweise mit Hilfe einer
systematischen Auswahl (s.S.164 ff.) aus der nach dem Namen
geordneten Kartei - ziehen, dann könnten wir damit rechnen,
daß bei einer genügend großen Auswahl die drei Einkommens-
stufen entsprechend ihrem Anteil in der Grundgesamtheit
in der Auswahl repräsentiert sein werden und auf diese
Weise die gesamte Merkmalsstreuung in der Auswahl ihren
Niederschlag findet.

Allerdings wird sich bei einer so heterogenen Grundgesamtheit - heterogen in bezug auf das Merkmal Einkommen- der
Auswahlfehler besonders stark auswirken: **Das zufällige Ab-**
weichen der Auswahlzusammensetzung von der Zusammensetzung
der Grundgesamtheit ist dabei besonders verhängnisvoll,
wenn Extremwerte den Durchschnittswert beeinflussen können.
So würde die Ziehung eines der wenigen Haushalte mit Millioneneinkommen das " durchschnittliche" Einkommen stark
beeinflussen und die Über- oder Unterrepräsentation solcher Extremwerte zu starken Verzerrungen des Durchschnittswertes führen, während es bei einer Population, bei der
alle Einheiten ungefähr das gleiche Einkommen haben, nicht
so entscheidend ist, welche dieser Einheiten zur Messung
herangezogen werden. <u>Der Standardfehler einer heterogenen
Grundgesamtheit ist also verhältnismäßig groß, der Vertrauensbereich weit und der Schluß von der Auswahl auf die
Grundgesamtheit recht unpräzise.</u>

Hier bietet es sich wieder an, die heterogene Grundgesamtheit in verschiedene homogenere Schichten aufzuteilen. Wir
würden also in unserem Beispiel drei Schichten bilden; je
eine Schicht für die sehr hohen und sehr niedrigen und eine
Schicht für die mittleren Einkommen. Nehmen wir an, wir
können unsere Auswahlgesamtheit - die Einwohnermeldekartei -
verhältnismäßig leicht nach dem Einkommen ordnen und auf
diese Weise drei Karteien (Schichten, Urnen) bilden.

Diese drei Schichten werden nun ein sehr unterschiedliches
Durchschnittseinkommen aufweisen (externe Streuung). Auch
innerhalb dieser Schichten gibt es noch Einkommensunter-

schiede (interne Streuung), doch sind diese nicht so groß
wie die zwischen den Schichten.
Aus den so gebildeten drei Karteien treffen wir nun getrennt
eine Wahrscheinlichkeitsauswahl. Dabei wird der Auswahlfehler - abgesehen vom Umfang der Auswahl - allein durch die
Streuung innerhalb der Karteien bestimmt, während die
Streuung zwischen den Karteien ohne Bedeutung für die Bestimmung des Auswahlfehlers und damit für die Genauigkeit
des Repräsentationsschlusses ist - wir haben ja einen Teil
der angestrebten Repräsentativität nicht zufällig gesichert
indem wir zumindest alle Merkmalsklassen berücksichtigt
haben.
Je geringer nun die Streuung innerhalb der Schichten ist,
desto genauer wird - ceteris paribus - der Repräsentationsschluß. Die Bildung solch homogener Schichten aus einer
heterogenen Grundgesamtheit bedeutet aber gleichzeitig, daß
diese Schichten sich untereinander stark unterscheiden werden, also große externe Streuung aufweisen.
Der durch Schichtung zu erzielende Gewinn ist also umso
größer, je größer die Intra-Schichten-Homogenität und je
größer die Inter-Schichten-Heterogenität. Dieser Gewinn an
Genauigkeit wird als Schichtungseffekt bezeichnet. Je mehr
es gelingt, die interne Streuung zu minimieren und damit
die externe Streuung zu maximieren, desto größer ist der
Schichtungseffekt.
Nachdem wir nun die einzelnen in sich verhältnismäßig homogenen Schichten gebildet haben, stellt sich die Frage, wie
wir die (vorgegebene) Auswahlgröße n auf die einzelnen
Schichten verteilen. Dabei können verschiedene Gesichtspunkte ausschlaggebend sein.
Wollen wir beispielsweise ein möglichst maßstabgetreues
Abbild der Grundgesamtheit bilden, dann würden wir den Auswahlumfang pro Schicht nach dem relativen Anteil des
Schichtumfangs an der Grundgesamtheit festlegen. Das erreichen wir dann, wenn wir pro Schicht den gleichen Auswahlsatz bestimmen. Schichten unterschiedlicher Größe werden

so <u>proportional</u> ihrem Anteil an der Grundgesamtheit vertreten.

In manchen Fällen wird es jedoch vorzuziehen sein, pro
Schicht <u>die gleiche absolute Anzahl</u> von Erhebungseinheiten
zu haben, zum Beispiel wegen der besseren tabellarischen
Vergleichsmöglichkeiten. Dann müßte aus größeren Schichten
ein entsprechend kleinerer, aus kleinen Schichten ein
größerer Anteil gezogen werden. Die Aufteilung der n Erhebungseinheiten wäre also <u>disproportional</u> in bezug auf den
jeweiligen Schichtanteil an der Grundgesamtheit.

Eine solche disproportionale Aufteilung können wir auch
unter dem Gesichtspunkt vornehmen, den gesamten <u>Auswahlfehler
unserer Erhebung zu minimieren.</u> Dann würden wir den Auswahlsatz pro Schicht je nach der erreichten Homogenität
der Schicht variieren lassen: Je homogener eine Schicht,
desto geringer kann der Auswahlsatz sein, um zu einer gegebenen Auswahlgüte zu kommen. Diese Aufteilung wird als
die "<u>bestmögliche</u>" (Kellerer, 1963, S. 95) bezeichnet (in
bezug auf den Gesamtauswahlfehler, für andere Überlegungen
muß das nicht zutreffen!).

Wir können demnach geschichtete Auswahlen unterscheiden in
Auswahlen mit
1) proportionaler Aufteilung,
2) disproportionaler Aufteilung und, als Sonderfall der
   2. Kategorie mit
3) optimaler Aufteilung
(proportional, disproportional and optimal allocation).

5.1.1. <u>Symbolik</u>

Bevor wir uns diesen verschiedenen Möglichkeiten der Aufteilung zuwenden, wollen wir die zum Verständnis der folgenden

Formeln notwendige Symbolik aufführen.[1] Dabei werden für
Parameter wie bisher kleine griechische oder große lateinische Buchstaben und für die Auswahl kleine lateinische
Buchstaben verwendet. Zunächst die Symbolik für den heterograden Fall (wobei wir davon ausgehen, daß die Auswahlen
- wie in der Sozialforschung üblich - so groß sind, daß wir
N-1 bzw. n-1 durch N bzw. n ersetzen können).

5.1.1.1. <u>Symbolik für den heterograden Fall</u>

	Grundgesamtheit (Parameter)	Auswahl (Sample)-Maßzahl
Anzahl der Schichten	M	$m = M$
Anzahl der Erhebungseinheiten in der j. Schicht	N_j	n_j
Gesamtzahl der Erhebungseinheiten in allen Schichten	$N = \sum_1^M N_j$	$n = \sum_1^m n_j$
Merkmalswert der k. Einheit in der j. Schicht	$X_{jk} = \begin{array}{l} j=1\ldots M \\ k=1\ldots N_j \end{array}$	$x_{jk} = \begin{array}{l} j=1\ldots M \\ k=1\ldots n_j \end{array}$
Durchschnittswert der Einheiten in der j. Schicht	$\mu_j = \dfrac{\sum_{K=1}^{N_j} x_{jk}}{N_j}$	$\bar{x}_j = \dfrac{\sum_{k=1}^{n_j} x_{jk}}{n_j}$.

---

1) Dabei stützen wir uns hauptsächlich auf Büschges (1961),
   Kellerer (1963) und Scheuch (1956). Nicht alle Symbole
   und Formeln sind für den ausschließlich am Ergebnis
   und nicht an der Ableitung interessierten Leser von
   Interesse. Wir wollen dennoch so genau wie möglich
   vorgehen, um das Verständnis der Zusammenhänge zu ermöglichen und eine Grundlage für die Beschäftigung
   mit der weiterführenden Literatur zu legen.

	Grundgesamtheit (Parameter)	Auswahl (Sample)-Maßzahl

Durchschnittswert
aller Einheiten
in allen Schichten

$$\mu = \frac{\sum\limits_{j=1}^{M}\sum\limits_{k=1}^{N_j} X_{jk}}{\sum\limits_{1}^{M} N_j} \qquad \bar{x} = \frac{\sum\limits_{1}^{M} N_j \bar{x}_j}{\sum\limits_{1}^{M} N_j}$$

Varianz der Merkmals-
werte in der j.
Schicht

$$\sigma_j^2 = \frac{1}{N_j}\sum\limits_{k=1}^{N_j}(X_{jk}-\mu_j)^2$$

$$s_j^2 = \frac{1}{n_j}\sum\limits_{k=1}^{n_j}(x_{jk}-\bar{x}_j)^2$$

Wir wollen einige dieser Ausdrücke verbal formulieren, um
sie des Schreckens zu berauben, der ihnen gemeinhin anhaf-
tet: Zunächst bedeutet "j" immer die Nummer einer Schicht,
"k" die Nummer einer Erhebungseinheit. Durch den Ausdruck
X_{jk} wird also beispielsweise die k. Person in der j.Schicht
beschrieben, also etwa bei $X_{3,10}$ die Merkmale der 10.Person
in der 3. Schicht. Das Summenzeichen $\sum$ ist uns bereits bekannt; der Summationsbereich wird wieder durch die Indizes
über und unter ihm angezeigt. Der Ausdruck $\sum\limits_{k=1}^{N_j}$ bedeutet
also, daß hier die Summe der Merkmalswerte aller k Einheiten
(von der ersten bis zur N-ten) der j. Schicht gebildet werden soll. Wird vor diese Summe zusätzlich das Summenzeichen
$\sum\limits_{j=1}^{M}$ gesetzt, dann heißt das, daß diese Summierung für alle
j Schichten (von der ersten bis zur M-ten) erfolgen soll.
Der hier recht kompliziert wirkende Ausdruck für den Durchschnittswert entspricht also völlig unserer Formel (1) auf
Seite 131.[1] Ebenso entspricht der Ausdruck für die Varianz
der uns bekannten Formel (3): es wird die Abweichung jeder
einzelnen Einheit einer Schicht vom jeweiligen Schichtmittelwert (Durchschnitt, arithmetisches Mittel) gebildet, qua-

---

1) Beim Durchschnittswert für die Auswahl, $\bar{x}$, wird der jeweilige Schichtdurchschnitt mit dem Schichtumfang gewichtet (s.S. 243). Dies gilt auch für den Prozentsatz
p (s.auch Kap.5.3., S. 323).

driert, und die Summe dieser Abweichungsquadrate wird durch
die Anzahl der Einheiten der Schicht dividiert, um die durchschnittliche quadratische Abweichung pro Einheit zu erhalten.
Auch bei diesen Ausdrücken werden wir im folgenden die Kennzeichnung des Summationsbereiches weglassen, wenn sich dieser eindeutig aus dem Zusammenhang ergibt.

5.1.1.2. <u>Symbolik für den homograden Fall</u>[1]

	Grundgesamtheit (Parameter)	Auswahl (Samplemaßzahl)
Merkmal(-sausprägung)	X	x
Häufigkeit dieses Merkmals	FX	FX
Häufigkeit dieses Merkmals in der j. Schicht	FX_j	fx_j
relative Häufigkeit des Merkmals in der j.Schicht	$P_j = \dfrac{FX_j}{N_j}$	$p_j = \dfrac{fx_j}{n_j}$
relative Häufigkeit des Merkmals in allen Schichten	$P = \dfrac{\sum\limits_{j=1}^{M} Fx_j}{N}$	$p = \dfrac{\sum\limits_{j=1}^{M} \dfrac{N_j}{n_j} fx_j}{\sum\limits_{j=1}^{M} N_j} = \dfrac{\sum N_j p_j}{N}$
relative Häufigkeit des anderen Merkmals in der j. Schicht	$Q_j = 1-P_j$	$q_j = 1-p_j$
relative Häufigkeit des anderen Merkmals in allen Schichten	$Q = 1-P$	$q = 1-p$
Varianz in der j. Schicht	$\sigma_j^2 = P_j Q_j$	$s_j^2 = p_j q_j$

Das Prinzip des Repräsentationsschlusses ist allen drei Arten geschichteter Auswahlen gemeinsam. Daher wollen wir es
vor der Diskussion der speziellen Verfahren darstellen.

---

[1] Die Symbolik für die Anzahl der Schichten und der Erhebungseinheiten entspricht der des heterograden Falles.

5.1.2. <u>Der Repräsentationsschluß bei geschichteten Aus-</u>
<u>wahlen</u>

Wie bei der Besprechung der einfachen Wahrscheinlichkeitsauswahl bedienen wir uns wieder eines gedanklichen Massenexperiments bzw. einer sehr großen Serie von Auswahlen, die
wir nun aus jeder gebildeten Schicht ziehen (die Anzahl der
denkbaren Auswahlen ist dabei kleiner als bei der nicht-
geschichteten Auswahl (Kellerer, 1963, S. 105), doch spielt
das in unserem Zusammenhang keine nennenswerte Rolle).

5.1.2.1. <u>Heterograder Fall</u>

Im heterograden Fall bekämen wir dann eine Fülle von unterschiedlichen Durchschnitts- bzw. Mittelwerten für jede
Schicht und entsprechend eine ebensolche Fülle von unterschiedlichen Durchschnittswerten für die ganze Auswahlgesamtheit:

$$\bar{x} = \frac{\sum N_j \bar{x}_j}{\sum N_j} = \frac{\sum N_j \bar{x}_j}{N} = \frac{1}{N} \sum N_j \bar{x}_j \qquad (46)$$

($\bar{x}$ ergibt sich also aus der Summe der mit dem jeweiligen
Schichtumfang gewichteten Durchschnittswerte x_j der einzelnen Schichten, dividiert durch die Anzahl aller Einheiten).

Da wir voraussetzen, daß wir bei allen Auswahlen unseres
Massenexperiments streng nach den Regeln der Wahrscheinlichkeitsauswahl vorgegangen sind, können wir folgern, daß
die Verteilung dieser unterschiedlichen Durchschnittswerte
unter bestimmten Bedingungen einer Normalverteilung angenähert ist (bei genügend großen n_j (s.S. 94)), deren
Gipfel beim wahren Durchschnittswert μ der Grundgesamtheit
liegt.[1)]

---

1) Man kann auch sagen: der Erwartungswert von $\bar{x}$ ist   :
   $E(\bar{x})= \mu$. Im übrigen gehen wir hier und im folgenden
   davon aus, daß die Ziehung in allen Schichten unabhängig voneinander ist und zudem der Auswahlsatz so klein
   ist, daß wir auf den Korrekturfaktor verzichten können
   (s.Kap.2.4.3.).

Wie bei den Schätzverfahren bei der einfachen Wahrscheinlichkeitsauswahl (s.S.235 ff.) müssen wir nun wieder die
Varianz dieser gedachten Mittelwertverteilung bestimmen,
um den Vertrauensbereich für den Repräsentationsschluß angeben zu können.

Dazu bedienen wir uns zweier Theoreme, die bei H a n s e n,
H u r w i t z und M a d o w (1964, Vol. I, S. 187 ff.)
erläutert werden:

Das erste Theorem besagt, daß die Varianz der Summe von unabhängig gezogenen Auswahlen gleich der Summe ihrer Varianzen ist. Diese Unabhängigkeit ist bei unserem gedachten
Massenexperiment gegeben: aus jeder Schicht wird eine Reihe
von einfachen Wahrscheinlichkeitsauswahlen gezogen. Wir
können also die Varianzen der Mittelwertverteilungen pro
Schicht summieren. Analog Formel (9) ergeben sich diese
Varianzen nach

$$\sigma^2_{\bar{x}_j} = \frac{\sigma^2_j}{n_j} \tag{47}$$

Das zweite Theorem lautet, daß die Varianz des Produktes
einer Konstanten und einer Zufallsvariablen gleich dem
Produkt der quadrierten Konstante und der Varianz der Zufallsvariablen ist. In unserer Formel (46) haben wir zwei
solcher Produkte; einmal der gesamte Ausdruck mit der Kon-
stanten $\frac{1}{N}$, zum anderen das Produkt $N_j\bar{x}_j$, da in unserem gedachten Massenversuch der Umfang der einzelnen Schicht, N_j,
konstant bleibt.

Wir können daher mit Hilfe der beiden Theoreme und unter
Verwendung von (47) die Varianz des Auswahlmittelwertes
ausdrücken durch

$$\sigma^2_{\bar{x}} = \frac{1}{N^2} \sum N^2_j \frac{\sigma^2_j}{n_j} \tag{48}$$

(Hansen u.a., Vol.I. 1964, S. 189; Kellerer, 1963, S.92;
Cochran, 1964, S. 91).

Die Wurzel aus dieser Varianz ergibt den Standardfehler des
Auswahlmittelwertes, der neben dem Sicherheitsniveau die

Weite des Vertrauensbereiches bzw. die Genauigkeit des Repräsentationsschlusses bestimmt.

In Formel (48) wird also das ausgedrückt, was wir uns an
unseren Beispielen bereits überlegt hatten: außer vom Umfang der Auswahlen pro Schicht ist der Standardfehler vor
allem von der Streuung pro Schicht abhängig. <u>Die Streuung
zwischen den Schichten spielt dagegen keine Rolle.</u>

Dies können wir uns auch auf andere Weise klarmachen, wobei wir zugleich Voraussetzungen für die Lösung weiterer
Fragestellungen schaffen, die uns später beschäftigen werden. Die Varianz wird durch die Summe der quadrierten Abstände der einzelnen Merkmalswerte vom gemeinsamen Mittelwert bestimmt:

$$\sigma^2 = \frac{\sum (X_i - \mu)^2}{N} \tag{3}$$

Daran ändert sich auch nichts, wenn wir die Grundgesamtheit
in verschiedene Schichten aufteilen, sofern wir immer den
Abstand zum Mittelwert aller Einheiten messen:

$$\sigma^2 = \frac{\sum \sum (X_{jk} - \mu)^2}{N}$$

Diesen Abstand eines Einzelwertes zum Mittelwert könnte man
sich als eine Strecke denken. Würde man nun auch einen
Mittelwert pro Schicht errechnen, dann könnte man diese
Strecke in zwei Abschnitte unterteilen: der erste führt
vom Einzelwert zum Schichtmittelwert, der zweite vom
Schichtmittelwert zum gemeinsamen Mittelwert. Auf diese
Weise kann man sich die Varianz der Grundgesamtheit aufgeteilt denken in eine Varianz innerhalb der Schichten und
eine Varianz zwischen den Schichten $\left(\sigma_w^2 \right.$ (within strata)
und σ_b^2 (between strata)$\left. \right)$:

$$\sigma^2 = \sigma_w^2 + \sigma_b^2 \tag{49}$$

Mit der folgenden Ableitung (Hansen, u.a., 1964, Vol. II,
S.130) können wir zeigen, daß nur σ_w zum Standardfehler
einer geschichteten Auswahl beiträgt:

$$N \sigma^2 = \sum\sum (X_{jk} - \mu)^2 = \sum\sum \left[(X_{jk} - \mu_j) + (\mu_j - \mu) \right]^2$$

$$= \sum\sum (X_{jk} - \mu_j)^2 + 2\sum\sum (X_{jk} - \mu_j)(\mu_j - \mu) + \sum\sum (\mu_j - \mu)^2$$

Da die Summe aller Abweichungen vom gemeinsamen Mittelwert
gleich Null ist, fällt das mittlere Glied dieser Gleichung
(deren Ausgangspunkt Formel (3) ist) weg, und wir erhalten:

$$\sigma^2 = \frac{\sum\sum (X_{jk} - \mu_j)^2}{N} + \frac{\sum\sum (\mu_j - \mu)^2}{N}$$

$\sum\sum (\mu_j - \mu)^2$ können wir gleich $\sum N_j (\mu_j - \mu)^2$ setzen, da in
der Klammer immer der gleiche Wert (pro Einzelwert und
Schicht) auftaucht, und das N_j-mal. Die Gesamtvarianz stellt
sich dann folgendermaßen dar:

$$\sigma^2 = \frac{\sum\sum (X_{jk} - \mu_j)^2}{N} + \frac{\sum N_j (\mu_j - \mu)^2}{N}$$

Dabei entspricht das erste Glied der Summe der durchschnittlichen Varianz innerhalb der Schichten (σ_w^2), das zweite ist
der durchschnittliche quadrierte Abstand aller Schichtmittelwerte vom gemeinsamen Mittelwert, wobei diese Abstände mit
dem Schichtumfang gewichtet sind; dies ist die Varianz zwischen den Schichten (σ_b^2).
Setzen wir nun in das erste Glied der Summe den Ausdruck
$\sigma_j^2 = \frac{\sum (X_{jk} - \mu_j)^2}{N_j}$ (siehe Übersicht S.240£) ein, so ergibt

sich

$$\sigma^2 = \frac{\sum N_j \sigma_j^2}{N} + \frac{\sum N_j (\mu_j - \mu)^2}{N}$$

bzw. $$\tag{50}$$

$$\sigma_w^2 = \frac{\sum N_j \sigma_j^2}{N}$$

Vergleichen wir diesen Ausdruck mit Formel (48) und (3), so
sehen wir, daß sich die <u>Varianz der Auswahlmittelwerte</u> (das
Quadrat des Standardfehlers) <u>nur nach dieser Varianz innerhalb der Schichten bestimmt</u>, also den "Streckenabschnitten"
vom Einzelwert zum Schichtmittelwert.

Dagegen bleibt der Streckenabschnitt vom Schichtmittelwert
zum gemeinsamen Mittelwert ohne Bedeutung, während bei
einer einfachen Wahrscheinlichkeitsauswahl die gesamte
Strecke Einzelwert - Grundgesamtheitsmittelwert hätte berücksichtigt werden müssen. Es ist einleuchtend, daß der
<u>Schichtungseffekt umso größer ist</u>, je länger die Strecken-
abschnitte von den Schichtmittelwerten zum gemeinsamen
Mittelwert und je kleiner die Strecken von den Einzelwerten
zu den Schichtmittelwerten ist - <u>je homogener die Schichten
und je unterschiedlicher ihre Mittelwerte sind</u> (s.S.258).

Bei der Entwicklung der Formel für den Standardfehler geschichteter Auswahlen (48) haben wir vorausgesetzt, daß in
jeder Schicht ein genügend großes, aber im Verhältnis zum
Schichtumfang relativ kleines Sample ausgewählt wurde, d.h.
wir konnten den "Fall mit Zurücklegen" unterstellen und
deshalb den Korrekturfaktor für endliche Grundgesamtheiten
bzw. den "Fall ohne Zurücklegen" vernachlässigen. Auch im
folgenden werden wir wegen der besseren Überschaubarkeit
der Formeln mit dieser Unterstellung arbeiten und die Formeln mit Berücksichtigung des Korrekturfaktors - der gerade
bei den komplexen Wahrscheinlichkeitsauswahlen von Bedeutung ist - lediglich anfügen.
Für die Varianz der Auswahlmittelwerte ergibt sich also für
den Fall, daß der Auswahlsatz mehr als 5% des Schichtumfangs beträgt, anstelle von (48) folgende Formel[1]:

$$\sigma_{\bar{x}}^2 = \frac{1}{N^2} \sum_{j=1}^{M} N_j^2 \, \frac{\sigma_j^2}{n_j} \cdot \frac{N_j - n_j}{N_j} \tag{51}$$

Die Quadratwurzeln aus (48) und (51) ergeben den Standardfehler des in der Auswahl errechneten arithmetischen Mittels, den wir in unsere Schätzformeln für den Parameter
einsetzen. Analog Formel (12) erhalten wir dann ohne Berücksichtigung des Korrekturfaktors

---

1) Dabei setzen wir immer noch voraus, daß N_j so groß ist,
   daß wir $N_j - 1 = N_j$ setzen können.

$$\mu = \bar{\bar{x}} \pm z \; \sigma_{\bar{x}} \tag{12}$$

$$\mu = \frac{1}{N} \sum N_j \bar{x}_j \pm z \; \frac{1}{N} \sqrt{\sum N_j^2 \; \frac{\sigma_j^2}{n_j}} \tag{52}$$

Bei Berücksichtigung des Korrekturfaktors[1] ergibt sich:

$$\mu = \frac{1}{N} \sum N_j \bar{x}_j \pm z \; \frac{1}{N} \sqrt{\sum N_j^2 \; \frac{\sigma_j^2}{n_j} \; \frac{N_j - n_j}{N_j}} \tag{53}$$

Bei dieser wie bei den vorangegangenen Formeln stehen wir
- wie schon bei der Besprechung der einfachen Wahrscheinlichkeitsauswahl - vor der <u>Schwierigkeit, Parameter der
Grundgesamtheit - ihre Streuung - zu benötigen, obwohl wir
ja gerade erst mit Hilfe der Auswahl Aussagen über die
Grundgesamtheit machen wollen bzw. können.</u> Bei geschichteten
Auswahlen ist diese Schwierigkeit noch größer, weil wir
nicht nur Ausgaben über mehrere "Teilgrundgesamtheiten"
brauchen, um unsere Formeln anwenden zu können, sondern
darüber hinaus den gesamten <u>Auswahl- bzw. Schichtungsplan</u>
von der Kenntnis solcher Parameter abhängig machen müssen.
Bereits vor der <u>Erhebung</u> müssen wir also einige Kenntnis
über Umfang und Streuung der Grundgesamtheit und der möglichen Schichten haben. Diese Kenntnis können uns in einigen Fällen vergleichbare Untersuchungen - oder die amt-
liche Statistik - vermitteln, in anderen Fällen müssen wir
sie durch Voruntersuchungen (pilot studies) erlangen. Erst
<u>nach vollzogener Erhebung können wir</u> dann wieder - wie bei
der einfachen Wahrscheinlichkeitsauswahl - <u>die in der Auswahl
gefundenen Streuungswerte pro Schicht als Schätzwerte benutzen.</u> Dann erhalten wir analog (13) als Schätzformeln für
den Parameter:

---

1) Obwohl zum Verständnis der weiteren Ausführungen die Berücksichtigung des Korrekturfaktors meist nicht notwendig
   ist, haben wir diese "optische" Belastung des Textes in
   Kauf genommen, um dem Leser den Vergleich mit der Literatur zu ermöglichen. Dies gilt auch für die Nennung alter-
   nativer Ausdrucksweisen für die gleiche Sache, die wir
   an manchen Stellen vornehmen.

$$\mu = \bar{x} \pm z \; \hat{\sigma}_{\bar{x}} \tag{13}$$

$$\mu = \frac{1}{N} \sum N_j \bar{x}_j \pm z \; \frac{1}{N} \sqrt{\sum N_j^2 \frac{s_j^2}{n_j}} \tag{54}$$

ohne Berücksichtigung des Korrekturfaktors und

$$\mu = \frac{1}{N} \sum N_j \bar{x}_j \pm z \; \frac{1}{N} \sqrt{\sum N_j^2 \frac{s_j^2}{n_j} \frac{N_j - n_j}{N_j}} \tag{55}$$

bei Berücksichtigung des Korrekturfaktors.

5.1.2.2. Homograder Fall

Im homograden Fall gelten die für den heterograden Fall gestellten Überlegungen entsprechend, nur daß nun die Varianz
pro Schicht, σ_j^2, durch $P_j Q_j$ ausgedrückt wird.
Die Varianz der Auswahlprozentsätze eines gedanklichen Massenexperiments ergibt sich dann analog Formel (48) nach:

$$\sigma_p^2 = \frac{1}{N^2} \sum_1^M N_j^2 \frac{P_j Q_j}{n_j} \tag{56}$$

bzw. unter Berücksichtigung des Korrekturfaktors, analog
Formel (51) nach:

$$\sigma_p^2 = \frac{1}{N^2} \sum_1^M N_j^2 \frac{P_j Q_j}{n_j} \frac{N_j - n_j}{N_j} \tag{57}$$

Aus Formel (25)

$$P = p \pm z \; \sigma_p \tag{25}$$

ergibt sich dann (s. Übersicht S. 242) folgende Formel für
die Bestimmung des Vertrauensbereiches, in dem der Parameter P der Grundgesamtheit liegt:

$$P = \frac{1}{N} \sum N_j P_j \pm z \; \frac{1}{N} \sqrt{\sum N_j^2 \frac{P_j Q_j}{n_j}} \tag{58}$$

Bei Berücksichtigung des Korrekturfaktors ergibt sich daraus:

$$P = \frac{1}{N} \sum N_j p_j \pm z \frac{1}{N} \sqrt{\sum N_j{}^2 \frac{P_j Q_j}{n_j} \frac{N_j - n_j}{N_j}} \qquad (59)$$

Setzen wir die in der Auswahl gefundenen Prozentsätze als
Schätzwerte der Streuung der Grundgesamtheit ein, erhalten
wir analog (53) bzw. (26)

$$P = p \pm z \; \hat{\sigma}_p \qquad (26)$$

$$\boxed{P = \frac{1}{N} \sum N_j p_j \pm z \frac{1}{N} \sqrt{\sum N_j^2 \frac{p_j q_j}{n_j}}} \qquad (60)$$

ohne Berücksichtigung des Korrekturfaktors und analog (55)

$$P = \frac{1}{N} \sum N_j p_j \pm z \frac{1}{N} \sqrt{\sum N_j^2 \frac{p_j q_j}{n_j} \frac{N_j - n_j}{N_j}} \qquad (61)$$

bei Berücksichtigung des Korrekturfaktors.

- Wir wollen uns nun den verschiedenen Möglichkeiten zuwenden, einen vorgegebenen Gesamtauswahlumfang auf die einzelnen Schichten aufzuteilen. Die Kriterien, nach denen man
sinnvollerweise die Schichtungsmerkmale festlegt, wollen wir
dabei zunächst übergehen, um die grundsätzlichen wahrscheinlichkeitstheoretischen und statistischen Probleme
nicht weiter zu komplizieren.

5.1.3. Geschichtete Auswahlen mit proportionaler Aufteilung

Bei dieser Art der Aufteilung wird aus jeder Schicht der
gleiche Anteil in die Auswahl einbezogen. Wenn wir beispielsweise die Einwohnermeldekartei einer Stadt mit
100 000 Haushalten als Grund- bzw. Auswahlgesamtheit bestimmen und eine Auswahlgröße von n = 2000 vorgesehen ist, dann
ergibt sich ein Auswahlsatz von 0,02 oder 2%, den wir auf
die Grundgesamtheit bzw. auf jede der (beliebig vielen)
gebildeten Schichten ansetzen müssen.

5.1.3.2. Heterograder Fall

Wir wollen das Beispiel der Einkommensverteilung (s.S.236ff.) aufgreifen, bei dem wir 3 unterschiedliche Einkommensklassen unterscheiden. Nehmen wir nun an, daß 20 000 Haushalte in die niedrigste, 60 000 in die mittlere und wiederum 20 000 Haushalte in die höchste Einkommensstufe eingeordnet werden können. Dann würden wir bei unserem Auswahlsatz von 2% aus der ersten und dritten Schicht je 400 und aus der zweiten Schicht 1200 Haushalte in die Auswahl aufnehmen.
Damit ist jede der drei <u>Schichten gemäß ihrem Anteil an der Grundgesamtheit auch in der Auswahl</u> vertreten, wir haben also - was das Schichtungskriterium "Einkommen" angeht! - ein verkleinertes Abbild der Grundgesamtheit, eine gesicherte und nichtzufällige Repräsentativität, wie es in folgender Übersicht noch einmal deutlich wird:

Schicht	Grundgesamtheit Schichtumfang(N_j)		Auswahl Schichtumfang(n_j)	
	absolut (N_j)	relativ ($N_j/N \cdot 100$)	absolut ($n_j = N_j \cdot 0,02$)	relativ ($n_j/n \cdot 100$)
1	N_1 20 000	20%	n_1 400	20%
2	N_2 60 000	60%	n_2 1200	60%
3	N_3 20 000	20%	n_3 400	20%
Gesamt-umfang	$N = \sum N_j$ 100 000	100%	$\sum n_j = n$ 2000	100%

Nennen wir den Auswahlsatz (in unserem Beispiel also 0,02) "f" (sampling fraction), dann gilt also im Falle der proportionalen Aufteilung:

$$f = \frac{n}{N} = \frac{n_j}{N_j}$$

Der Auswahlumfang pro Schicht ergibt sich dann nach

$$n_j = fN_j \quad \text{bzw.} \quad n_j = \frac{n}{N} N_j$$

und der Gesamtumfang pro Schicht kann umschrieben werden als

$$N_j = \frac{n_j}{n} N$$

Setzen wir diesen Ausdruck für N_j in Formel (46) ein, so
erhalten wir folgende einfache Formel zur Berechnung des
alle Schichten umfassenden Auswahldurchschnittswertes:

$$\bar{x} = \frac{N_j \bar{x}_j}{N} = \frac{\frac{n_j}{n} N\bar{x}_j}{N} = \frac{\frac{N}{n} n_j \bar{x}_j}{n} \tag{62}$$

Der Durchschnittswert einer proportional geschichteten Auswahl errechnet sich also aus der Summe der mit dem jeweiligen Auswahlumfang pro Schicht gewichteten Schichtdurch-
schnitte(= totaler Merkmalswert),dividiert durch den Gesamtauswahlumfang. (Da $n_j \bar{x}_j$ dem totalen Merkmalswert der
ausgewählten Einheiten pro Schicht entspricht, ist also
der Durchschnittswert für alle Schichten bei der proportionalen Aufteilung gleich dem einfachen arithmetischen
Mittel aller ausgewählten Einheiten, wie sich in der
folgenden Umformulierung von Formel (62) zeigt:

$$\bar{x} = \frac{\sum\sum x_{jk}}{n} \; .$$

Wir wollen in unserem Beispiel annehmen, wir hätten bereits für die drei Schichten getrennte Durchschnittshaus-
haltseinkommen errechnet und zur Errechnung des Gesamtdurchschnittswertes nach (62) folgende Arbeitstabelle erstellt:

Schicht	Auswahlumfang pro Schicht (n_j)	Durchschnitt pro Schicht $(\bar{x}_j)$	Gewichtung $n_j \bar{x}_j$
1	$n_1 = 400$	$\bar{x}_1 = 12\ 000$	4 800 000
2	$n_2 = 1200$	$\bar{x}_2 = 24\ 000$	28 800 000
3	$n_3 = 400$	$\bar{x}_3 = 36\ 000$	14 400 000
	$n = 2000$		$\sum\sum x_{jk} = 48\ 000\ 000$

Die totale Summe aller Einkommen der ausgewählten Haushalte
beträgt also 48 Millionen, das Durchschnittseinkommen ergibt sich durch Division mit der Anzahl aller ausgewählten
Einheiten:

$$\bar{x} = \frac{48\ 000\ 000}{2000} = 24\ 000$$

Mit Hilfe dieses in der Auswahl errechneten Wertes wollen
wir nun auf das Durchschnittseinkommen der Grundgesamtheit
schließen.

Dabei können wir im Falle der proportionalen Aufteilung
die bereits angegebenen Formeln für den Repräsentationsschluß bei geschichteten Auswahlen ebenso vereinfachen wie
die Berechnung des Durchschnittswertes.

Zunächst können wir wegen $\dfrac{N_j}{n_j} = \dfrac{N}{n}$ die Formel für das Quadrat des Standardfehlers, (48), wie folgt vereinfachen:

$$\sigma_{\bar{x}}^2 = \frac{1}{N^2} \sum \frac{N_j}{n_j}\, N_j\ \sigma_j^2$$

$$= \frac{1}{N^2} \sum \frac{N}{n}\, N_j\ \sigma_j^2$$

und die Konstante $\dfrac{N}{n}$ vor die Summe ziehen:

$$\sigma_{\bar{x}}^2 = \frac{1}{n \cdot N} \sum N_j\ \sigma_j^2 \tag{63}$$

Weiter können wir N_j durch $\dfrac{n_j}{n}$ ersetzen und erhalten dann
(also ohne die Verwendung der Parameter N_j und N)

$$\sigma_{\bar{x}}^2 = \frac{1}{n^2} \sum n_j\ \sigma_j^2 \tag{64}$$

Formel (52) reduziert sich also auf

$$\mu = \bar{x} \pm z\, \frac{1}{n}\, \sqrt{\sum n_j\ \sigma_j^2}$$

Nehmen wir an, wir haben in unserem Beispiel der Einkommensverteilung einigermaßen verläßliche Schätzwerte für die
Streuung in den einzelnen Schichten vorliegen, etwa folgende:

$$\sigma_1^2 = 2\ 250\ 000$$

$$\sigma_2^2 = 1\ 000\ 000$$

$$\sigma_3^2 = 4\ 000\ 000$$

Für die Varianz der Samplewertverteilung ergibt sich dann
nach (64):

$$\sigma\frac{2}{\bar{x}} = \frac{1}{4\ 000\ 000}\ (900\ 000\ 000 + 1200\ 000\ 000 + 1600\ 000\ 000$$

$$= \frac{3700}{4} = 925$$

der Standardfehler beträgt also

$$\sigma_{\bar{x}} = \sqrt{\sigma\frac{2}{\bar{x}}} \approx 30 \tag{65}$$

Diesen Standardfehler können wir nun in Formel (12) bzw.
(65) einsetzen, nachdem wir uns für einen bestimmten
Sicherheitsgrad entschieden haben. Wenn wir uns für einen
Sicherheitsgrad von 0,05 bzw. 95% entscheiden, wählen wir
z = 2:

$$\mu = \bar{x} \pm z\,\sigma_{\bar{x}} = 24\ 000 \pm 2 \cdot 30 = 24\ 000 \pm 60$$

In unserem Beispiel können wir also (mit 95%iger Sicherheit) sagen, daß der wahre Wert der Grundgesamtheit zwischen 23 940 und 24 060 liegt.

In aller Regel liegen jedoch keine ausreichend verläßlichen
Schätzwerte für die Streuung in den einzelnen Schichten
vor. <u>Nach der aufgrund dieser mangelhaften Vorkenntnisse
vorgenommenen Schichteinteilung werden daher die für die
Auswahl festgestellten Streuungsmaße pro Schicht, s_j, als
Schätzwert für σ_j eingesetzt.</u> Wir erhalten dann als
Schätzwert für die Varianz der Samplewertverteilung bzw.
für das Quadrat des Standardfehlers analog (63)bzw. (64)

$$\hat{\sigma}\frac{2}{\bar{x}} = \frac{1}{nN} \sum N_j s_j^2 \qquad \text{bzw.} \tag{66}$$

$$\hat{\sigma}\frac{2}{\bar{x}} = \frac{1}{n^2} \sum n_j s_j \tag{67}$$

<u>Daraus ergibt sich dann die Schätzformel für den Parameter
der Grundgesamtheit:</u>

$$\mu = \bar{x} \pm z \sqrt{\frac{1}{nN} \sum N_j s_j^2} \qquad \text{bzw.} \tag{68}$$

$$\boxed{\mu = \bar{x} \pm z\ \frac{1}{n} \sqrt{\sum n_j s_j^2}} \tag{69}$$

ohne Berücksichtigung des Korrekturfaktors und

$$\mu = \bar{x} \pm z \sqrt{\frac{N-n}{N^2 n} \sum N_j s_j^2} \qquad (70)$$

bzw.

$$\mu = \bar{x} \pm z \sqrt{\frac{N-n}{Nn^2} \sum n_j s_j^2} \qquad (71)$$

bei Berücksichtigung des Korrekturfaktors.

5.1.3.2. Homograder Fall

Zur Darstellung des homograden Falls wollen wir annehmen, daß wir den Anteil von beruflich Selbständigen in den drei Schichten bestimmen wollen. Dabei unterstellen wir - als Variante zum heterograden Fall -, daß uns zunächst keinerlei Angaben über die Streuung dieses Merkmals in den einzelnen Schichten vorliegen.
Wir müssen daher die in der Auswahl gefundenen Werte als Schätzgröße verwenden, wie es in Formel (60) vorgesehen ist. In den drei Schichten seien folgende Anteile von Selbständigen gefunden worden:

$$p_1 = 20\%$$
$$p_2 = 40\%$$
$$p_3 = 60\%$$

Als Varianzen können wir daher nach (20) berechnen:

$$s_1^2 = p_1 q_1 = 0,2 \cdot 0,8 = 0,16$$
$$s_2^2 = p_2 q_2 = 0,4 \cdot 0,6 = 0,24$$
$$s_3^2 = p_3 q_3 = 0,6 \cdot 0,4 = 0,24$$

Der Gesamtprozentsatz für die Auswahl (p) errechnet sich nach der Formel in der Übersicht auf S.242 ; bei der proportionalen Aufteilung können wir wegen $N_j = \frac{n}{n} N$ diese Formel vereinfachen zu:

$$p = \frac{\sum n_j p_j}{n} \qquad (72)$$

Auch den in Formel (60) formulierten Standardfehler können
wir (analog (64)) vereinfachen:

$$\hat{\sigma}_p^2 = \frac{1}{n^2} \sum n_j p_j q_j \qquad (73)$$

bzw.

$$\sigma_p = \frac{1}{n} \sqrt{\sum n_j p_j q_j}$$

Wir erhalten dann als Schätzformel für den Parameter P bei
der proportionalen Aufteilung anstelle von (60):

$$\boxed{P = \frac{1}{n} \sum n_j p_j \pm z \cdot \frac{1}{n} \sqrt{\sum n_j p_j q_j}} \qquad (74)$$

Für die zu berechnenden Werte stellen wir wieder eine
Arbeitstabelle zusammen:

Schicht	n_j	p_j	$n_j p_j$	$p_j q_j$	$n_j p_j q_j$
1	400	0,2	80	0,16	64
2	1200	0,4	480	0,24	288
3	400	0,6	240	0,24	96
	$\sum n_j = n = 2000$		$\sum n_j p_j = 800$		$\sum n_j p_j q_j = 448$

Bei dieser Aufstellung zeigt sich besonders klar, daß im
Fall der proportionalen Aufteilung die "Gewichtung" lediglich darin besteht, die absolute Anzahl von Elementen mit
der gesuchten Merkmalsausprägung auszudrücken. In unserer
Auswahl von n = 2000 befinden sich also insgesamt 800
Selbständige. Der entsprechende Prozentwert ist dann nach
(72):

$$p = \frac{800}{2000} = 0,4 \text{ oder } 40\%$$

Der Standardfehler errechnet sich nach (73):

$$\hat{\sigma}_p = \frac{\sqrt{448}}{n} \approx 0,01$$

Setzen wir diese Werte in Formel (74) bzw. (26) ein und
wählen wir wieder eine Sicherheit von 95%, so erhalten wir
als Parameterschätzung:

$$P \approx 40 \pm 2 \cdot 0,01$$

Mit 95%iger Sicherheit liegt also der gesuchte Anteil von
Selbständigen in der Grundgesamtheit zwischen 38% und 42%.
Bei Berücksichtigung des Korrekturfaktors hätten wir (ana-
log (70)) die folgende Formel anwenden müssen

$$P = \frac{1}{n} \sum n_j p_j \pm z \sqrt{\frac{N-n}{N^2 n} \sum N_j p_j q_j} \qquad (75)$$

5.1.3.3. <u>Der Schichtungseffekt bei proportionaler Aufteilung</u>

Welcher Gewinn an Präzision wird nun dadurch erreicht, daß
wir eine geschichtete und keine einfache Wahrscheinlichkeitsauswahl gezogen haben?
Wir haben bereits gesehen, daß bei der geschichteten Auswahl
die gesamte Merkmalsstreuung in eine interne und eine externe Streuung zerlegt wird und nur die interne Streuung
zur Berechnung des Standardfehlers herangezogen wird
(s.S. 245 ff.). Diese interne Streuung hatten wir mit σ_w^2
bezeichnet und durch

$$\sigma_w^2 = \frac{\sum N_j \, \sigma_i^2}{N} \qquad (50)$$

ausdrücken können. Setzen wir wieder $N_j = \frac{n_j}{n} N$, so erhalten
wir für die proportionale Aufteilung

$$\sigma_w^2 = \frac{1}{n} \sum n_j \, \sigma_j^2 \qquad (76)$$

Demnach können wir Formel (64) bzw. (73) für die Varianz
der Auswahlmaßzahlen schreiben als:

$$\sigma_{\bar{x}}^2 = \frac{1}{n} \, \sigma_w^2 \qquad (77)$$

Dagegen gilt für die ungeschichtete Auswahl weiterhin:

$$\sigma_{\bar{x}}^2 = \frac{1}{n} \, \sigma^2$$

bzw. nach (49):

$$\sigma_{\bar{x}}^2 = \frac{1}{n} \, (\sigma_w^2 + \sigma_b^2)$$

Der besseren Übersichtlichkeit halber wollen wir im folgenden die Varianz der Auswahlwertverteilung mit V bezeichnen[1] und durch V_u eine ungeschichtete, mit V_{prop} eine

1) Wir folgen dabei Kellerer, 1963, S.113

proportional geschichtete Auswahl kennzeichnen. Dann, gilt:

$$V_u = \frac{1}{n} \sigma^2 = \frac{1}{n}(\sigma_w^2 + \sigma_b^2)$$

und (77) wird zu:

$$V_{prop} = \frac{1}{n} \sigma_w^2$$

Da wir in beiden Fällen von der gleichen Grundgesamtheit und der gleichen Auswahlgröße ausgehen, kann sich ein Gewinn durch Schichtung nur in einem kleineren Auswahlfehler (bei gleicher Sicherheit) zeigen. Wir berechnen daher die Differenz der Varianzen der Auswahlwerte, die wir aus unserem gedanklichen Massenversuch ableiten können.

$$V_u - V_{prop} = \frac{1}{n}(\sigma_w^2 + \sigma_b^2) - \frac{1}{n}\sigma_w^2$$

$$V_u - V_{prop} = \frac{1}{n}\sigma_b^2 \tag{78}$$

Das heißt also, daß <u>der Gewinn durch die Schichtung mit proportionaler Aufteilung gleich der durch die Auswahlgröße dividierten externen Streuung ist, also gleich der externen Streuung pro Auswahleinheit. Bei gegebenem Auswahlumfang n ist demnach der Gewinn an Genauigkeit - der Schichtungseffekt-umso größer, je unterschiedlicher die einzelnen Schichtmittelwerte sind.</u>

Wir wollen das an unserem Beispiel der Einkommensverteilung verdeutlichen:

σ_b war durch $\dfrac{\sum N_j(\mu_j-\mu)^2}{N}$ festgelegt (s.S. 246). Bei proportionaler Schichtung ergibt sich daraus $\frac{1}{n}\sum n_j(\mu_j-\mu)^2$ und $V_u - V_{prop} = \frac{1}{n^2}\sum n_j(\mu_j-\mu)^2$ bzw. $= \frac{1}{n^2}\sum n_j(\bar{x}_j-\bar{x})^2$.

Folgende Arbeitstabelle faßt die benötigten Werte zusammen:

Schicht	n_j	$\bar{x}_j$	$\bar{x}_j - \bar{x}$	$(\bar{x}_j - \bar{x})^2$	$n_j (\bar{x}_j - \bar{x})^2$
1	400	12000	-12000	144 000 000	57 600 000 000
2	1200	24000	-	-	-
3	400	36000	12000	144 000 000	57 600 000 000

$$\sum = 115\ 200\ 000\ 000$$

$$V_u - V_{prop} = \frac{115\ 200\ 000\ 000}{4\ 000\ 000} = 28\ 800 = \frac{\sigma_b^2}{n}$$

σ_b^2 beträgt also 28 800, während σ_w^2 925 (s.S. 254) betrug. Die Gesamtvarianz der Auswahlmaßzahlen beträgt also 29 725 = V_u. Demnach hätte bei einer ungeschichteten Auswahl der Standardfehler sich folgendermaßen berechnet:

$$\sigma_{\bar{x}} = \sqrt{V_u} = \sqrt{29\ 725} \qquad 173$$

gegenüber ca. 30 bei der Schichtung mit proportionaler Aufteilung. Durch die Schichtung haben wir also nur etwa 1/6 des Standardfehlers hinnehmen müssen, der sich bei einer ungeschichteten Auswahl ergeben hätte. Während wir bei der Schichtung den gesuchten Parameter der Grundgesamtheit zwischen 23 940 und 24 060 (s.S. 254) festlegen konnten, hätten wir mit der gleichen Sicherheit ohne Schichtung nur sagen können, daß er zwischen 23 654 und 24 346 liegt. Dieser Gewinn an Präzision ist nicht nur für den Repräsentationsschluß selbst von Bedeutung. So vermindert er die Gefahr, bei Signifikanztests einen Fehler vom Typ II zu begehen: wir können mit der erreichten Verbesserung nun ein höheres Signifikanzniveau mit einer ebenso präzisen Aussage, also einem ebenso engen Vertrauensbereich, verbinden, wodurch die Wahrscheinlichkeit sinkt, eine an sich richtige Arbeitshypothese zugunsten der Nullhypothese fallen zu lassen (s.S. 125 ff.).
Wie schon mehrfach betont, ist der Gewinn durch Schichtung umso größer, je mehr es uns gelingt, Schichten zu bilden,

die in sich möglichst homogen sind und sich voneinander
stark unterscheiden. Schlägt dieser Versuch der Maximierung
der externen Streuung völlig fehl, tritt also keinerlei
nennenswerte Streuung zwischen den Schichten auf, dann wird
der Gewinn zu Null bzw. der Standardfehler der geschichteten Auswahl ist gleich dem einer ungeschichteten. Das heißt
aber auch, daß <u>der Standardfehler einer proportional geschichteten Auswahl nie größer sein kann als der einer ungeschichteten Auswahl.</u>[1]

5.1.3.4. <u>Bestimmung des Auswahlumfangs</u>

Die mögliche Verminderung des Standardfehlers durch
Schichtung spielt auch eine Rolle bei der Entscheidung
über den Auswahlumfang, wenn eine bestimmte Präzision der
Aussage mit vorgegebenem Sicherheitsgrad möglichst ökono-
misch erreicht werden soll.
Dabei stellt die Notwendigkeit, bereits vor der Erhebung
recht weitreichende Kenntnisse über die Grundgesamtheit
und die einzelnen zu bildenden Schichten zu benötigen,
in der Praxis eine oft unüberwindliche Schwierigkeit dar.
Wir können ja auf keinerlei Auswahlwerte als Schätzwerte
für Parameter zurückgreifen, sondern sind ausschließlich
auf "externe" Schätzwerte angewiesen. Solche Schätzwerte
können aus vergleichbaren Untersuchungen, der amtlichen
Statistik oder auch durch Voruntersuchungen beschafft
werden.

---

1) Hier sei noch einmal daran erinnert, daß wir auch bei
   der "systematischen" Auswahl von einem Schichtungseffekt
   sprachen (s.S. 172, 173). So ist beispielsweise das
   "Ziehen der n-ten Karte" bei einer geordneten Auswahlgesamtheit der proportionalen Aufteilung bei einer
   Schichtung nach diesem Ordnungsmerkmal gleichzusetzen:
   Aus jeder "Schicht" wird der gleiche proportionale
   Anteil erhoben, also ein Teil der Merkmalsstreuung
   nichtzufällig erfaßt.

Im folgenden setzen wir voraus, wir hätten durch Voruntersuchungen recht verläßliche Schätzwerte über den Umfang N_j der in Betracht kommenden Schichten und über deren Streuung σ_j^2.

Nehmen wir an, wir sollten wieder das durchschnittliche Haushaltseinkommen der Grundgesamtheit von 100 000 Haushalten angeben, und zwar mit 95%iger Sicherheit ($z = 2$) und einer maximalen Abweichung von 100 DM. Gesucht ist der kleinstmögliche Auswahlumfang (bei proportionaler Schichtung), mit dem wir diese Bedingungen erreichen können.

Wie bereits auf Seite 119 ausgeführt, ergibt sich der (zulässige) Fehler aus dem Produkt des vorgegebenen z-Wertes und dem Standardfehler:

$$e = z \cdot \sigma_{\bar{x}}$$

Unter Vernachlässigung des Korrekturfaktors können wir dann aus (77) n ableiten:

$$\sigma_{\bar{x}}^2 = \frac{\sigma_w^2}{n}$$

$$n = \frac{\sigma_w^2}{\sigma_{\bar{x}}^2}$$

Analog Formel (34) ergibt sich dann die Mindestgröße der Auswahl bei proportionaler Schichtung:

$$n = \frac{z^2 \, \sigma_w^2}{e^2} = \frac{z^2 \sum N_j \, \sigma_j^2}{e^2 \, N} \tag{79}$$

Wenn wir die uns bekannten Merkmale dieses Beispiels (s.S. 151 ff.) zugrunde legen, ergibt sich:

$$n = \frac{4}{10\ 000} \ 1850\ 000 = 740$$

Um einen Repräsentationsschluß mit einer Fehlertoleranz von $\pm$ 100 vornehmen zu können, benötigen wir also lediglich 740 Einheiten, wenn wir die Daten unseres bisherigen Beispiels zugrundelegen und ein proportional geschichtetes Sample ziehen. Davon entfallen nach $n_j = \frac{n N_j}{N}$ auf die 1. und 3. Schicht jeweils 148 und auf die zweite Schicht 444 Einheiten.

Unter Berücksichtigung des Korrekturfaktors wird die Mindestgröße der Auswahl weiter vermindert, wenn der geschätzte
Auswahlsatz über 5% der Grundgesamtheit beträgt. Da dies in
unserem Beispiel nicht der Fall ist, wollen wir nur die
entsprechende Formel angeben (Kellerer, 1963, S. 95):

$$n = \frac{z^2 \; N \; \sum N_j \; \sigma_j^2}{N^2 e^2 + z^2 \sum N_j \; \sigma_j^2} \qquad (80)$$

Die letzten Ausführungen über den Schichtungseffekt und die
Mindestgröße von Auswahlen bei Schichtung mit proportionaler
Aufteilung gelten sinngemäß auch für den homograden Fall,
wir wollen sie daher nicht noch einmal wiederholen. Die angegebenen Formeln sind für den homograden Fall leicht umzu-
formulieren, indem σ_j^2 durch $P_j Q_j$ ersetzt wird.

5.1.4. <u>Geschichtete Auswahlen mit disproportionaler Auf-
teilung</u>

Bei der disproportionalen Aufteilung werden die Auswahleinheiten <u>nicht</u> entsprechend dem Anteil der Schichten an der
Grundgesamtheit auf die Schichten innerhalb der Auswahl
verteilt. Damit ist zunächst der Vorteil der proportionalen Aufteilung, die repräsentative Vertretung des Schichtungsmerkmals zu sichern, dahin. <u>Tatsächlich wird die Repräsentativität der Auswahl bei disproportionaler Aufteilung in dem Maße verzerrt, in dem man von der proportionalen Aufteilung abweicht.</u> Die Über- oder Unterrepräsentation
muß daher beim (repräsentativen) Schluß auf die Parameter
der Grundgesamtheit durch entsprechende Gewichtungen wieder
ausgeglichen werden. Trotz dieser Schwierigkeit ist die
disproportionale Aufteilung von großer praktischer und
theoretischer Bedeutung.

So kann es sich aus Kostengründen empfehlen, aus Schichten,
deren Mitglieder (Elemente) leichter und kostengünstiger
zu erreichen sind, einen größeren Anteil in die Auswahl

miteinzubeziehen als aus schwer "zugänglichen" Schichten
(s.dazu auch den Exkurs über Ausfälle).

Desgleichen wird man häufig nicht allen Schichten oder Untergruppen einer Grundgesamtheit das gleiche <u>Forschungs-
interesse</u> entgegenbringen. Vielmehr wird man einige Gruppen
besonders tiefgehend untersuchen, Drittvariablen verstärkt
berücksichtigen, d.h. weitergehende Untergliederungen
treffen wollen, die eine höhere Fallzahl voraussetzen.

In manchen Fällen können wir auch davon ausgehen, daß die
Mitglieder einer Schicht in Hinblick auf bestimmte Merkmale
sehr homogen sind, während in anderen Schichten eine sehr
hohe <u>Merkmalsstreuung</u> zu beobachten ist, der wir durch
einen höheren Auswahlsatz gerecht werden wollen.

Häufig ist es sinnvoll, in verschiedenen Schichten die
gleiche absolute Fallzahl zu erheben, um für die Datenana-
lyse <u>vergleichbare Größenordnungen</u> auch bei sehr unterschiedlichem Schichtumfang zu erreichen. Wenn man beispielsweise die Bezieher von Millioneneinkommen mit der Gruppe
der nicht damit Gesegneten in einer Stadt von 100 000
Einwohnern vergleichen wollte, dann würden wir mit einer
proportionalen Aufteilung mit einem Auswahlsatz von 2% nur
2 Millionäre erfassen, wenn sich in der Stadt 100 Millionäre und 99900 Bezieher niedrigerer Einkommen befinden.
Dieses Problem der zu geringen absoluten Fallzahl bei repräsentativer Vertretung gilt generell für alle zahlenmä-
ßigen Minderheiten. Insbesondere auf dem Gebiet der politischen Soziologie bzw. der Wahlforschung spiegeln sich die
damit verbundenen Schwierigkeiten in den unsicheren Prog-
nosen über den Wahlerfolg der stimmenanteilsschwachen
Parteien wider (darunter leidet u.a. die Erforschung des
politischen Extremismus).
In solchen Fällen empfiehlt es sich, von der repräsentativen Vertretung der einzelnen "Schichten" abzusehen und
die gleiche absolute Fallzahl anzustreben, was natürlich
bei unterschiedlich großen Schichten einen unterschiedlichen

Auswahlsatz pro Schicht bedeutet.

Bei unterschiedlichem Auswahlsatz haben nun nicht mehr alle
Einheiten der Grundgesamtheit die gleiche Chance, in die
Auswahl zu gelangen (dies Problem hatten wir schon bei der
Besprechung der Gebietsauswahl angesprochen, S. 170). Nur
innerhalb einer Schicht haben alle Einheiten die gleiche
Auswahlchance, und zwar entsprechend dem jeweiligen Schicht-
auswahlsatz. Obwohl wir also in den einzelnen Schichten nach
den Regeln der Wahrscheinlichkeitsauswahl vorgehen, ergibt
sich nicht für alle Auswahleinheiten die gleiche Auswahlwahrscheinlichkeit. Deshalb hatten wir die Charakterisierung von Wahrscheinlichkeitsauswahlen durch die <u>gleiche</u>
<u>Auswahlwahrscheinlichkeit</u> der Einheiten als zu eng bezeich-
net und lediglich eine bekannte Wahrscheinlichkeit gefordert (s.S. 232).

Die Konsequenzen dieser Erweiterung wollen wir zunächst für
eine Auswahl diskutieren, bei der aus verschieden großen
Schichten immer die gleiche absolute Anzahl von Auswahl-
bzw. Erhebungseinheiten gezogen werden soll: Schichtung mit
gleichmäßiger Aufteilung.

5.1.4.1. <u>Schichtung mit gleichmäßiger Aufteilung</u>

Wir wollen die Probleme einer geschichteten Wahrscheinlichkeitsauswahl mit gleichmäßiger Aufteilung und die diesen Problemen entsprechenden Formeln wieder - für den heterograden Fall - an dem uns bekannten Beispiel der Einkommensverteilung erläutern.

5.1.4.1.1. <u>Heterograder Fall</u>

Aus Vereinfachungsgründen wollen wir an diesem Beispiel
lediglich den Auswahlumfang n auf 2001 erhöhen, um für die
drei Schichten tatsächlich eine genau gleiche Aufteilung zu
ermöglichen. Ansonsten übernehmen wir alle Daten (s.S.251ff).

Der Auswahlumfang pro Schicht, n_j, ergibt sich bei gleichmäßiger Aufteilung einfach dadurch, daß der vorgesehene
Auswahlumfang n durch die Anzahl der Schichten dividiert
wird:

$$n_j = \frac{n}{M} = \frac{2001}{3} = 667$$

Aus jeder der drei Schichten wählen wir also 667 Haushalte
aus und erheben deren Haushaltseinkommen, um daraus das
Durchschnittseinkommen zu berechnen.

Dabei kann nun nicht mehr, wie bei der proportionalen Aufteilung, der Durchschnittswert je Schicht mit dem Auswahlumfang pro Schicht gewichtet werden (62), da ja dieser Umfang nichts über das Gewicht der Schicht aussagt. Vielmehr
muß nun der gesamte Schichtumfang zur Gewichtung herangezogen werden, wie es in Formel (46) bzw. in der Übersicht
über die Symbolik (S.240f.) vorgesehen ist:

$$\bar{x} = \frac{\sum_j N_j \bar{x}_j}{\sum_j N_j} = \frac{\sum_j N_j \bar{x}_j}{N} \tag{46}$$

Selbstverständlich kommen wir auch bei dieser Berechnung in
unserem Beispiel wieder auf ein Gesamtdurchschnittsein-
kommen von 24 000 DM.

Von diesem Auswahlwert wollen wir nun wieder auf den Parameter der Grundgesamtheit schließen bzw. einen Vertrauensbereich angeben, in dem dieser gesuchte Parameter mit angebbarer Wahrscheinlichkeit bzw. Sicherheit liegt.

Dazu benötigen wir wieder die Formel:

$$\mu = \bar{x} \pm z \; \sigma_{\bar{x}} \tag{12}$$

Wieder müssen wir also die Streuung der Auswahlwerte bei
einem gedachten Massenexperiment, $\sigma_{\bar{x}}$, berechnen. Dazu
dient uns wieder die Formel:

$$\sigma_{\bar{x}}^2 = \frac{1}{N^2} \sum N_j^2 \frac{\sigma_j^2}{n_j} \tag{48}$$

wobei wir nun die Konstante $n_j = \frac{n}{M}$ vor das Summenzeichen setzen können:

$$\sigma \frac{2}{x} = \frac{M}{N^2 n} \quad \sum N_j^2 \quad \sigma_j^2 \tag{81}$$

Wird - nach der Erhebung - σ_j^2 durch s_j^2 ersetzt, erhalten wir als Schätzformel:

$$\hat{\sigma} \frac{2}{x} = \frac{M}{N^2 n} \quad \sum N_j^2 \quad s_j^2 \tag{82}$$

Wir wollen hier jedoch von gegebenen Parameterschätzungen ausgehen. Dann ergibt sich aus (81) bei drei Schichten und einem Schichtumfang von $n_j = 667$:

$$\sigma \frac{2}{x} = \frac{1}{N^2 \; 667} \quad \sum N_j^2 \quad \sigma_j^2$$

In unserem Beispiel (s.S.253) erhalten wir

$$\sigma \frac{2}{x} = \frac{1}{667 \cdot 10 \; 000 \; 000 \; 000} (20 \; 000^2 \cdot 2 \; 250 \; 000$$
$$+ \; 60 \; 000^2 \cdot 1 \; 000 \; 000 + 20 \; 000^2 \cdot 4 \; 000 \; 000)$$

$$= \frac{10^4 \; 61}{667} \approx 915$$

Im Vergleich zur proportionalen Aufteilung ($\sigma \frac{2}{x} = 925$) haben wir also mit der gleichmäßigen Aufteilung einen kleineren Auswahlfehler erreicht; entsprechend ist die Parameterschätzung (wenn auch nur geringfügig) genauer:

gleichmäßige Aufteilung $\mu = 24 \; 000 \pm z \sqrt{913}$
proportionale Aufteilung $\mu = 24 \; 000 \pm z \sqrt{925}$

<u>Leider ist eine solche Verbesserung des Repräsentationsschlusses bei gleichmäßiger Aufteilung keineswegs der Regelfall</u>, wie wir leicht bei einer Abwandlung unseres Beispiels sehen können.

Wenn wir in der mittleren Einkommensgruppe, die die größte Besetzungszahl aufweist, eine größere Streuung- etwa eine Standardabweichung von 3000 anstelle von 1000 (s.S. 253) - unterstellen, kehrt sich das Verhältnis der Genauigkeit zwischen proportionaler und gleichmäßiger Aufteilung um: Alle Größen in unserem Beispiel sollen unverändert bleiben,

nur in der Mittelgruppe wird eine andere Streuung angenommen:

$$\sigma_1^2 = 2\ 250\ 000$$

$$\sigma_2^2 = 9\ 000\ 000$$

$$\sigma_3^2 = 4\ 000\ 000$$

Bei gleichmäßiger Aufteilung ($n_j = 667$) ergibt sich dann
nach (81) als Standardfehler:

$$\sigma_{\bar{x}}^2 = \frac{3}{2001 \cdot 10^{10}}\ (9 \cdot 10^{14} \cdot 324 \cdot 10^{14} \cdot 16 \cdot 10^{14})$$

$$= \frac{3490\ 000}{667}$$

$$\sigma_{\bar{x}} \approx 229$$

Bei proportionaler Aufteilung würden wir dagegen mit den
gleichen Werten nach (64) erhalten:

$$\sigma_{\bar{x}}^2 = \frac{1}{2 \cdot 10^8}\ \sum N_j\ \delta_j^2$$

$$= \frac{1}{2 \cdot 10^8}(45 \cdot 10^9 + 540 \cdot 10^9 + 80 \cdot 10^9) = 3325$$

$$\sigma_{\bar{x}} \approx 58$$

Demnach ergibt sich folgender Unterschied in der Genauigkeit des Repräsentationsschlusses:

gleichmäßige Aufteilung $\quad\mu \approx 24\ 000 \pm z\ \ 229$
proportionale Aufteilung $\quad\mu \approx 24\ 000 \pm z\ \ 58$

Diese Umkehrung ist - da wir ansonsten alle Größen unverändert ließen - offenbar auf die unterschiedliche Streuung
in der stärksten Gruppe zurückzuführen:
Zunächst hatte diese Gruppe die geringste Streuung. Durch
die gleichmäßige Aufteilung wurde sie gegenüber den kleineren Gruppen in der Auswahl unterrepräsentiert (667 anstelle
von 1200 Auswahleinheiten), während diese kleineren Gruppen,
die eine stärkere Streuung aufwiesen, überrepräsentiert
wurden (667 anstelle von 400 Auswahleinheiten). Wir haben

also die heterogenen Gruppen über- und die homogene Gruppe
unterrepräsentiert und damit eine Verkleinerung des Auswahlfehlers erreicht.
Nach der Modifikation unseres Beispiels liegt der Fall genau
umgekehrt: nun wird durch die gleichmäßige Aufteilung gerade die heterogenste Gruppe unter- und die relativ homogeneren Gruppen überrepräsentiert, während die proportionale
Aufteilung solche - möglicherweise verhängnisvollen - Verzerrungen der Repräsentativität vermeidet. <u>Bei mangelhafter
Kenntnis der Parameter bietet also die proportionale Aufteilung weit weniger Risiken als die disproportionale Aufteilung. Liegen dagegen verläßliche Angaben über die
Streuungsparameter vor, kann man mit der disproportionalen
Aufteilung eine Verkleinerung des Auswahlfehlers erreichen.</u>

Diese Möglichkeiten versucht man bei der "optimalen" Aufteilung gezielt zu nutzen. Vor der Darstellung der entsprechenden Vorgehensweise wollen wir jedoch auch den homograden Fall bei gleichmäßiger Aufteilung durch ein Beispiel
erläutern.

5.1.4.1.2. <u>Homograder Fall</u>

Wir bedienen uns wieder des Anteils der Selbständigen
(P_j bzw. p_j) in den drei Einkommensgruppen, aus denen wir
jeweils eine Auswahl von n_j = 667 Einheiten treffen.
Nehmen wir weiter an, wir hätten in jeder dieser Auswahlen
den gleichen Anteil von Selbständigen gefunden wie bei der
proportional geschichteten Auswahl (was unwahrscheinlich
ist) und - mit entsprechender Gewichtung-den gleichen Wert
P = 0,4% für die Grundgesamtheit errechnet.

$$P_1 = 0,2 \qquad \sigma_1^2 = P_1 \cdot Q_1 = 0,16$$

$$P_2 = 0,4 \qquad \sigma_2^2 = P_2 \cdot Q_2 = 0,24$$

$$P_3 = 0,6 \qquad \sigma_3^2 = P_3 \cdot Q_3 = 0,24$$

Dann ergibt sich unser Vertrauensbereich für den wahren An-

teil von Selbständigen in der Grundgesamtheit wieder nach
Formel (25)

$$P = p \pm z \; \sigma_p$$

Die Standardabweichung aller möglichen Anteilswerte bei beliebiger Wiederholung unserer Auswahlprozedur, das heißt
der Standardfehler des Auswahlprozentsatzes (bzw. seine
Varianz) ergibt sich aus Formel (56), wobei wir den konstanten Auswahlumfang pro Schicht vor das Summenzeichen
setzen:

$$\sigma_p^2 = \frac{M}{N^2 \cdot n} \sum N_j^2 \cdot P_j Q_j \tag{83}$$

Auch hier würden wir nach vollzogener Schichtung und Auswahl
als Schätzung der Streuungsparameter $P_j Q_j$ die Auswahlwerte
$p_j q_j$ verwenden:

$$\sigma_p^2 = \frac{M}{N^2 \; n} \sum N_j^2 \; p_j q_j \tag{84}$$

Wir wollen aber weiter von bekannten Schätzwerten ausgehen.
Dann ergibt sich nach (83) als Standardfehler des Prozentsatzes:

$$\sigma_p = \sqrt{\frac{1}{667 \cdot 10^{10}}(0,16 \cdot 4 \cdot 10^8 + 0,24 \cdot 36 \cdot 10^8 + 0,24 \cdot 4 \cdot 10^8)} \approx 0,0122$$

Demnach liegt der wahre Parameter der Grundgesamtheit mit
einem Sicherheitsniveau von 0,05 (z=2) im Bereich

$$P = 0,4 \pm 2 \cdot 0,0122$$

also zwischen 37,56% und 42,44%.
Wir haben also mit der gleichmäßigen Aufteilung fast die-
selbe Genauigkeit des Repräsentationsschlusses erreicht
wie bei der proportionalen Aufteilung, wo wir 38% und 42%
als Grenzen angegeben hatten.
Dieses Ergebnis steht jedoch nicht im Widerspruch zu dem,
was wir über die Wirkung der disproportionalen Aufteilung
bei Schichten mit unterschiedlicher Streuung gesagt haben.
Vielmehr ist es in diesem Fall so, daß sich die verzerrende
Wirkung der disproportionalen, gleichmäßigen Aufteilung
gegenseitig aufhebt: Die erste Schicht hat die geringste

Varianz (0,16),wird jedoch durch die gleiche Aufteilung
überrepräsentiert in der Auswahl vertreten (667 statt 400),
die anderen beiden Schichten haben die gleiche Streuung
(σ^2 = 0,24), wobei die dritte (zweckmäßigerweise) über-,
die mittlere jedoch (unzweckmäßig) unterrepräsentiert wird
(je 667 anstelle von 400 beziehungsweise 1200 Einheiten).

Die Möglichkeiten zur Verringerung des Auswahlfehlers durch
disproportionale Aufteilung der Auswahlumfänge auf verschieden homogene Schichten werden also durch die gleichmäßige Aufteilung nur durch "glücklichen Zufall" genutzt.
Deshalb ist im Normalfall, in dem nur wenig Informationen
über die Streuung in den verschiedenen Schichten vorliegen,
die proportionale Aufteilung ein sichereres Verfahren (wenn
auch nicht unbedingt inhaltlich-methodisch optimaler), zu
verläßlichen und genauen Schlüssen zu kommen.
Wenn jedoch zuverlässige Angaben über die verschiedenen
Varianzen in den Schichten vorliegen, bietet es sich an,
die angedeuteten Möglichkeiten zur Reduzierung des Auswahlfehlers zu nutzen, indem heterogene Schichten über- und
homogene Schichten unterrepräsentiert werden. Genau das
ist das Bestreben der optimalen Aufteilung.

5.1.4.2. <u>Schichtung mit optimaler Aufteilung</u>

Aus dem einfachen Urnenbeispiel am Anfang dieses Kapitels
konnten wir entnehmen, daß bei einer völlig homogenen Urne
die Wahl einer einzigen Kugel gereicht hätte, um völlig
präzise Aussagen über die Grundgesamtheit zu machen. Das
war nicht nur unmittelbar plausibel, sondern ergab sich auch
aus den Formeln (23) bzw. (9) für den Standardfehler einer
Maßzahl, der neben dem geforderten Sicherheitsniveau die
Präzision des Repräsentationsschlusses bestimmt. Dieser
Standardfehler wird ja umso kleiner, je geringer die Streuung in der Grundgesamtheit - und je größer der Auswahlumfang - ist. Liegt in der Grundgesamtheit gar keine Streuung
vor, dann wird der Standardfehler zu Null, und zwar unab-

hängig von der Auswahlgröße. Wenn es uns also, wie in dem Urnenbeispiel, gelingt, eine Grundgesamtheit in (in sich) völlig
homogene Schichten aufzuteilen, dann ermöglicht die Auswahl
einer einzigen Einheit aus jeder dieser Schichten einen Schluß
auf die Grundgesamtheit ohne jeden Auswahlfehler (s.S.233 ff.):
Die interne Streuung aller Schichten ist Null, die gesamte
Merkmalsstreuung ist in eine externe Streuung zwischen den
Schichten überführt worden, welche ohne Einfluß auf die Berechnung des Auswahlfehlers ist. Nun wird sich eine solch
weitgehende Zerlegung der gesamten Merkmalsvariation in soziologischen Untersuchungen wohl kaum jemals durchführen lassen.
Man kann also lediglich versuchen, relativ homogene Schichten
zu bilden und dann den Auswahlplan so festzulegen, daß aus
heterogeneren Schichten relativ mehr Auswahleinheiten als aus
homogeneren entnommen werden. (Dadurch wurde beispielsweise
"zufällig" eine Verminderung des Auswahlfehlers bei der
gleichmäßigen Aufteilung auf Seite 266 erreicht.) <u>Das Ziel
einer solchen disproportionalen Aufteilung kann dann zwei-
fach definiert werden: einmal, einen vorgegebenen Genauig-
keitsgrad - einen noch zulässigen Fehler - mit möglichst
wenig Auswahleinheiten zu erreichen, zum anderen, mit einem
gegebenen Auswahlumfang die größtmögliche Genauigkeit -den
kleinsten Fehler - herzustellen.</u>
Wir wollen von diesem zweiten Ziel ausgehen, nämlich einen vorgegebenen Auswahlumfang n so auf die einzelnen Schichten zu
verteilen, daß der Auswahlfehler z$\cdot\sigma_{\bar{x}}$ bzw. z$\cdot\sigma_p$ zu einem
Minimum wird.

5.1.4.2.1. <u>Heterograder Fall</u>

Das Problem besteht in der Bestimmung der einzelnen n_j, wenn,
im heterograden Fall, $\sigma_{\bar{x}}^2$ zu einem Minimum werden soll.
Faßt man $\sigma_{\bar{x}}^2$ als eine Funktion der einzelnen n_j
$(n_1, n_2, n_3, \ldots, n_M)$ auf, dann kann man dieses Problem
durch Differenzierung lösen. (So etwa Hansen u.a. 1964,
Vol.II, S. 132 ff.) Wir wollen die mathematischen Probleme,

die sich dabei ergeben, hier nicht durch diskutieren, sondern
versuchen, das Ergebnis dieser Ableitungen "plausibel" zu
machen.

Aus unseren bisherigen Überlegungen wissen wir, daß bei ei-
nem gegebenen Auswahlumfang n_j der Standardfehler $\sigma_{\bar{x}j}$ umso
größer sein wird, je größer die Standardabweichung dieser
Schicht, σ_j, ist. Andererseits ergibt sich aus $\sigma_{\bar{x}j} = \dfrac{\sigma_j}{\sqrt{n}}$,
daß der Standardfehler durch eine Vergrößerung des Aus-
wahlumfangs verkleinert werden könnte (s.S.145 ff.). Zur
Verbesserung der Auswahl insgesamt müßten wir also bei einer
Schicht mit großer Streuung eine größere Auswahl treffen als
bei einer homogeneren Schicht.

Dabei ist es von Bedeutung, wie groß der Gesamtumfang der
Schicht ist. Offenbar trägt die Streuung einer großen
Schicht mehr zur Gesamtstreuung aller Einheiten der Grundgesamtheit bei als die einer kleinen. Um den Auswahlfehler der
gesamten Auswahl zu verringern, müssen wir also eine größere
Schicht relativ stärker berücksichtigen als eine kleinere.
Das bedeutet in unserem Falle, daß wir die Auswahlgrößen n_j
bestimmen nach der mit dem Schichtumfang gewichteten Streuung einer Schicht $(N_j\, \sigma_j)$: je größer die mit dem Schichtumfang gewichtete Standardabweichung, desto größer wird n_j
sein müssen.

Nun gehen wir von einem gegebenen n aus, wir können also n_j
nicht beliebig vergrößern, wenn wir eine sehr große und sehr
heterogene Schicht vor uns haben. Uns interessiert daher vor
allem, welchen Anteil von n ein bestimmtes n_j ausmachen soll,
gefragt ist also das Verhältnis von n_j zur Summe aller n_j,
also zu n. Dieses Verhältnis kann sich dann ebenfalls nicht
lediglich an der gewichteten Streuung einer Schicht bestimmen,
sondern auch diese Streuung muß in Beziehung gesetzt werden
zur Summe der gewichteten Streuungen aller Schichten.
Wir könnten also folgern, daß das Verhältnis von n_j zu $\sum n_j$
das gleiche sein sollte wie von $N_j\, \sigma_j$ zu $\sum N_j\, \sigma_j$:

$$\frac{n_j}{\sum n_j} = \frac{N_j\, \sigma_j}{\sum N_j\, \sigma_j} = \frac{n_j}{n}$$

Tatsächlich stimmen diese - zugegebenermaßen stark simpli-
fizierenden - Überlegungen genau mit dem Ergebnis der mathematischen Ableitung überein, wie es etwa K e l l e r e r
(1963, S. 96) aufführt:

$$n_j = \frac{n \cdot N_j \, \sigma_j}{\sum N_j \, \sigma_j} \tag{85}$$

Zur Bestimmung des optimalen Auswahlumfanges pro Schicht
müssen also nicht nur die Schichtgrößen, sondern auch die
Streuung aller Schichten bekannt sein, ein Problem, das uns
auch schon bei der Bestimmung des notwendigen Auswahlumfangs
bei den bisher besprochenen Wahrscheinlichkeitsauswahlen begegnet war. Im Falle der optimalen Aufteilung ergeben sich jedoch aus diesem Umstand, wie wir noch sehen werden, selbst
dann Schwierigkeiten, wenn wir einigermaßen gesicherte Kenntnisse über die Streuung des Schichtungsmerkmals voraussetzen
können. Zunächst wollen wir jedoch annehmen, wir hätten eine
ausreichende Kenntnis von der Streuung des Schichtungsmerkmals in jeder Schicht und seien auch nur an diesem Merkmal
interessiert (andere Merkmale streuen möglicherweise anders).

Dann errechnet sich der Standardfehler bzw. die Varianz der
Verteilung aller möglichen Auswahlmittelwerte auch bei optimaler Aufteilung der n_j wieder nach Formel (48):

$$\sigma_{\bar{x}}^2 = \frac{1}{N^2} \sum N_j^2 \; \frac{\sigma_j^2}{n_j}$$

Setzen wir nun den für n_j abgeleiteten Ausdruck (85) in diese
Formel ein, dann ergibt sich

$$\sigma_{\bar{x}}^2 = \frac{1}{N^2} \sum N_j^2 \; \frac{\sigma_j^2 \; \sum N_j \, \sigma_j}{n \cdot N_j \cdot \sigma_j}$$

$$= \frac{1}{N^2} \sum \frac{N_j \; \sigma_j \; \sum N_j \, \sigma_j}{n}$$

$$= \frac{1}{N^2 n} \sum N_j \, \sigma_j \sum N_j \, \sigma_j = \frac{(\sum N_j \, \sigma_j)^2}{N^2 n} \tag{86}$$

(Kellerer, S.112) und unter Berücksichtigung des Korrekturfaktors (wobei allerdings $N_j - 1 \approx N_j$ gesetzt wird):

$$\sigma\frac{2}{x} = \frac{1}{N^2} \left(\frac{1}{n} (N_j\ \sigma_j)^2 - \sum N_j\ \sigma_j^2 \right) \qquad (87)$$

Wir wollen die Anwendung dieser Formeln (ohne den Korrekturfaktor) wieder an unserem Beispiel der Einkommensverteilung
demonstrieren, wobei wir wieder voraussetzen, daß uns nicht
nur der jeweilige Schichtumfang, sondern auch die Streuung in
den Schichten bekannt ist. Zur Berechnung von n_j können wir
uns daher der bereits bei den anderen Variationen dieses
Beispiels benutzten Werte bedienen.

$$n_j = \frac{n\ N_j\ \sigma_j}{\sum N_j\ \sigma_j}$$

$$\sum N_j\ \sigma_j = 20\ 000 \cdot 1500 + 60\ 000 \cdot 1000 + 20\ 000 \cdot 2000$$
$$= 13 \cdot 10^7$$

Für die erste Schicht mit der Standardabweichung $\sigma_1 = 1500$
und dem Umfang $N_1 = 20\ 000$ ergibt sich dann folgende Auswahlgröße:

$$n_1 = \frac{n \cdot N_1\ \sigma_1}{13 \cdot 10^7} = \frac{2000 \cdot 3 \cdot 10^7}{13 \cdot 10^7} = \frac{6000}{13} \approx 462$$

Die zweite Schicht hat den Umfang $N_2 = 60000$ und eine Standardabweichung $\sigma_2 = 1000$:

$$n_2 = \frac{n \cdot N_2\ \sigma_2}{13 \cdot 10^7} = \frac{2000 \cdot 6 \cdot 10^7}{13 \cdot 10^7} = \frac{12\ 000}{13} \approx 923\ ,$$

und die letzte Schicht hatte den Umfang $N_3 = 20\ 000$ und eine
Standardabweichung von $\sigma_3 = 2000$:

$$n_3 = \frac{n \cdot N_3 \cdot \sigma_3}{13 \cdot 10^7} = \frac{2000 \cdot 4 \cdot 10^7}{13 \cdot 10^7} = \frac{8000}{13} \approx 615$$

Vergleichen wir diese Auswahlgrößen pro Schicht mit denen der
proportionalen Aufteilung (s.S. 251), so sehen wir, daß die
erste Schicht stärker als proportional, die mittlere dagegen,
die eine geringere Streuung hat, unterrepräsentiert und die
letzte Schicht mit der stärksten Streuung am stärksten überrepräsentiert vertreten ist.(Erst jetzt, nach der Bestimmung
der Schicht-Auswahlumfänge, könnten wir auf die Kenntnis der
Streuungsparameter verzichten und - <u>nach vollzogener Auswahl-</u>

die in den Schichten festgestellten Streuungen s_j als Schätzwerte verwenden. Da sich dadurch jedoch nichts am Lauf unserer Argumentation ändert, wollen wir in unserem Beispiel
weiter die bekannten Parameter benutzen.)
Der Auswahlfehler, der sich bei dieser Aufteilung der verfügbaren n Auswahleinheiten auf die einzelnen Schichten ergibt,
errechnet sich dann nach (86):

$$\sigma^2_{\bar{x}} = \frac{(\sum N_j \sigma_j)^2}{N^2 n}$$

$$= \frac{(13 \cdot 10^7)^2}{100\ 000^2 \cdot 2000} = \frac{169 \cdot 10^{14}}{2 \cdot 10^{13}}$$

$$= 169 \cdot 5 = 845$$

Durch die optimale Aufteilung der Auswahl haben wir also den
Standardfehler von $\sqrt{925}$ auf $\sqrt{845}$ verkleinert, also von
etwa 30 auf 29 verringert. Demnach liegt unser wahrer Wert
der Grundgesamtheit, wenn wir wieder ein Sicherheitsniveau
von 95% wählen, zwischen einem Durchschnittseinkommen von
23 962 und 24 058

$$\mu = \bar{x} \pm z \, \sigma_{\bar{x}}$$

$$= 24\ 000 \pm 2 \cdot 29$$

Der Gewinn durch die optimale Aufteilung ist also in diesem
Fall sehr gering, vor allem, wenn man die Gefahren bei der
praktischen Anwendung dieses Verfahrens betrachtet, die später erörtert werden.
Zunächst wollen wir die optimale Aufteilung im homograden
Fall darstellen und uns dann fragen, von welchen Kriterien
es abhängt, ob und wann sich eine optimale gegenüber einer
proportionalen Aufteilung lohnt.

5.1.4.2.2. Homograder Fall

Im homograden Fall können wir wieder die gleichen Formeln wie
beim heterograden Fall anwenden, nur daß hier σ^2 durch PQ
bzw. σ durch $\sqrt{PQ}$ ersetzt wird.

Dann ergibt sich für n_j :

$$n_j = \frac{n \; N_j \; \sqrt{P_j Q_j}}{\sum N_j \; \sqrt{P_j Q_j}} \tag{88}$$

und für σ_p^2 :

$$\sigma_p^2 = \frac{(\sum N_j \sqrt{P_j Q_j})^2}{N^2 n} \tag{89}$$

bzw. für den Fall ohne Zurücklegen, also bei endlicher Grundgesamtheit und relativ großem n_j und n, unter Berücksichtigung
der Korrekturfaktoren,

$$\sigma_p^2 = \frac{1}{N^2} \left(\frac{1}{n} \, (N_j \sqrt{P_j Q_j})^2 - \sum N_j P_j Q_j \right) \tag{90}$$

Nehmen wir wieder das Beispiel der Verteilung von Selbständigen in drei Einkommensklassen, das wir bereits auf den Seiten 255 ff. und 268 ff. durchgespielt haben: in der unter-
sten Einkommensschicht seien 20%, in der mittleren 40% und in
der obersten Schicht 60 % Selbständige anzutreffen.
Zunächst muß bestimmt werden, wieviele Auswahleinheiten bei
gegebenem Auswahlumfang n auf die drei Schichten verteilt
werden sollen, um eine Minimierung des Auswahlfehlers zu erhalten. Gefragt ist also nach den jeweiligen n_j, die wir mit
Formel (88) berechnen können:

$$n_1 = \frac{n \; N_1 \sqrt{P_1 Q_1}}{\sum N_j \; \sqrt{P_j Q_j}} = \frac{2000 \cdot 20\,000 \cdot \sqrt{0,16}}{47\,200} \approx 847,36 \cdot \quad 0,16$$

$$\approx 847,36 \cdot 0,4 \approx 339 \; ,$$

also 339 Einheiten für die erste Schicht und für die zweite

$$n_2 = \frac{n \; N_2 \sqrt{P_2 Q_2}}{\sum N_j \; \sqrt{P_j Q_j}} = \frac{2000 \cdot 60\,000 \; \sqrt{0,24}}{47\,200} \approx 2542,39 \cdot \sqrt{0,24}$$

$$\approx 2542,39 \cdot 0,49 \approx 1246$$

1246 Einheiten, wobei dann für die dritte nur noch 415 Einheiten übrigbleiben Wegen der vorgenommenen Auf- und Ab-
rundungen erhalten wir jedoch

$$n_3 = \frac{n \; N_3 \; \sqrt{P_3 Q_3}}{\sum N_j \sqrt{P_j Q_j}} = \frac{2000 \cdot 20\;000}{47\;200} \cdot \sqrt{0,24} \approx 847,36 \cdot 0,49$$

$$\approx 416$$

416 Einheiten, so daß wir auf einen Gesamtauswahlumfang von
n = 2001 kommen.

Gegenüber der proportionalen Aufteilung sehen wir also auch
hier, daß die verhältnismäßig homogene erste Schicht unterrepräsentiert ist, während die anderen beiden Schichten überrepräsentiert werden. Gegenüber der proportionalen Aufteilung (n_1=400, n_2=1200, n_3=400) ist allerdings keine drama-
tische Verschiebung der Gewichte aufgetreten, so daß wir
keine allzugroße Verbesserung des Standardfehlers erwarten
können:

$$\sigma_p^2 = \frac{(\sum N_j \sqrt{P_j Q_j})^2}{N^2 n} = \frac{47\;200^2}{2 \cdot 10^{13}}$$

$$= \frac{224\;184}{2 \cdot 10^9} \approx 0,000112$$

Der Standardfehler ist dann die Wurzel aus der Varianz der
Auswahlprozentsätze:

$$\sigma_p = \sqrt{\sigma_p^2} \approx \sqrt{0,000112} \approx 0,011$$

Wenn wir wieder einen Schluß mit 95%iger Sicherheit vornehmen wollen, müssen wir also unseren in der Auswahl gefundenen
Prozentwert von p = 40% nach

$$P = p \pm z \; \sigma_p$$

mit einem Vertrauensbereich von $\pm$ 2 · 0,011 versehen:

$$P = 0,4 \pm 0,022$$

Mit 95%iger Sicherheit liegt also der Parameter P zwischen
37,8% und 42,2%, das heißt wir haben durch die optimale Aufteilung lediglich eine Vergrößerung der Genauigkeit um
$\pm$ 0,2%-Punkte erreicht (s.S.257).

5.1.4.2.3. <u>Schichtungseffekt bei optimaler Aufteilung</u>

Wodurch bestimmt sich nun der Genauigkeitsgewinn, den man mit
der optimalen Aufteilung erreichen kann? Wieder wollen wir die
Varianzen der Auswahlwertverteilungen mit V bezeichnen (s.
S.257f). V_{prop} ist dann die Varianz bei der proportional geschichteten Auswahl, V_{opt} die bei optimaler Aufteilung. Dann
ergibt sich der Gewinn der optimalen gegenüber der proportionalen Aufteilung aus der Differenz beider Varianzen, wenn wir
den heterograden Fall unterstellen, folgendermaßen:

$$(63) \quad V_{prop}-V_{opt} = \frac{1}{n\,N} \sum N_j\, \sigma_j^2 - \frac{(\sum N_j\, \sigma_j)^2}{n\,N^2} \qquad (86)$$

$$= \frac{1}{N^2 n} \left[N \sum N_j\, \sigma_j^2 - (\sum N_j\, \sigma_j)^2 \right]$$

Setzen wir für $\dfrac{\sum N_j\, \sigma_j}{N}$ das Symbol $\bar{\sigma}$ ein (Kellerer, 1963,
S. 114), also das gewogene arithmetische Mittel der einzelnen
Standardabweichungen pro Schicht, dann ergibt sich:

$$V_{prop}-V_{opt} = \frac{1}{Nn} (\sum N_j\, \sigma_j^2 - N\,\bar{\sigma}^2) = \frac{\sum N_j (\sigma_j - \bar{\sigma})^2}{n\,N} \qquad (91)$$

<u>Das heißt also, der Gewinn durch optimale Aufteilung ist um-
so größer, je mehr sich die einzelnen Standardabweichungen
von ihrem Durchschnitt bzw., je mehr sie sich voneinander
unterscheiden</u>; haben alle Schichten die gleiche Standardabweichung, dann ist durch optimale Aufteilung gegenüber der
proportionalen Aufteilung überhaupt kein Gewinn zu erzielen.
Tatsächlich ist in diesem Fall die proportionale Aufteilung
auch zugleich die optimale, was sich auch daran zeigt, daß
Formel (88)

$$n_j = \frac{n\,N_j\,\sigma_j}{\sum N_j\,\sigma_j}$$

bei gleichen σ_j übergeht in

$$n_j = \frac{n\,N_j\,\sigma_j}{\sigma_j\,\sum N_j} = \frac{n\,N_j}{N}$$

Dieser letzte Ausdruck bestimmt die n_j bei proportionaler Aufteilung (s.S. 251).

Während also die proportionale Schichtung umso effektiver gegenüber einer ungeschichteten Auswahl ist, je stärker die Mittelwerte der einzelnen Schichten voneinander abweichen (s.S.258), ist die optimale Aufteilung dann besonders wirkungsvoll, wenn die einzelnen Schichten eine sehr unterschiedliche Streuung haben. Da es sich hierbei um gewichtete Streuungswerte handelt, spielt auch die unterschiedliche Größe der Schichten eine Rolle: Je größer eine heterogene Schicht (im Verhältnis zu den anderen Schichten), desto effektiver ist die optimale Aufteilung.

H a n s e n , H u r w i t z und M a d o w (1964,Vol.I, S.212) haben aus diesen Überlegungen heraus eine Formel entwickelt, bei der sie die Varianz der Varianzen in Beziehung zur Gesamtvarianz setzen und so den relativen Genauigkeitsgewinn gegenüber der proportionalen Schichtung errechnen können.

Aus unserem Beispiel konnten wir jedoch bereits erkennen, daß die Unterschiede zwischen den Schichtstreuungen ganz erheblich sein müssen, um einen nennenswerten Gewinn durch die optimale Aufteilung zu erlangen. Größere Nutzen kann die optimale Aufteilung dann erhalten, wenn man bei der Zuteilung der n_j auf die einzelnen Schichten auch die Kosten pro Erhebungseinheit in die Rechnung miteinbezieht. Wir wollen diesen Gedanken hier nur anreißen und auf die Literatur verweisen (Hansen u.a., 1964; Deming, 1961):In unterschiedlichen Schichten können die Kosten pro Untersuchungseinheit, beispielsweise die Kosten für ein Interview, sehr unterschiedlich sein. So entfallen etwa in einem dichtbesiedelten Gebiet weitgehend die Reisekosten der Interviewer, die in einem dünnbesiedelten Landstrich aufgebracht werden müßten. Da nun die zur Verfügung stehenden Mittel (c) meist recht begrenzt sind, würde eine anteilige Anzahl von Interviews im "teuren" Gebiet die verfügbaren Mittel rasch erschöpfen. Infolgedessen wird man lieber eine größere Anzahl von Interviews in der

kostengünstigeren Schicht vornehmen. <u>Man wird also die optimale Aufteilung dann erreichen (Kellerer, 1963, S.111), wenn
man eine Schicht umso stärker berücksichtigt, je größer sie
ist, je größer ihre Standardabweichung ist und je geringer
die Kosten pro Interview bzw. je Einheit (c_j) sind:</u>

$$n_j = \frac{c \; N_j \; \sigma_j}{\sqrt{c_j} \; \sum N_j \; \sigma_j \sqrt{c_j}} \tag{92}$$

5.1.5. <u>Praktische Anwendbarkeit und Probleme geschichteter Auswahlen</u>

Wie wir gesehen haben, bieten die geschichteten Auswahlen eine
Reihe von Vorteilen: Beim proportional geschichteten Sample
wurde einmal eine gesicherte Repräsentativität für die Merkmale, nach denen man die Schichtung vorgenommen hatte, erreicht. Eine solche Auswahl führte zu einem kleineren Auswahlfehler, wenn es gelang, verhältnismäßig homogene Schichten
herzustellen und dadurch einen möglichst großen Teil der Merkmalsstreuung in eine Streuung zwischen den Schichten zu überführen. Diese Verkleinerung des Auswahlfehlers ist das er-
klärte Ziel der optimalen Aufteilung, wodurch dann allerdings
wegen der damit (meist) verbundenen Disproportionalität der
Aufteilung die Repräsentativität in bezug auf das Schichtungsmerkmal verloren geht und der Schluß auf die Grundgesamtheit erst nach entsprechenden Gewichtungsverfahren möglich bzw. verzerrungsfrei wird.
Wie wir jedoch mehrfach betont haben, ist die Anwendung geschichteter Auswahlen an einige Vorbedingungen geknüpft, die
je nach Art der Aufteilung mehr oder weniger problematisch
sind.
Diese Vorbedingungen bestehen ganz generell darin, daß man
bereits vor der Auswahl recht weitgehende Kenntnis von Umfang
und Struktur der Grundgesamtheit haben muß, um eine geschichtete Stichprobe sinnvoll planen zu können.

5.1.5.1. <u>Kenntnisse über die Grundgesamtheit</u>

Als erstes muß eine <u>Kenntnis über die Größe der Schichten</u>
vorausgesetzt werden, und zwar sowohl bei der proportionalen
wie auch - und vor allem - bei der disproportionalen Aufteilung. Bei der proportionalen Aufteilung ist diese Forderung
unmittelbar einsichtig, weil sich nur aus der Kenntnis der
Größe der Schichten die entsprechenden Proportionen errechnen lassen, mit denen man die einzelnen Schichten in der
Auswahl berücksichtigt.[1] Doch auch bei disproportional geschichteten Auswahlen muß die Größe der Schichten bekannt
sein, um die entsprechenden Gewichtungsoperationen - sowohl
der Mittelwerte als auch der Streuungsmaße - vornehmen zu
können.
Neben der Größe der Schichten muß auch deren <u>Streuung</u> bekannt
sein, um den Standardfehler der Auswahlwerte berechnen zu
können. Wie wir bereits bei der einfachen Wahrscheinlichkeitsauswahl gesehen haben, kann die Streuung von Grundgesamtheiten hinreichend genau mit einer genügend großen Auswahl geschätzt werden (s.S. 136), so daß eine vorherige
Kenntnis der Streuungen in den Schichten bei der <u>proportio-
nalen</u> und bei der <u>gleichmäßigen</u> disproportionalen Aufteilung
nicht unbedingt notwendig ist, wenn man von einem gegebenen
Auswahlumfang ausgeht. Will man dagegen den notwendigen Auswahlumfang bei einer bestimmten geforderten Genauigkeit vor
der Durchführung der Auswahl bestimmen, dann ist diese Kenntnis unerläßlich, wie wir ebenfalls bereits bei der einfachen
Wahrscheinlichkeitsauswahl unterstrichen (s.S.151 ff.).
Bei der <u>optimalen</u> Schichtung will man in jeder Schicht den
erforderlichen Auswahlumfang errechnen. Daher ist bei dieser
Art der Aufteilung eine entsprechende Kenntnis der einzelnen

---

1) Man kann allerdings auch ohne diese Kenntnis auskommen,
   wenn man jede "n-te" Einheit aus allen Schichten zieht,
   wobei das Ziehungsintervall sich aus dem gewünschten Ge-
   samtauswahlsatz bestimmt (s.3.4.3.1.).

Streuungen Vorbedingung. Zwar kann man auch hier nach vollzogener Auswahl die Auswahlwerte als Schätzgrößen verwenden.
Wenn sich aber herausstellt, daß sich diese Schätzwerte von
den ursprünglich angenommenen stark unterscheiden, dann wissen wir nur, daß unsere Aufteilung sicher nicht die optimale
ist, aber die dadurch möglicherweise entstandenen Verzerrungen lassen sich in der Regel nicht nachträglich beheben:
Wenn wir wegen mangelnder Kenntnis der Grundgesamtheit sehr
stark von der Wirklichkeit abweichende Streuungswerte zur
Berechnung der notwendigen Auswahlgröße eingesetzt haben,
dann <u>kann die "optimale" Aufteilung nicht nur schlechter als
die proportionale Aufteilung sein, sondern sogar einen
größeren Auswahlfehler als die einfache Wahrscheinlichkeitsauswahl hervorrufen.</u>
Halten wir beispielsweise eine sehr große Schicht für sehr
homogen, obwohl sie in Wirklichkeit sehr heterogen ist, dann
werden wir diese Schicht nach unserer "optimalen" Aufteilung
stark unterrepräsentieren und damit genau der intendierten
Absicht zuwiderhandeln; der Standardfehler würde für diese
Schicht besonders groß werden, gleichzeitig hätten wir die
uns zur Verfügung stehenden Auswahleinheiten unzweckmäßiger-
weise auf homogenere Schichten verteilt, die einen weniger
großen Anteil am Gesamtauswahlfehler haben.
Demgegenüber haben wir bei der einfachen Wahrscheinlichkeitsauswahl keine solchen groben Verzerrungen zu befürchten; Abweichungen von den Parametern der Grundgesamtheit geschehen
nur im Rahmen berechenbarer Schwankungen, die nicht systematisch verzerrend wirken. Bei der proportionalen Aufteilung
können wir diese Schwankungen weiter einschränken, indem zumindest die maßstabsgetreue Vertretung des Schichtungsmerkmals gesichert ist. In vielen Fällen wird man sich daher
einer <u>Mischung von proportionaler und disproportionaler Auf-
teilung</u> bedienen (Scheuch, 1974, S. 35): zunächst erstellt
man ein proportionales Sample, das man dann in den Schichten,
die mit zu geringer Fallzahl vertreten sind, durch eine zusätzliche Erhebung auffüllen kann. Auf diese Weise könnte man

auch eine optimale Aufteilung anstreben, indem man zunächst
mit einem Teil der zur Verfügung stehenden Einheiten Kenntnisse über die Struktur der Grundgesamtheit und der Schichten
erlangt und dann den restlichen Teil entsprechend den besprochenen Regeln aufteilt.

Generell kann man also die optimale Aufteilung nur dann empfehlen, wenn einigermaßen gesicherte Kenntnisse über <u>Umfang
und Streuung</u> der verschiedenen Schichten vorliegen. Dies ist
gerade bei Merkmalen, an denen die Sozialforschung interessiert ist, häufig nicht der Fall. Nur in Ausnahmefällen,
etwa unmittelbar nach Volkszählungen, werden bestimmte
Schichtungsmerkmale so aktuell und gesichert vorliegen (Parten, 1965, S. 194), daß sich die optimale Aufteilung relativ
risikolos und effektiv durchführen läßt.

Doch selbst wenn ausreichende Kenntnisse über die Schichtungsmerkmale vorliegen ("ausreichend" wird dabei von manchen Autoren recht großzügig definiert, da ja der Schätzwert
der Varianz radiziert und dividiert wird (Hansen u.a., 1964,
Vol.I, S.213 ff.; Deming, 1961, S. 230), <u>lohnt sich die
optimale Aufteilung nur dann, wenn diese Schätzwerte sich für
die einzelnen Schichten stark unterscheiden und durch die
Größenordnungen diese Unterschiede noch besonderes Gewicht
erhalten</u> (Kellerer, 1963, S. 114; Scheuch, 1956, S.279;
s. auch S. 279).

5.1.5.2. <u>Schichtungs- und Erhebungsmerkmale</u>

Bei der bisherigen Betrachtung der Vor- und Nachteile sind
wir immer nur von einem Merkmal ausgegangen, dessen Verteilung wir als Grundlage der Schichtenbildung benutzt haben.
Auch in unseren Beispielen haben wir uns immer nur mit diesem
Merkmal beschäftigt, d.h. in diesen Beispielen <u>haben wir nur
den Fall behandelt, in dem Schichtungs- und Erhebungsmerkmal
zusammenfallen.</u> Dies ist jedoch <u>in der Regel nicht</u> der Fall.
So werden wir uns beispielsweise nicht damit begnügen, bei
einer Auswahl, die wir nach dem Einkommen geschichtet haben,

lediglich das Einkommen zu messen (wenn wir es nicht bereits
kennen). Vielmehr werden wir bei dem mit einer soziologischen
Untersuchung verbundenen Versuch, Beziehungen zwischen Variablen zu analysieren, eine Fülle recht unterschiedlicher Merkmale (wie etwa Alter, Bildung, Parteipräferenz usw.) erheben,
je nach dem Ziel unserer Untersuchung und den in diesem Zusammenhang relevanten Merkmalen.
Damit ergibt sich für die geschichteten Auswahlen ein sehr
schwieriges Problem: <u>Die Schichtung und der mit ihr zu er-
reichende Effekt gilt zunächst nur für das Schichtungsmerk-
mal</u> - ob er auch für sonstige Erhebungsmerkmale gilt, hängt
davon ab, ob diese in der gleichen Weise variieren wie das
Schichtungsmerkmal, ob also zwischen ihnen eine (möglichst
enge) Korrelation besteht.
Wenn wir beispielsweise durch Schichtung nach dem Merkmal
Religionszugehörigkeit sehr homogene Konfessionsgruppen gebildet haben, dann können wir nicht erwarten, daß diese
Gruppen auch für das Merkmal Alter homogen sind. Vielmehr
werden die unterschiedlichen konfessionellen Gruppen eine
vergleichbar heterogene Altersverteilung aufweisen. Dagegen
werden wir Homogenität in solchen Merkmalen feststellen können, die eng mit der Konfession zusammenhängen, etwa die
Einstellung zu bestimmten kirchlichen Dogmen. Hier können wir
erwarten, daß sich Unterschiede vor allem zwischen den Kon-
fessionen zeigen werden (und innerhalb der Konfessionsgruppen
relative Einmütigkeit besteht). Das heißt, mit der Schichtung nach Konfessionszugehörigkeit ist eine große externe
Streuung für diese Merkmale erreicht und damit der Auswahlfehler für dieses Merkmal vermindert worden.
Dagegen werden sich die verschiedenen konfessionellen Gruppen
hinsichtlich ihrer Altersverteilung untereinander recht ähnlich sein; die Unterschiede werden daher innerhalb der Gruppen
auftauchen. Das heißt,wir haben eine große interne und eine
kleine externe Streuung. Für das Merkmal Altersverteilung erbringt die Schichtung nach der Konfession also keine Verringerung des Auswahlfehlers.

Diese Tatsache ist von entscheidender Bedeutung für die Bewertung der geschichteten Auswahlen und der dabei möglichen verschiedenen Aufteilungsarten. <u>Für alle Aufteilungsmöglichkeiten gilt, daß eine Schichtung nur dann Gewinn bringt, wenn das Erhebungsmerkmal mit dem Schichtungsmerkmal korreliert und dementsprechend eine Verringerung der Streuung des Schichtungsmerkmals auch zu einer Verringerung der Streuung des Erhebungsmerkmals führt.</u>

Es bleibt die Frage, inwieweit eine Nicht-Korrelation zwischen Erhebungs- und Schichtungsmerkmal zu einem größeren Auswahlfehler bzw. zu mangelnder Repräsentativität der Auswahl führen kann.

Die geringsten Probleme bietet in dieser Hinsicht die <u>proportionale Aufteilung:</u> Wie wir gesehen haben, wird der Auswahlfehler auch bei völligem Mißlingen der Schichtung, also bei keinerlei externer Streuung, niemals größer als bei der einfachen Wahrscheinlichkeitsauswahl (s.S. 260). Bei proportionaler Schichtung "riskieren" wir also nicht allzu viel, zumal für einige Merkmale immer eine Korrelation bestehen wird, die zu einer Verbesserung der Repräsentativität führen wird. Anders ist die Möglichkeit einer Verzerrung dagegen bei der <u>disproportionalen Aufteilung</u> zu beurteilen, und zwar vor allem bei der "optimal" geschichteten: Hier kann die unterschiedliche Streuung von Schichtungs- und Erhebungsmerkmal zu einer Steigerung des Auswahlfehlers führen.

Angenommen, wir haben eine Schichtung nach dem Merkmal Alter vorgenommen und wollen die Aufteilung aufgrund der Streuung festlegen, die in den einzelnen Schichten für das Merkmal "Familienstand" festgestellt werden kann. In der Gruppe der unter 21jährigen werden nur wenige verheiratet sein, hier herrscht also relative Homogenität in bezug auf dieses Merkmal. Dagegen werden sich in der Altersgruppe der 20-35jährigen die Ledigen und Verheirateten in etwa die Waage halten; diese Schicht ist also heterogen. Mit steigendem Alter wird dann der Anteil der Verheirateten (und Verwitweten und Geschiedenen) ständig zunehmen, also wiederum relative Homogenität vorliegen.

Würden wir bei dieser Schichtung den Anteil der Verheirateten
erheben wollen, dann müßten wir die Gruppe der 20-35jährigen
überrepräsentieren, um eine optimale Aufteilung zu erhalten.
Wenn wir dagegen etwa Angaben über die Berufskarriere erheben
wollen, dann werden wir bei den jüngeren Jahrgängen (wegen
noch andauernder Ausbildung, verbesserter Chancenangleichung
oder einfach wegen noch nicht abgeschlossener beruflicher
Differenzierung) eine größere Einheitlichkeit feststellen
als bei den älteren, bei denen sich im Laufe der beruflichen
Karriere starke Unterschiede herausgebildet haben. Für dieses
Merkmal würde die homogenere Gruppe zuungunsten der heterogenen überrepräsentiert und damit für dieses Merkmal ein höhe-
rer Standardfehler zu erwarten sein als bei einer einfachen
oder einer proportional geschichteten Wahrscheinlichkeitsauswahl.
Bevor man also "optimal" schichten kann, muß gesichert sein,
daß Erhebungs- und Schichtmerkmal in genügendem Maße miteinander korrelieren. Da dies gerade bei thematisch weit ge-
steckten Umfragen und Mehrzweckuntersuchungen ("Omnibus")
nicht unterstellt werden kann, ist die optimale Aufteilung
ein in der Praxis der Sozialforschung nur begrenzt anwend-
bares Verfahren (Scheuch, 1974, S. 37; Stoljaroff, 1966,
S. 109). Die Wahl des Aufteilungsverfahrens ist also abhängig von den Kenntnissen, die über die Grundgesamtheit bzw.
über die Schichtungskriterien vorliegen. Dementsprechend bestimmt sich die Wahl der Schichtungsmerkmale[1]:

- Als erstes muß eine möglichst genaue Kenntnis über die
  Verteilung der Schichtungsmerkmale vorliegen, um die Größe
  der Schichten bestimmen zu können.

- Diese Merkmale müssen zudem leicht meß- oder feststellbar
  sein, um überhaupt eine Schichtung in der praktischen
  Arbeit zu erlauben: Um Menschen in unterschiedliche Schichten einordnen zu können, müssen die Schichtungsmerkmale

---

1) Wie im übrigen auch der "Quotenmerkmale" (s.Kap.6.)

bei ihnen erkennbar sein. (Nach bestimmten Einstellungs-
variablen kann man beispielsweise keine mühelose Unterscheidung vornehmen.)

- Die Schichtungsmerkmale sollen sich dazu eignen, die
  Grundgesamtheit in möglichst homogene Teilkollektive auf-
  zugliedern, wobei sich diese Homogenität auf möglichst
  viele Merkmale erstrecken sollte. Dies kann nur erreicht
  werden, wenn Kenntnisse über die Korrelation von Schich-
  tungs- und Erhebungsmerkmalen vorliegen. Daraus folgt, daß
  man für unterschiedliche Erhebungen auch unterschiedliche
  Schichtungsmerkmale benutzen sollte. In der Regel werden
  jedoch immer wieder die gleichen Merkmale benutzt, und
  zwar solche, die mit möglichst vielen anderen Merkmalen
  korrelieren.

Dies sind (nach Scheuch, 1974, S.33) vor allem die folgenden Merkmale: Geschlecht, Alter, Konfession, Beruf und/
oder soziale Schicht, Schulbildung, Ortsgröße und Wirtschaftsstruktur. Als weitere gebräuchliche Schichtungsmerkmale könnte man noch Familienstand und Einkommen hinzufügen.

Besonders effektiv scheint die Schichtung nach Ortsgrößen-
klassen bei Mehrzweckuntersuchungen zu sein, wie überhaupt die Schichtung nach Größenklassen bei quantitativen
Merkmalen häufig vorgenommen wird (Kellerer, 1963, S.101).
Die oben aufgeführten Merkmale haben sich bei vielen Untersuchungen als einflußreich erwiesen, und zwar in gewissem
Umfang unabhängig vom jeweiligen Thema: die Streuung vieler
weiterer Merkmale wird verringert, wenn wir die Streuung
dieser Merkmale verringern, d.h. diese Variablen "erklären"
verhältnismäßig viel Varianz bei vielen Merkmalen, die man
erheben möchte.
Besonders effektiv ist der Einsatz von kombinierten Schichtungsmerkmalen. Man kann beispielsweise nach Alter (etwa:
über und unter 30 Jahre) und Geschlecht schichten, wenn
man der Meinung ist, daß Alter und Geschlecht für die
anstehende Untersuchung von Bedeutung sind. Dann würden

sich vier Schichten ergeben: Frauen über und unter 30 sowie
Männer beider Altersschichten.

		Schichtungsmerkmal Alter	
		Unter 30	Über 3o
Schich-		Schicht	Schicht
tungsmerk- mal	weibl.	I	II
Geschlecht	männl.	III	IV

<u>Abb.23:</u> Kombination von Schichtungsmerkmalen

Es liegt auf der Hand, daß besonders bei kombinierten Schichtungsmerkmalen auf die leichte Erkennbarkeit der Schichtungsmerkmale Wert gelegt werden muß, weil ansonsten die Zuordnung
zu den einzelnen so gebildeten Schichten einen unvertretbaren
Arbeitsaufwand bedeutet. Ist diese Zuordnungsmöglichkeit
etwa durch eine Kartei gegeben, dann kann durch die Kombination von Schichtungsmerkmalen eine Verringerung der Streuung
der Erhebungsmerkmale erwartet werden, weil eine größere
Chance besteht, daß zumindest eines der Schichtungsmerkmale
mit den Erhebungsmerkmalen korreliert und damit bei homogener Verteilung des Schichtungsmerkmals auch das Erhebungsmerkmal homogen verteilt ist.
Doch selbst wenn sinnvolle Schichtungsmerkmale vorhanden
sind und ihre Streuung in der Grundgesamtheit bekannt ist,
erweist sich Schichtung in der Praxis häufig als kaum durchführbar.
Nehmen wir beispielsweise an, uns sei aus der amtlichen Statistik die Altersverteilung einer Stadtbevölkerung bekannt
und das Merkmal Alter eigne sich in der geplanten Erhebung
als Schichtungsmerkmal. Diese günstige Lage soll nun dadurch
eingeschränkt werden, daß keine Einwohnerliste existiere,
auf der für jeden Einwohner das Alter vermerkt sei (dieses
Beispiel bringen Moser und Kalton, 1971, S. 99) oder eine
vorhandene Kartei sei nicht nach der Altersangabe zu ordnen
(so Scheuch, 1956, S. 285). Dann kann man versuchen, eine
<u>"Schichtung nach Erhebung"</u> (stratification after selection,
after sampling) durchzuführen. In diesem Fall würde man eine

einfache Wahrscheinlichkeitsauswahl vornehmen und nach der
Erhebung verschiedene Schichten bilden. Dabei können wir das
Merkmal Alter als Schichtungsmerkmal verwenden und nun die in
der Auswahl gemessenen Werte mit dem uns bekannten Anteil der
gebildeten Schicht an der Grundgesamtheit gewichten.
Auch eine solche nachträgliche Schichtung beläßt uns jedoch
mit dem Problem der Korrelation von Schichtungs- und Erhebungsmerkmal. Zudem sind die vorgeschlagenen Wichtungsope-
rationen nicht unbedenklich, vor allem, wenn die gebildeten
Schichten nur geringe Fallzahlen aufweisen, und
daher ein hoher Standardfehler noch betont wird. Bei solch
ungünstigen Ausgangslagen wie der geschilderten wird man daher möglichst auf andere Auswahlmodelle zurückgreifen, die
wir in den folgenden Kapiteln schildern wollen.

5.2. <u>Klumpen-Auswahlverfahren (cluster-sampling)</u>

Bei unseren bisherigen Überlegungen - soweit sie sich in
Schätzformeln und Statistiken niederschlugen - waren wir
immer davon ausgegangen, daß die Erhebungseinheiten direkt
ausgewählt wurden, sich also der Auswahlvorgang auf die zu
untersuchenden Einheiten (Personen bzw. deren Merkmale) be-
zog. Ganz eindeutig war das bei der Kartei-oder Listenauswahl, wo die Erhebungseinheiten durch entsprechende Auswahleinheiten (Karteikarten, Zahlen usw.) vertreten waren.
Bei der Besprechung der Gebietsauswahl deuteten wir bereits
andere Auswahlmodelle an, gingen aber zunächst davon aus, daß
die Erhebungseinheiten nun lediglich geographisch definiert
seien und sich somit kein prinzipieller Gegensatz zur Karteiauswahl ergab. Wir konnten aber schon einige Vorteile dafür
aufzeigen, nicht alle Einzelheiten geographisch festzulegen,
sondern alle Einheiten einiger Teilgebiete in die Auswahl
aufzunehmen (oder aus ihnen eine Auswahl zu treffen): Vor
allem würde sich bei einer solchen Vorgehensweise die Auflistung aller Einheiten der Grundgesamtheit erübrigen - was
auch bei einigen Formen der systematischen Auswahl möglich war.

Selbst wenn vollständige Karteien oder Listen einer Grundgesamtheit vorhanden sind und somit eine einfache Wahrscheinlichkeitsauswahl ohne Aufwand möglich wäre, sprechen jedoch
manchmal theoretische und häufig praktische und ökonomische
Gründe gegen ihre Durchführung.

Bei einer einfachen Wahrscheinlichkeitsauswahl müssen wir
beispielsweise davon ausgehen, daß sich die ausgewählten
Einheiten über das gesamte Gebiet der Grundgesamtheit verteilen werden. Bei einem großen Gebiet - einem Land oder einer
Stadtregion - würde dann die (mündliche) Befragung solcher
weitverstreuter Personen erheblichen Aufwand an Zeit und
Geld bedeuten. Bei schriftlichen Befragungen kann bei mündlicher Nachbefragung von "Ausfällen" das gleiche Problem entstehen.

Zudem entspricht die Befragung "vereinzelter" Personen für
viele Fragestellungen nicht der Aufgabe, mit der Auswahl ein
angemessenes Modell der (sozialen) Wirklichkeit zu erstellen.
Jede einzelne Untersuchungsperson wird ja so gleichsam aus
ihrem sozialen und geographischen Kontext gerissen; die oftmals
bedeutsamen Quer- und Wechselbeziehungen innerhalb eines solchen Kontextes (etwa dem "Milieu") können nicht erfaßt werden.

Probleme der sogenannten Kontext- oder Mehrebenenanalyse könnte
man daher leichter lösen, wenn man die Untersuchungseinheiten
nicht losgelöst von diesem Kontext auswählt, sondern ganze
Gruppen oder generell zusammenhängende Teilkollektive (möglichst sogenannte "natural units") der Grundgesamtheit zur
Auswahl stellt.[1]

---

1) S. dazu auch Band 39 dieser Reihe (Hummel, 1972, S.30 ff.)
   sowie Coleman (1964, S.444), der für die Untersuchung solcher Beziehungsgeflechte spezielle Auswahlverfahren vorschlägt: 1."Schneeball"-Auswahl (snowball sampling), bei
   der man zunächst ein relativ kleines Sample zieht und sich
   dann bei den Befragten nach deren Freunden usw. erkundigt
   und diese ebenfalls befragt - also die Auswahl wie einen
   Schneeball vergrößert, indem man den soziometrischen Ketten
   folgt. 2."Sättigungs"-Auswahl (saturation sampling): entspricht der hier geschilderten Klumpenauswahl, bei der alle
   Einheiten eines Teilkollektivs berücksichtigt werden.
   3."Dichte"-Auswahl (dense sampling): stellt eine Abschwächung
   der Sättigungsauswahl dar, indem ein best. Anteil des Kollektivs, dem die Erstbefragten entstammen, ebenfalls berücksichtigt wird.

Genau dies geschieht bei der Klumpenauswahl. Der etwas sonderbar wirkende Name (Übersetzung von "cluster") deutet also an, <u>daß sich der Auswahlvorgang nicht auf die eigentlichen Untersuchungseinheiten bezieht, sondern auf Aggregate von solchen Einheiten - die "Klumpen".</u>
Bei einer Untersuchung von Schülern wird es sich zum Beispiel empfehlen, die einzelnen Personen im Zusammenhang mit dem sie umgebenden sozialen Netzwerk - der ganzen Schulklasse oder der Schule - zu analysieren. Desgleichen wird man bei Erhebungen von Betriebsangehörigen die Arbeitsgruppe oder den ganzen Betrieb nicht außer acht lassen können, bei Untersuchungen von Soldaten die Gruppe oder die Kompanie beachten müssen usw.
In all diesen Beispielen würde man die Aggregate der Erhebungseinheiten - die Schulklasse, den Betrieb, die Kompanie - als Auswahleinheiten betrachten, eine Auswahl unter den Aggregaten treffen und sich erst dann den Erhebungseinheiten zuwenden. Die Klumpenauswahl bietet sich also immer dann an, wenn Personen im (weit gefaßten) Gruppenzusammenhang untersucht werden sollen. (Einige Autoren (so Büschges, 1961, S.464, Anm. 7) schlagen daher für dieses Auswahlverfahren auch die Bezeichnung <u>Gruppen-Auswahl</u> vor.)
Generell handelt es sich jedoch nur dann um eine Klumpenauswahl im hier besprochenen Sinne, wenn <u>nicht die Klumpen selbst, sondern die in ihnen zusammengefaßten Einheiten</u> die Erhebungseinheiten sind. So könnte man einmal eine Auswahl von Haushalten als einfache Wahrscheinlichkeitsauswahl betrachten - wenn die Haushalte zugleich die Erhebungseinheiten sind - oder als Klumpenauswahl bezeichnen, wenn unser Interesse auf die in den Haushalten lebenden Einzelpersonen gerichtet ist.
Klumpenauswahlen können sowohl bei der Gebietsauswahl als auch bei der Karteiauswahl vorgenommen werden. Bei der Karteiauswahl könnte man etwa die einzelnen Karteikästen einer Gesamtkartei als Klumpen betrachten oder die in Einwohnermeldeämtern nach Straßenzügen geordneten Meldekarten. Ebenso kann

man "Zeit-Klumpen" bilden, indem man etwa bei Textanalysen
Zeitschriftenjahrgänge auswählt, oder indem man bei Zeitbud-
gets bestimmte Tageszeiten oder Tage als "Klumpen" auswählt. "Klumpen" könnten auch Geburtstage (s.Kap.3.1.3.2.)
oder Buchstaben (s.Kap.3.1.3.4.) sein.

Im folgenden wollen wir jedoch die Probleme der Klumpenauswahl, der hauptsächlichen Anwendung in der Praxis entsprechend, vor allem für den Fall einer Gebietsauswahl diskutieren.

Im Gegensatz zur Gebietsauswahl bei der einfachen Wahrscheinlichkeitsauswahl sind also nun bestimmte Gebietseinheiten
zwar Auswahleinheiten, aber nicht Erhebungseinheiten. Die
Erhebungseinheiten sind vielmehr die in den ausgewählten Gebieten zusammengefaßten Personen (oder sonstige Einheiten).
Im praktischen Fall würde man dann etwa so vorgehen, daß man
die Karte einer Großstadt oder eines sonstigen, die zu untersuchende Grundgesamtheit geographisch umfassenden Gebietes,
in viele Flächenstücke (Klumpen) (Stadtviertel, Häuserblocks,
einzelne Häuser) unterteilt. Aus den so gebildeten Klumpen
von Untersuchungseinheiten würde man dann eine Wahrscheinlichkeitsauswahl ziehen, beispielsweise, indem man die Klumpen durchnumeriert und dann die gewünschte Anzahl von Klumpen mit Hilfe einer Zufallszahlentafel zieht, wie wir es
bereits geschildert haben.

Um die folgenden wahrscheinlichkeitstheoretischen Überlegungen sinnvoll anstellen zu können, müssen wiederum zwei Bedingungen erfüllt sein, die bereits bei der einfachen Wahrscheinlichkeitsauswahl unterstrichen wurden: zum einen müssen wir die "Zufälligkeit" der Auswahl durch entsprechende
Verfahren sichern - dabei gelten die gleichen Überlegungen
wie bei der einfachen Wahrscheinlichkeitsauswahl; zum anderen müssen die Auswahleinheiten eindeutig und ausschließlich
definiert sein, was wir ebenfalls bereits bei der Besprechung der einfachen Gebietsauswahl betont hatten: jede der
Erhebungseinheiten, deren Aggregate die Klumpen bilden, muß
irgendeinem, aber auch nur einem einzigen dieser Klumpen,

zuzuordnen sein.

Wieder soll das Urnenmodell herangezogen werden, um die
Eigenarten des Klumpenauswahlverfahrens deutlich zu machen.
Bei der geschichteten Auswahl hatten wir die Urne "Grundgesamtheit" in mehrere möglichst homogene Urnen (Schichten)
aufgeteilt, um dann aus allen diesen Urnen eine Auswahl zu
treffen. Bei der Klumpenauswahl unterteilen wir ebenfalls
die Grundgesamtheit in mehrere Urnen, indem wir, wie
S c h e u c h es plastisch schildert (1956, S. 291), mit
einer "großen Kelle" zusammenhängende Klumpen von Kugeln entnehmen und auf die einzelnen Urnen verteilen. Dann jedoch
wird eine Auswahl unter diesen Urnen getroffen, d.h. im
weiteren Verlauf werden nicht mehr alle Urnen oder Teilkollektive berücksichtigt, wie es bei der geschichteten Auswahl der Fall ist.[1]
Daraus ergeben sich nun bestimmte Konsequenzen für die Berechnung des Auswahlfehlers einer solchen Auswahl bzw. für
die Herstellung einer möglichst repräsentativen Auswahl. Zunächst könnte man anmerken, daß nun die Auswahl der einzelnen Erhebungs- oder Untersuchungseinheiten nicht mehr unabhängig voneinander verläuft, denn mit der Auswahl eines
Klumpens ist eine Vielzahl von Einheiten zugleich "ausgewählt". Das stört uns im Augenblick jedoch nicht, denn wir
treffen ja zunächst nur eine Auswahl von Klumpen, und die
einzelnen Ziehungen zur Bildung dieser Auswahl sind in der
Tat unabhängig voneinander.

------

1) In den meisten praktischen Anwendungen der Gebietsauswahl
   wird sich an diesen ersten Auswahlvorgang ein weiterer
   anschließen, indem man etwa bei einem sehr großen Gebiet
   zunächst eine Auswahl nach Kreisen, dann nach Gemeinden,
   dann nach Stadtvierteln, dann nach Häusern und schließlich nach Personen trifft. Wir wollen die Schilderung
   solcher mehrstufiger Klumpenauswahlen jedoch zunächst
   zurückstellen und annehmen, daß wir in einem einzigen
   Auswahlvorgang bestimmte Klumpen herausgreifen und dann
   alle Einheiten jedes dieser Klumpen untersuchen (simple
   cluster sampling).

Wir haben also für diesen Auswahlvorgang die gleiche Situation wie bei der einfachen Wahrscheinlichkeitsauswahl.

5.2.1. <u>Heterograder Fall</u>

Angenommen, wir haben unsere Grundgesamtheit (N = 10 000) in 100 gleich große Klumpen mit je 100 Einheiten aufgeteilt und wollen 1000 Einheiten in unsere Erhebung einbeziehen, dann müßten wir 10 Klumpen auswählen, d.h. jeder Klumpen hätte eine Chance von 1/10 in die Auswahl zu gelangen. Die gleiche Chance hat dann auch jede Einheit, die sich in einem dieser Klumpen-Urnen befindet, nämlich 1/10. Im Gegensatz zu der disproportional geschichteten Auswahl ist hier wiederum das Kriterium der gleichen Chance für alle Erhebungseinheiten erfüllt.

Wir wollen also unter den 100 gebildeten Klumpen 10 auswählen, dann die einzelnen Klumpen untersuchen und schließlich den wahren Wert der Grundgesamtheit bestimmen. Denken wir uns wieder eine Massenserie solcher Auswahlen, dann wird sich wieder eine Normalverteilung unserer Schätzwerte für den Parameter um diesen wahren Wert ergeben (wobei allerdings hier nicht mehr $\binom{N}{n}$ (s.S. 55), sondern "nur noch" $\binom{M}{m}$ verschiedene Kombinationen von Erhebungseinheiten möglich sind; dabei bedeutet M die Anzahl der Klumpen in der Grundgesamtheit, m deren Anzahl in der Auswahl). In unserem Fall wird es also $\binom{100}{10}$ verschiedene Auswahlen von Klumpen geben, während es bei der einfachen Wahrscheinlichkeitsauswahl $\binom{10\ 000}{1000}$ verschiedene Auswahlen von Erhebungseinheiten gegeben hätte (diese Einschränkung erfolgt dadurch, daß mit der Festlegung eines Klumpens zugleich 100 Erhebungseinheiten festgelegt sind).

Die Streuung dieser Normalverteilung von Auswahlwerten können wir dann wieder als den Standardfehler unserer in der Auswahl gefundenen Maßzahl bezeichnen, der im Zusammenhang mit dem gewünschten Sicherheitsgrad den Mutungsbereich für den Parameter absteckt. Wenn wir daher die einzelnen Klumpen als

Auswahleinheiten ansehen, käme hier die gleiche Formel für
den Standardfehler zur Anwendung wie bei der einfachen Wahrscheinlichkeitsauswahl. Im heterograden Fall, den wir zunächst untersuchen wollen, wäre das Formel (9):

$$\sigma_{\bar{x}} = \frac{\sigma_X}{\sqrt{n}}$$

Allerdings hat sich die Bedeutung der verwendeten Symbole ge-
wandelt: "n" entspricht nun der Anzahl der Klumpen, σ_X beschreibt die Streuung zwischen den Klumpen.

5.2.1.1. Symbolik für den heterograden Fall

Es ist an der Zeit, die bisher benutzte Symbolik für den Fall
der Klumpenauswahl zu erweitern. Dabei folgen wir wieder
weitgehend K e l l e r e r (1963, S. 142) und B ü s c h -
g e s (1961, S. 125 ff.), um die Einheitlichkeit der Darstellung zu wahren. Die in der folgenden Übersicht aufgeführte Symbolik ist für die einfache Klumpenauswahl eigentlich unnötig aufwendig (die Beispiele sind dann auch sehr
viel einfacher). Wir wählen dennoch diese Darstellung, um die
Vergleichbarkeit mit der geschichteten und der mehrstufigen
Auswahl zu erhöhen.

Symbolik für den heterograden Fall

	Parameter (Grundgesamtheit)	Maßzahl[1] (Auswahl)
Anzahl der Klumpen	M	m
Anzahl der Untersuchungs- einheiten im j-ten Klumpen	N_j	$n_j = N_j$
Anzahl aller Unter- suchungseinheiten	$N = \sum_{1}^{M} N_j$	$n = \sum_{1}^{m} n_j = \sum_{1}^{m} N_j$

---

1) Bei der Symbolik für die Auswahl geben wir teilweise alternative Ausdrücke an, die je nach den im Einzelfall
   vorliegenden Werten zu verwenden sind.

	Parameter (Grundgesamtheit)	Maßzahl (Auswahl)
Merkmalswert der k-ten Untersuchungseinheit im j-ten Klumpen	$X_{jk}\begin{cases}j=1,2,3\ldots,M\\k=1,2,3\ldots,N_j\end{cases}$	$x_{jk}\begin{cases}j=1,2,3\ldots,m\\k=1,2,3\ldots,n_j\end{cases}$
Summe der Merkmalswerte im j-ten Klumpen	$X_j=\sum_{k=1}^{N_j}X_{jk}$	$x_j=\sum_{k=1}^{n_j}x_{jk}$
Summe der Merkmalswerte aller Klumpen	$X=\sum_{1}^{M}X_j$	$x=\sum_{1}^{m}x_j$
Durchschnittswert der Untersuchungseinheiten im j-ten Klumpen	$\mu_j=\dfrac{X_j}{N_j}$	$\bar{x}_j=\dfrac{x_j}{n_j}=\dfrac{x_j}{N_j}$
Durchschnittswert aller Untersuchungseinheiten (wobei $\bar{X}$ gleich dem Durchschnitt der X_j, $\bar{N}$ gleich dem der N_j ist; $\bar{N}=\dfrac{\sum N_j}{M}$	$\mu=\dfrac{X}{N}=\dfrac{\bar{X}}{\bar{N}}$	$\bar{\bar{x}}=\dfrac{\sum\limits_{}^{m}\sum\limits_{}^{n_j}x_{jk}}{\sum\limits_{}^{m}\sum\limits_{}^{}n_j}$ $=\dfrac{\sum\limits_{}^{m}x_j}{n}$ $=\dfrac{\sum\limits_{}^{m}N_j\bar{x}_j}{n}$
interne Streuung im j-ten Klumpen	$\sigma_j^2=\dfrac{1}{N_j}\sum_{k=1}^{N_j}(X_{jk}-\mu_j)^2$	$s_j^2=\dfrac{1}{n_j}\sum_{k=1}^{n_j}(x_{jk}-\bar{x}_j)^2$ $=\dfrac{1}{N_j}\sum_{k=1}^{n_j}(x_{jk}-\bar{x}_j)^2$
externe Streuung zwischen den Merkmalswerten X_j, also Streuung zwischen den Klumpen	$\sigma_e^2=\dfrac{1}{M}\sum_{1}^{M}(X_j-\bar{X})^2$	$s_e^2=\dfrac{1}{m}\sum_{1}^{m}(x_j-\bar{x})^2$
Streuung der durchschnittlichen Merkmalswerte μ_j bzw. $\bar{x}_j$ (gewogen mit N_j)	$\sigma_b^2=\dfrac{1}{N}\sum_{1}^{M}N_j(\mu_j-\mu)^2$	$s_b^2=\dfrac{1}{n}\sum_{1}^{m}n_j(\bar{x}_j-\bar{\bar{x}})^2$ $=\dfrac{1}{n}\sum_{1}^{m}N_j(\bar{x}_j-\bar{\bar{x}})^2$

	Parameter (Grundgesamtheit)	Maßzahl (Auswahl)
Durchschnittliche Streuung der internen Klumpenstreuungen σ_j^2 bzw. s_j^2 (gewogen mit N_j)	$\sigma_w^2 = \dfrac{1}{N}\sum_1^M N_j\,\sigma_j^2$	$s_w^2 = \dfrac{1}{n}\sum_1^m n_j s_j^2$ $= \dfrac{1}{n}\sum_1^m N_j s_j^2$
Gesamtstreuung	$\sigma^2 = \dfrac{1}{N}\sum_1^M\sum_1^{N_j}(X_{jk}-\mu)^2$	$s^2 = \dfrac{1}{n}\sum_1^m\sum_1^{n_j}(x_{jk}-\bar{x})^2$

Wir haben also hier wieder einen furchterregenden Formel-
apparat, der jedoch seine Schrecken bei gelassener Betrachtung schnell verliert, vor allem, da wir die meisten der verwendeten Ausdrücke bereits von der geschichteten Auswahl her
kennen. Lediglich σ_e^2 wurde neu eingeführt, also die Streuung
zwischen den summierten Merkmalswerten der Klumpen. Die Verwendung der totalen Merkmalssumme – anstelle des Durchschnitts – empfiehlt sich in manchen Fällen zur Vereinfachung
der Rechenvorgänge, vor allem bei Klumpen ungleicher Größe,
für die auch die durchschnittliche Klumpengröpe, $\bar{N}$, von Bedeutung ist.
Ansonsten hat sich gegenüber der geschichteten Auswahl nichts
geändert: σ_b^2 (b = between) ist die Streuung zwischen den
Klumpen bzw. die (gewichtete) Streuung der Klumpendurch-
schnitte, σ_w^2 (w = within) die durchschnittliche Streuung
innerhalb der Klumpen, σ^2 ist die Gesamtstreuung, die sich
zusammensetzt aus der quadratischen Abweichung aller Merkmalswerte pro Erhebungseinheit von dem Durchschnittswert
aller Erhebungseinheiten. Darüber hinaus bleibt bestehen,
daß sich die Gesamtstreuung σ^2 zusammensetzt aus der internen und externen Streuung: $\sigma^2 = \sigma_b^2 + \sigma_w^2$.
Tatsächlich handelt es sich, wie der Vergleich mit der Symbolik für die geschichtete Auswahl zeigt, hier im Grunde um
das gleiche. Beim Klumpenverfahren wird nun aber jeder ausge-

wählte Klumpen voll berücksichtigt (daher $n_j = N_j$), während
bei der geschichteten Auswahl nicht alle Einheiten pro Schicht
($n_j \neq N_j$), sondern alle gebildeten Schichten (daher m = M)
berücksichtigt wurden. Wie wir später sehen werden, sind
sowohl die geschichtete als auch die Klumpenauswahl als
Extremfälle einer mehrstufigen Auswahl zu verstehen, weshalb
wir die Symbolik hier bereits darauf abstellen, selbst wenn
sie zunächst als zu aufwendig erscheinen mag (so ist beispielsweise die Symbolik für den Durchschnittswert pro Klumpen
für die Auswahl überflüssig, da alle Einheiten der jeweiligen
Klumpen berücksichtigt werden). Im übrigen werden wir bei den
nachfolgenden Erläuterungen mit weniger aufwendigen Ausdrücken
auskommen bzw. die notwendigen Formeln durch Beispiele veranschaulichen.

5.2.1.2. Der Standardfehler der Klumpenauswahl

Wir hatten gesagt (s.S. 295), daß sich der Standardfehler
einer Klumpenauswahl im Prinzip nach Formel (9) errechnen
müsse. Unter Verwendung der aufgeführten Symbole ergeben
sich folgende Modifikationen:
Zunächst müssen wir $\sigma_{\overline{x}}$ durch $\sigma_{\overline{\overline{x}}}$ ersetzen, da wir ja in
unserem (auch hier zugrundegelegten) Massenexperiment einen
durchschnittlichen Durchschnittswert und dessen Streuung berechnen wollen.
Für σ_x, also die Streuung der (Auswahl-)Einheiten (die im Fall
der einfachen Wahrscheinlichkeitsauswahl mit den Erhebungseinheiten zusammenfielen), müssen wir nun die Streuung der
Auswahleinheiten der Klumpenauswahl, also die Streuung der
Klumpen untereinander, einsetzen. Dafür bieten sich je nach
Ausgangslage entweder die Streuung der absoluten Merkmalsbeträge pro Klumpen (σ_e) oder die Streuung der Klumpen-
durchschnitte (σ_b) an: Bei Klumpen von unterschiedlichem

Umfang wird σ_e verwendet[1], weil dann aufwendige Wiegeoperationen entfallen können; sind dagegen die Klumpen (etwa) gleich groß (ist also $N_j = \bar{N}$), dann empfiehlt sich die Verwendung von σ_b, wobei in diesem Spezialfall $\sigma_e^2 = N_j^2 \sigma_b^2 = \bar{N}^2 \sigma_b^2$ (s.S. 312) ist. Daraus wird auch deutlich, daß σ_e^2 und dann σ_b^2 lediglich zwei Ausdrücke für die gleiche Sache sind, die je nach Praktikabilitätserwägungen verwendet werden können.

Schließlich ist die Zahl der Auswahleinheiten bei der Klumpenauswahl = m (und nicht = n).

Die Varianz der Maßzahlen bei der Klumpenauswahl ist dann (unter der Annahme gleich großer Klumpen) im heterograden Fall

$$\sigma_{\bar{\bar{x}}}^2 = \frac{\sigma_b^2}{m}$$

Der Standardfehler des arithmetischen Mittels ist demnach

$$\sigma_{\bar{\bar{x}}} = \frac{\sigma_b}{\sqrt{m}} \tag{93}$$

Bei Klumpen unterschiedlicher Größe verwenden wir σ_e^2 und erhalten (da $\sigma_{\bar{\bar{x}}}^2 = \sigma_{\bar{X}}^2 \cdot \frac{1}{N^2}$ und $\sigma_{\bar{X}}^2 = M^2 \frac{\sigma_e^2}{m}$ sowie $\frac{M^2}{N^2} = \frac{1}{\bar{N}^2}$)[2]

$$\sigma_{\bar{\bar{x}}}^2 = \frac{\sigma_e^2}{\bar{N}^2 m}$$

bzw.

$$\sigma_{\bar{\bar{x}}} = \frac{1}{\bar{N}} \frac{\sigma_e}{\sqrt{m}} \tag{94}$$

---

1) Bei Klumpen unterschiedlicher Größe können Verzerrungen bei der Schätzung des Parameters auftreten.Dies kann man dadurch vermeiden, daß man die Auswahlwahrscheinlichkeit proportional zum Klumpenumfang festlegt (s.Kap.5.3.3.2.). Man wird jedoch vor allem versuchen, Klumpen gleicher Größe (mit gleicher Anzahl von Erhebungseinheiten) zu bilden (Büschges, 1961, S. 125).

2) Deming, 1961, S. 149; Büschges, 1961, S. 125; Kellerer, 1963, S. 145 ff.

Auch hier gehen wir wieder von bekannten Streuungsparametern aus, die in der Praxis nach der Erhebung durch die Auswahl-maßzahlen ersetzt bzw. geschätzt werden. Wir verwenden das Symbol $\hat{\sigma}_{\bar{x}}$, wenn σ_e bzw. σ_b durch s_e bzw. s_b geschätzt werden:

$$\hat{\sigma}_{\bar{x}} = \frac{s_b}{\sqrt{m}} \tag{95}$$

bei etwa gleich großen Klumpen und

$$\hat{\sigma}_{\bar{x}} = \frac{s_e}{\bar{N}\,\sqrt{m}} \tag{96}$$

bei Klumpen unterschiedlichen Umfangs (ohne Berücksichtigung des Korrekturfaktors).

Das heißt also, daß der Standardfehler umso größer ist, je größer die Streuung zwischen den Klumpen und je kleiner die Anzahl der Klumpen ist, während die Streuung innerhalb der Klumpen nicht in die Formel für den Standardfehler eingeht. Dies können wir uns weiter verdeutlichen, wenn wir auf die Formeln (49/50) zurückgreifen, nach der sich die Gesamtstreuung zusammensetzt aus der Streuung zwischen den Untergruppen einer Grundgesamtheit (Schichten, Klumpen) und aus der Streuung innerhalb solcher Teilkollektive:

$$\sigma^2 = \sigma_b^2 + \sigma_w^2$$

Fügen wir dem Ausdruck (50) die Korrekturfaktoren $\frac{M-m}{M}$ (für die Streuung zwischen den Klumpen) und $\frac{N_j - n_j}{N_j}$ (für die Streuung innerhalb der Klumpen) hinzu, so ergibt sich

$$\sigma^2 = \frac{1}{N}\sum_{}^{M} N_j(\mu_j - \mu)^2 \left(\frac{M-m}{M-1}\right) + \frac{1}{N}\sum_{}^{M} N_j\,\sigma_j^2 \left(\frac{N_j - n_j}{N_j - 1}\right)$$

Da nun alle Einheiten eines ausgewählten Klumpens erhoben werden, ist $n_j = N_j$ und der 2. Summand fällt weg. Dies ist unmittelbar plausibel, denn es findet ja keine Auswahl mehr statt, die Berechnung eines Auswahlfehlers erübrigt sich hier. Während also beim geschichteten Auswahlverfahren nur die Streuung innerhalb der Schichten Einfluß auf den Standardfehler hatte, ist bei der Klumpenauswahl lediglich die

Streuung zwischen den Klumpen für die Höhe des Standardfehlers von Bedeutung. Da gilt

$$\sigma_b^2 = \sigma^2 - \sigma_w^2 ,$$

wird die Streuung zwischen den Klumpen umso kleiner, je
größer die Streuung innerhalb der Klumpen ist, je mehr also
die Gesamtstreuung sich innerhalb der Klumpen konzentriert.

Je homogener also die Klumpen, desto größer die Streuung zwischen den Klumpen und desto größer der Standardfehler. Umgekehrt können wir sagen, daß wir dann einen kleinen Standardfehler und damit einen verhältnismäßig genauen Schätzwert
des Parameters erhalten, wenn wir möglichst heterogene Klumpen bilden.
Je heterogener also die Klumpen in sich sind, desto homogener sind sie untereinander - desto mehr ähneln sie sich -
desto kleiner ist der Standardfehler und desto größer ist
die Präzision des Repräsentationsschlusses. Auch dies können
wir uns leicht am Urnenbeispiel klar machen:
Angenommen, unsere Grundgesamtheits-Urne sei mit 10 000 Kugeln
gefüllt, auf denen Zahlen von 1 bis 100 aufgetragen sind,
und zwar so, daß jede dieser Zahlen auf 100 Kugeln erscheint.
Wenn wir nun mit dem Inhalt dieser Urne 100 kleinere Urnen
füllen, dann können wir annehmen, daß jede dieser Urnen
etwa den gleichen Inhalt hat - vorausgesetzt, die Grundgesamtheitsurne war gut durchgemischt. Stellen wir uns einmal
den extremen Fall vor, daß tatsächlich alle 100 neugefüllten
Urnen den gleichen Inhalt haben, also alle mit 100 Kugeln,
beziffert mit 1 bis 100, gefüllt sind. Dann haben wir innerhalb der einzelnen Urnen die maximale durchschnittliche
Streuung.
Dagegen besteht keine Streuung zwischen den Urnen, da alle
Urnen die gleichen Durchschnitte haben. Ziehen wir nun eine
Zufallsauswahl aus den Urnen, um den Inhalt der Grundgesamtheitsurne zu bestimmen, so genügt offenbar die (willkürliche)
Auswahl einer einzigen Urne, um einen völlig zuverlässigen
und genauen Schluß auf die Grundgesamtheit zu tun.

Als anderen Extremfall könnten wir uns vorstellen, daß alle
Urnen jeweils nur mit Kugeln der gleichen Bezifferung gefüllt
sind. Wir hätten also die maximale Streuung zwischen den
Urnen, aber keinerlei Streuung innerhalb der Urnen: Jede
Urne ist völlig homogen und hat keinerlei Gemeinsamkeit mit
allen anderen. Um nun mit Hilfe dieser Urnen den Inhalt der
Grundgesamtheits-Urne zu bestimmen, müßten wir offenbar jede
einzelne Urne berücksichtigen, wenn auch nur mit jeweils
einer Kugel. Dies wäre der Fall, den wir bei der geschichteten Auswahl als Idealfall bezeichnet haben. Bei der Klumpenauswahl ist dieser Fall dagegen der denkbar schlechteste,
denn wir wollen ja gerade eine (möglichst kleine) Auswahl
unter den gebildeten Klumpen (Urnen) treffen, um uns die besprochenen Vorteile zunutze zu machen.

Wir müssen daher bei der Klumpenauswahl danach streben, möglichst in sich heterogene Klumpen zu bilden, um den Standardfehler klein zu halten.

Nach unserer Formel (93) wird der Standardfehler darüber
hinaus von der Anzahl der in die Auswahl aufgenommenen Klumpen, m, bestimmt. Auch das können wir uns am Urnenmodell gut
klar machen.

Wenn es uns nicht gelungen ist, einander völlig gleiche Urnen
zu bilden, sondern wir vielmehr damit rechnen müssen, daß
sich diese recht krass unterscheiden, dann ist die Gefahr
einer Verzerrung umso größer, je kleiner die Anzahl der Urnen, die wir in die Auswahl einbeziehen, ist, weil bei einer
kleinen Anzahl ein möglicher abweichender Extremfall ein
relativ größeres Gewicht hat als bei einer größeren Auswahl.
In unserem Extrembeispiel, bei dem sich alle Urnen völlig
unterschieden, zeigt sich dann auch deutlich, daß die Möglichkeit, eine krasse Verzerrung zu erhalten, mit der Vergrößerung der Auswahl ständig abnimmt. Auch hier gilt allerdings - wie bei der einfachen Wahrscheinlichkeitsauswahl -,
daß diese Abnahme unterproportional zur Steigerung der Auswahlgröße geschieht.

Wenn wir nun wieder davon ausgehen, daß unsere Mittel be-

schränkt und wir deshalb genötigt sind, eine bestimmte Anzahl
von Erhebungseinheiten nicht zu überschreiten, dann empfiehlt
es sich, unsere Erhebungseinheiten auf möglichst viele,
kleinere - und gleich große - Klumpen zu verteilen (selbst
wenn das die Kosten pro Erhebungseinheit erhöht). Dadurch
fällt dann die verzerrende Wirkung eines homogenen und daher
"ausgefallenen" Klumpens weniger stark ins Gewicht. Bereits
bei der Schilderung der Gebietsauswahl (s.Kap.3.2.) hatten
wir darauf hingewiesen, daß bei der Bestimmung von Gebieten
(Klumpen) darauf geachtet werden muß, daß nicht einige wenige
oder gar ein einziges (dicht besiedeltes) Gebiet unsere Mittel erschöpft. Dann könnte nämlich die "Auswahl" möglicherweise aus einem einzigen relativ homogenen Klumpen bestehen
und die sonstige Merkmalsstreuung in der Grundgesamtheit würde
nicht erfaßt.
In unserem Urnenmodell (N = 10 000; 100 Ziffern) läßt sich
das an dem Fall demonstrieren, daß die Grundgesamtheits-
Urne nicht gut durchgemischt wurde, sondern etwa immer die
Kugeln mit der gleichen Ziffer zugleich in diese Urne einge-
füllt wurden und daher dicht beieinanderliegen.
Greifen wir nun mit unserer Schöpfkelle jeweils 100 Kugeln
heraus, dann kann es geschehen, daß wir 100 in sich recht
homogene Urnen erhalten, das heißt die Ziffernunterschiede
zwischen den Kugeln werden hauptsächlich zwischen den einzelnen Urnen deutlich. Um nun etwa eine Auswahlgröße von
1000 Kugeln (Erhebungseinheiten) zu erreichen, würden wir
aus den so gebildeten 100 Urnen 10 auswählen. Dann hätten
wir also nur (völlig homogene Urnen unterstellt) 1o der 100
Ziffern (Merkmalsausprägungen) in unserer Auswahl vertreten;
der Hauptteil der Merkmalsvariation wäre also mit unserer
Auswahl nicht erfaßt und diese damit wenig repräsentativ für
die Grundgesamtheit.
Hätten wir dagegen mit unserer Schöpfkelle nur jeweils 1o
Kugeln entnommen und diese auf 1000 Urnen verteilt, dann
würden wir, um zu unserer Auswahlgröße von 1000 zu gelangen,
100 Urnen auswählen müssen. Selbst wenn es sich dann bei

unseren 1000 Urnen wieder um völlig homogene Klumpen handelt,
also um je (100 mal) 10 Urnen mit gleichen Kugeln, würde nun
die Repräsentativität unserer Auswahl verbessert, weil nun
mit einer Wahl nicht 100, sondern nur 10 Erhebungseinheiten
festgelegt werden, sich also eine größere Unabhängigkeit der
Auswahl der Erhebungseinheiten ergeben hat und sich damit
nach wahrscheinlichkeitstheoretischen Gesichtspunkten auch
eine größere Chance ergibt, die gesamte Merkmalsstreuung zu
erfassen.

Wir können daher aus unserem Urnenmodell zwei Regeln ableiten,
um die Repräsentativität einer Klumpenauswahl zu erhöhen bzw.
den Standardfehler zu verkleinern:

1) <u>Die Klumpen sollten in sich möglichst heterogen und untereinander möglichst homogen sein</u>: Je größer die interne und
je kleiner die externe Streuung der Klumpen, desto kleiner
der Standardfehler und desto größer die Repräsentativität
der Auswahl (also die genau <u>entgegengesetzte Faustregel
wie bei der geschichteten Auswahl</u>).
Häufig können wir nicht davon ausgehen, daß unsere Klumpen eine große interne Streuung besitzen. Die daraus sich
ergebenden möglichen Verzerrungen sollen dann gemildert
werden durch die Regel, daß

2) <u>möglichst viele und entsprechend kleine (gleich große)
Klumpen gebildet werden sollten</u> (bzw. ausgewählt).

Dabei ist klar, daß eine allzu große Anzahl von Klumpen
andererseits nun wiederum die Vorteile des Klumpenverfah-
rens in Frage stellen würde.

Unter extremer Berücksichtigung dieser Regel würden wir nämlich soviel "Klumpen" wie Erhebungseinheiten haben und damit
wieder zur einfachen Wahrscheinlichkeitsauswahl zurückge-
kehrt sein - womit wir wieder die gleichen Probleme der Auflistung und der exakten räumlichen Definition hätten.

Darüber hinaus bedeutet die Bildung kleiner Klumpen meist
auch steigende Homogenität für bestimmte Merkmale; so ist
beispielsweise ein Haushalt fast immer völlig homogen in
bezug auf "Konfession" (dagegen heterogen in bezug auf "Ge-

schlecht"). Diese der Faustregel widersprechende Tendenz
der größeren Homogenität kleiner Kollektive birgt jedoch
wegen der Anzahl der Auswahleinheiten nicht solche Verzer-
rungsgefahren wie die Auswahl weniger, großer Klumpen.
Im übrigen gelten die angeführten Regeln als Mittel zur Verringerung des Standardfehlers und zur Vermeidung extremer
Verzerrungen, müssen aber deshalb nicht auch in jedem Fall
der inhaltlichen Zielsetzung einer Erhebung entsprechen. Wie
wir gesagt hatten, sind wir ja häufig gerade an der Untersuchung der kontextuellen Beziehungen interessiert, die sich
möglicherweise nur in größeren Gebietseinheiten (oder sonstigen "Klumpen") erfassen lassen, auch wenn diese relativ
homogen sind. Die dabei auftretenden Probleme werden wir
noch besprechen.

5.2.1.3. Der Klumpeneffekt

Verlassen wir das Urnenmodell und wählen ein konkretes Beispiel, um uns die praktischen Probleme einer Klumpenauswahl
klar zu machen.
Nehmen wir an, wir wollen eine Auswahl aus einer Stadtbevölkerung (N = 100 000) ziehen und besitzen keine Einwohnerkartei, sondern lediglich eine genaue Karte der Stadt. Mit dieser Karte legen wir zunächst unsere Erhebungsgesamtheit fest.
So würden wir Grünflächen, Fabrikgelände usw. ausschließen
und nur die Wohngebiete berücksichtigen. Diese Wohngebiete
teilen wir in Häuserblocks auf, die wir numerieren. Nehmen
wir an, wir seien so zu 1000 Blocks (= Klumpen) gekommen.
Aus einigen ähnlichen Studien sei uns bekannt, daß ein Häuserblock im Durchschnitt von etwa 100 Menschen bewohnt wird. Um
eine Auswahl von etwa 2000 Personen (Auswahlsatz = 2%) zu erhalten, müssen wir daher 20 Häuserblocks auswählen, was mit
Hilfe von Zufallszahlen bei durchnumerierten Klumpen einfach
durchführbar ist. Ebenso könnten wir auch eine systematische
Auswahl treffen, wie wir sie bei der Besprechung der Gebietsauswahl geschildert haben.

In diesen 20 Blocks führen wir nun unsere Befragung durch, in
der wir beispielsweise das Durchschnittsalter der Bevölkerung
und die Wohndauer am Ort erheben wollen.
Zunächst werden wir feststellen, daß unsere Annahme, Klumpen
mit etwa gleicher Anzahl von Erhebungseinheiten vorzufinden,
nur sehr beschränkt gerechtfertigt ist. Vielmehr werden in
einem Block beispielsweise vor allem kinderreiche Familien
wohnen, während in einem anderen die Erdgeschoßräume weitgehend von Geschäften besetzt sind, sich im ersten Stock
möglicherweise Büro- und Praxisräume befinden und nur die
oberen Stockwerke bewohnt werden. Wir müssen also annehmen,
daß die Anzahl der Erhebungseinheiten pro Klumpen recht
unterschiedlich ist und dies bei unseren Überlegungen -und
in unserer Formel - berücksichtigen.
Offenbar werden solche Unterschiede (zwischen den Blocks)
umso stärker auftreten, je homogener die Blocks in sich sind.
Damit stoßen wir auf ein Problem, das in der Literatur als
"Klumpeneffekte" bezeichnet wird.
Im allgemeinen kann man davon ausgehen, daß Personen, die
dicht beieinander wohnen (oder die in anderer Weise"einen
Klumpen bilden", etwa Betriebsangehörige oder Schulklassen),
eine Reihe von Gemeinsamkeiten haben. So werden Familien, die
in einem Haus zusammenwohnen, ein ähnlich hohes Einkommen
haben. In einem Haus werden vor allem kinderreiche Familien
wohnen, usw. (s. auch S. 304).
Wir müssen also davon ausgehen, daß unsere Klumpen in mancher
Hinsicht homogener sind als die Grundgesamtheit, daß also
unsere Forderung nach möglichst heterogenen Klumpen nur sehr
eingeschränkt zu erfüllen ist. Einen solchen Klumpeneffekt
(der im Gegensatz zum Schichtungseffekt also keine Verkleinerung des Auswahlfehlers, sondern eine Vergrößerung herbei-
führt) können wir uns gut an zwei extremen Beispielen klarmachen: Nehmen wir erstens an, wir hätten auf unserer Karte
einen Klumpen gebildet, der aus einem Altenwohnheim bestünde,
und dieser Klumpen sei nun in die Auswahl gelangt.
Einer unserer 2o ausgewählten Klumpen bestünde dann aus lau-

ter alten Leuten, sagen wir, 100 Menschen über 65 Jahren.
Dieser Klumpen ist also in bezug auf das Alter seiner Bewohner sehr homogen und gleichzeitig alles andere als ein repräsentatives Abbild der Grundgesamtheit. Wenn wir nun annehmen, daß die übrigen 19 Klumpen gut die Altersverteilung
der Grundgesamtheit wiedergeben, dann bewirkt dieser extreme
Klumpen eine Überrepräsentation alter Menschen und wir kommen
zu einem verzerrten Schätzwert für das Durchschnittsalter
unserer Stadtbevölkerung.

Die Gefahr einer solchen Verzerrung ist dabei umso größer,
je relativ größer ein solcher homogener Klumpen ist.Nehmen
wir beispielsweise an, wir hätten unser Stadtgebiet in Stadtviertel eingeteilt und uns vorgenommen, aus jedem Viertel
1oo Personen in die Auswahl aufzunehmen. Würden wir nun
wieder Klumpen bilden, die etwa 1oo Personen umfassen, dann
würde nur ein Klumpen jedes Viertel repräsentieren. Das Viertel, in dem nun das Altersheim steht, würde dann ein extrem
hohes Durchschnittsalter aufweisen, unabhängig davon,ob ansonsten in diesem Viertel nur kinderreiche Familien leben
und daher das Durchschnittsalter dieses Viertels trotz des
Altersheims tatsächlich noch unter dem Stadtdurchschnitt
liegt.

Hätten wir dagegen die Klumpen nicht aus Häuserblocks, sondern beispielsweise aus Etagen gebildet, so würden wir pro
Stadtviertel etwa 1o Klumpen berücksichtigen müssen, um
unserer 1oo Erhebungspersonen zu erlangen. Das Altersheim
wäre dann etwa mit 1o alten Personen in der Auswahl vertreten, ebenso aber auch kinderreiche Familien oder beispielsweise ein dem Altersheim benachbartes Waisenhaus.

Durch kleinere und damit zahlreichere Klumpen wird also die
Chance extremer Verzerrungen verkleinert und die Wahrscheinlichkeit größer, ein tatsächlich repräsentatives Abbild der
jeweiligen Grundgesamtheit zu erhalten (selbst wenn diese
kleinen Klumpen in sich relativ homogen sind, s.o.).
Noch etwas wird aus unserem Beispiel deutlich: der Klumpeneffekt stellt sich nur für bestimmte Merkmale ein,die mit

<u>der Klumpenbildung in Zusammenhang stehen</u>, ähnlich wie beim
geschichteten Auswahlverfahren der Schichtungseffekt nur für
die Schichtungsmerkmale und für mit ihnen korrelierende
Variablen auftrat.

In unserem Beispiel ist das Merkmal, das die Mitglieder des
Klumpen "Altersheim" gemeinsam haben, ein hohes Alter und in
bezug auf dieses Merkmal herrscht Homogenität. Heterogenität
kann dagegen für die Merkmale "Geschlecht", "Berufsausbil-
dung" und "Konfession" bestehen. <u>Im Gegensatz zur geschichteten Auswahl ist es also von Nachteil, wenn eine Korrelation
zwischen dem Klumpungsmerkmal und den Erhebungsmerkmalen besteht. Je enger diese Korrelation, desto stärker wirkt sich
der Klumpeneffekt aus.</u>

Für einzelne Merkmale kann ein Klumpeneffekt daher ohne gewisse Kenntnisse der Besonderheiten eines Klumpens nur schwer
exakt bestimmt werden. Da gerade die mangelnde Kenntnis der
Grundgesamtheit ein Ausgangspunkt der Anwendung des Klumpenauswahlverfahrens bildet, wird erneut die Notwendigkeit unterstrichen, Klumpeneffekte - auch unbekannte! - durch die Bildung zahlreicher und kleinerer Klumpen zu minimieren.

Nehmen wir als weiteres Beispiel an, daß einer unserer Klumpen aus einer Wohnsiedlung für Bundeswehrsoldaten und ihren
Angehörigen besteht. Dann wird es zunächst kaum Klumpeneffekte
in bezug auf das Merkmal Alter geben, wenngleich die älteren
Jahrgänge schwächer vertreten sein werden. Ebenfalls nur
schwache Klumpeneffekte werden wir bei anderen Merkmalen wie
Konfession, Geschlecht usw. feststellen können. Dagegen tritt
ein Klumpeneffekt beim Merkmal Beruf (und Einkommen) und
auch bei dem zweiten Merkmal unserer angenommenen Untersuchung, nämlich der Wohndauer am Orte, auf, weil Bundes-
wehrangehörige recht häufig versetzt werden und demzufolge
eine unterdurchschnittliche Wohndauer an ein und demselben
Ort aufweisen. (Bei Klumpungen ohne jeden Klumpeneffekt
handelt es sich um den gleichen Sachverhalt, den wir bereits
beim Geburtstagsverfahren und beim Buchstabenverfahren diskutiert haben.)

5.2.1.4. Rechenbeispiel zur Klumpenauswahl

Im folgenden wollen wir uns die Anwendung der Formeln für
das Klumpenverfahren an einem (sehr stark) vereinfachten
Beispiel klarmachen. Um die einzelnen Rechenschritte leicht
nachvollziehbar zu machen, nehmen wir an, das Gebiet unserer Grundgesamtheit, das Stadtgebiet, sei in nur vier Klumpen aufgeteilt, die jeweils 4 Häuserblocks enthalten. Diese
Häuserblocks seien unsere Erhebungseinheiten, bei denen wir
(um den trockenen Stoff anzufeuchten) die Anzahl der Kneipen
erfahren wollen. Wir wollen zwei Klumpen "auswählen", um von
ihnen auf die Grundgesamtheit zu schließen. Um die verschiedenen Ausdrücke demonstrieren zu können, gehen wir zunächst
davon aus, daß uns alle Parameter bekannt seien:

Nummer des Klumpens (j)(Block)	Anzahl der Kneipen (X_{jk}) pro Block X_{j1} X_{j2} X_{j3} X_{j4}					Anzahl der Kneipen pro Klumpen (X_j)	durchschnittl. Anzahl pro Block X_j $\mu_j = \dfrac{X_j}{N_j}$
1.	1	0	1	2	X_{1k}	4	1
2.	4	5	6	5	X_{2k}	20	5
3.	3	4	5	4	X_{3k}	16	4
4.	2	1	2	3	X_{4k}	8	2
						$\sum X_j = 48$	

Die Anzahl der Klumpen ist M=4, die Anzahl der Erhebungseinheiten in jedem Klumpen ist ebenfalls $4 = N_j = \bar{N}$. X_j ist die
Summe aller Einzelwerte im j.Klumpen $\left(\sum\limits_{k=1}^{N_j=4} X_{jk} \right)$

X ist die Summe aller X_j $\left(X = \sum\limits_{j=1}^{M=4} X_j \right)$. Der Durchschnittswert

pro Klumpen, μ_j, bildet sich nach $(\frac{X_j}{N_j})$ bzw. $(\frac{\sum X_{jk}}{N_j})$ und

der Gesamtdurchschnitt aller Merkmalswerte in allen Klumpen
wird errechnet nach $(\mu = \frac{X}{N})$ bzw. $(\mu = \frac{\sum\sum X_{jk}}{N})$:

$$\mu = \frac{48}{16} = 3$$

In diesem Falle, in dem alle Klumpen die gleiche Anzahl von
Elementen haben, hätten wir den Gesamtdurchschnitt auch einfach als den ungewichteten Durchschnitt aller Klumpendurch-
schnitte berechnen können:

$$\mu = \frac{\sum \mu_j}{M} = \frac{12}{4} = 3$$

Bis hierher besitzen wir also die je nach Standpunkt mehr
oder weniger erfreuliche Information, daß in unserer Stadt
jeder Häuserblock durchschnittlich 3 Kneipen aufweist. Zudem
sehen wir, daß die Blocks recht unterschiedlich mit Kneipen
versorgt sind; dabei mag es sich bei Block 2 um ein Innen-
stadtviertel, bei Block 1 um ein ruhiges Wohngebiet handeln.

Wenden wir uns nun den einzelnen Streuungen zu. Je nachdem,
ob wir den Standardfehler der Merkmalsbeträge pro Klumpen
(wie es Kellerer vorschlägt, 1963, S. 145) oder den Standardfehler der Durchschnittswerte errechnen wollen, benö-
tigen wir σ_e^2 bzw. σ_b^2, also die externe Streuung der Merkmalsbeträge bzw. der Durchschnitte, während wir die internen
Streuungsmaße nicht benötigen.
Trotzdem wollen wir auch diese berechnen, um die Zusammenhänge zwischen den einzelnen Werten aufzuzeigen und den Klumpeneffekt bestimmen zu können.
Es ergeben sich folgende Varianzen in den einzelnen Klumpen;
wobei wir den Ausdruck $\sigma_j^2 = \frac{1}{N_j} \sum_{k=1}^{N_j} (X_{jk} - \mu_j)^2$ verwenden:

$$\sigma_1^2 = \frac{(1-1)^2 + (0-1)^2 + (1-1)^2 + (2-1)^2}{4} = \frac{2}{4} = 0,5$$

$$\sigma_2^2 = \frac{(4-5)^2 + (5-5)^2 + (6-5)^2 + (5-5)^2}{4} = \frac{2}{4} = 0,5$$

$$\sigma_3^2 = \frac{(3-4)^2 + (4-4)^2 + (5-4)^2 + (4-4)^2}{4} = \frac{2}{4} = 0,5$$

$$\sigma_4^2 = \frac{(2-2)^2 + (1-2)^2 + (2-2)^2 + (3-2)^2}{4} = \frac{2}{4} = 0,5$$

Aus diesen gleichen Varianzen ergibt sich natürlich (da

$N_j=\bar{N}$), daß auch die <u>durchschnittliche interne Streuung</u> o,5 beträgt. Dennoch wollen wir auch hier die Berechnung an Hand unserer Formeln durchexerzieren:

Wegen $N_j = \bar{N}$ können wir den Ausdruck

$$\sigma_w^2 = \frac{1}{N} \sum_1^M N_j \, \sigma_j^2$$

umformen in

$$\sigma_w^2 = \frac{1}{N} \sum_1^M \bar{N} \, \sigma_j^2$$

und erhalten, wenn wir die Konstante $\bar{N}$ vor die Summe ziehen und $\frac{\bar{N}}{N}$ gleich $\frac{1}{M}$ setzen:

$$\sigma_w^2 = \frac{\sum_1^M \sigma_j^2}{M} = \frac{2}{4} = o,5$$

Schauen wir uns nun die <u>Streuung zwischen den Klumpen</u> an, zunächst die der <u>Merkmalsbeträge</u>, also die Streuung der X_j:

$$\sigma_e^2 = \frac{1}{M} \sum_1^M (X_j - \bar{X})^2$$

$\bar{X}$ wird berechnet nach $\frac{\sum X_j}{M}$, beträgt also in diesem Fall

$$\bar{X} = \frac{48}{4} = 12$$

Dann ergibt sich für

$$\sigma_e^2 = \frac{(4-12)^2 + (20-12)^2 + (16-12)^2 + (8-12)^2}{4} = \frac{160}{4} = 40$$

Wegen der gleichen N_j könnten wir in diesem Fall auch (da $X_j = \mu_j N_j$) schreiben:

$$\sigma_e^2 = \bar{N}^2 \frac{\sum (\mu_j - \mu)}{M} = 16 \, \frac{10}{4} = 40$$

Die Streuung der <u>Durchschnittswerte zwischen den Klumpen</u> ergibt sich nach dem Ausdruck

$$\sigma_b^2 = \frac{1}{N} \sum_1^M N_j (\mu_j - \mu)^2$$

ist also die Streuung der mit dem Klumpenumfang gewichteten Durchschnittswerte, was in der Schreibart von D e m i n g (1961, S.144) besonders deutlich wird:

$$\sigma_b^2 = \frac{1}{M\bar{N}} \sum_1^M N_j (\mu_j - \mu)^2$$

Wegen der gleichen Klumpenumfänge können wir dann schreiben:

$$\sigma_b^2 = \frac{\sum (\mu_j - \mu)^2}{M}$$

Es ergibt sich in unserem Beispiel:

$$\sigma_b^2 = \frac{(1-3)^2 + (5-3)^2 + (4-3)^2 + (2-3)^2}{4} = \frac{10}{4} = 2,5$$

Die Streuung der Durchschnittswerte ist also sehr viel geringer als die der Klumpenmerkmalsbeträge, was nicht verwunderlich ist, weil ja durch die Durchschnittsbildung bereits eine Relativierung der Unterschiedlichkeiten stattgefunden hat. Im Falle gleich großer Klumpen beträgt die Streuung der Durchschnitte genau das $1/\bar{N}^2$-fache der Streuung der Merkmalsbeträge, was sich leicht aus der Gegenüberstellung der Formeln für σ_e^2 und σ_b^2 aufzeigen läßt:

$$\sigma_e^2 = \bar{N}^2 \frac{\sum (\mu_j - \mu)^2}{M}$$

$$\sigma_b^2 = \frac{\sum (\mu_j - \mu)^2}{M}$$

Es folgt:

$$\sigma_e^2 = \bar{N}^2 \sigma_b^2 \qquad \text{bzw.} \qquad \sigma_b^2 = \frac{1}{\bar{N}^2} \sigma_e^2$$

In unserem Beispiel bestätigt sich: $2,5 = \dfrac{40}{16}$

Schließlich wollen wir noch die Streuung aller Einzelwerte untereinander in allen Klumpen berechnen, also die Summe aller Abweichungen der Einzelwerte vom Gesamtdurchschnitt für alle Klumpen bilden:

$$\sigma^2 = \frac{1}{N} \sum^M \sum^{N_j} (X_{jk} - \mu)^2$$

$$\sigma^2 = \frac{(1-3)^2 + (0-3)^2 + (1-3)^2 + (2-3)^2 + (4-3)^2 + (5-3)^2 + (6-3)^2 + (5-3)^2}{16}$$

$$+ \frac{(3-3)^2 + (4-3)^2 - (5-3)^2 + (4-3)^2 + (2-3)^2 + (1-3)^2 + (2-3)^2 + (3-3)^2}{16}$$

$$= \frac{48}{16} = 3$$

Wie bereits mehrfach erwähnt, setzt sich die Gesamtstreuung
aus der internen und der externen Streuung zusammen:

$$\sigma^2 = \sigma_b^2 + \sigma_w^2$$

Dies wird durch unser Beispiel bestätigt: Die Summe der errechneten internen Streuung $\sigma_w^2 = 0{,}5$ und der externen Streuung $\sigma_b^2 = 2{,}5$ ist gleich der Gesamtstreuung $\sigma^2 = 3$. Man
hätte daher bei bekannter Gesamtstreuung entweder auf die
Berechnung der externen oder der internen Streuung verzichten können.[1]

Kommen wir nun zur Berechnung des <u>Standardfehlers</u> (was bei
unserem Beispiel natürlich nur der Demonstration der Formeln
dienen kann; die Theorie des Standardfehlers setzt ja eine
Normalverteilung von Maßzahlen bei einem Massenversuch voraus, wobei eine gewisse Mindestgröße der Auswahl nicht unterschritten werden kann (s.S. 94)):
Angenommen, wir haben die Klumpen 1 und 2 "ausgewählt". Da
alle benötigten Parameter bekannt sind, können wir Formel
(93) anwenden, wobei wir allerdings wegen des sehr hohen
"Auswahl"-Satzes von 0,5 den Korrekturfaktor beachten müssen:

$$\sigma_{\overline{\overline{x}}}^2 = \frac{\sigma_b^2}{m} \left(\frac{M-m}{M-1}\right)$$

Wir erhalten also in unserem Beispiel als Varianz des Auswahlmittelwertes

---

1) Dieser Zusammenhang wird auch zur Schätzung des sogenannten "Koeffizienten der internen Korrelation" genutzt, bei
dem die Differenz von externer und interner Streuung in
Beziehung gesetzt wird: $\rho_{(rho)} = \frac{1}{\sigma^2}\left(\sigma_b^2 - \frac{\sigma_w^2}{N-1}\right)$ (Deming,
1961, S. 194). Da dieser Koeffizient vor allem zur sinn-
vollen <u>Planung</u> der Auswahl(größe) eingesetzt werden soll,
setzt seine Anwendung eine bei soziologischen Forschungen
(mit einer Vielzahl von Variablen) äußerst ungewöhnliche
Kenntnis der Grundgesamtheit voraus. Deshalb wird auf
diesen Ausdruck nur verwiesen.

$$\sigma_{\bar{\bar{x}}}^2 = \frac{2,5}{2} \cdot \frac{2}{3} = \frac{5}{6} \approx 0,83$$

bzw. als Standardfehler

$$\sigma_{\bar{\bar{x}}} \approx 0,9$$

In unserem Modellbeispiel haben wir die Möglichkeit, diesen Wert nachzuprüfen, indem wir alle möglichen $\binom{M}{m} = 6$ Paare zusammenstellen, die sich im "Massenversuch" ergeben können (s.S. 49 ff.):

Klumpenpaare	Mittelwert der Mittelwerte ($\bar{\bar{x}}$)
1 , 2	$\frac{1 + 5}{2} = 3$
1 , 3	$\frac{1 + 4}{2} = 2,5$
1 , 4	$\frac{1 + 2}{2} = 1,5$
2 , 3	$\frac{5 + 4}{2} = 4,5$
2 , 4	$\frac{5 + 2}{2} = 3,5$
3 , 4	$\frac{4 + 2}{2} = \frac{3}{18}$

Der Durchschnitt all dieser Durchschnittswerte ist wiederum $3 = \mu$ und die Streuung beträgt

$$\sigma_{\bar{\bar{x}}}^2 = \frac{(3-3)^2 + (2,5-3)^2 + (1,5-3)^2 + (4,5-3)^2 + (3,5-3)^2 + (3-3)^2}{6}$$

$$= \frac{5}{6} \qquad 0,83$$

was unsere Berechnungen bestätigt.

Hätten wir dagegen unsere 8 Erhebungseinheiten nicht mit Hilfe der Klumpenauswahl, sondern mit einer einfachen Wahrscheinlichkeitsauswahl bestimmt, hätten wir folgenden Standardfehler (9) erhalten:

$$\sigma_{\bar{x}}^2 = \frac{\sigma^2}{n} \cdot \frac{N-n}{N-1} = \frac{3}{8} \cdot \frac{8}{15} = \frac{3}{15} = 0,2$$

$$\sigma_{\bar{x}} = \frac{\sigma}{\sqrt{n}} \qquad 0,45$$

Durch die Klumpenauswahl haben wir also in unserem konstruierten Beispiel eine erhebliche <u>Verminderung der Genauigkeit gegenüber der einfachen Wahrscheinlichkeitsauswahl</u>

<u>herbeigeführt</u>. Dies geschah dadurch, daß die Klumpen in sich
gleichartiger waren als untereinander, daß also hier ein
<u>Klumpeneffekt</u> auftrat (bei der Klumpenauswahl fiel zwar die
interne Streuung (0,5) weg, die für die Berechnung des Standardfehlers entscheidende große externe Streuung   unseres
Beispiels   wird jedoch nur durch m - und nicht, wie die
nur geringfügig höhere Gesamtstreuung bei der einfachen Wahrscheinlichkeitsauswahl, durch n dividiert).

Der Vollständigkeit halber wollen wir auch die Berechnung des
Schätzwertes für den Parameter μ der Grundgesamtheit mit
den aufgeführten Ausdrücken durchspielen:

Wir hatten die Klumpen 1 und 2 in die Auswahl einbezogen und
dann die beiden Durchschnittswerte $\bar{x}_1 = 1$ und $\bar{x}_2 = 5$ ermittelt. In unserem Fall errechnet sich deren **gemeinsamer**
Mittelwert wegen der gleichen Fallzahl und wegen $n = mN_j$ nach

$$\bar{\bar{x}} = \frac{\sum\limits^{m} x_i}{n} = \frac{\sum N_j \bar{x}_j}{mN_j} = \frac{N_j \sum x_i}{N_j m} = \frac{\sum \bar{x}_i}{m} \tag{97}$$

ist also das ungewogene arithmetische Mittel von 1 und 5 , 3.
Dieser Wert $\bar{\bar{x}}$ ist unser Schätzwert für μ , der nach der uns
bekannten Formel durch den Standardfehler der jeweiligen Maßzahl und den gewünschten Sicherheitsgrad mit einem Vertrauensbereich umgeben wird:

$$\mu = \bar{\bar{x}} \pm z \, \sigma_{\bar{\bar{x}}}$$

Bei einer Sicherheit von 95% (z = 2) ergibt sich:

$$\mu = 3 \pm 2 \, \sqrt{0,83} \approx 3 \pm 1,8$$

d.h., mit 95%iger Sicherheit liegt der wahre Durchschnittswert von Kneipen pro Block zwischen 1,2 und 4,8, was natürlich eine äußerst unpräzise Angabe ist, die nicht nur dem
durch den Klumpeneffekt bewirkten hohen Standardfehler, sondern auch der undiskutable geringen Klumpen- und Fallzahl
zuzurechnen ist.

Erweitern wir nun unser Modellbeispiel und fragen wir uns,
wie der Standardfehler auch ohne die Kenntnis sämtlicher
Parameter berechnet werden kann, welche Schätzwerte wir also
verwenden können. Zunächst stellt sich die <u>Schwierigkeit</u>,

bereits vor der Durchführung der Auswahl einige Kenntnisse
über die Grundgesamtheit und über die Klumpen zu benötigen,
um einen <u>sinnvollen Auswahlplan</u> erstellen zu können.
Wie K e l l e r e r   zeigt (1963, S. 155), sind vor der Auswahl meist lediglich die Anzahl der Klumpen insgesamt (M) und
die gewünschte Anzahl von Klumpen, die in die Auswahl gelangen sollen (m), bekannt, aber auch dies nur, wenn die Gesamt-
zahl aller Untersuchungseinheiten (N) sowie die Anzahl dieser
Einheiten in den Klumpen (N_j) annähernd bekannt ist. Darüber
hinaus benötigen wir zur Erstellung eines sinnvollen Auswahlplans auch eine Vorstellung über die Streuungen innerhalb der und zwischen den Klumpen, die wir uns aus vergleichbaren Untersuchungen, der amtlichen Statistik oder Vorstudien
beschaffen müssen (s. auch Anmerkung S. 313). Nachdem wir mit
Hilfe dieser Größen einen Auswahlplan aufgestellt und die
Auswahl durchgeführt haben, greifen wir dann auf die Streuungsmaße zurück, die wir mit der vollzogenen Auswahl berechnen können.

In unserem Fall würden wir also $\sigma^2_{\bar{\bar{x}}} = \dfrac{\sigma^2_b}{m}$ (93) schätzen
durch (95)

$$\hat{\sigma}^2_{\bar{\bar{x}}} = \frac{s^2_b}{m}$$

wenn die Klumpen den gleichen Umfang haben. Da m gegenüber M
recht groß ist, müssen wir hier den Korrekturfaktor berücksichtigen:

$$\hat{\sigma}^2_{\bar{\bar{x}}} = \frac{s^2_b}{m} \cdot \frac{M-m}{M-1} \qquad (98)$$

Bei ungleichem Umfang der Klumpen müßten wir dagegen die einzelnen Durchschnittswerte, die zur Berechnung von s^2_b führen,
entsprechend gewichten bzw. auf die Streuung der Merkmalsbeträge zurückgreifen, wie es in Formel (96) geschieht. Bei
Berücksichtigung des Korrekturfaktors erhalten wir dann als
Schätzwert (der dem an Hand der Parameter errechnete Wert
entspricht):

$$\hat{\sigma}^2_{\bar{\bar{x}}} = \frac{1}{\bar{N}^2} \cdot \frac{s^2_e}{m} \cdot \frac{M-m}{M-1} \qquad (99)$$

Auch die Bestimmung des Durchschnittparameters mit Hilfe die-

ser Schätzverfahren wollen wir an unserem Beispiel durchexerzieren, wobei wir wieder annehmen, daß die Klumpen 1 und
2 in die Auswahl gelangt sind. Dann errechnet sich s_b^2, bei
$N_j=\bar{N}$ und $n=mN_j$, nach

$$s_b^2 = \frac{1}{n}\sum_{}^{m} N_j(\bar{x}_j-\bar{\bar{x}})^2 = \frac{\bar{N}}{m\bar{N}}\sum(\bar{x}_j-\bar{\bar{x}})^2 = \frac{\sum(\bar{x}_j-\bar{\bar{x}})^2}{m} \quad ;$$

es ergibt sich[1]

$$s_b^2 = \frac{(1-3)^2 + (5-3)^2}{2} = 4$$

Für die Streuung zwischen den Klumpenmittelwerten erhalten
wir also einen Schätzwert, der erheblich größer ist als der
Wert, den wir als die externe Streuung aller Klumpen ($\sigma_b^2=2,5$)
berechnet hatten. Dementsprechend vergrößert sich nun auch
der Schätzwert des Standardfehlers (95):

$$\hat{\sigma}_{\bar{\bar{x}}}^2 = \frac{4}{2} = 2$$

Bei Berücksichtigung des Korrekturfaktors erhalten wir nach
(98)

$$\hat{\sigma}_{\bar{\bar{x}}}^2 = \frac{s_b^2}{m} \frac{M-m}{M-1} = 2\frac{2}{3} \approx 1,33$$

gegenüber dem mit Hilfe der Parameter errechneten Wert von
0,83. Unter Verwendung des in den ersten beiden Klumpen gefundenen Mittelwertes $\bar{\bar{x}}=3$ würden wir nun bei gleicher Si-
cherheitsstufe (z=2) folgenden Schätzbereich angeben:

$$\mu = \bar{\bar{x}} \pm 2 \hat{\sigma}_{\bar{\bar{x}}} \approx \bar{\bar{x}} \pm 2 \cdot 1,14 \approx 3 \pm 2,3$$

d.h., wir könnten mit 95%iger Sicherheit behaupten, daß der
wahre Durchschnittswert zwischen 0,7 und 5,3 liege, was
einigermaßen nichtssagend ist, wenn die Merkmalswerte lediglich zwischen 0 und 6 schwanken. Dieses unbefriedigende
Ergebnis unterstreicht die Forderung nach möglichst vielen
und damit kleinen Klumpen. In unserem Fall haben wir nämlich
gerade die beiden extremen Klumpen in die Auswahl einbezogen.

---

1) Dabei setzen wir wieder, um die Formeln in der praxisüb-
   lichen Form zu belassen, $n-1 \approx n$.

Infolgedessen wird die durchschnittliche externe Streuung
weit überschätzt, der Standardfehler daher sehr groß. Hätten
wir dagegen beispielsweise die gleiche Anzahl von 8 Untersuchungseinheiten mit 4 Klumpen (bei Bildung von 8 Klumpen
mit $N_j=2$) von je zwei Einheiten erfaßt, dann wäre es unwahrscheinlicher gewesen, daß nur diese beiden extremen Klumpen
berücksichtigt worden wären. Entsprechend wäre ein kleinerer
Auswahlfehler zu erwarten gewesen (s.S.303f).

Wir wollen den heterograden Fall der (einfachen) Klumpenauswahl mit der Formulierung der vollständigen Schätzformel für
den Parameter μ abschließen, wobei wir soweit als möglich von
den Werten der Auswahl selbst ausgehen.

Unter Berücksichtigung des Korrekturfaktors ergibt sich für
<u>Klumpen unterschiedlicher Größe:</u>

$$\mu = \frac{\sum\limits^{m} N_i \bar{x}_i}{n} \pm z \sqrt{\frac{1}{\bar{N}^2} \frac{\sum\limits^{m} (x_j - \bar{x})^2}{m^2} \frac{M-m}{M-1}}$$

$$\boxed{\mu = \frac{\sum\limits^{m} N_i \bar{x}_i}{n} \pm z \frac{1}{\bar{N}m} \sqrt{\sum\limits^{m} (x_j - \bar{x})^2 \frac{M-m}{M-1}}} \qquad (100)$$

Bei gleich großen Klumpen erhalten wir als Schätzformel:

$$\mu = \frac{\sum\limits^{m} \bar{x}_i}{m} \pm z \sqrt{\frac{\sum\limits^{m} (\bar{x}_i - \bar{\bar{x}})^2}{m^2} \frac{M-m}{M-1}}$$

$$\boxed{\mu = \frac{\sum\limits^{m} \bar{x}_i}{m} \pm z \frac{1}{m} \sqrt{\sum\limits^{m} (\bar{x}_j - \bar{\bar{x}})^2 \frac{M-m}{M-1}}} \qquad (101)$$

5.2.2. <u>Homograder Fall</u>

Zur Darstellung des homograden Falles wollen wir kein so
ausgedehntes Beispiel bemühen, weil sich die für den heterograden Fall angestellten Überlegungen hier wiederholen. Es
sollen daher vor allem die im homograden Fall benötigte Symbolik (wiederum in Anlehnung an Kellerer, 1963, S. 144 und
Büschges, 1961, S. 126) und die entsprechenden Schätzformeln

dargestellt und auf die vorangegangenen Erläuterungen verwiesen werden (s. auch S. 295 ff.).

5.2.2.1. Symbolik für den homograden Fall

Parameter (Grundgesamtheit)	Maßzahl (Auswahl)	Entsprechung im heterograden Fall Par.	Maß.
Anzahl der Klumpen	M	m		
Anzahl der Untersuchungseinheiten im j-ten Klumpen	N_j	$n_j = N_j$		
Anzahl aller Untersuchungseinheiten	$N = \sum_1^M N_j$	$n = \sum_1^m n_j = \sum_1^m N_j$		
	$N_j P_j$	$N_j P_j$	X_j	x_j
	$NP = \sum_1^M N_j P_j$	$\sum_1^m N_j P_j$	X	x
	P_j	P_j	μ_j	$\bar{x}_j$
	P	p	μ	$\bar{\bar{x}}$
	$P_j Q_j$	$P_j q_j$	σ_j^2	s_j^2
	$\dfrac{\sum_1^M (N_j Q_j - \bar{N}P)^2}{M}$	$\dfrac{\sum_1^m (N_j P_j - \bar{N}_p)^2}{m}$	σ_e^2	s_e^2
	$\dfrac{\sum_1^M N_j (P_j - P)^2}{N}$	$\dfrac{\sum_1^m N_j (p_j - p)^2}{n}$	σ_b^2	s_b^2
	$\dfrac{\sum_1^M N_j P_j Q_j}{N}$	$\dfrac{\sum_1^m N_j P_j q_j}{n}$	σ_w^2	s_w^2
	PQ	pq	σ^2	s^2

Der Standardfehler bzw. dessen Quadrat berechnet sich im
homograden Fall nach den folgenden Formeln, wobei wir lediglich die Schätzformeln aufführen, die sich – soweit als möglich – mit den Auswahlwerten errechnen lassen.
Bei Klumpen ungleicher Größe berechnet sich der Standardfehler bzw. die Varianz des Prozentsatzes im theoretischen
Massenversuch analog der Formel (99):

$$\hat{\sigma}_p^2 = \frac{1}{\bar{N}^2} \frac{\sum^m (N_j p_j - \bar{N}_p)^2}{m^2} \frac{M-m}{M-1}$$

$$\hat{\sigma}_p^2 = \frac{1}{\bar{N}^2 m^2} \sum^m (N_j p_j - \bar{N}_p)^2 \frac{M-m}{M-1} \tag{102}$$

Bei gleich großen Klumpen ($N_j = \bar{N}$) bildet sich $\hat{\sigma}_p^2$ – entsprechend Formel (98):

$$\hat{\sigma}_p^2 = \frac{\bar{N} \sum^m (p_j - p)^2}{n \cdot m} \frac{M-m}{M-1} \qquad \text{und, da } n = \bar{N} \cdot m,$$

$$= \frac{\bar{N} \sum^m (p_j - p)^2}{\bar{N} \; m^2} \frac{M-m}{M-1}$$

$$\hat{\sigma}_p^2 = \frac{1}{m^2} \sum^m (p_j - p)^2 \frac{M-m}{M-1} \tag{103}$$

Die Schätzformeln für den Parameter P ergeben sich wieder nach
dem Muster

$$P = p \pm z \, \hat{\sigma}_p \tag{26}$$

Im Falle ungleich großer Klumpen wird daraus, bei Berücksichtigung des Korrekturfaktors:

$$P = \frac{\sum^m N_j p_j}{n} \pm z \frac{1}{\bar{N}m} \sqrt{\sum^m (N_j p_j - \bar{N}_p)^2 \frac{M-m}{M-1}} \tag{104}$$

Bei gleich großen Klumpen lautet die Schätzformel:

$$P = \frac{\sum^m p_j}{m} \pm z \frac{1}{m} \sqrt{\sum^m (p_j - p)^2 \frac{M-m}{M-1}} \tag{105}$$

5.2.2.2. Beispiel für den homograden Fall

Die Anwendung dieser Formeln soll kurz an einem Beispiel demonstriert werden, das wir etwas "realistischer" gestalten wollen als das im heterograden Fall. Nehmen wir an, wir wollten dieses Mal den relativen Anteil von Häusern eines Stadtgebietes ermitteln, in denen sich -wieder - eine Kneipe befindet. Uns steht ein guter Stadtplan zur Verfügung, auf dem alle Wohngebäude verzeichnet sind. Diesen Plan teilen wir in 1000 Gebiete auf, die jeweils 10 Häuser umfassen. Mit Hilfe von Zufallszahlen oder auf eine andere der geschilderten Arten (s.Kap.3.2.), wählen wir nun die Anzahl von Klumpen (Gebieten) aus, die unserem gewünschten Auswahlumfang entspricht. Um auch hier die Rechenvorgänge demonstrieren zu können, wählen wir nur 10 Klumpen mit insgesamt 100 Häusern (Erhebungseinheiten) aus. Dann haben wir einen Auswahlsatz von 0,01 und können auf die Anwendung des Korrekturfaktors verzichten. Da wir Klumpen gleichen Umfangs gebildet haben, können wir von Formel (105) (ohne den Korrekturfaktor) ausgehen:

$$P = \frac{\sum\limits^{m} p_j}{m} \pm z \, \frac{1}{m} \, \sqrt{\sum\limits^{m} (p_j - p)^2}$$

Nachdem wir in den einzelnen Klumpen die Anzahl der Häuser mit Kneipe festgestellt und den relativen Anteil p_j berechnet haben, stellen wir folgende Arbeitstabelle auf:

Klumpen	$N_j = n_j$	p_j	$p_j - p$	$(p_j - p)^2$
1	10	0,2	-0,1	0,01
2	10	0,3	0	0
3	10	0,4	0,1	0,01
4	10	0,5	0,2	0,04
5	10	0,4	0,1	0,01
6	10	0,6	0,3	0,09
7	10	0,0	- 0,3	0,09
8	10	0,3	0	0
9	10	0,2	-0,1	0,01
10	10	0,1	-0,2	0,04
$m=10$	$n = \sum\limits_1^{10} n_j = 100$	$\sum\limits_1^{10} p_j = 3,0$	$\sum\limits_1^{10} p_j - p = 0$	$\sum\limits_1^{10} (p_j - p)^2 = 0,30$

$$p = \frac{3}{10} = 0,3$$

Die erhaltenen **Werte** setzen wir nun in die obige Formel ein,
wobei wir wieder ein Sicherheitsrisiko von 0,05 bzw. z=2 eingehen:

$$P = 0,3 \pm 2\frac{1}{10} \sqrt{0,3} \approx 0,3 \pm 2 \cdot 0,017 \approx 0,3 \pm 0,03$$

Wir würden also als Ergebnis unserer Erhebung formulieren
können, daß der Anteil von Häusern mit Kneipe in der betreffenden Stadt mit 95%iger Sicherheit zwischen 27% und 33%
aller Häuser liegt.

Dies könnten wir allerdings nur behaupten, wenn wir bei unserer Auswahl die Kunstregeln der Wahrscheinlichkeitsauswahl beachtet und eine genügend große Auswahl von Klumpen getroffen
hätten.[1] Bei m=10 ist dagegen die Annahme einer Normalverteilung von Auswahlwerten (im Massenversuch), die die Grundlage der Theorie des Auswahlfehlers ist, nicht mehr gerechtfertigt,wie wir bereits auf S.112 gezeigt hatten. Die dort
aufgeführte Mindestgröße von n=30 bezieht sich ja auf die Aus-
wahleinheiten(die dort gleich den Erhebungseinheiten sind).
Bei der Klumpenauswahl ist also in diesem Zusammenhang nicht
die Anzahl der Erhebungseinheiten (n=100), sondern die Anzahl
der Auswahleinheiten, der Klumpen, entscheidend.
Auf die Möglichkeiten, auch bei kleinen Auswahlgrößen wahrscheinlichkeitstheoretische Verfahren anzuwenden (small
sample theory), wollen wir nicht eingehen.

---

1) Die Schätzung des - bei vorgegebener Präzision und Sicherheit - notwendigen Auswahlumfangs ließe sich mit Hilfe der
   besprochenen Formeln relativ leicht ableiten. Sie würde
   aber wiederum eine vor der Erhebung vorhandene sehr weitreichende Kenntnis der Grundgesamtheit voraussetzen (ebenso wie die Berechnung des Koeffizienten der internen
   Korrelation, s.Anmerkung S.313). Als Faustregel kann man
   (Büschges, 1961, S. 137) zunächst den notwendigen Auswahlumfang nach den Formeln für die einfache Wahrscheinlichkeit (s.Kap.2.4.4.) berechnen (n=m) und diesen Wert
   dann mit der halben durchschnittlichen Klumpengröße multi-

   plizieren: $\frac{1}{2}$ N. Dabei wird angenommen, daß die interne
   Korrelation (für mehrere Merkmale) im allgemeinen in der
   Mitte zwischen den Extremen völliger Homogenität und
   völliger Heterogenität liegt.

5.3. Mehrstufige Auswahlverfahren

Bei der Diskussion der Klumpenauswahl haben wir bereits mehrfach darauf hingewiesen, daß man sich mit der Auswahl von
Klumpen und deren vollständiger Erfassung meist nicht zufrieden geben wird, sondern der ersten Auswahl der Klumpen
eine zweite Auswahl innerhalb der Klumpen folgen lassen wird.
Dies empfiehlt sich (wie schon die einfache Klumpenauswahl)
vor allem aus praktischen (und Kosten-)Gründen.
Die Klumpenauswahl wurde, wie wir gesehen haben, vor allem
für solche Grundgesamtheiten entwickelt, über deren Elemente
keine vollständigen oder hinreichend genauen Listen oder
Karteien vorliegen. Da wir die Grundgesamtheit zunächst in
Klumpen zerlegten und dann eine Auswahl von Klumpen zogen,
mußten wir lediglich eine Liste der Erhebungseinheiten zusammenstellen, die sich in den ausgewählten Klumpen befan-
den.
Das Klumpen-Verfahren ist vor allem dann vorteilhaft, wenn
sich eine Grundgesamtheit in einfach zu unterscheidende
"natürliche" Klumpen zerlegen läßt. Diese Klumpen werden
jedoch häufig recht groß sein, so daß wir die zur Verfügung
stehenden Mittel an Zeit und Geld mit der vollständigen Erfassung solch großer Einheiten rasch ausgeschöpft hätten.
Darüber hinaus sahen wir, daß es sich zur Reduzierung des
Klumpeneffektes bzw. zur Erhöhung der Schließgenauigkeit
empfiehlt, möglichst kleine und dafür zahlreiche Klumpen zu
bilden und in die Auswahl aufzunehmen. Dies wiederum erfordert einen erhöhten Aufwand bei der Einteilung der Klumpen
und bei der Durchführung der Erhebung. Zudem kann es sich
bei manchen Untersuchungsthemen als hinderlich erweisen,
alle Einheiten eines Klumpens, etwa alle Bewohner eines
Hauses, zu befragen, weil sich die Gefahr der gegenseitigen
Beeinflussung ergeben kann.
Solche Nachteile versucht man mit mehrstufigen Auswahlverfahren (multistage sampling) zu vermeiden. Bei der Auswahl
von Erhebungseinheiten aus einer Stadtbevölkerung würde man

zunächst einige Klumpen - etwa auf einem Stadtplan deutlich
unterscheidbare Stadtgebiete - bilden und aus ihnen eine Auswahl treffen. <u>Nur diese ausgewählten Klumpen interessieren uns
weiterhin und bilden die Grundlage der nächsten Auswahlstufe.</u>
So könnten wir diese ausgewählten Stadtteile weiter untergliedern etwa in Häuserblocks und unter diesen Häuserblocks
in jedem Klumpen eine Auswahl treffen. Auf diese Weise erhielten wir eine Reihe von Häuserblocks, die wir nun weiter
aufteilen könnten in einzelne Häuser, von denen wir wiederum
mit Hilfe von Zufallsauswahlen einige Häuser pro Klumpen,
d.h. pro Block auswählen könnten. Für jedes der so bestimmten Häuser könnten wir dann eine Liste seiner Bewohner anfertigen und aus dieser Liste schließlich die endgültige Auswahl
unserer Erhebungspersonen ziehen.

Der praktische Vorteil eines solchen mehrstufigen Verfahrens
liegt auf der Hand: <u>bis zur letzten Auswahlstufe können wir
darauf verzichten, eine Liste aller Erhebungseinheiten</u> (Personen) <u>zu erstellen.</u> Vielmehr können wir auf jeder vorangegangenen Stufe mit recht einfachen Mitteln eine Unterteilung
vornehmen und müssen uns in der folgenden Stufe immer nur mit
den ausgewählten Einheiten der vorangegangenen befassen,
während die mühsame Ermittlung, Abgrenzung und Auflistung
aller anderen Einheiten entfällt.

Diese praktischen Vorteile, etwa gegenüber einer einfachen
Wahrscheinlichkeitsauswahl, bei der eine vollständige Auflistung aller Einheiten der Auswahlgesamtheit nötig ist,
werden jedoch mit einer Reihe von theoretischen Schwierigkeiten bei der Berechnung der Schätzwerte für die gesuchten
Parameter sowie bei der Bestimmung des Auswahlfehlers er-
kauft.

Das hauptsächliche Problem liegt darin, daß die <u>Unabhängig-
keit der Auswahl</u> für die schließlich erhaltenen Erhebungseinheiten nicht mehr gewährleistet ist, da die Auswahlchance
von Einheiten einer nachgelagerten Auswahlstufe von der Auswahl auf der vorangegangenen Auswahlstufe abhängig ist. Dies
kann man sich sehr leicht klar machen: In der ersten Auswahl-

stufe treffen wir eine Auswahl unter recht groben Klumpen
(den Primäreinheiten), beispielsweise bestimmten Gebietseinheiten. Die ausgewählten Einheiten dieser ersten Stufe bilden
nun die Auswahlgesamtheit für die nächste Stufe. Diese Teilgesamtheit wird wieder aufgeteilt in unterschiedliche Einheiten (Sekundäreinheiten), etwa Häuserblocks, aus denen die
Auswahl der zweiten Stufe erfolgen kann usw..Es ist klar,
daß die Auswahlchance der Erhebungseinheiten nicht nur von
der Auswahlwahrscheinlichkeit der Sekundäreinheiten abhängig
ist, sondern auch davon, welche der Primäreinheiten die
Grundlage der zweiten Auswahlstufe bilden bzw. welche Primäreinheiten bereits auf der ersten Auswahlstufe vom weiteren
Auswahlprozess ausgeschlossen wurden. Nicht alle Einheiten
der Grundgesamtheit haben also bei der zweiten (oder weiteren) Auswahlstufe noch eine Auswahlchance, diese ist vielmehr von der vorangegangenen Auswahlstufe abhängig.
Bei der mehrstufigen Wahrscheinlichkeitsauswahl werden also
mehrere einfache Wahrscheinlichkeitsauswahlen "hintereinan-
dergeschaltet", wobei die ausgewählten Einheiten einer vorangegangenen Auswahlstufe die Auswahlgesamtheit der nachfolgenden Stufe darstellen (Büschges, 1961, S. 155).
Die Unabhängigkeit der Auswahl ist also nur zwischen den
Einheiten einer Stufe, nicht jedoch zwischen allen Einheiten
von verschiedenen Stufen gewährleistet.
Auch auf der gleichen Stufe kann jedoch die Unabhängigkeit
der Auswahl verloren gehen, wie wir bereits bei der systematischen Auswahl und auch bei der Anwendung des Schwedenschlüssels sahen (s.Kap.3.1.3., 3.2.3.). Während beispielsweise bei einer einfachen Wahrscheinlichkeitsauswahl die
Möglichkeit besteht, daß mehrere Bewohner eines Hauses in die
Auswahl gelangen, kann dies bei einer mehrstufigen Auswahl
ausgeschlossen sein. Wir könnten etwa bestimmt haben, daß
aus den Einheiten der vorletzten Auswahlstufe, nämlich einzelnen Häusern, nur noch jeweils eine Person in die endgültige Auswahl gelangen soll. Wird also zufällig der Familien-
vater bestimmt, dann hat die Ehefrau keine Chance mehr, in

die Auswahl zu gelangen. Das heißt, die Unabhängigkeit der
Ziehungen ist in diesem Fall ebenfalls nicht mehr vorhanden
(wie es generell auch für den "Fall ohne Zurücklegen" zutrifft, s.S.46 ff.).

5.3.1. <u>Die Auswahlwahrscheinlichkeit bei mehrstufigen Auswahlen</u>

Wir wollen uns das Vorgehen bei der mehrstufigen Auswahl, die
Berechnung von Chancen für die Erhebungseinheiten, in die
Auswahl zu gelangen, also die Wahrscheinlichkeit ihrer Wahl,
sowie die Berechnung bzw. Schätzung der Parameter und Streuungsmaße wieder zunächst am Urnenmodell klar machen.
Dabei wollen wir uns im folgenden weitgehend auf eine zweistufige Auswahl beschränken. Wieder wollen wir von einer Urne
mit 10 000 Kugeln ausgehen, von denen 1000 ausgewählt werden
sollen. Zunächst bilden wir die <u>Primäreinheiten</u> für die erste
Auswahlstufe, indem wir den Inhalt der Urne auf 100 kleinere
Urnen verteilen. Diese 100 Urnen sind die Primäreinheiten,
die in unserem Fall mit je 100 Kugeln gefüllt sind.
Bei der einfachen Klumpenauswahl würden wir nun lediglich
10 dieser Urnen auswählen und alle ihre Kugeln berücksichtigen. Bei der mehrstufigen Auswahl wird jedoch nur ein Teil
der Einheiten der ausgewählten Urnen in die Auswahl einbezogen, beispielsweise jede zweite Kugel. Wir würden also,
wenn wir nur 50 Kugeln eines jeden Klumpens auswählen wollen,
20 Klumpen aus den insgesamt 100 auswählen müssen, um zu
unserer gewünschten Auswahlgröße von n=1000 zu gelangen.
Wie hoch ist nun die Wahrscheinlichkeit für eine bestimmte
Kugel, in die Auswahl zu gelangen?
Zunächst besteht für jede der 100 gebildeten Urnen die Wahrscheinlichkeit von $\frac{20}{100}$ in die Auswahl zu gelangen. Wie wir
schon beim einfachen Klumpenverfahren sagten, hat damit auch
jede der in den Urnen befindlichen Kugeln diese Chance von
0,2, beim ersten Auswahlvorgang gewählt zu werden.
Beim zweiten Auswahlvorgang bilden nun die 20 ausgewählten

Urnen 20 neue Auswahlgesamtheiten, aus denen jeweils 50 von
100 Kugeln gezogen werden sollen. Für jede einzelne Kugel
in einer dieser 20 Urnen besteht also eine Wahrscheinlichkeit von $\frac{50}{100}$ (bzw. 0,5) in die Erhebungsauswahl zu gelangen.

Wir können nun jedoch nicht sagen, daß die Chance für eine
beliebige Kugel 0,5 beträgt, weil diese Chance davon abhing,
ob die entsprechende Urne bereits in der ersten Auswahlstufe
gewählt worden war. Erst aus dem Produkt beider Wahrscheinlichkeiten (s. Regeln S.44f.) errechnet sich die Auswahlchance einer beliebigen Kugel.
Demnach hat jede Kugel der Grundgesamtheitsurne in unserem
Fall eine Wahrscheinlichkeit von $0,2 \cdot 0,5 = 0,1$ in die Auswahl aufgenommen zu werden - wobei selbstverständlich vorausgesetzt wird, daß die Auswahl auf allen Stufen streng
nach den Regeln der Wahrscheinlichkeitsauswahl vorgenommen
wird.
Es ergibt sich also die gleiche Auswahlchance, die wir auch
bei einer einfachen Wahrscheinlichkeitsauswahl mit $\frac{1000}{10000}$ angegeben hätten. Der entscheidende Unterschied liegt jedoch
darin, <u>daß die Anzahl der Kombinationsmöglichkeiten</u> (s.S.50ff.)
<u>der Erhebungseinheiten geringer ist als bei der einfachen</u>
<u>Wahrscheinlichkeitsauswahl</u>, weil die Kombinationen auf der
zweiten Stufe dadurch eingeschränkt sind, daß bereits ein
Teil der Grundgesamtheit in der ersten Auswahlstufe ausgeschlossen wurde. Dies hat vor allem Auswirkungen auf die Berechnung des Auswahlfehlers, wie wir uns auch schon bei der
einfachen Klumpenauswahl klar gemacht haben: Man wird in den
meisten Fällen davon ausgehen müssen, daß die auf der ersten
Stufe gebildeten Klumpen,die Primäreinheiten, in sich recht
gleichartig sind und sich untereinander stärker unterscheiden. Dies ist bei einer gut gemischten Urne nicht der Fall,
wohl aber, wie wir bei der Besprechung der Klumpenauswahl
zeigen konnten, in aller Regel in der praktischen Feldarbeit.
Im Urnenmodell entspräche dem eine schlecht gemischte Urne,
in der gleichartige Elemente beieinander liegen.

Mit der Auswahl einiger Primäreinheiten wird lediglich ein
Teil der Gesamtstreuung aller Einheiten erfaßt und alle weiteren denkbaren Kombinationen von Einheiten können nur die
Merkmalsstreuung widerspiegeln, die auf der ersten Auswahlstufe erfaßt wurde. Es besteht also nur eine begrenzte
Chance, die gesamte Merkmalsvariation zu erfassen, und das
umso mehr, je stärker bei den Primäreinheiten ein Klumpeneffekt vorhanden ist.

Die der einfachen Wahrscheinlichkeitsauswahl entsprechende
<u>gleiche Auswahlchance</u> aller Erhebungseinheiten ist zudem zwar
in unserem Modellbeispiel gegeben, <u>in der Praxis der mehrstufigen Auswahlen jedoch meist nicht gewährleistet,</u> was die
Berechnung von Schätzwerten für die Parameter und den Auswahlfehler erheblich kompliziert.

Nehmen wir beispielsweise an, wir hätten an Hand einer Stadtkarte wiederum 100 Gebiete - Klumpen - festgelegt, um unter
ihnen die erste Auswahl durchzuführen. Nun wollen wir jedoch
realistischerweise davon ausgehen, daß diese <u>Primäreinheiten
unterschiedliche Größen (Einwohnerzahlen)</u> aufweisen, die
sich beispielsweise zwischen 50 (Villengegend) und 500 (Miet-
wohnblocks) bewegen.

Vor der Durchführung der Auswahl sei uns nun dieser Umstand
entgangen, weshalb wir wiederum fordern, daß aus jeder der
ausgewählten Sekundäreinheiten 50 Personen zu wählen seien,
und wir daher 20 der hundert Primäreinheiten in der ersten
Auswahlstufe zu bestimmen haben.

In diesem Falle bestünde zunächst für alle Primäreinheiten
die gleiche Chance von $\frac{20}{100}$, in die Auswahl zu gelangen. Dies
ist auch die Wahrscheinlichkeit für <u>alle</u> Personen, bei der
ersten Auswahlstufe in die endgültige Auswahl zu gelangen.
Nehmen wir nun an, eine der 20 ausgewählten Primäreinheiten
bestünde aus nur 50, eine andere aus 500 Personen.
Bei unserer festgelegten Anzahl von Erhebungseinheiten
(n_j=50) würden nun die Chancen, in der <u>zweiten Auswahlstufe</u>
gewählt zu werden, sehr <u>unterschiedlich</u> sein: die Bewohner
des Villenviertels würden alle in die Auswahl gelangen, ihre

Chance wäre also 50/50=1, während die Bewohner des Wohnblocks
nur eine Chance von 50/500=0,1 hätten, bei der Auswahl der
Sekundäreinheiten berücksichtigt zu werden. Bei der zweiten
Auswahlstufe bestehen also nicht für alle Einheiten die gleichen Wahrscheinlichkeiten, und dementsprechend ist auch die
Gesamtwahrscheinlichkeit einer Erhebungseinheit, gewählt zu
werden, davon abhängig, welcher der Primäreinheiten sie an-
gehört. Im ersteren Fall ist die Wahrscheinlichkeit $20/100 \cdot 1$
$= 0,2$, im zweiten $20/100 \cdot 1/10 = 0,02$.
Wir könnten unser Beispiel noch erweitern, indem wir als Sekundäreinheiten nicht Personen, sondern etwa Wohnungen setzen. Dann müßten die Erhebungspersonen in einem dritten
Auswahlschritt aus den in diesen Wohnungen lebenden Menschen
ausgewählt werden. Würden wir beispielsweise bestimmen, daß
aus den 1000 ausgewählten Wohnungen jeweils eine Person zufällig gewählt werden soll, dann hängt die Chance der Wahl
wiederum davon ab, ob man in einer Wohnung mit vielen Bewohnern oder etwa in einem Ein-Personen-Haushalt wohnt.
Auf diese Probleme mehrstufiger Auswahlen hatten wir schon
bei der Besprechung des "Schwedenschlüssels" (Kap.3.2.3.)
hingewiesen. Dort handelte es sich sogar um eine 5-stufige
Auswahl: 1. Stufe: Auswahl von Stadtbezirken durch Lotterieauswahl von abgesteckten Flächenstücken; 2. Stufe: systematische Auswahl von Häusern durch Auswahl jedes n-ten Hauses
nach einer Begehungsanweisung; 3. Stufe: Auswahl der Etagen
innerhalb der ausgewählten Häuser durch Anwendung des
"Schwedenschlüssels"; 4. Stufe: Auswahl der Wohneinheiten
pro ausgewähltem Stockwerk durch systematische oder Auswahl
mit dem Schwedenschlüssel; 5. Stufe: Auswahl der Erhebungspersonen innerhalb der ausgewählten Wohneinheiten, wieder
mit dem Schwedenschlüssel.
In diesem Beispiel haben die Erhebungseinheiten nur in der
ersten Auswahlstufe alle die gleiche Auswahlwahrscheinlichkeit. In den weiteren Auswahlstufen ist die Auswahlwahrscheinlichkeit jeweils davon abhängig, wie groß die in der vorangegangenen Auswahlstufe ausgewählten Einheiten sind (je

größer der Bezirk, desto geringer die Auswahlchance pro Haus,
je mehr Stockwerke pro Haus, desto geringer die Auswahlchance
für eine Etage, je größer der Haushalt, desto geringer die
Auswahlwahrscheinlichkeit pro Person).
Die Auswahlchance einer Erhebungseinheit hängt also jeweils
ab vom Umfang der vorgelagerten Auswahleinheiten, zumindest
dann, wenn im Auswahlplan eine bestimmte <u>absolute Anzahl</u> von
auszuwählenden Einheiten festgelegt ist: je kleiner die Einheit, desto größer die Auswahlchance für die ihr angehörigen
Untereinheiten. Dies hatten wir auch bei der geschichteten
Auswahl (mit gleichmäßiger Aufteilung) kennengelernt, ebenso
wie die Folgerungen, die sich daraus ergeben: die Elemente
kleinerer Schichten oder Klumpen werden beim Repräsentationsschluß überrepräsentiert, wenn nicht entsprechende Gewichtungsoperationen vorgenommen werden. In unserem Beispiel würden etwa die Bewohner des Villenviertels überrepräsentiert
und damit auch andere Merkmale, die mit der Wohnlage korrelieren. Wenn wir beispielsweise für das Gesamtgebiet "Villenviertel und Mietshaussiedlung" ein Durchschnittseinkommen
errechnen und dabei nicht die Überrepräsentation des Villenviertels berücksichtigen, dann würden wir sehr wahrscheinlich ein zu hohes Durchschnittseinkommen für das Gesamtgebiet
errechnen.
<u>Das Problem besteht also darin, die in der endgültigen Aus-
wahl erhobenen Werte der Erhebungseinheiten entsprechend der
Auswahlchance dieser Einheiten zu gewichten.</u> Nur in dem vorangestellten Modellbeispiel, bei dem alle Auswahlgesamtheiten auf allen Stufen den gleichen Umfang hatten, war die
gleiche Chance jeder Erhebungseinheit gesichert und damit eine
Gewichtung der bei diesen Einheiten erhobenen Merkmale überflüssig, um Schätzwerte für die Parameter der Grundgesamtheit
zu erlangen (self-weighting).
Bei jedem anderen Fall muß jedoch eine Gewichtung stattfinden, welche in den meisten Fällen dadurch erschwert wird, daß
uns der genaue Umfang aller Auswahleinheiten auf allen Auswahlstufen nicht bekannt sein wird. Gerade wegen der mangel-

haften Kenntnis der Grundgesamtheit bietet sich ja die Durchführung einer mehrstufigen Auswahl an; ihre Vorteile würden
dann natürlich hinfällig, wenn man zur Ermittlung der Gewichtungsfaktoren nachträglich den genauen Umfang der Auswahleinheiten in Erfahrung bringen müßte, indem man etwa die Anzahl
aller Wohnungen eines Viertels, die Personenzahl in den ausgewählten Wohnungen usw. zählt.

B ü s c h g e s (1961, S. 174) schlägt vor, diese Schwierigkeiten dadurch zu umgehen, daß man bei Unkenntnis des genauen
Umfangs der einzelnen Auswahlgesamtheiten nicht die absolute
Anzahl der auszuwählenden Einheiten festlegen sollte, sondern
lediglich den Auswahlsatz (f = sampling fraction) pro Auswahlstufe. Dieses Vorgehen steht in Analogie zur proportionalen Aufteilung bei der geschichteten Auswahl (s.Kap.
5.1.3.). Man geht von einem gewünschten Auswahlumfang (der
Erhebungseinheiten) aus und berechnet daraus für jede Auswahlstufe den benötigten Auswahlsatz. Der Vorteil besteht darin,
daß man dazu in der Regel nur die durchschnittliche Anzahl
von Auswahleinheiten pro Auswahlstufe kennen muß, über die in
vielen Fällen verläßliche Auskünfte (aus der amtlichen Statistik oder aus vergleichbaren Untersuchungen) bestehen.
Angenommen, wir wüßten aus solchen Unterlagen, daß unsere
Primäreinheiten (Klumpen), wie in unserem Modellfall unterstellt, durchschnittlich 100 Sekundäreinheiten umfassen.
Diese Sekundäreinheiten sind bei zweistufiger Auswahl bereits
die Erhebungseinheiten, also etwa Haushalte. Um zu 1000 Erhebungseinheiten zu gelangen, würden wir nun zunächst den Auswahlsatz der ersten Auswahlstufe festlegen, etwa mit

$$f_1 = \frac{m}{M} = \frac{20}{100}$$

wie in unserem Urnenbeispiel. Wir müßten also 20 Primäreinheiten auswählen, von denen wir annehmen können, daß sie
einen durchschnittlichen Umfang von 100 Sekundäreinheiten
haben. Um nun zu 1000 Erhebungseinheiten zu gelangen, würden
wir den zweiten Auswahlsatz mit

$$f_2 = \frac{50}{100}$$

pro ausgewählter Primäreinheit festlegen. Natürlich hätten
wir auch zunächst den gewünschten Auswahlsatz für die Sekundäreinheiten festlegen und danach den Auswahlsatz für die Primäreinheiten bestimmen können.

Nehmen wir nun an, daß sich der Umfang der Primäreinheiten
deutlich voneinander unterscheidet, wir also beispielsweise
auf der ersten Auswahlstufe wieder ein Villenviertel (50
Haushalte) und einen Mietwohnblock (500 Haushalte) gewählt
haben. Nach unserem Auswahlsatz würden wir nun jede zweite
Sekundäreinheit in die Auswahl aufnehmen, also 50% der Haushalte pro Primäreinheit nach den uns bekannten Verfahren auswählen. Wir würden dann im Villenviertel 25 Haushalte und in
dem Wohnblock 250 Haushalte erfassen. Damit bleibt die <u>Aus-
wahlwahrscheinlichkeit</u> für die Sekundäreinheiten auch dann
<u>konstant</u>, wenn sie Primäreinheiten unterschiedlicher Größe
angehören.

Auch wenn uns also zunächst der genaue Umfang einer vorgelagerten Auswahleinheit nicht bekannt ist, können wir nun
Die Auswahlwahrscheinlichkeiten der nachgelagerten Einheiten
angeben. <u>Damit haben wir eine Bedingung für die Anwendung der
Wahrscheinlichkeitstheorie, die bekannte bzw. berechenbare
Auswahlwahrscheinlichkeit</u> (s.S. 232) <u>erfüllt</u> (vgl. dazu auch
die Ausführungen zur Schichtung mit proportionaler Aufteilung).

Bei der mehrstufigen Wahrscheinlichkeitsauswahl errechnet
sich die Auswahlwahrscheinlichkeit der Erhebungseinheiten,
wie wir bereits sagten, aus dem Produkt der Auswahlsätze der
verschiedenen Auswahlstufen. Bei einer zweistufigen Auswahl,
wobei der Auswahlsatz pro Stufe konstant ist, ergibt sich
also

$$f_{jk} = f_m \cdot f_{kj}$$

wobei f_m das Auswahlverhältnis $\frac{m}{M}$ der Primäreinheiten,
f_{kj} das der Sekundäreinheiten in der j-ten Primäreinheit,
$\frac{n_j}{N_j}$, darstellt. f_{jk} bezeichnet also das Auswahlverhältnis
bzw. die Auswahlwahrscheinlichkeit einer bestimmten Sekun-

däreinheit einer bestimmten Primäreinheit: $\dfrac{m \cdot n_j}{M \cdot N_j}$.

Wenn alle Primäreinheiten gleich groß sind, dann ist $N_j = \bar{N}$
und bei konstantem Auswahlsatz ist $n_j = \bar{n}$, so daß sich ergibt:

$$f_{jk} = \frac{m \cdot \bar{n}}{M \cdot \bar{N}} = \frac{n}{N} = f_n$$

Im Falle gleich großer Primäreinheiten und bei konstantem
Auswahlsatz haben also alle Erhebungseinheiten die gleiche
Gesamtauswahlwahrscheinlichkeit f_n und komplizierte Gewichtungsoperationen der erhobenen Auswahlmaßzahlen können entfallen. <u>Aus diesem Grund versucht man in der Forschungspraxis, die Einteilung der jeweiligen Auswahleinheiten so vorzunehmen, daß (auf allen Stufen) etwa gleich große"Klumpen"
entstehen (s.Anmerkung S.299). Zumindest aber wird ein konstantes Auswahlverhältnis pro Stufe angestrebt.</u> Daß dies jedoch Sonderfälle sind, zeigt sich deutlich, wenn man sich
vor Augen führt (Büschges, 1961, S. 193 ff.), wovon die
Gesamtauswahlwahrscheinlichkeit einer Erhebungseinheit bei
der mehrstufigen Auswahl abhängt:
Erster Faktor ist die <u>Auswahlwahrscheinlichkeit der Primäreinheiten.</u> Diese ist wiederum

1) entweder für alle Primäreinheiten gleich, hat also ein
   konstantes Auswahlverhältnis $f_m = \dfrac{m}{M}$ oder

2) für Primäreinheiten unterschiedlichen Umfangs ungleich,
   wobei sich die Auswahlwahrscheinlichkeit proportional zum
   jeweiligen Umfang ergibt und das Auswahlverhältnis der
   ersten Auswahlstufe multipliziert wird mit dem Verhältnis
   des jeweiligen Umfangs der Primäreinheit zum durchschnittlichen Umfang aller Primäreinheiten. Bezeichnen wir das
   "Auswahlverhältnis proportional zum Umfang" mit f_{pu}, so
   ergibt sich $f_{pu} = f_m \dfrac{N_j}{N}$

Auch die Auswahlwahrscheinlichkeit der <u>Sekundäreinheiten</u> je
Primäreinheit kann

1) für alle Sekundäreinheiten gleich sein, wenn nämlich ein
   konstantes Auswahlverhältnis für alle ausgewählten Primär-

einheiten besteht ($f_{nj} = f_{\frac{n}{n}}$). oder

2) lediglich für Sekundäreinheiten der gleichen Primäreinheit gleich sein, sich aber von Primäreinheit zu Primäreinheit unterscheiden. Dann läge variable Auswahlwahrscheinlichkeit vor:

$$f_{nj} \qquad f_{\frac{n}{n}} = \frac{n_j}{N_j}$$

Entsprechend kann man die <u>Gesamtauswahlwahrscheinlichkeit der
Sekundäreinheiten</u> unterscheiden nach

1) konstanter Gesamtauswahlwahrscheinlichkeit, wenn

   a) auf allen Stufen ein konstanter Auswahlsatz herrscht
   oder

   b) wenn die Auswahlwahrscheinlichkeit der Primäreinheiten
   proportional ihrem Umfang ist und aus den ausgewählten
   Primäreinheiten dann die gleiche Anzahl von Sekundäreinheiten entnommen wird.

2) Variable Gesamtauswahlwahrscheinlichkeiten ergeben sich,
   wenn die Auswahlchance nur für diejenigen Sekundäreinheiten gleich ist, die zur gleichen Primäreinheit gehören.

Entsprechend diesen unterschiedlichen Auswahlwahrscheinlichkeiten müssen nun auch die Schätzwerte für die Parameter
unterschiedlich gewichtet werden. Allerdings versucht man in
der Praxis, diese Gewichtungsoperationen durch die Wahl eines
geeigneten Auswahlplans möglichst zu vermeiden, weshalb wir
uns in der späteren Darstellung auf <u>drei Sonderfälle</u> beschränken wollen, bei denen die <u>gleiche Gesamtauswahlwahr-
scheinlichkeit</u> der Erhebungseinheiten gewährleistet ist.

5.3.2. <u>Symbolik</u>

Vorerst jedoch wollen wir wieder für alle möglichen Fälle
eine Übersicht über die benötigte Symbolik geben. Dabei
schließen wir uns wieder weitgehend B ü s c h g e s (1961),
S c h e u c h (1956), K e l l e r e r (1963) bzw. D e m i n g
(1961) an. Zum großen Teil können wir auf die bereits bei
der geschichteten und bei der Klumpenauswahl verwendeten
Symbole zurückgreifen bzw. diese auf den jetzigen Fall zu-

schneiden.

Tatsächlich stellen, wie wir bereits andeuteten, sowohl die Klumpenauswahl als auch die geschichtete Auswahl Extremfälle einer zweistufigen Auswahl dar: bei der Klumpenauswahl wird eine Auswahl unter den Klumpen getroffen (Primäreinheiten), doch die zweite Auswahlstufe entfällt bzw. die Sekundäreinheiten (Erhebungseinheiten) werden mit dem "Auswahlsatz" $f_{nj} = \frac{n_j}{N_j} = 1$ "ausgewählt". Umgekehrt können wir die geschichtete Auswahl als eine zweistufige Auswahl ansehen, bei der der "Auswahlsatz" der ersten Stufe $f_m = \frac{m}{M} = 1$ beträgt. Da wir bereits die bisher benutzte Symbolik diesem Umstand angepaßt haben, sind uns die meisten der folgenden Ausdrücke bekannt.

Dies trifft zum Beispiel auf die Symbolik für die Anzahl der Einheiten zu, wobei wir nun lediglich statt von "Klumpen" von "Primäreinheiten" und statt von "Erhebungseinheiten" von "Sekundäreinheiten" sprechen.

5.3.2.1. Symbolik für den heterograden Fall

Bezeichnung	Parameter (Grundgesamtheit)	Maßzahlen (Auswahl)
Anzahl der Primäreinheiten (Prim.)	M	m
Zahl der Sekundäreinheiten (Sek.) in der j-ten Prim.	N_j	n_j
Gesamtzahl der Sek.	$N = \sum_1^M N_j$	$n = \sum^m n_j$
durchschnittliche Anzahl der Sek. pro Prim.	$\bar{N} = \frac{N}{M}$	$\bar{n} = \frac{n}{m}$

Auch die Merkmalsbeträge können mit der uns bekannten Symbolik ausgedrückt werden - später werden wir allerdings bei der Diskussion der Parameterschätzwerte weitere Überlegungen anstellen müssen.

Bezeichnung	Parameter	Maßzahl[1]
Merkmalswert der k-ten Sek. in der j-ten Prim.	$x_{jk} \begin{cases} j=1,2\ldots,M \\ k=1,2\ldots,N_j \end{cases}$	$x_{jk} \begin{cases} j=1,2\ldots,m \\ k=1,2\ldots,n_j \end{cases}$
Summe der Merkmalswerte in der j-ten Prim.	$X_j = \sum_{1}^{N_j} x_{jk}$	$x_j = \sum_{1}^{n_j} x_{jk}$
Summe der Merkmalsbeträge für alle Prim. (Gesamtbetrag)	$X = \sum^{M} X_j = \sum^{M}\sum^{N_j} x_{jk}$	$x = \sum^{m} x_j = \sum^{m}\sum^{n_j} x_{jk}$
Durchschnittswert pro(je) Sek. in der j-ten Prim.	$\mu_j = \dfrac{X_j}{N_j}$	$\bar{x}_j = \dfrac{x_j}{n_j}$
Durchschnittswert pro (je) Prim.	$\bar{X} = \dfrac{X}{M}$	$\bar{x} = \dfrac{x}{m}$
Durchschnittswert für (je) die Sek. in allen Prim.	$\mu = \dfrac{X}{N} = \dfrac{\bar{X}}{\bar{N}}$	$\bar{\bar{x}} = \dfrac{x}{n} = \dfrac{\bar{x}}{\bar{n}} = \dfrac{\sum^{m}\sum^{n_j} x_{jk}}{m\,\bar{n}}$ $= \dfrac{\sum^{m}\sum^{n_j} x_{jk}}{n}$

Bekannt sind auch die <u>Streuungsmaße</u>:

Bezeichnung	Parameter	Maßzahl
Streuung zwischen den Merkmalswerten der j-ten Prim. (interne Streuung)	$\sigma_j^2 = \dfrac{1}{N_j}\sum^{N_j}(X_{jk}-\mu_j)^2$	$s_j^2 = \dfrac{1}{n_j}\sum^{n_j}(x_{jk}-\bar{x}_j)^2$
Externe Streuung zwischen den Merkmalsbeträgen der Prim., also Streuung je Prim.	$\sigma_e^2 = \dfrac{1}{M}\sum^{M}(X_j-\bar{X})^2$	$s_e^2 = \dfrac{1}{m}\sum^{m}(x_j-\bar{x})^2$
Externe Streuung der Mittelwerte je Prim. (gewogen)	$\sigma_b^2 = \dfrac{1}{M\bar{N}}\sum^{M} N_j(\mu_j-\mu)^2$ $= \dfrac{1}{N}\sum^{M} N_j(\mu_j-\mu)^2$	$s_b^2 = \dfrac{1}{m\bar{n}}\sum^{m} n_j(\bar{x}_j-\bar{\bar{x}})^2$ $= \dfrac{1}{n}\sum^{m} n_j(\bar{x}_j-\bar{\bar{x}})^2$

---

1) Bei den Maßzahlen folgen wir weitgehend Büschges (1961, S.197 ff.), weil hier besonders auf die Verwendung der Auswahldaten abgestellt wird.

Bezeichnung	Parameter	Maßzahl
Durchschnittliche interne Streuung je Prim.(gewogen)	$\sigma_w^2 = \dfrac{1}{N}\sum_{j}^{M} N_j\,\sigma_j^2$ $= \dfrac{1}{M\bar{N}}\sum_{j}^{M} N_j\,\sigma_j^2$	$s_w^2 = \dfrac{1}{n}\sum_{j}^{m} n_j\,s_j^2$
Gesamtstreuung je Sekundäreinheit, zwischen den Sek. aller Prim.	$\sigma^2 = \dfrac{1}{M\bar{N}}\sum_{j}^{M}\sum^{N_j}(X_{jk}-\mu)^2$ $= \dfrac{1}{N}\sum_{j}^{M}\sum^{N_j}(X_{jk}-\mu)^2$	$s^2 = \dfrac{1}{m\bar{n}}\sum_{j}^{m}\sum^{n_j}(x_{jk}-\bar{x})^2$ $= \dfrac{1}{n}\sum_{j}^{m}\sum^{n_j}(x_{jk}-\bar{x})^2$

Dieser bekannten Symbolik fügen wir nun die der <u>Auswahlsätze</u>
bzw.der unterschiedlichen <u>Auswahlwahrscheinlichkeiten</u> hinzu:

Auswahlwahrscheinlichkeit der Prim.	$f_m = \dfrac{m}{M}$
Auswahlwahrscheinlichkeit der Sek. in der j-ten Prim.	$f_{nj} = \dfrac{n_j}{N_j}$
Auswahlwahrscheinlichkeit einer (k-ten) Sek. einer (j-ten) Prim.	$f_{jk} = f_m \quad f_{nj} = \dfrac{m\,n_j}{M\,N_j}$
Durchschnittliche Auswahlwahrscheinlichkeit der Sek. je Prim.	$f_{\bar{n}} = \dfrac{\bar{n}}{\bar{N}}$
Durchschnittliche Auswahlwahrscheinlichkeit der Sek. insgesamt	$f_n = f_m \quad f_{\bar{n}} = \dfrac{m\,\bar{n}}{M\,\bar{N}} = \dfrac{n}{N}$

Wir haben es also durchweg mit bekannten Ausdrücken zu tun,
wenn wir einmal von der Symbolik für die Auswahlsätze ab-
sehen (die uns aber auch bereits auf Seite 251 begegnet ist).
Leider können wir jedoch auch in diesem Fall mit den Ausdrücken in dieser Form in der Praxis in aller Regel nicht
viel anfangen, da die Parameter eben unbekannt sind.
Auch die bisher recht unproblematische Schätzung der Parameter durch die Maßzahlen der Erhebungsauswahl kann hier
nicht ohne weiteres vorgenommen werden. Wir müssen vielmehr

bei der Parameterschätzung den Umstand berücksichtigen, daß
wir ja nur einen Teil der Primär- <u>und</u> der Sekundäreinheiten
erfaßt haben, der Schätzwert aber nach wie vor für alle Einheiten gelten soll. Bei ungleicher Gesamtauswahlwahrscheinlichkeit würden sich dabei Verzerrungen ergeben können.
Wir wollen zunächst die Parameterschätzwerte für den <u>allge-
meinen Fall</u> anführen. Das ist der Fall der "einfachen"[1]
zweistufigen Auswahl, bei der zwar die Auswahlwahrscheinlichkeit der Primäreinheiten gleich ist, diese jedoch verschiedene Umfänge haben. Darüber hinaus ist die Auswahlwahrscheinlichkeit der Sekundäreinheiten je nach Primäreinheit
verschieden und damit auch die Gesamtauswahlwahrscheinlichkeit. Lediglich für die Sekundäreinheiten einer Primäreinheit ist die Auswahlwahrscheinlichkeit gleich.
In diesem Fall <u>ungleicher Gesamtauswahlwahrscheinlichkeiten</u>
der Sekundäreinheiten können wir - wie gesagt - nicht einfach
die Werte der Erhebungsauswahl zur Parameterschätzung heranziehen, weil die Werte der Einheiten mit größerer Auswahlwahrscheinlichkeit zu einer Überrepräsentation ihrer Merkmale
bei der Bestimmung des Parameters führen würden. Umgekehrt
würden Einheiten mit geringerer Auswahlwahrscheinlichkeit
unterrepräsentiert und damit ebenfalls zu einer verzerrten
Schätzung des Parameters beitragen.
Deshalb müssen wir die Werte der Erhebungsauswahl jeweils
<u>gemäß ihrer Auswahlwahrscheinlichkeit gewichten, indem wir</u>
<u>sie mit dem reziproken Auswahlverhältnis multiplizieren.</u>
Demnach könnten wir die Summe der Merkmalswerte in der j-ten
Primäreinheit, X_j, durch das Produkt der Merkmalssumme der
Erhebungsauswahl in dieser Primäreinheit, x_j, mit dem rezi-
proken Auswahlverhältnis für die Sekundäreinheiten dieser
Primäreinheit, $\dfrac{1}{f_{nj}}$, schätzen:

---

1) "Einfach" deshalb, weil immerhin auf jeder Stufe für die
   Einheiten einer vorgelagerten Auswahleinheit die gleiche
   Auswahlwahrscheinlichkeit besteht. Das ist etwa bei ge-
   schichteten mehrstufigen Auswahlen nicht notwendig der
   Fall.

$$\hat{X}_j = \frac{1}{f_{nj}} \, x_j = \frac{N_j}{n_j} \, x_j = \frac{N_j}{n_j} \sum^{n_j} x_{jk} \qquad (106)$$

Der <u>Gesamtbetrag X</u> würde dann geschätzt durch die Summe der Merkmalsbeträge pro Primäreinheit, wobei nun das Auswahlverhältnis der Primäreinheiten, f_m, zum Gewichtungsfaktor $\frac{1}{f_m}$ umgeformt wird:

$$\hat{X} = \frac{1}{f_m} \sum^m X_j = \frac{1}{f_m} \sum^m \frac{1}{f_{nj}} \, x_j = \frac{M}{m} \sum^m \frac{N_j}{n_j} \sum^{n_j} x_{jk} \qquad (107)$$

Der <u>Durchschnittswert</u> der Sekundäreinheiten in der j-ten Primäreinheit ergibt sich nach $\mu_j = \frac{X_j}{N_j}$. Setzen wir den obigen Schätzwert für X_j ein, so erhalten wir

$$\hat{\mu}_j = \frac{\hat{X}_j}{N_j} = \frac{N_j \sum^{n_j} x_{jk}}{N_j n_j} = \frac{\sum^{n_j} x_{jk}}{n_j} = \bar{x}_j \qquad (108)$$

d.h., den Durchschnitt der Erhebungsauswahl können wir hier als Schätzwert benutzen.

Der Durchschnitt der Primäreinheiten errechnet sich nach

$$\bar{X} = \frac{X}{M}$$

sein Schätzwert nach

$$\hat{\bar{X}} = \frac{\hat{X}}{M} = \frac{1}{f_m} \frac{\sum^m \hat{X}_j}{M} = \frac{M \sum^m \hat{X}_j}{M \, m} = \frac{\sum^m \hat{X}_j}{m} = \frac{\sum^m \frac{N_j}{n_j} \sum^{n_j} x_{jk}}{m} \qquad (109)$$

Der Durchschnittswert aller Sekundäreinheiten bestimmt sich nach

$$\mu = \frac{X}{N} = \frac{\bar{X}}{\bar{N}} = \frac{\sum^M \sum^{N_j} x_{jk}}{M \, \bar{N}}$$

Der Schätzwert lautet dann:

$$\hat{\mu} = \frac{\hat{\bar{X}}}{\bar{N}} = \frac{\hat{X}}{M \, \bar{N}} = \frac{M}{m \, M \, \bar{N}} \sum^m \frac{N_j}{n_j} \sum^{n_j} x_{jk}$$

$$\hat{\mu} = \frac{1}{m \bar{N}} \sum^m \frac{N_j}{n_j} \sum^{n_j} x_{jk} \qquad (110)$$

Bei der Schätzung der <u>Streuungsparameter</u> setzen wir nun diese
Schätzwerte in die jeweiligen Ausdrücke ein. Da wir nur jeweils einen Teil aller Einheiten summieren, müssen wir dies
wieder durch den reziproken Auswahlsatz ausgleichen:

$$\sigma_j^2 \approx \hat{\sigma}_j^2 = \frac{1 \cdot N_j}{N_j n_j} \sum^{n_j} (x_{jk} - \hat{\mu}_j)^2 = \frac{1}{n_j} \sum^{n_j} (x_{jk} - \bar{x}_j)^2 = s_j^2 \qquad (111)$$

Die interne Streuung pro Primäreinheit wird also geschätzt
durch den Streuungswert der Auswahl, was sich daraus erklärt,
daß nach unserer Voraussetzung ("einfache" Zweistufenauswahl)
alle Sekundäreinheiten pro Primäreinheit die gleiche Auswahlwahrscheinlichkeit haben.

Der Schätzwert der externen Streuung σ_e^2 ergibt sich nach:

$$\sigma_e^2 \approx \hat{\sigma}_e^2 = \frac{M \cdot 1}{m \cdot M} \sum^{m} (\hat{\bar{X}}_j - \hat{\bar{X}})^2$$

$$= \frac{1}{m} \sum^{m} (\frac{1}{n_j} \sum^{n_j} x_{jk} - \frac{1}{m} \sum^{m} \frac{N_j}{n_j} \sum^{n_j} x_{jk})^2 \qquad (112)$$

Die externe Streuung der Mittelwerte können wir schätzen durch

$$\sigma_b^2 \approx \hat{\sigma}_b^2 = \frac{M \cdot 1}{m M \bar{N}} \sum^{m} N_j (\hat{\mu}_j - \hat{\mu})^2 = \frac{1}{M\bar{N}} \sum^{m} N_j (\bar{x}_j - \frac{1}{M\bar{N}} \sum^{m} \frac{N_j}{n_j} \sum^{n_j} x_{jk})^2$$

$$\sigma_b^2 = \frac{1}{m\bar{N}} \sum^{m} N_j (\frac{1}{n_j} \sum^{n_j} x_{jk} - \frac{1}{m\bar{N}} \sum^{m} \frac{N_j}{n_j} \sum^{n_j} x_{jk})^2 \qquad (113)$$

Die durchschnittliche interne Streuung je Primäreinheit können wir folgendermaßen mit Maßzahlen der Auswahl bestimmen:

$$\sigma_w^2 \approx \hat{\sigma}_w^2 = \frac{M \cdot 1}{m M \bar{N}} \sum^{m} N_j \hat{\sigma}_j^2 = \frac{1}{m \bar{N}} \sum^{m} N_j s_j^2 \qquad (114)$$

Schließlich ergibt sich der Schätzwert der Gesamtstreuung nach

$$\sigma^2 \approx \hat{\sigma}^2 = \frac{M \cdot 1}{m M \bar{N}} \sum^{m} \frac{N_j}{n_j} \sum^{n_j} (x_{jk} - \hat{\mu})^2$$

$$\hat{\sigma}^2 = \frac{1}{m\bar{N}}\sum^{m}\frac{N_j}{n_j}\sum^{n_j}\left(\sum^{n_j} x_{jk} - \frac{1}{m\bar{N}}\sum^{m}\frac{N_j}{n_j}\sum^{n_j} x_{jk}\right)^2 \qquad (115)$$

Damit haben wir alle zunächst benötigten Parameter weitgehend
mit Hilfe von Maßzahlen der Auswahl geschätzt, allerdings
noch nicht alle Grundlagen für die Berechnung des Standardfehlers und damit für unsere Schätzformel für den wahren
Wert der Grundgesamtheit gelegt.
Bevor wir dies tun, wollen wir die Symbolik und einige Schätzformeln für den homograden Fall darstellen und dann einige
vereinfachende Bedingungen einführen, die den hier dargestellten allgemeinen Fall einer zweistufigen Auswahl für leichter
handhabbare Sonderfälle spezifizieren.

5.3.2.2. Symbolik für den homograden Fall

Anstelle der erneuten genauen Benennung der Ausdrücke führen
wir lediglich die Entsprechungen zum heterograden Fall auf.
Es ergibt sich:

	Parameter	Maßzahl
μ_j	P_j	p_j
μ	$P = \dfrac{\sum^{M} N_j P_j}{M\bar{N}}\ (Q=1-P)$	$p = \dfrac{\sum^{m} n_j p_j}{m\bar{n}}\ (q=1-p)$
X	NP	np
$\bar{X}$	$\bar{N}P$	$\bar{n}p$
σ_j^2	$= P_j Q_j$	$= p_j q_j$
σ_e^2	$= \dfrac{1}{M}\sum^{M}(N_j P_j - \bar{N}P)^2$	$= \dfrac{1}{m}\sum^{m}(n_j p_j - \bar{n}p)^2$
σ_b^2	$= \dfrac{1}{M\bar{N}}\sum^{M} N_j (P_j - P)^2$	$= \dfrac{1}{m\bar{n}}\sum^{m} n_j (p_j - p)^2$
σ_w^2	$= \dfrac{1}{M\,\bar{N}}\sum^{M} N_j P_j Q_j$	$= \dfrac{1}{m\,\bar{n}}\sum^{m} n_j p_j q_j$
σ^2	$= PQ$	$= pq$

Die entsprechenden Schätzwerte sind:

$$\hat{\mu}_j \qquad\qquad \hat{P}_j = p_j \qquad\qquad (116)$$

$$\hat{\mu} \qquad\qquad \hat{P} = \frac{1}{m\,\bar{N}} \sum^{m} N_j p_j \qquad\qquad (117)$$

$$x \qquad\qquad N\hat{P} = \frac{M}{m} \sum^{m} N_j p_j \qquad\qquad (118)$$

$$\bar{x} \qquad\qquad \overline{N\hat{P}} = \frac{1}{m} \sum^{m} N_j p_j \qquad\qquad (119)$$

$$\hat{\sigma}_j^2 \qquad\qquad = p_j q_j \qquad\qquad (120)$$

$$\hat{\sigma}_e^2 \qquad\qquad = \frac{1}{m} \sum^{m} (N_j p_j - \overline{N\hat{P}})^2 \qquad\qquad (121)$$

$$\hat{\sigma}_b^2 \qquad\qquad = \frac{1}{m\,\bar{N}} \sum^{m} N_j (p_j - \hat{P})^2 \qquad\qquad (122)$$

$$\hat{\sigma}_w^2 \qquad\qquad = \frac{1}{m\,\bar{N}} \sum^{m} N_j p_j (1 - p_j) \qquad\qquad (123)$$

$$\hat{\sigma}^2 \qquad\qquad = \hat{P}\hat{Q}$$

$$\qquad\qquad\qquad = \hat{P}(1 - \hat{P}) \qquad\qquad (124)$$

5.3.3. Parameterschätzungen unter vereinfachenden Bedingungen

In der Praxis wird man versuchen, den Auswahlplan so zu gestalten, daß sich konstante Gesamtauswahlwahrscheinlichkeiten
ergeben. Das führt zu erheblichen Vereinfachungen bei der
Schätzung der Parameter.

5.3.3.1. Konstante Auswahlwahrscheinlichkeit auf allen Aus-
wahlstufen

In diesem Fall ist das Auswahlverhältnis $\frac{n_j}{N_j}$ der Sekundäreinheiten für alle Primäreinheiten gleich. Bei gleicher Auswahlwahrscheinlichkeit f_m der Primäreinheiten und gleichem

Auswahlsatz f_{nj} der Sekundäreinheiten je Primäreinheit, also $f_{nj} = f_{\frac{-}{n}}$, liegt dann die <u>gleiche Gesamtauswahlwahrscheinlich-keit für alle Sekundäreinheiten</u> (die im zweistufigen Fall gleich den Erhebungseinheiten sind) vor.

Die Schätzung des Gesamtdurchschnittswertes vereinfacht sich dann wegen

$$f_{nj} = \frac{n_j}{N_j} = f_n = \frac{n}{N} = f_{\frac{-}{n}} = \frac{\bar{n}}{\bar{N}}$$

folgendermaßen

$$(110) \quad \hat{\mu} = \frac{1}{m\bar{N}}\sum^{m}\frac{N_j}{n_j}\sum^{n_j} x_{jk} = \frac{1}{m\bar{N}} \cdot \frac{N_j}{n_j} \sum^{m}\sum^{n_j} x_{jk}$$

$$\hat{\mu} = \frac{\bar{N}}{m\bar{N}\bar{n}}\sum^{m}\sum^{n_j} x_{jk} = \frac{1}{n}\sum^{m}\sum^{n_j} x_{jk}$$

$$\hat{\mu} = \bar{\bar{x}} \tag{125}$$

Entsprechend wird der Durchschnitt der Primäreinheiten (109) nun geschätzt durch

$$\hat{\bar{X}} = \frac{\sum^{m}\frac{N_j}{n_j}\sum^{n_j} x_{jk}}{m} = \frac{\bar{N}}{\bar{n}}\frac{\sum^{m}\sum^{n_j} x_{jk}}{m} = \frac{1}{f_{\frac{-}{n}}}\frac{\sum^{m}\sum^{n_j} x_{jk}}{m} = \frac{1}{f_{\frac{-}{n}}} = \frac{x}{m}$$

$$\hat{\bar{X}} = \frac{1}{f_n} \bar{x} \tag{126}$$

Bei der Schätzung der Merkmalsbeträge muß wiederum der Auswahlsatz berücksichtigt werden. In unserem Spezialfall ergibt sich

$$(106) \quad \hat{X}_j = \frac{N_j}{n_j}\sum^{n_j} x_{jk} = \frac{\bar{N}}{\bar{n}}\sum^{n_j} x_{jk} = \frac{1}{f_{\frac{-}{n}}} x_j \tag{127}$$

und für $\hat{X}$

$$(107) \quad \hat{X} = \frac{M}{m}\sum^{m}\frac{N_j}{n_j}\sum^{n_j} x_{jk} = \frac{M\bar{N}}{m\bar{n}}\sum^{m}\sum^{n_j} x_{jk} = \frac{N}{n} x$$

$$\hat{X} = \frac{1}{f_n} x = N\bar{\bar{x}} \tag{128}$$

Bei Einsatz dieser Ausdrücke vereinfacht sich auch die Schätzung der Streuungswerte erheblich; die Werte der Auswahl können als Schätzgrößen verwendet werden:

$$(112) \quad \hat{\sigma}_e^2 = \frac{1}{m} \sum^m (\hat{\bar{x}}_j - \hat{\bar{x}})^2 = \frac{1}{m} (\frac{\bar{N}}{\bar{n}} x_j - \frac{\bar{N}}{\bar{n}} \bar{x})^2$$

$$\hat{\sigma}_e^2 = \frac{1}{m} \frac{\bar{N}^2}{\bar{n}^2} \sum^m (x_j - \bar{x})^2 = \frac{1}{\frac{\bar{N}^2}{\bar{n}^2}} s_e^2 \qquad (129)$$

$$(113) \quad \hat{\sigma}_b^2 = \frac{1}{m\bar{N}} \sum^m N_j (\bar{x}_j - \bar{\bar{x}})^2 = \frac{\bar{N}}{\bar{n} \, m \, \bar{N}} \sum^m n_j (x_j - \bar{\bar{x}})$$

$$(\text{da } N_j = \frac{\bar{N} n_j}{\bar{n}})$$

$$\hat{\sigma}_b^2 = \frac{1}{m\bar{n}} \sum^m n_j (\bar{x}_j - \bar{\bar{x}}) = s_b^2 \qquad (130)$$

$$(114) \quad \hat{\sigma}_w^2 = \frac{1}{m\,\bar{N}} \sum^m N_j \, s_j^2 = \frac{\bar{N}}{m\,\bar{n}\,\bar{N}} \sum^m n_j \, s_j^2 = \frac{1}{\bar{n}} \sum^m n_j \, s_j^2 \qquad (131)$$

$$(115) \quad \hat{\sigma}^2 = \frac{1}{m\bar{N}} \sum^m \frac{N_j}{n_j} \sum^{n_j} (x_{jk} - \bar{\bar{x}})^2 = \frac{\bar{N}}{m\,\bar{N}\,\bar{n}} \sum^m \sum^{n_j} (x_{jk} - \bar{\bar{x}})^2$$

$$\hat{\sigma}^2 = \frac{1}{\bar{n}} \sum^m \sum^{n_j} (x_{jk} - \bar{\bar{x}})^2 = s^2 \qquad (132)$$

Die entsprechenden Schätzgrößen vereinfachen sich im homograden Fall folgendermaßen:

$$\hat{P} = p \qquad (133)$$

$$N_j \hat{P}_j = N_j P_j \qquad (134)$$

$$\overline{N\hat{P}} = \bar{N} \cdot P \qquad (135)$$

$$N\hat{P} = N \cdot P \qquad (136)$$

Setzt man diese Ausdrücke in die Schätzformeln (116) bis (124) ein, so gelangt man zu den gleichen Streuungsschätzwerten wie im heterograden Fall, nur daß sich nun s^2, s_e^2, s_b^2

und s_w^2 nach der Symbolik für den homograden Fall (s.S. 341) errechnet.

5.3.3.2. Auswahlwahrscheinlichkeit proportional dem Umfang der Primäreinheiten

Die gleichen Vereinfachungen erhalten wir für den Fall, daß die Primäreinheiten proportional ihrem Umfang ausgewählt werden und dann pro Primäreinheit die gleiche Anzahl von Sekundäreinheiten entnommen wird.

Daß sich auch bei diesem Vorgehen eine gleiche Gesamtauswahlwahrscheinlichkeit ergibt, läßt sich leicht zeigen:

Es gilt $n_j = \bar{n}$, nicht aber $f_{nj} = f_{\bar{n}}$, da die Auswahl der gleichen absoluten Anzahl aus verschieden großen Auswahlgesamtheiten zu einem unterschiedlichen Auswahlsatz führt:

$$f_{nj} = \frac{\bar{n}}{N_j}$$

Die Auswahlwahrscheinlichkeit der Primäreinheiten proportional zu ihrem Umfang ist

$$f_{pu} = f_m \cdot \frac{N_j}{\bar{N}}$$

Die Gesamtauswahlwahrscheinlichkeit ergibt sich wieder aus dem Produkt der Wahrscheinlichkeiten auf den einzelnen Auswahlstufen, in diesem Fall also

$$f_{jk} = f_{pu} \cdot f_{nj} = \frac{m}{M} \frac{N_j}{\bar{N}} \cdot \frac{\bar{n}}{N_j} = \frac{m\bar{n}}{M\bar{N}} = \frac{n}{N} = f_n$$

d.h., die Gesamtauswahlwahrscheinlichkeit ist für alle Sekundäreinheiten gleich. Dementsprechend können wir die Schätzformeln des zuerst behandelten Spezialfalles übernehmen. Allerdings müssen wir beachten, daß das Auswahlverhältnis f_{nj} nun nicht mehr gleich ist. Bei den Schätzformeln für die Merkmalsbeträge muß deshalb (Büschges, 1961, S.200) geschrieben werden:

$$\hat{X}_j = \frac{1}{f_{nj}} x_j \tag{137}$$

$$\overset{\wedge}{\overline{X}} = \frac{1}{m} \sum^{m} \frac{1}{f_{nj}} \, x_j \qquad\qquad (138)$$

$$N_j \hat{P}_j = \frac{1}{f_{nj}} \, n_j p_j \qquad\qquad (139)$$

5.3.3.3. <u>Konstante Auswahlwahrscheinlichkeit bei Primäreinheiten gleichen Umfangs</u>

Eine weitere Vereinfachung tritt ein, wenn wir davon ausgehen können, daß <u>nicht nur die Gesamtauswahlwahrscheinlichkeit für alle Sekundäreinheiten gleich ist, sondern auch die Primäreinheiten den gleichen Umfang haben</u>. Wegen $N_j = \overline{N}$ und daraus folgend $n_j = \overline{n}$ können wir nun jeweils die Durchschnittswerte der Erhebungsauswahl (und der Grundgesamtheit) benutzen, was zumeist eine Rechenerleichterung und zudem eine sicherere Schätzmethode ist, da über Durchschnittswerte häufig verläßliche Informationen vorliegen. B ü s c h g e s (1961, S.200) schlägt daher vor, folgende Ausdrücke als Schätzformeln für die Merkmalsbeträge (Gesamtzahlen) zu benutzen (vgl.(126), (127),(128),(135),(136)):

$$\hat{X}_j = \overline{N} \cdot \overline{x}_j \qquad\qquad (140)$$

$$\hat{X} = \frac{1}{f_m} \overline{N} \sum^{m} \overline{x}_j \qquad\qquad (141)$$

$$\overset{\wedge}{\overline{X}} = \frac{1}{m} \overline{N} \sum^{m} \overline{x}_j \qquad\qquad (142)$$

Im homograden Fall entspricht dem

$$N_j \hat{P}_j = \overline{N} \cdot p_j \qquad\qquad (143)$$

$$N \hat{P} = \frac{1}{f_m} \overline{N} \sum^{m} p_j \qquad\qquad (144)$$

Die Schätzformeln für die Streuungsmaße verändern sich nicht wesentlich gegenüber 5.3.3.1., wenngleich eine Umformung möglich ist, die uns später weiterhelfen kann:
Setzen wir (140) und (142) in die Schätzformel der externen Merkmalsstreuung (112) ein, dann erhalten wir

$$\hat{\sigma}_e^2 = \frac{1}{m}\sum^m (\bar{N}\bar{x}_j - \frac{1}{m}\bar{N}\sum^m \bar{x}_j)^2 = \bar{N}^2 \frac{1}{m}\sum^m (\bar{x}_j - \bar{\bar{x}})^2$$

$$\hat{\sigma}_e^2 = N^2 \cdot \hat{\sigma}_b^2 = N^2 s_b^2 \tag{145}$$

Desgleichen können wir in diesem Fall, weil $n_j = \bar{n}$, den Ausdruck

$$s_e^2 = \frac{1}{m}\sum^m (x_j - \bar{x})^2 \quad \text{(s.S.336)}$$

umformen in

$$s_e^2 = \frac{1}{m}\sum (\bar{x}_j n_j - \bar{\bar{x}}\bar{n})^2 = \frac{\bar{n}^2}{m}\sum (\bar{x}_j - \bar{\bar{x}})^2$$

Ferner ist in diesem Fall

$$s_b^2 = \frac{1}{m\bar{n}}\sum^m n_j (\bar{x}_j - \bar{\bar{x}})^2 = \frac{n_j}{m\bar{n}}\sum (\bar{x}_j - \bar{\bar{x}})^2 = \frac{1}{m}\sum^m (\bar{x}_j - \bar{\bar{x}})^2$$

also gilt

$$s_e^2 = \bar{n}^2 s_b^2$$

was uns die folgende Darstellung der Formel des Standardfehlers zweistufiger Auswahlen außerordentlich erleichtert.

5.3.4. <u>Der Standardfehler zweistufiger Auswahlen</u>

Wir haben bisher allgemein und für die Sonderfälle mit gleicher Gesamtauswahlwahrscheinlichkeit für die Erhebungseinheiten die entsprechenden Schätzwerte für die Parameter dargestellt. Wie in allen bisher besprochenen Auswahlmodellen müssen wir nun beim Repräsentationsschluß diese Schätzwerte mit einem Vertrauensbereich umgeben, in dem der wahre Wert der Grundgesamtheit mit angebbarer Sicherheit liegt. Wie bisher, so bestimmt sich auch bei der mehrstufigen Auswahl die Größe dieses Vertrauensbereichs (neben dem gewählten Sicherheitsniveau) durch die Größe des Standardfehlers bzw. durch die Streuung von Auswahlwerten (Durchschnitt oder Proportion), die sich bei einer Massenserie von Auswahlen aus derselben Grundgesamtheit ergeben würde.

5.3.4.1. <u>Heterograder Fall</u>

Die Streuung der Durchschnitte (bei einem gedachten Massenversuch) müssen wir wiederum schätzen, wobei wir uns der
gleichen Argumente bedienen können, die wir bereits bei der
einfachen Wahrscheinlichkeitsauswahl kennengelernt haben:
die Streuung zwischen den Werten von verschiedenen Auswahlen,
die alle aus einer Grundgesamtheit gezogen worden sind, wird
umso größer sein, je größer die Streuung in dieser Grundgesamtheit, und umso kleiner, je größer der Umfang der Auswahlen ist:

$$\sigma^2_{\bar{x}} = \frac{\sigma^2_x}{n} \tag{9}$$

Unsere Aufgabe ist es also zunächst, die Streuung unserer
zweistufigen Auswahl zu errechnen bzw. zu schätzen. Auch dabei können wir weitgehend auf Überlegungen zurückgreifen,
die wir schon beim geschichteten und beim Klumpenauswahlver-
fahren angestellt haben. Bei beiden Verfahren hatten wir ja
darauf hingewiesen, daß sich die Gesamtstreuung einer Grundgesamtheit, die in mehrere Schichten oder Klumpen unterteilt
wurde, zusammensetzt aus der Streuung zwischen diesen Unterteilungen und der Streuung innerhalb der Gruppierungen:

$$\sigma^2 = \sigma^2_b + \sigma^2_w \tag{49}$$

Beim geschichteten Auswahlverfahren konnten wir die Streuung
zwischen den Schichten bei der Berechnung des Standardfehlers
unberücksichtigt lassen, weil wir ja keine Auswahl zwischen
den Schichten vorgenommen hatten, folglich auch kein Auswahlfehler zwischen den Schichten entstehen konnte.
Bei der Klumpenauswahl konnten wir dagegen die Streuung innerhalb der Klumpen (bzw. Schichten) bei der Berechnung des Standardfehlers vernachlässigen, weil wir ja innerhalb der Klumpen keine Auswahl vorgenommen hatten, sondern alle Einheiten
jedes ausgewählten Klumpens erhoben hatten und sich hier also
kein Auswahlfehler ergeben konnte.
Bei einer mehrstufigen Auswahl müssen wir jedoch <u>beide</u> mög-

lichen Streuungen zur Berechnung des Standardfehlers heranziehen, weil ja sowohl zwischen den Klumpen (Schichten, Primäreinheiten) als auch innerhalb der Klumpen eine Auswahl
stattgefunden hat, für die jeweils ein Auswahlfehler berechnet werden muß. Wir können den Auswahlfehler einer zweistufigen Auswahl daher bestimmen durch die Summe der Auswahlfehler,
die wir für die geschichtete und für die Klumpenauswahl for-
muliert haben:

$$\sigma^2_{\bar{\bar{x}}} = \frac{\sigma^2_b}{m} + \frac{\sigma^2_w}{n} \tag{146}$$

Dabei ist allerdings vorausgesetzt, daß hier der Fall von
gleich großen Primäreinheiten und konstanten Auswahlverhält-
nissen auf beiden Stufen, also gleiche Gesamtauswahlwahrscheinlichkeit, vorliegt. Außerdem haben wir in dieser Formel
alle Korrekturfaktoren außer acht gelassen.
Diese Einschränkungen wollen wir nun aufheben und die Formel
des Standardfehlers für den allgemeinsten Fall entwickeln.

5.3.4.1.1. Allgemeine Ableitung des Standardfehlers

Zur Ableitung des Standardfehlers müssen wir lediglich auf
die bereits erörterten Formeln bei der Klumpen- und der geschichteten Auswahl zurückgreifen. Um die Streuung zwischen
den Primäreinheiten zu beschreiben, bedienen wir uns der
Formel (94) bzw. des entsprechenden Ausdrucks für die
Varianz (was wir wegen der optischen Vereinfachung während
der gesamten Ableitung tun wollen). Wir müssen dann lediglich den Korrekturfaktor hinzufügen:

$$\sigma^2_{\bar{\bar{x}}} = \frac{\sigma^2_e}{\bar{N}^2 m} \cdot \frac{M-m}{M-1}$$

Zur Darstellung der internen Streuung greifen wir auf den
allgemeinsten Fall der geschichteten Auswahl zurück (51)
(wobei wir hier N_j-1 <u>nicht</u> gleich N_j setzen):

$$\sigma_{\bar{x}}^2 = \frac{1}{N^2} \sum_{}^{M} N_j^2 \frac{\sigma_j^2}{n_j} \frac{N_j - n_j}{N_j - 1}$$

Demnach ergibt sich das Quadrat des Standardfehlers einer zweistufigen Auswahl nach

$$\sigma_{\bar{x}}^2 = \frac{\sigma_e^2}{\bar{N}^2 m} \frac{M-m}{M-1} + \frac{1}{N^2} \sum_{}^{M} N_j^2 \frac{\sigma_j^2}{n_j} \frac{N_j - n_j}{N_j - 1}$$

In dieser Form findet sich die Formel allerdings nicht in den einschlägigen Lehrbüchern. Zunächst müssen wir berücksichtigen, daß ja die interne Streuung nur für die Primäreinheiten angegeben wird, die in der ersten Auswahlstufe ausgewählt wurden. Deshalb müssen wir den Beitrag der internen Streuung zur Gesamtstreuung mit dem reziproken Auswahlsatz der ersten Stufe, $\frac{1}{f_m} = \frac{M}{m}$, gewichten. Zudem wird in den meisten Lehrbüchern nicht der Standardfehler des Durchschnitts, sondern der der Merkmalsbeträge angegeben (Kellerer, 1963, und Deming, 1961, bezeichnen die Streuung der Merkmalsbeträge beim gedachten Massenversuch, σ_X^2, als "Var X"; wegen der besseren Vergleichbarkeit wollen wir auch diese Bezeichnung mitaufführen). Um diesen Wert zu erhalten, müssen wir unsere Formel mit $N^2 = M^2 \bar{N}^2$ multiplizieren. Es ergibt sich

$$\sigma_X^2 = \text{Var } X = M^2 \bar{N}^2 \left(\frac{\sigma_e^2}{\bar{N}^2 m} \frac{M-m}{M-1} + \frac{M}{N^2 m} \sum_{}^{M} N_j^2 \frac{\sigma_j^2}{n_j} \frac{N_j - n_j}{N_j - 1} \right)$$

$$= M^2 \frac{\sigma_e^2}{m} \left(\frac{M-m}{M-1}\right) + \frac{M}{m} \sum_{}^{M} N_j^2 \frac{\sigma_j^2}{n_j} \left(\frac{N_j - n_j}{N_j - 1}\right)$$

Setzen wir außerdem zur Vereinfachung $M-1 = M$ und $N_j - 1 = N_j$, so erhalten wir

$$\sigma_X^2 = \text{Var } X = M^2 \frac{\sigma_e^2}{m} \left(1 - \frac{m}{M}\right) + \frac{M}{m} \sum_{}^{M} N_j^2 \frac{\sigma_j^2}{n_j} \left(1 - \frac{n_j}{N_j}\right) \tag{147}$$

In dieser Form taucht die Formel bei K e l l e r e r (1963, S. 146) und bei D e m i n g (1961, S.149) auf. Häufig wird dieser Ausdruck dadurch umgeformt, daß das reziproke Auswahlverhältnis, $\frac{M}{m}$, gesondert gestellt wird. Dann ergibt sich

$$\sigma_X^2 = \text{Var } X = \left(\frac{M}{m}\right)^2 \left(m\,\sigma_e^2\,\left(\frac{M-m}{M-1}\right) + \frac{m}{M}\sum^{M} N_j^2\,\frac{\sigma_j^2}{n_j}\,\left(\frac{N_j-n_j}{N_j-1}\right) \right)$$

oder, wenn wir $N_j\dfrac{\sigma_j^2}{n_j} = \dfrac{N_j^2}{n_j}\,n_j\,\sigma_j^2$ setzen:

$$\sigma_X^2 = \text{Var } X = \left(\frac{M}{m}\right)^2 \left(m\,\sigma_e^2\,\left(\frac{M-m}{M-1}\right) + \frac{m}{M}\sum^{M} \frac{N_j^2}{n_j^2}\,n_j\,\sigma_j^2\,\left(\frac{N_j-n_j}{N_j-1}\right) \right) \qquad (148)$$

Diese Form führt wiederum D e m i n g (1961, S. 149) auf,
ebenso wie B ü s c h g e s (1961, S.203), der jedoch den
Standardfehler des Durchschnitts beschreibt, d.h., den obigen
Ausdruck durch $N^2 = \bar{N}^2 M^2$ dividiert. Es gilt also

$$\sigma_{\bar{X}}^2 = \frac{1}{M^2\bar{N}^2}\,\frac{M^2}{m^2} \left(m\,\sigma_e^2\,\left(\frac{M-m}{M-1}\right) + \frac{m}{M}\sum^{M} \frac{N_j^2}{n_j^2}\,n_j\,\sigma_j^2\,\left(\frac{N_j-n_j}{N_j-1}\right) \right) \qquad (149)$$

Welche Form man nun anwendet, hängt von der jeweiligen Daten-
lage und den für notwendig erachteten Zwischenergebnissen ab.
B ü s c h g e s geht besonders weit in dem Bemühen, alle
Parameter durch die jeweiligen Werte der Auswahl darzustellen, wie wir schon bei der Ableitung der Schätzwerte sahen.
Diese Schätzwerte können wir jedoch nicht ohne weiteres zur
Berechnung des Standardfehlers benutzen bzw. in die vorangestellten Formeln einsetzen. Im Gegensatz etwa zur einfachen
Wahrscheinlichkeitsauswahl kann nämlich die in der Auswahl
festgestellte Streuung nicht als unverzerrte Schätzung der
Grundgesamtheitsstreuung verwendet werden, die bei der Streuung der Durchschnittswerte eines (gedachten) Massenexperiments von entscheidender Bedeutung ist.
Dies gilt vor allem für die in der Auswahl festgestellte
externe Streuung, und damit für den Schätzwert $\hat{\sigma}_e^2$, der
nicht nur von der Auswahl der Primäreinheiten, sondern auch
von der der Sekundäreinheiten abhängig ist - nur über diese
erhobenen Sekundäreinheiten gelangen wir ja zu den Para-

meterschätzungen.

Da die Sekundäreinheiten innerhalb einer Primäreinheit ebenfalls eine Streuung haben, würde im Massenexperiment von Auswahl zu Auswahl eine größere Streuung festgestellt werden, als wenn alle Sekundäreinheiten pro ausgewählten Primäreinheiten erhoben worden wären, d.h. durch die interne Streuung wird die externe überschätzt. Entsprechend müssen wir den Schätzwert der externen Streuung vermindern, und zwar umso mehr, je größer die Streuung der Maßzahlen innerhalb der Primäreinheiten ist.

Diese Streuung nun wird im Massenversuch umso größer, je kleiner das Auswahlverhältnis pro Primäreinheit ist, d.h., je größer die Primäreinheiten und je kleiner der Anteil der aus ihnen entnommenen Sekundäreinheiten.

Die Streuung zwischen den "Versuchswerten" wird dagegen umso kleiner, je größer die Anzahl der Primäreinheiten -'je kleiner ihr Umfang - und je größer der Anteil von Sekundäreinheiten ist, den wir auf der zweiten Auswahlstufe aus ihnen entnehmen. In diesem Fall wird die Streuung der Merkmalswerte vor allem der Streuung der Primäreinheiten zuzurechnen sein.

Wir wollen die Ableitung der Schätzformeln für die internen und externe Streuung hier nicht in allen Einzelheiten nachvollziehen - sie sind bei D e m i n g (1961, S.347 ff.) ausführlich geschildert - sondern sie nur in ihrem Ergebnis vorstellen. Dies ist vor allem deshalb gerechtfertigt, weil in allen Lehrbüchern nach der mühevollen Ableitung der Formel darauf hingewiesen wird, daß dieser allgemeinste Fall in der Praxis so gut wie nie vorkommt, weil man bestrebt ist, die drei Sonderfälle, die wir bereits bei der Schätzung der Parameter in den Vordergrund gestellt haben, zu realisieren. Bei gleicher Gesamtauswahlwahrscheinlichkeit vereinfacht sich die folgende Formel dann ganz beträchtlich. In der allgemeinsten Form schätzt man die externe Streuung durch

$$\hat{\sigma}_e''^2 = \frac{M-1}{M} \; \frac{m}{m-1} \; \hat{\sigma}_e^2 - \frac{M-1}{M^2} \sum_{n_j^2}^{M} \frac{N_j^2}{n_j^2} \; n_j \; \sigma_j^2 \; \frac{N_j - n_j}{N_j - 1}$$

wobei die zwei Striche andeuten ($\overset{\wedge}{\sigma}{}_e^{\prime\prime 2}$), daß es sich um einen
in zweifacher Weise beeinflußten Schätzwert handelt (Büschges,
1961, S. 206; Deming, 1961, S. 349).

In dieser Formel werden unsere Überlegungen bestätigt: von
der externen Streuung, die wir bei einer Auswahl berechnet
haben, wird ein Anteil der internen Streuung subtrahiert (und
zwar ein umso größerer, je geringer die Anzahl der Primäreinheiten und je kleiner das Auswahlverhältnis $\frac{N_j}{n_j}$), und die
externe Streuung selbst wird umso mehr berücksichtigt, je
größer die Anzahl der Primäreinheiten insgesamt und je kleiner die Anzahl der ausgewählten Primäreinheiten.

Zur Schätzung von σ_j^2 können wir den bereits erörterten Schätzwert verwenden, da die interne Streuung nur von den Sekundäreinheiten beeinflußt wird. Allerdings müssen wir nun berücksichtigen, ob es sich um größere oder kleinere Primäreinheiten handelt, aus denen diese Sekundäreinheiten entnommen wurden:

$$\overset{\wedge}{\sigma}{}_j^{\prime 2} = \frac{n_j}{n_j - 1} \; \frac{N_j - 1}{N_j} \; \cdot \; \overset{\wedge}{\sigma}{}_j^2$$

Setzen wir diesen Ausdruck in die obige Formel ein, dann
können wir $\overset{\wedge}{\sigma}{}_e^{\prime\prime 2}$ und $\overset{\wedge}{\sigma}{}_j^{\prime 2}$ als unverzerrte Schätzwerte in die
Formeln für den Standardfehler übernehmen und erhalten nach
einigen Kürzungen und Umformungen (Kellerer, 1963, S. 156;
Deming, 1961, S.349) als Varianz der Merkmalsbeträge:

$$\overset{\wedge}{\sigma}{}_X^2 = \text{Var } X(\text{Schätzwert})$$

$$= M(\frac{M}{m} - 1) \; \frac{m}{m-1} \; \overset{\wedge}{\sigma}{}_e^2 + \frac{M}{m} \cdot \sum^m \frac{N_j(N_j - n_j)}{n_j - 1} \; \overset{\wedge}{\sigma}{}_j^2 \qquad (150)$$

oder, in der Schreibart von B ü s c h g e s (1961, S. 207),
daß Streuungsmaß der Durchschnittswerte:

$$\hat{\sigma}_{\bar{x}}^2 = \frac{1}{M^2 \bar{N}^2} \frac{M^2}{m^2} \left(\frac{M-1}{M} \frac{m^2}{m-1} \hat{\sigma}_e^2 \frac{M-m}{M-1} \right.$$

$$\left. + \frac{m}{M} \sum_{n_j}^{m} \frac{N_j^2}{n_j^2} \frac{N_j-1}{N_j} \frac{n_j^2}{n_j-1} \sigma_j^2 \frac{N_j-n_j}{N_j-1} \right) \tag{151}$$

In dieser Formel wird besonders deutlich, welche Größen alle in die Berechnung miteinbezogen werden müssen. Trotz aller furchterregenden Formeln ist das Ergebnis recht einfach: der Schätzwert $\hat{\sigma}_e^2$ der externen Streuung wird mit $\frac{M-1}{M} \frac{m}{m-1}$ multipliziert und ersetzt den tatsächlichen Parameter (in Formel (149)); der Schätzwert $\hat{\sigma}_j^2$ der internen Streuung wird mit $\frac{N_j-1}{N_j} \frac{n_j}{n_j-1}$ multipliziert und ersetzt σ_j^2. Die Schätzwerte sind also unseren Überlegungen entsprechend der besonderen Situation der Streuung der Merkmalswerte bei einem Massenversuch mit einer zweistufigen Auswahl angepaßt.

<u>Diese Formeln können in den meisten Fällen stark vereinfacht werden</u>. Zunächst ist es in der Regel bei größeren Erhebungen so, daß <u>M-1 = M</u> und <u>m-1 = m</u> sowie <u>$N_j-1 = N_j$</u> gesetzt werden kann. Dann verändert sich Formel (151) folgendermaßen:

$$\hat{\sigma}_{\bar{x}}^2 = \frac{1}{\bar{N}^2 m^2} \left(m \, \hat{\sigma}_e^2 \frac{M-m}{M} + \frac{m}{M} \sum_{n_j}^{m} \frac{N_j^2}{n_j^2} \frac{n_j^2}{n_j-1} \hat{\sigma}_j^2 \frac{N_j-n_j}{N_j} \right)$$

$$= \frac{M-m}{\bar{N}^2 mM} \hat{\sigma}_e^2 + \frac{1}{\bar{N}^2 mM} \sum^{m} N_j \frac{N_j-n_j}{n_j-1} \hat{\sigma}_j^2$$

Führen wir nun wieder $f_m = \frac{m}{M}$ und $f_{nj} = \frac{n_j}{N_j}$ ein, so ergibt sich

$$\hat{\sigma}_{\bar{x}}^2 = \frac{1}{\bar{N}^2 m} (1-f_m) \hat{\sigma}_e^2 + \frac{1}{\bar{N}^2 mM} \sum^{m} \frac{N_j^2}{n_j-1} (1-f_{nj}) \hat{\sigma}_j^2 \tag{152}$$

Formulieren wir dies als Streuung der Merkmalsbeträge um, dann erhalten wir:

$$\text{Var } X = \bar{N}^2 M^2 \; \hat{\sigma}^2_{\bar{\bar{X}}} = \frac{M^2}{m}(1-f_m)\,\hat{\sigma}^2_e + \frac{M}{m}\sum^{m}\frac{N_j}{n_j-1}(1-f_{nj})\,\hat{\sigma}_j$$

Wir haben dann also eine nahezu völlige Entsprechung zu Formel (147). Dies ist nach unseren Überlegungen nur plausibel, denn unter der Annahme sehr vieler Primäreinheiten (M-1 $\approx$ M) und sehr vieler ausgewählter Primäreinheiten (m-1 $\approx$ m) spielt die interne Streuung pro Primäreinheit keine bedeutende Rolle mehr bei der Bestimmung der externen Streuung, wir können also den Schätzwert $\hat{\sigma}^2_e$ unkorrigiert lassen.

Wenn M sehr groß ist, dann wird meist der Auswahlsatz f_m so klein sein, daß wir $\underline{1-f_m = 1}$ setzen können. Häufig ist auch f_{nj} so klein, daß wir $\underline{1-f_{nj} = 1}$ annehmen können. Dann vereinfacht sich Formel (152) zu:

$$\hat{\sigma}^2_{\bar{\bar{X}}} = \frac{1}{\bar{N}^2 m}\,\hat{\sigma}^2_e + \frac{1}{\bar{N}^2 mM}\sum^{m}\frac{N_j^2}{n_j-1}\,\hat{\sigma}^2_j \tag{153}$$

In diese Formel können wir die bereits erarbeiteten Schätzwerte einsetzen, worauf wir jedoch hier verzichten wollen. Unter den aufgeführten Bedingungen können wir Formel (153) noch weiter vereinfachen: sinkt der Auswahlsatz f_m unter 0,05, dann spielt der Beitrag der internen Streuung zur Gesamtstreuung kaum noch eine Rolle. Wie wir aus Formel (151) ersehen können, wird damit der zweite Summand praktisch unerheblich (unter der Voraussetzung, daß aus den wenigen ausgewählten Primäreinheiten sehr viele Sekundäreinheiten entnommen werden, f_{nj} also recht groß ist). Als grobe Schätzung des Quadrats des Standardfehlers genügt dann die Schätzung der externen Streuung:

$$\hat{\sigma}^2_{\bar{\bar{X}}} = \frac{1}{\bar{N}^2 m}\,\hat{\sigma}^2_e \tag{154}$$

Diese Vereinfachungen gelten jedoch wohlgemerkt nur unter den aufgeführten Bedingungen, die (Büschges, 1961, S. 207) allenfalls bei größeren Repräsentativerhebungen als erfüllt angesehen werden dürften.

5.3.4.1.2. Der Standardfehler bei konstanter Gesamtauswahlwahrscheinlichkeit

Zur weiteren Vereinfachung der Fehlerformel führen vor allem
solche Auswahlmodelle, die die gleiche Gesamtauswahlwahrscheinlichkeit der Erhebungseinheiten (Sekundäreinheiten) herbeiführen, vor allem dann, wenn die Primäreinheiten gleich
groß sind.

Nehmen wir zunächst an, wir hätten die gleiche Auswahlwahrscheinlichkeit für alle Primär- und für alle Sekundäreinheiten, also eine konstante Gesamtauswahlwahrscheinlichkeit
für alle Erhebungseinheiten:

$$f_{nj} = f_n \; ; \; \frac{n_j}{N_j} = \frac{\bar{n}}{\bar{N}}$$

Dann können wir nach Formel (129) $\hat{\sigma}_e^2$ durch $\frac{1}{f_{\bar{n}}^2} s_e^2$ schätzen.
$\hat{\sigma}_j^2$ wird durch s_j^2 geschätzt und $(1-f_{nj})$ kann vor die Summe
gezogen werden, da f_{nj} eine Konstante ist. Wir erhalten also
beispielsweise anstelle von Formel (152) als Schätzung des
Standardfehlers (bzw. dessen Quadrat):

$$\hat{\sigma}_{\bar{\bar{x}}}^2 = \frac{1}{\bar{N}^2 m} (1-f_m) \frac{1}{f_{\bar{n}}^2} s_e^2 + \frac{1-f_{\bar{n}}}{\bar{N}^2 mM} \sum_{n_j-1}^{m} N_j^2 \, s_j^2$$

$$= \frac{1}{\bar{N}^2 m \bar{n}^2} \bar{N}^2 (1-f_m) s_e^2 + \frac{1-f_{\bar{n}}}{\bar{N}^2 mM} \sum_{n_j-1}^{m} N_j^2 \, s_j^2$$

Setzen wir weiterhin $N_j = \dfrac{\bar{N} \; n_j}{\bar{n}}$, so erhalten wir

$$\hat{\sigma}_{\bar{\bar{x}}}^2 = \frac{1-f_m}{m\bar{n}^2} s_e^2 + \frac{1-f_n}{\bar{n}^2 mM} \sum_{n_j-1}^{m} n_j^2 \, s_j^2 \tag{155}$$

Entsprechend verändern sich die anderen aufgeführten Formeln.
Der Vorteil bei konstanter Gesamtauswahlwahrscheinlichkeit
gegenüber dem allgemeinen Fall liegt darin, daß die komplizierten Gewichtungen entfallen. Zum anderen können wir nun
den Standardfehler berechnen, ohne den Umfang der einzelnen
Primäreinheiten (N_j) oder deren durchschnittliche Größe

kennen zu müssen.

Dies zeigt sich besonders anschaulich, wenn wir wieder unterstellen, daß der Auswahlsatz f_m unter 0,05 beträgt. Bei konstanter Gesamtauswahlwahrscheinlichkeit können wir dann Formel (154) umformen in

$$\hat{\sigma}_{\bar{\bar{x}}}^2 = \frac{1}{\bar{n}^2 m}\, s_e^2 \tag{156}$$

Ein Auswahlmodell mit konstanten Gesamtauswahlwahrscheinlichkeiten bietet daher eine gewisse <u>Sicherung gegenüber Verzerrungen, die aus einer falschen Einschätzung der Grundgesamtheitswerte entstehen</u> (und sich durch die Auswahl verstärken) könnten. Im übrigen zeigt sich in Formel (156), daß unter diesen Bedingungen die zweistufige Auswahl der Klumpenauswahl gleichzusetzen ist (vgl. Formel (94)), wie es unseren Überlegungen entspricht.

Eine weitere Vereinfachung unserer Formeln tritt ein, wenn die <u>Primäreinheiten den gleichen Umfang</u> haben <u>($N_j = \bar{N}$)</u> und dazu gleiche Auswahlwahrscheinlichkeit auf beiden Auswahlstufen besteht. Dieser Sonderfall wird in einigen Lehrbüchern als einziger erwähnt; tatsächlich eignet sich die unter diesen Bedingungen ableitbare Formel besonders gut zur Illustration unserer Überlegungen.

Wenn $N_j = \bar{N}$ und $f_{nj} = f_{\bar{n}}$, dann ist auch $n_j = \bar{n}$. Wir können dann Formel (155) umformen in:

$$\hat{\sigma}_{\bar{\bar{x}}}^2 = \frac{1-f_m}{\bar{n}^2 m}\, s_e^2 \;+\; \frac{1-f_{\bar{n}}\;\;\bar{n}^2}{\bar{n}^2 mM(\bar{n}-1)} \sum^{m} s_j^2$$

Aus unserer Übersicht über die Symbolik können wir unter dieser Bedingung entnehmen, daß $s_e^2 = \bar{n}^2 s_b^2$. Setzen wir diesen Ausdruck ein, dann erhalten wir nach entsprechender Kürzung:

$$\hat{\sigma}_{\bar{\bar{x}}}^2 = \frac{1-f_m}{m}\, s_b^2 + \frac{1-f_{\bar{n}}}{\bar{m}M(\bar{n}-1)} \sum^{m} s_j^2 \tag{157}$$

Weiter können wir die Summe der internen Streuungen in diesem Fall durch die durchschnittliche interne Streuung, s_w^2 ,
ausdrücken:

$$s_w^2 = \frac{1}{n} \sum_{j}^{m} n_j \, s_j^2$$

Da $n_j = \bar{n}$ und $n = m\bar{n}$, ergibt sich:

$$\hat{\sigma}_{\bar{\bar{x}}}^2 = \frac{1-f_m}{m} \, s_b^2 + \frac{1-f_{\bar{n}}}{mM(\bar{n}-1)} \, \frac{m\bar{n}}{n} \, s_w^2$$

Umschreiben wir dann noch $\frac{1}{M}$ mit dem Auswahlverhältnis der
ersten Auswahlstufe ($f_m = \frac{m}{M}$) dann bildet sich die Formel

$$\boxed{\hat{\sigma}_{\bar{\bar{x}}}^2 = \frac{1-f_m}{m} \, s_b^2 + f_m \, \frac{1-f_n}{m(\bar{n}-1)} \, s_w^2} \tag{158}$$

Sie findet sich beispielsweise bei B ü s c h g e s (1961,
S. 213), dessen Ableitung wir folgten, bei Y a t e s (1949,
S. 227) und K e l l e r e r (1963, S. 156). Diese Formel
macht noch einmal in einfacher Weise anschaulich, <u>wovon der
Standardfehler einer zweistufigen Auswahl beeinflußt wird:
von der externen und der internen Streuung, von den Auswahl-
verhältnissen und der Anzahl der Primäreinheiten sowie vom
absoluten Umfang der Auswahl pro Primäreinheit.</u> Es wird wieder bestätigt, daß die interne Streuung umso weniger Gewicht
hat, je kleiner die Anzahl der ausgewählten Primäreinheiten
(m) gegenüber allen Primäreinheiten ist; wenn $f_m = \frac{m}{M} \leq 0{,}05$,
wird die interne Streuung wiederum praktisch unerheblich und
$1-f_m \approx 1$, wir erhalten als Quadrat des Standardfehlers

$$\boxed{\hat{\sigma}_{\bar{\bar{x}}}^2 = \frac{s_b^2}{m}} \tag{159}$$

also wieder eine vollkommene Entsprechung zum Klumpenverfahren (s. Formel (95)).

Dies gilt allerdings wiederum nur unter der Voraussetzung,
daß $f_{\bar{n}}$ bzw. $\bar{n}$ recht groß ist: erst dann kann angenommen werden, daß die interne Streuung bei einem Massenversuch nicht
in hohem Maße variieren wird.

Im Fall unterschiedlich großer Primäreinheiten kommt man
ebenfalls, wie wir bereits zeigten, zu einer <u>konstanten
Gesamtauswahlwahrscheinlichkeit, wenn man die Primäreinheiten proportional ihrem Umfang auswählt und dann pro ausgewählter Primäreinheit die gleiche Anzahl von Sekundäreinheiten entnimmt.</u> Dadurch erhalten Sekundäreinheiten einer ausgewählten Primäreinheit eine umso größere Auswahlchance, je
kleiner diese Primäreinheit ist. Andererseits haben kleinere
Primäreinheiten eine kleinere Auswahlwahrscheinlichkeit; umgekehrt haben zwar größere Primäreinheiten eine größere Auswahlwahrscheinlichkeit, ihre Sekundäreinheiten aber eine geringere. Die auf diese Weise gesicherte konstante Gesamtauswahlwahrscheinlichkeit ermöglicht uns wiederum, die Werte der
Auswahl ungewogen als Parameterschätzungen zu benutzen.

Da $f_{jk} = f_{n_j}$ und $n_j = \bar{n}$, können wir wie im Falle gleich großer
Primäreinheiten s_e^2 durch $\bar{n}^2 s_b^2$ ersetzen. Formel (157) kann
allerdings nicht unverändert übernommen werden, weil nun
nicht mehr $f_{nj} = f_{\bar{n}}$ ist. Vielmehr ergibt sich die Auswahlwahrscheinlichkeit auf der zweiten Auswahlstufe dadurch, daß
die durchschnittliche Wahrscheinlichkeit mit dem reziproken
Wert der relativen Größe der Primäreinheit gewichtet wird:

$$f_{nj} = f_{\bar{n}} \; \frac{\bar{N}}{N_j}$$

Deshalb müssen wir die interne Streuung wiederum gewichten,
und zwar mit $\dfrac{N_j}{\bar{N}}$; wobei wir wegen der ungleichen f_{nj} und N_j
diese Ausdrücke wieder unter die Summe ziehen müssen:

$$\hat{\sigma}_{\bar{\bar{x}}}^2 = \frac{1-f_m}{m} s_b^2 + \frac{1}{mM(\bar{n} - 1)} \sum^{m} \frac{N_j}{\bar{N}} s_j^2 (1-f_{nj}) \qquad (160)$$

Bei sehr kleinem Auswahlverhältnis fällt jedoch auch hier
der zweite Summand weg; es bleibt Formel (159) als Fehler-
maß.

Formel (160) und die ihr zugrunde liegende Manipulation der
Auswahlwahrscheinlichkeiten wird in der Regel am ehesten der
Datenlage in der Praxis entsprechen. B ü s c h g e s (1961,

S. 218) weist darüber hinaus auf einen entscheidenden Vorteil
hin: wenn nur mangelhafte Kenntnis über den Umfang der Primäreinheiten vorliegt oder selbst dann, wenn man sich - etwa
aufgrund veralteter Grundlagen - falsche Vorstellungen davon
macht, <u>führt diese Anordnung nicht zu Verzerrungen</u>, wenn
diese (falschen) Schätzwerte zur Ermittlung des Auswahlsatzes
der ersten Stufe und als Gewichtungsfaktoren benutzt werden,
<u>sofern man auch f_{nj} mit diesen Schätzwerten berechnet</u>. Dann
werden zwar die n_j nicht mehr gleich $\bar{n}$ sein, aber gerade
dadurch wird der möglicherweise veränderten Datenlage Rechnung getragen: es ergibt sich wiederum eine konstante Gesamtauswahlwahrscheinlichkeit, die zu unverzerrten Parameterschätzungen berechtigt (self-weighting).

5.3.4.2. <u>Homograder Fall</u>

Alle Überlegungen und Ableitungen der zweistufigen Auswahl
im heterograden Fall gelten sinngemäß auch für den homograden Fall, so daß lediglich die Ausdrücke und Schätzwerte
des homograden Falles in die entsprechenden Formeln eingesetzt werden müssen (s. Übersicht S.341 ff.). Wir wollen daher die Formeln nur im Ergebnis darstellen.

Für den allgemeinen Fall einer zweistufigen Auswahl beziehen
wir uns auf Formel (152). Die entsprechende Formel für den
homograden Fall ist dann

$$\hat{\sigma}_p^2 = \frac{1-f_m}{\bar{N}^2 m^2} \sum^m (N_j p_j - \bar{N}\hat{P})^2 + \frac{1}{\bar{N}^2 mM} \sum^m \frac{N_j^2}{n_j-1} (1-f_{nj}) \, p_j q_j \qquad (161)$$

Formel (153) wird zu

$$\hat{\sigma}_p^2 = \frac{1}{\bar{N}^2 m^2} \sum^m (N_j p_j - \bar{N}\hat{P}) + \frac{1}{\bar{N}^2 mM} \sum^m \frac{N_j^2}{n_j-1} \, p_j q_j \qquad (162)$$

Im Fall <u>konstanter Gesamtauswahlwahrscheinlichkeit</u> (mit konstanter Auswahlwahrscheinlichkeit auf beiden Stufen) beziehen wir uns auf die Formeln (155) und (161) und erhalten

$$\hat{\sigma}_p^2 = \frac{1-f_m}{\bar{n}^2 m^2} \sum^m (n_j p_j - \bar{n}p)^2 + \frac{1-f_{\bar{n}}}{\bar{n}^2 mM} \sum^m \frac{n_j^2}{n_j-1} p_j q_j \qquad (163)$$

Sind die <u>Primäreinheiten</u> darüber hinaus noch <u>gleich groß</u>, so wird Formel (163) analog (157) zu:

$$\hat{\sigma}_p^2 = \frac{1-f_m}{m^2} \sum^m (p_j - p)^2 + \frac{1 - f_{\bar{n}}}{mM(\bar{n}-1)} \sum^m p_j q_j \qquad (164)$$

Bei <u>Auswahlwahrscheinlichkeiten proportional dem Umfang der Primäreinheiten</u> und gleicher Anzahl von Sekundäreinheiten formen wir (160) um und erhalten statt (164)

$$\hat{\sigma}_p^2 = \frac{1-f_m}{m^2} \sum^m (p_j - p)^2 + \frac{1}{mM(\bar{n}-1)} \sum^m \frac{N_j}{\bar{N}} p_j q_j (1-f_{nj}) \qquad (165)$$

Wir wollen die Schilderung der zweistufigen Auswahl mit einem einfachen Beispiel abschließen, um die Zusammenhänge plastischer zu machen.

5.3.4.3. <u>Beispiel für den heterograden Fall</u>

Dazu soll wieder das Beispiel bemüht werden, das wir schon bei der Klumpenauswahl durchgespielt hatten (s.S.309ff.): Wir haben 4 Primäreinheiten, in unserem Beispiel Stadtviertel, die aus je 4 Häuserblocks, den Sekundäreinheiten, bestehen. Ermittelt werden soll wieder die durchschnittliche Anzahl der Kneipen pro Block.
Dazu wählen wir zwei der 4 Stadtviertel aus, um dann innerhalb dieser zwei ausgewählten Primäreinheiten eine erneute Auswahl unter den jeweils 4 Häuserblocks zu treffen. Wir wollen auch in dieser Auswahlstufe einen Auswahlsatz von 0,5 haben, also 2 der vier Blocks pro ausgewählter Primäreinheit in die Auswahl einbeziehen.
Damit haben wir ein Modellbeispiel konstruiert, das dem

Spezialfall konstanter Auswahlwahrscheinlichkeit auf beiden Stufen bei gleich großen Primäreinheiten entspricht.

Wir können (könnten) hier also die Formel (158) zur Berechnung des Standardfehlers benutzen. Allerdings kann bei unserer (unzulässig!) geringen Fallzahl nun auf keinen Fall $M-1 \approx M$ und $N_j-1 \approx N_j$ gelten, d.h. wir können die Korrekturfaktoren $\frac{M-m}{M-1}$ und $\frac{N_j-n_j}{N_j-1}$ bzw. $\frac{\bar{N}-\bar{n}}{\bar{N}-1}$ nicht mehr als $1-f_m$ und $1-f_{\bar{n}}$ umschreiben.

Wir erhalten also als Formel

$$\hat{\sigma}_{\bar{\bar{x}}}^2 = \frac{s_b^2}{m} \frac{M-m}{M-1} + f_m \frac{s_w^2}{m(\bar{n}-1)} \frac{\bar{N}-\bar{n}}{\bar{N}-1} \qquad \text{(a)}$$

In unserem Beispiel ($M=4$, $m=2$, $\bar{N}=4$, $\bar{n}=2$) ergibt das:

$$\hat{\sigma}_{\bar{\bar{x}}}^2 = s_b^2 \cdot \frac{1}{3} + s_w^2 \cdot \frac{1}{6} \qquad \text{(b)}$$

als Schätzwert für das Quadrat des Standardfehlers. Diesen Standardfehler fügen wir in die uns bekannte Schätzformel für den wahren Wert der Grundgesamtheit ein:

$$\mu = \bar{\bar{x}} \pm z \, \hat{\sigma}_{\bar{\bar{x}}}$$

Nehmen wir nun an, wir hätten in der ersten Auswahlstufe wiederum die Primäreinheiten 1 und 2 gezogen, wie wir es bereits bei der Klumpenauswahl getan haben. Aus diesen Primäreinheiten wählen wir nun je zwei Sekundäreinheiten aus; nehmen wir an, wir ziehen bei der ersten den 2. und den 4. Block, bei der zweiten den 1. und den 3. Wir erhalten also mit unserer "Auswahl" folgende Werte (vergleiche die Übersicht S. 309):

$$x_{12} = 0 \; ; \; x_{14} = 2$$
$$x_{21} = 4 \; ; \; x_{23} = 6$$

Daraus ergibt sich dann

$$x_j = \sum^{n_j} x_{jk} \qquad \begin{aligned} x_1 &= 0 + 2 = 2 \\ x_2 &= 4 + 6 = 10 \end{aligned}$$

$$\bar{x}_j = \frac{\sum\limits_{k}^{n_j} x_{jk}}{n_j} \qquad \bar{x}_1 = \frac{2}{2} = 1$$

$$\bar{x}_2 = \frac{10}{2} = 5$$

In diesem Fall können wir den Parameter μ schätzen durch $\bar{\bar{x}}$ (95).

$\bar{\bar{x}}$ ergibt sich nach (s.S. 336) $\dfrac{\sum\limits_{}^{m}\sum\limits_{}^{n_j} x_{jk}}{m\,\bar{n}}$, also

$$\bar{\bar{x}} = \frac{2 + 10}{2 \cdot 2} = 3$$

Wir haben also (wenn auch nicht "zufällig") den wahren Wert des Parameters exakt geschätzt, wie wir aus der vorigen Version dieses Beispiels wissen. Nun gilt es, den Standardfehler zu berechnen bzw. zu schätzen, wozu wir bereits Formel (158) modifiziert haben.

Wir wollen zur Bestimmung von s_b^2 und s_w^2 wieder die Übersicht der Seite 309 benutzen:

$$s_b^2 = \frac{1}{m\bar{n}}\sum\limits_{}^{m} n_j(\bar{x}_j - \bar{\bar{x}})^2 \qquad \text{wird wegen } n_j = \bar{n} \text{ zu:}$$

$$s_b^2 = \frac{1}{m}\sum\limits_{}^{m} (\bar{x}_j - \bar{\bar{x}})^2 \qquad \text{und ergibt in unserem Fall}$$

$$s_b^2 = \frac{1}{2}\left[(1-3)^2 + (5-3)^2 \right] = \frac{1}{2}(4+4) = 4$$

Diesen Wert können wir nach (130) als Schätzwert für σ_b^2 nehmen. Vergleichen wir ihn mit dem wahren Wert ($=2,5$; s.S. 312), so sehen wir, daß wir durch die "Auswahl" der recht unterschiedlichen Primäreinheiten die externe Streuung der Durchschnittswerte stark überschätzt haben. (Dagegen haben wir den gleichen Wert wie bei der Klumpenauswahl (s.S. 317) errechnet, weil sich die $\bar{x}_j$ entsprechen.)

Die durchschnittliche interne Streuung berechnen wir nach

$$s_w^2 = \frac{1}{n}\sum\limits_{}^{m} n_j s_j^2$$

was wir wegen $n_j = \bar{n}$ und $n = m\bar{n}$ wieder umformen können in:

$$s_w^2 = \frac{1}{m}\sum^{m} s_j^2$$

Die internen Streuungen berechnen sich nach

$$s_j^2 = \frac{1}{n_j}\sum^{n_j} (x_{jk}-\bar{\bar{x}}_j)^2$$

In unserem Fall ergibt sich demnach:

$$s_1^2 = \frac{1}{2}\left((0-1)^2 + (2-1)^2\right)$$

$$s_1^2 = 1$$

$$s_2^2 = \frac{1}{2}\left((4-5)^2 + (6-5)^2\right)$$

$$s_2^2 = 1$$

Dann ist

$$s_w^2 = \frac{1}{2}(1 + 1) = 1$$

Im Vergleich zum wahren Parameter (=0,5; S.311) liegt also
auch hier eine Überschätzung vor. Diese Überschätzung wird
jedoch dadurch wieder ausgeglichen, daß wir gemäß Formel (a)
bzw. (158) die interne Streuung mit dem Auswahlverhältnis f_m
gewichten. Allerdings sehen wir in diesem Fall sehr deutlich,
wie sehr die Schätzung der externen Streuung (s_b^2) von der
internen Streuung abhängt; der einmal begangene Fehler setzt
sich von Auswahlstufe zu Auswahlstufe fort und verstärkt
sich dabei.

Nach der Formel (b) können wir nun den Standardfehler schätzen:

$$\hat{\sigma}_{\bar{\bar{x}}}^2 = 4 \cdot \frac{1}{3} + 1 \cdot \frac{1}{6} = \frac{9}{6} = 1,5$$

$$\hat{\sigma}_{\bar{\bar{x}}} = \sqrt{\hat{\sigma}_{\bar{\bar{x}}}^2} = \sqrt{1,5} \approx 1,22$$

Dieser Wert übersteigt nicht nur den tatsächlichen Wert
(=0,9, s.S.314),den wir mit Hilfe der Parameter berechnen
konnten, sondern auch den Standardfehler bei der Klumpenaus-

wahl ($= 1,14$, S.317), weil ja nun zur (gleichen) externen
Streuung noch die interne hinzugekommen ist. Infolgedessen
ergibt sich nun ein noch größerer "Vertrauensbereich", wenn
wir wieder eine Sicherheit von 95% ($z=2$) fordern:

$$\mu = \bar{\bar{x}} \pm 2\; \hat{\sigma}_{\bar{\bar{x}}}$$
$$\mu = 3 \pm 2 \cdot 1,22$$
$$\mu = 3 \pm 2,44$$
$$0,56 \geqslant \mu \geqslant 5,44$$

Allerdings kommen wir auch mit diesem "Ergebnis" zum gleichen
lapidaren Schluß, daß nämlich unsere Häuserblocks entweder
gar keine oder recht viele Kneipen haben, was uns auch ein
Blick auf die Arbeitstabelle gesagt hätte.
(Nicht nur das Ergebnis ist bei einer solch indiskutablen
Fallzahl nichtssagend; auch die Anwendung unserer Formeln ist
in einem solchen Falle nicht gerechtfertigt, da man hier
keinesfalls von einer Normalverteilung der Auswahlwerte in
einem Massenversuch sprechen könnte! Vgl. die Anmerkung auf
S.94 sowie die Erläuterung der Mindestgrößen, S.94, 112.

Daß wir dennoch ein solch grobes Beispiel gewählt haben,
liegt an dem außerordentlichen Umfang, den unsere recht einfachen Schätzformeln annehmen, wenn bei größeren Erhebungen
tatsächlich die Daten der Erhebungsauswahl zur Berechnung
herangezogen werden. Unterstellen wir den allgemeinen Fall,
also ungleiche Auswahlwahrscheinlichkeiten und ungleich große
Primäreinheiten, dann wird unsere einfache Formel

$$\mu = \hat{\mu} \pm z\; \hat{\sigma}_{\bar{\bar{x}}}$$

unter Verwendung der Formeln (110), (111), (112), (151) zu:

$$\mu = \frac{1}{m\bar{N}} \sum_{j}^{m} \frac{N_j}{n_j} \sum^{n_j} x_{jk} \pm z \, \frac{1}{M^2\bar{N}^2} \, \frac{M^2}{m^2} \left(\frac{M-1}{M} \, \frac{m^2}{m-1} \right.$$

$$\cdot \frac{1}{m} \sum^{m} \left(\frac{N_j}{n_j} \sum^{n_j} x_{jk} - \frac{1}{m} \sum^{m} \frac{N_j}{n_j} \sum^{n_j} x_{jk} \right)^2 \frac{M-m}{M-1}$$

$$\left. + \frac{m}{M} \sum_{n_j^2}^{m} \frac{N_j^2}{N_j} \, \frac{N_j-1}{N_j} \, \frac{n_j^2}{n_j-1} \, \frac{1}{n_j} \sum^{n_j} (x_{jk} - \bar{x}_j)^2 \, \frac{N_j-n_j}{N_j-1} \right)$$

Nach den möglichen Kürzungen bliebe dann

$$\mu = \frac{1}{m\bar{N}} \sum^{m} \frac{N_j}{n_j} \sum^{n_j} x_{jk} \pm z \, \frac{1}{\bar{N}^2 mM} \left(\frac{M-m}{m-1} \sum^{m} \left(\frac{N_j}{n_j} \sum^{n_j} x_{jk} \right. \right.$$

$$\left. - \frac{1}{m} \sum^{m} \frac{N_j}{n_j} \sum^{n_j} x_{jk} \right)^2 + \sum^{m} \frac{N_j(N_j-n_j)}{n_j^2 (n_j-1)} \sum^{n_j} \left(x_{jk} - \frac{1}{n_j} \sum^{n_j} x_{jk} \right)^2 \left. \right)$$

d.h., daß bei großem m und n_j die Berechnung des Standardfehlers und die Parameterschätzung selbst dann sehr aufwendig ist, wenn bereits die Daten der Erhebungsauswahl vorliegen. Dies wird jedoch häufig nicht der Fall sein, beispielsweise, wenn bei der Planung einer Auswahl der Standardfehler geschätzt werden muß, um ein möglichst effizientes
Auswahlmodell erstellen zu können. Dann müßten wir auf unsere
(Streuungs-)Parameterschätzungen zurückgreifen, die in der
Regel nur sehr unvollkommen zur Verfügung stehen. Je unvoll-
kommener diese "externen" Daten sind, desto unsicherer werden
wir, welche unserer Formeln nun tatsächlich angemessen ist.

Die exakte Berechnung des Auswahlfehlers ist demnach nur
selten möglich - nämlich nur dort, wo entsprechende Auswahlen wiederholt durchgeführt werden, etwa beim Mikrozensus
des statistischen Bundesamtes (Scheuch, 1974, S.39). Besser
berechenbar wird der Auswahlfehler, wenn man den Auswahlplan
so anlegt, daß die besprochenen vereinfachenden Bedingungen
zutreffen.

5.3.5. Das ADM-Mastersample

Die Einhaltung der geschilderten Bedingungen für vereinfachte Schätzverfahren versuchte man bei der Konstruktion der sogenannten ADM-Mastersamples zu erreichen (ADM=Arbeitskreis Deutscher Marktforschungsinstitute).

Es handelt sich hierbei um einen "Vorrat" von Auswahlen, der von verschiedenen Instituten gemeinsam erarbeitet wurde, um den für die Konstruktion einer (überregionalen) Wahrscheinlichkeitsauswahl erforderlichen finanziellen und organisatorischen Aufwand in wirtschaftlich vertretbaren Grenzen zu halten. Jede der insgesamt 100 Auswahlen ist - wenn man als Einheit Einzelpersonen auswählen möchte - dreistufig. Auf der ersten Stufe wird eine Gebietsauswahl getroffen, und zwar aus den Stimmbezirken der BRD und Westberlins (dabei wurden kleinere Bezirke zu "synthetischen" zusammengefaßt, so daß 47 974 Bezirke übrig blieben). Nach der Auswahl der Bezirke wird auf der 2. Auswahlstufe nach einem einheitlichen Begehungsplan jeweils die gleiche Anzahl von Haushalten ausgewählt, um dann in der 3. Auswahlstufe mit Hilfe des "Schwedenschlüssels" aus den ausgewählten Haushalten eine Befragungsperson zu bestimmen.

Die Auswahlen sind geschichtet, und zwar nach Regierungsbezirken und nach Gemeindegrößenklasse bzw. nach unterschiedlichen Verstädterungszonen, die unabhängig von den politischen Gemeindegrenzen sind. Es wurden 148 Schichteinteilungen (Zellen) gebildet, von denen 116 tatsächlich besetzt sind. In diese "Zellen" wurden die Stimmbezirke eingeordnet, wobei innerhalb der Schichten wiederum nach Gemeindegrößenklasse bzw. - bei Gemeinden bis zu 5000 Einwohnern - nach dem Anteil der landwirtschaftlichen Bevölkerung fortlaufend sortiert wurde.[1] Auf die bei dieser Anordnung auftretenden Probleme wollen wir hier nicht eingehen, sie werden ausführlich in der Dokumentation von F. W e n d t (1971) geschildert.

---

[1] Bei systematischer Ziehung ergibt sich daraus eine nochmalige Schichtung durch Anordnung, s. auch Kap.5.1.5.2.

Es ergab sich schließlich ein nach den obigen Kriterien ge-
ordneter Datenbestand aller 47 974 Bezirke, wobei jeder Bezirk mit einem "Bedeutungsgewicht" versehen wurde, das der
Auswahl der in ihm befindlichen Haushalte entspricht.
Die Auswahl der Bezirke (Sample-Points) erfolgt nun nach dem
Prinzip des "Ziehens der n-ten Karte", indem - ausgehend von
einer Zufallszahl - mit einem bestimmten (gleichen) Intervall
Bezirke herausgegriffen werden. Damit spiegelt sich die
Schichtung des gesamten Datenbestandes auch in der Auswahl
wider - die Schichtung erfolgt also durch Anordnung und
systematische Auswahl mit gleichen Abständen. Die Größe die-
ser Abstände ergibt sich aus der Anzahl der Sample-Points pro
Auswahl und aus der Anzahl der Auswahlen, die man bereitstel-
len möchte.

In diesem Fall wollte man 100 Auswahlen erstellen, die jeweils
280 Sample-Points umfassen sollten. Da man die Größe der einzelnen Stimmbezirke mitberücksichtigen wollte, errechnete man
das Ziehungsintervall nach dem Ausdruck

$$\frac{\text{Anzahl der Haushalte}}{\text{Anzahl von Sample-Points}}, \text{ in diesem Fall: } \frac{19\ 419\ 022}{28\ 000} = 693,5$$

Das Ziehungsintervall von ca. 693 bezieht sich nun wohlgemerkt auf Haushalte, d.h., man muß sich aus dem Datenbestand
fortlaufend jeweils die Stimmbezirke heraussuchen, in denen
sich der Haushalt mit der Nummer "Startpunkt Zufallszahl (Z)
+ 693", "Z + 2 · 693", "Z + 3 · 693", usw. bis "Z + n · 693"
befindet.[1] Dies wird durch die den Bezirken zugeordneten
"Bedeutungsgewichte" möglich. Dabei ist als Besonderheit
des ADM-Systems anzumerken, daß sich die einzelnen Auswahlen
nicht überschneiden und im Prinzip beliebig kombinierbar bzw.
addierbar sind (Einzelheiten zu den Ziehungsvorschriften s.

---

1) Das ADM-Mastersample ähnelt in dieser Hinsicht dem sogenannten Deming-Plan (Statistisches Bundesamt, 1960,
   S.72 ff.), bei dem "Zonen" gebildet werden, aus denen
   dann allerdings die Auswahleinheiten (Segmente) per einfacher Wahrscheinlichkeitsauswahl gezogen werden.

F.Wendt, 1971, S. 77 ff.). Bei diesem Vorgehen werden also
alle Schichten proportional ihrem Umfang in der (den) Aus-
wahl(en) berücksichtigt: Auf größere Schichten fallen mehr
Sample-Points, und größere Bezirke haben eine größere Chance,
in die Auswahl aufgenommen zu werden.
In der zweiten Auswahlstufe wird nun pro ausgewähltem Bezirk
die gleiche Anzahl von Haushalten ausgewählt - Haushalte in
größeren Bezirken haben demnach eine geringere Auswahlwahrscheinlichkeit, so daß sich insgesamt für die Haushalte eine
konstante Gesamtauswahlwahrscheinlichkeit ergibt, die die Anwendung vereinfachter Fehlerschätzformeln gestattet.
Bei der dritten Auswahlstufe ist allerdings die Auswahlwahrscheinlichkeit wieder disproportional zur Haushaltsgröße,
wenn pro Haushalt jeweils eine Person ausgewählt werden
soll; Personen aus kleineren Haushalten haben hier eine
größere Auswahlwahrscheinlichkeit. Dies kann auf dieser Stufe jedoch relativ leicht durch Gewichtungsoperationen berücksichtigt werden.
In das Auswahlsystem sind verschiedene Kontrollmechanismen
integriert, die die Qualität der Auswahlen bzw. ihre Repräsentativität überprüfen - so etwa die Stimmkreis-Wahlergeb-
nisse, die mit denen der amtlichen Statistik verglichen werden können. Die bislang vorliegenden Erfahrungen mit diesen
ADM-Mastersamples zeigen an, daß hier eine dem Modell der
Wahrscheinlichkeitsauswahl weitgehend entsprechende Auswahl-
konstruktion geschaffen wurde, bei der auch die Anwendung
vereinfachter Fehler- und Schätzformeln angemessen scheint.

5.3.6. Die Berechnung des Standardfehlers in der Praxis

Leider werden die oben geschilderten Vereinfachungen häufig
auch dann angewendet, wenn dies durch das zu untersuchende
Datenmaterial nicht gerechtfertigt ist (Büschges, 1961,
S. 214). Nach S c h e u c h (1974, S.39) wird der Standardfehler meist nach der Formel für eine einstufige Wahrscheinlichkeitsauswahl berechnet, auch dann, wenn die entsprechen-

den Bedingungen, die wir auf S. 354 ff. geschildert haben,
nicht zutreffen.

Da man auf diese Weise den Standardfehler "untertreibt",
sollte man ihn - sofern man sich der Unkorrektheit bewußt
ist - nach S c h e u c h (1974, S.39) zumindest mit dem
Faktor $\sqrt{2}$ multiplizieren. Dieser Wert kann allerdings
nicht durch theoretische Ableitungen begründet werden, sondern scheint sich lediglich als durchschnittliches Korrektiv
empirisch bewährt zu haben.

Als Beispiel für die Verwendung dieses Korrekturfaktors mag
die folgende Tabelle dienen, die der Veröffentlichung des
DIVO-Instituts "Der westdeutsche Markt in Zahlen", Neubear-
beitung, Frankfurt 1962 (S. 218) entnommen wurde:

<u>Tabelle zur Berechnung des Stichprobenfehlers</u>

Umfang der (Teil-) Stichprobe	AUSGEWIESENER ERHEBUNGSWERT										
	5%	10%	20%	30%	40%	50%	60%	70%	80%	90%	95%
100	–	8,5	11,3	13,0	13,9	14,1	13,9	13,0	11,3	8,5	–
200	4,4	6,0	8,0	9,2	9,8	10,0	9,8	9,2	8,0	6,0	4,4
400	3,1	4,2	5,7	6,5	6,9	7,1	6,9	6,5	5,7	4,2	3,1
600	2,5	3,5	4,6	5,3	5,7	5,8	5,7	5,3	4,6	3,5	2,5
800	2,2	3,0	4,0	4,6	4,9	5,0	4,9	4,6	4,0	3,0	2,2
1 000	1,9	2,7	3,6	4,1	4,4	4,5	4,4	4,1	3,6	2,7	1,9
1 500	1,6	2,2	2,9	3,3	3,6	3,7	3,6	3,3	2,9	2,2	1,6
2 000	1,4	1,9	2,5	2,9	3,1	3,2	3,1	2,9	2,5	1,9	1,4
2 500	1,2	1,7	2,3	2,6	2,8	2,8	2,8	2,6	2,3	1,7	1,2
3 000	1,1	1,6	2,1	2,4	2,5	2,6	2,5	2,4	2,1	1,6	1,1
4 000	1,0	1,3	1,8	2,1	2,2	2,2	2,2	2,1	1,8	1,3	1,0
5 000	0,9	1,2	1,6	1,8	2,0	2,0	2,0	1,8	1,6	1,2	0,9
7 500	0,7	1,0	1,3	1,5	1,6	1,6	1,6	1,5	1,3	1,0	0,7
10 000	0,6	0,9	1,1	1,3	1,4	1,4	1,4	1,3	1,1	0,9	0,6
12 500	0,6	0,8	1,0	1,2	1,2	1,3	1,2	1,2	0,9	0,7	0,6
15 000	0,5	0,7	0,9	1,1	1,1	1,2	1,1	1,1	0,9	0,7	0,5

Die Tabelle gibt den sogenannten statistischen Auswahlfehler
an, der dadurch entsteht, daß statt einer Vollerhebung eine
die Grundgesamtheit repräsentierende Stichprobenerhebung
durchgeführt wird.
Die angegebenen Zahlen sind errechnet nach der Formel

$$\text{Stat.Auswahlfehler} = \pm\, 2 \cdot \sqrt{2\ \frac{p\,q}{n}}$$

wobei die Formel für die uneingeschränkte Zufallsauswahl erweitert wurde durch den Faktor $\sqrt{2}$, um die Mehrstufigkeit und
Klumpenbildung im DIVO-Sampleverfahren zu berücksichtigen.

Zur Benutzung der Tabelle: Der ausgewiesene Erhebungswert -
auf volle 10% gerundet - wird in der Kopfspalte aufgesucht;
von hier aus wandert man nach unten bis zur Zeile, die den
Umfang der (Teil-)Stichprobe angibt. Die dort abzulesende
Zahl X besagt, daß der "wahre" Wert in 95 von 100 Fällen um
nicht mehr als $\pm$ X vom ermittelten Erhebungswert abweicht.

Häufig zeichnen sich jedoch solche oder ähnliche Veröffent-
lichungen durch eine recht unbekümmerte Behandlung des Auswahlfehlers aus. So erscheint noch im "Jahrbuch der öffent-
lichen Meinung 1968-1973" (Noelle und Neumann, Hrsg.,
1974, S. LII und LIII) eine ähnliche Tabelle, bei der der
Standardfehler lediglich nach $\sqrt{\frac{pq}{n}}$ berechnet wird (und - bei
größeren Fallzahlen - auch für Prozentsätze unter 10 Prozent
angegeben wird).

Zur Schätzung der Parameter, die die Anwendung der "eigent-
lich" angemessenen Fehlerformeln erfordert, schlagen einige
Autoren (so Deming, 1961, S. 349 ff.) vor, aus der gesamten
Auswahl zunächst nur einen Teil der Einheiten zu betrachten
(subordinate sample) , um eine realistische Basis für die
Einschätzung der entsprechenden Größen zu finden.

Andere Autoren (so etwa Cochran, 1963) fordern zunächst eine
relativ große, einfach zu erstellende Auswahl, die nur einige
wenige leicht erfaßbare Merkmale festhält, um dann auf der
Grundlage der so erhaltenen Informationen eine kleinere Erhebung unter den Einheiten durchzuführen, die ins Detail
geht (double (duplicate) sampling, multiphase sampling,
mehrphasige Auswahl). (Dieses Vorgehen hat auch Bedeutung
für die Bestimmung der Ausfälle bei Wahrscheinlichkeitsauswahlen, weil man in der zweiten Phase nun gezielt die in der
ersten Phase aufgetretenen Ausfälle angehen kann.)

Wir wollen auf diese und andere Versuche, die hier vorge-
stellten Auswahlmodelle mit vertretbarem - personellem,
zeitlichen und finanziellen - Aufwand in die Praxis zu übertragen, nicht weiter eingehen. In den bereits mehrfach angesprochenen Lehrbüchern werden solche Vorgehensweisen in
aller Breite dargestellt - mit unseren Überlegungen haben wir

nun die Grundlage gelegt, um der für einen Nichtstatistiker
teilweise recht schwierigen Argumentation mancher Autoren
folgen zu können.
Manchmal scheinen solche sehr weitgehenden statistischen Modelle zur Bestimmung und Reduzierung des Auswahlfehlers angesichts der Fülle anderer Fehlerquellen ein wenig l'art pour
l'art zu sein, zumal es - wie wir beim ADM-Mastersample sahen, durchaus Möglichkeiten gibt, durch geschickte Anordnung
der Grundgesamtheit bzw. der Auswahlgesamtheit auch komplexe
Auswahlmodelle so zu gestalten, daß viele der angedeuteten
Probleme entfallen. Andererseits zeigen aber gerade die Vor-
überlegungen, die zur Konstruktion solcher Auswahlmodelle
führen (Wendt, 1971), wie notwendig die Kenntnis der wahrscheinlichkeitstheoretischen Modelle ist, um den in der
Praxis auftretenden Problemen in angemessener Weise begegnen
zu können.
Natürlich sind auch bei weitreichender Kenntnis der theoretisch ableitbaren Erfordernisse Fehlentscheidungen - schon
wegen der notwendigen Schätzungen - nicht auszuschließen,
doch sinkt die Wahrscheinlichkeit, bereits durch das angewandte Auswahlverfahren eine grobe <u>systematische Verzerrung</u> der
Ergebnisse zu bewirken. Dieser Vorteil ist in der Diskussion
über Sinn und Zweck von Wahrscheinlichkeitsauswahlen ebenso
unbestritten wie die Tatsache, daß im Prinzip lediglich
wahrscheinlichkeitstheoretisch abgeleitete Auswahlmodelle
die Anwendung der Test- und Schließstatistik gestatten.
Allerdings werden auch Bedenken geäußert, ob der mit solchen
Modellen verbundene Aufwand immer in einem angemessenen
Verhältnis zum erreichten Genauigkeitsgewinn steht, oder ob
dieser Aufwand nicht sinnvoller zur Reduzierung anderer
Fehlerquellen eingesetzt werden sollte.
Diese - u.E. durchaus berechtigte - Frage sowie die Kontroverse um die prinzipielle Höherwertigkeit von Wahrscheinlichkeitsauswahlen lebt vor allem immer dann wieder auf, wenn es
darum geht, das Quoten-Auswahlverfahren zu rechtfertigen bzw.
seine Rechtfertigung als statistisch vertretbares Auswahl-

verfahren zu bestreiten.

Wir wollen auf diese Problematik wegen ihrer ständig wieder-
kehrenden Aktualität abschließend kurz eingehen.

6. Die Quoten-Auswahl

Wie wir zu Anfang sagten, ist das Quotenverfahren der am
häufigsten auftretende Fall bewußter Auswahlen, wenn nicht
sogar die in der Praxis am meisten verwendete Auswahltechnik
überhaupt.

6.1. Vorgehensweise und Probleme beim Quotenverfahren

Mit der Quotenauswahl verfolgt man das gleiche Ziel wie mit
der Wahrscheinlichkeitsauswahl, nämlich die verkleinerte Abbildung der Grundgesamtheit durch eine repräsentative Teilmasse. Dazu benutzt man bei der Quotenauswahl - wie bei der
geschichteten Wahrscheinlichkeitsauswahl - bestimmte Kenntnisse über die Grundgesamtheit als "Konstruktionsplan" der
Auswahl. Tatsächlich kann man (so Moser, 1969, S. 101) die
Quotenauswahl als eine (proportional) geschichtete Auswahl
bezeichnen, bei der die Auswahl innerhalb der Schichten nicht
"zufällig", sondern "nach Gutdünken" erfolgt.
Ist beispielsweise aus der amtlichen Statistik (oder aus
anderen Quellen, wie etwa aus bereits durchgeführten Erhebungen) bekannt, daß die Grundgesamtheit "BRD" zu 54% aus Frauen
und zu 46% aus Männern besteht, dann würde man bestimmen, daß
auch in einer für die Bundesrepublik repräsentativen Auswahl
diese Proportion gewahrt bleibt. Desgleichen kann man etwa
die Altersverteilung der Grundgesamtheit, ihre Berufsstruktur,
ihre regionale Verteilung, die Besetzung von Gemeindegrößen-
klassen usw. als Ausgangspunkt nehmen und fordern, daß sich
diese Merkmale maßstabsgetreu in der Auswahl widerspiegeln
sollen. Dies wird durch die Errechnung und Vorgabe von
"Quoten" erreicht.

6.1.1. <u>Der Quotenplan</u>

Nehmen wir beispielsweise an, die Grundgesamtheit bestünde
zu je 50% aus Katholiken und Protestanten und zu je 50% aus
Bewohnern von Großstädten und Nicht-Großstädten. Bei einer
Auswahl mit dem Umfang n=1000 müßten wir dann je 500 Katholiken und Protestanten und gleichzeitig 500 Großstädter und
Nichtgroßstädter in die Auswahl aufnehmen. Nehmen wir weiter
an, wir wollten 100 Interviewer einsetzen; dann würden wir
etwa jedem Interviewer als Quote vorschreiben, 5 Katholiken
und 5 Protestanten zu befragen, wobei unter diesen 10 Befragten 5 aus Großstädten und 5 nicht aus Großstädten sein müssen.

Der Interviewer würde also etwa folgenden Quotenplan erhalten

Großstädter	5
Nichtgroßstädter	5
Katholiken	5
Protestanten	5

Mit jedem "passenden" Befragten würde er nun die Anzahl der
noch zu erfüllenden Quotenvorgabe vermindern. Wenn beispielsweise der erste Befragte ein protestantischer Großstädter
wäre, würde er auf diesen Dimensionen eine Einheit abhaken
können und für diese Kategorien nur noch 4 Befragte suchen
müssen:

Großstädter	4 ~~5~~
Nichtgroßstädter	5
Katholiken	5
Protestanten	4 ~~5~~

Auf diese Weise ergibt sich nach Erfüllung aller Quoten insgesamt eine Verteilung der quotierten Merkmale, die den Proportionen in der Grundgesamtheit entspricht, ganz ähnlich,
wie sich die Proportionen der Grundgesamtheit bei der proportional geschichteten Auswahl bei den Schichtungsmerkmalen
"getreulich" widerspiegeln. Der Unterschied zur geschichteten
Wahrscheinlichkeitsauswahl besteht jedoch darin, daß dem
Interviewer keine einzelne Zielperson vorgegeben wird, son-

dern daß er innerhalb seiner Quoten (Schichten) nach freiem
Ermessen "auswählt".

Dieser Spielraum des Interviewers ist der zentrale Kritik-
punkt bei der Auseinandersetzung um das Quotensample, obwohl
sich die Kontrahenten in dieser Diskussion prinzipiell über
die theoretische Konsequenz dieses willkürlichen Elements
einig sind: "Nur bei einer Random-Auswahl sind alle subjektiven Einflüsse"(bei der Auswahl!)" so weit wie möglich ausgeschaltet, so daß sich das Wahrscheinlichkeitsgesetz unge-
hindert auswirken kann " (Noelle, 1963, S. 139). Damit
ist man sich auch einig - oder sollte es sein - daß "die
Fehlertheorie der Zufallsauswahl auf das Quotenverfahren
nicht anwendbar ist" (v.Koolwijk, 1974, S. 82), demnach
also auch <u>keine Repräsentationsschlüsse mit statistisch abgeleiteten Konfidenzintervallen oder die Berechnung von
Signifikanzen möglich ist.</u>
Diese Tatsache ist für viele Theoretiker Grund genug, das
Quotenverfahren ohne weitere Diskussion zu den Akten zu legen, während die - meist aus der Praxis der Umfrageforschung
stammenden - Verfechter dieser Technik darauf hinweisen, daß
trotz dieses zugestandenen Mangels die Bewährung in der Praxis die Tauglichkeit des Quotenverfahrens beweise und es
unter bestimmten Bedingungen praktisch einer geschichteten
Wahrscheinlichkeitsauswahl gleichzusetzen sei.
Teilweise scheint diese Kontroverse mit verdeckten Karten
geführt zu werden; die Vertreter der "reinen Theorie" spielen
die praktischen Schwierigkeiten theoretisch abgesicherter
Auswahlmodelle und deren mögliche Fehlerquellen herunter,
während die "pragmatischen" Verfechter des Quotenverfahrens
dessen Zuverlässigkeit mit Daten beweisen, die mit derart
(unüblich) komplizierten Quotenplänen erhoben wurden, daß sie
praktisch den gleichen Aufwand wie eine Wahrscheinlichkeitsauswahl erfordern - und entsprechend eine ebensolche Qualität (allerdings ohne theoretische Absicherung) erbringen.

Zur Erläuterung des letzteren wollen wir wieder unser ein-
faches Beispiel der Quotierung von Wohnortgröße und Konfes-
sionsanteil aufgreifen, bei dem ja die Quoten <u>unabhängig</u>
voneinander sind. Technisch ausgedrückt, bestimmen solche
Quoten lediglich die Randverteilung einer Tabelle:

		Quotierungsmerkmal Konfession		
		(K) kath.	(K) prot.	
Quotierungs-merkmal (W) Wohnortgröße	über 100 000			5
	unter 100 000			5
		5	5	10

Damit ist nun kaum etwas über die Zellenbesetzungen ausge-
sagt; in diesem Fall würden beispielsweise nur großstädtische
Katholiken oder nur großstädtische Protestanten der Randverteilung ebenso gerecht wie 2 Katholiken und 3 Protestanten
aus Großstädten:

	(K) kath.	prot.	
über 100 000	5	0	5
unter 100 000 (W)	0	5	5
	5	5	10

	(K) kath.	prot.	
über 100 000	0	5	5
unter 100 000	5	0	5
	5	5	10

	(K) kath.	prot.	
über 100 000	2	3	5
unter 100 000	3	2	5
	5	5	10

Um auch die Tabellenzellen bzw. Untergruppen der Grundgesamtheit repräsentativ zu vertreten, müßte daher eine <u>Kombina-
tion der Quoten</u> erfolgen. Dazu ist zumindest eine für die
Grundgesamtheit vorliegende Statistik notwendig, in der beide
– oder mehrere weitere – Merkmale kombiniert aufgeführt werden. Angenommen, eine solche Statistik läge für unsere Grundgesamtheit in folgender Form vor:

		(K) in %		
		kath.	prot.	
in % (W)	über 100 000	20	30	50
	unter 100 000	30	20	50
		50	50	100

Bei einem Auswahlumfang von $n=1000$ würden wir also, in absoluten Zahlen, die folgenden Zellenbesetzungen fordern:

	kath.	prot.	
über 100 000	200	300	500
unter 100 000	300	200	500
	500	500	1000

Daraus ergibt sich für den einzelnen Interviewer:

	kath.	prot.	
über 100 000	2	3	5
unter 100 000	3	2	5
	5	5	10

d.h., er muß nun nicht mehr nur 5 Protestanten und 5 Großstädter, sondern 2 protestantische Großstädter und 3 protestantische Nicht-Großstädter befragen, um die Quoten zu
erfüllen. Dabei ist klar, daß die Suche nach geeigneten Personen umso schwieriger und zeitaufwendiger ist, je mehr
Quotierungsmerkmale bei ihnen kombiniert vorliegen müssen –
dies umso mehr, je weiter man in der Erhebung fortschreitet
und damit die freie Wahl auch bei den nicht kombinierten
Merkmalen immer mehr eingeschränkt wird.
Dazu als Beispiel einen Quotenplan, den   N o e l l e
(1963, S. 133) als Demonstrationsobjekt benutzt:

QUOTENANWEISUNG

Name des Interviewers: Paul Roscher   Umfrage
Wohnort: Neumarkt   2672

Insgesamt 7 Interviews
im Wohnort   Fragebogen
                              Nr.: 741-747
in ....

Orte	-	2 000	Einwohner	1 2 3 4 5 6 7 8 9 10 11 12 13 14 15
2	-	20 000	Einwohner	1 2 3 4 5 6 7 ● 9 10 11 12 13 14 15
20	-	100 000	Einwohner	1 2 3 4 5 6 7 8 9 10 11 12 13 14 15
über		100 000	Einwohner	1 2 3 4 5 6 7 8 9 10 11 12 13 14 15

<u>Altersgruppen:</u>	<u>3 männlich</u>	<u>4 weiblich</u>
16-17 Jahre	1 ● 3 4 5 6	1 2 3 4 5 6
18-29 Jahre	1 2 3 4 5 6	1 ● 3 4 5 6
30-44 Jahre	1 ● 3 4 5 6	1 2 ● 4 5 6
45-59 Jahre	1 ● 3 4 5 6	1 ● 3 4 5 6
60 Jahre und älter	1 2 3 4 5 6	1 ● 3 4 5 6

<u>Berufstätig als:</u>		
Landwirte (auch Gartenbau)	1 2 3 4 5 6	1 2 3 4 5 6
Mithelfende Familienangehörige in der Landwirtschaft(auch Gartenbau)	1 2 3 4 5 6	1 ● 3 4 5 6
Landarbeiter	1 2 3 4 5 6	1 2 3 4 5 6
Arbeiter	1 ● 3 4 5 6	1 ● 3 4 5 6
Angestellte	1 ● 3 4 5 6	1 2 3 4 5 6
Beamte	1 2 3 4 5 6	1 2 3 4 5 6
Selbständige in Handel und Ge-werbe(Kaufleute,Handwerker usw.)	1 ● 3 4 5 6	1 2 3 4 5 6
Freie Berufe	1 2 3 4 5 6	1 2 3 4 5 6

<u>Nichtberufstätige(Rentner, Haus-frauen usw.)</u>

Möglichst früherer Beruf oder Beruf des Ehemannes, Ernährers, Haushalts-vorstandes			
	Landwirte(auch Gar-tenbau)	1 2 3 4 5 6	1 2 3 4 5 6
	Landarbeiter(auch Gartenbau)	1 2 3 4 5 6	1 2 3 4 5 6
	Arbeiter	1 2 3 4 5 6	1 ● 3 4 5 6
	Angestellte	1 2 3 4 5 6	1 2 3 4 5 6
	Beamte	1 2 3 4 5 6	1 2 3 4 5 6
	Selbständige	1 2 3 4 5 6	1 2 3 4 5 6
	Freie Berufe	1 2 3 4 5 6	1 ● 3 4 5 6

<u>Anmerkung:</u>
Gültig sind die Zahlen vor jedem Stempel. Ist zum Beispiel
in der Zeile "Arbeiter, männlich" die Zahl 2 gestempelt, so
ist in diesem Fall ein Arbeiter zu interviewen. Im übrigen
streichen Sie die zutreffenden Angaben der Statistik nach
jedem Interview bitte ab, damit Sie gleich übersehen können,
wieviel Interviews in der betreffenden Kategorie noch weiterhin durchzuführen sind.

<u>Abb.24:</u> Beispiel für einen Quotenplan, nach Noelle, Umfragen
        in der Massengesellschaft,Reinbek b.Hmbg,1963,rde

Hier wird nach Wohnortgröße, Geschlecht, Alter und Berufstätigkeit (ob und welcher Beruf) quotiert. Dabei sind alle
Individualquoten mit der Wohnortgröße, zudem "Beruf" und
"Alter" mit "Geschlecht" kombiniert. Beruf und Alter sind zunächst nur teilweise kombiniert; ein männlicher Arbeiter
innerhalb eines geeigneten Ortes kann allen drei vorgegebenen
Altersgruppen angehören, umgekehrt kann ein "passender" Mann
einer Altersgruppe den verschiedenen Berufsgruppierungen angehören. Nehmen wir nun - boshafterweise - einmal an, der
Interviewer habe zunächst einen Mann von 50 Jahren befragt,
der Arbeiter ist. Er muß nun also noch einen Angestellten
und einen Selbständigen befragen. Er findet als nächsten
einen 35jährigen Angestellten und befragt ihn. Anschließend
kann er sich auf die Suche nach einem 16-17-jährigen Selbständigen machen - wenn er nicht vorher seinen Beruf aufgibt.

Dieses Beispiel zeigt eine charakteristische Eigenart des
Quotenverfahrens: der erfahrene Interviewer wird natürlich
die Quotenkombinationen so zu erfüllen suchen, daß er -
seiner Einschätzung der Grundgesamtheit nach! - nicht in
Schwierigkeiten kommen kann; in unserem Beispiel wird er
also zunächst etwa einen 16-17jährigen Arbeiter, dann einen
35jährigen Angestellten befragen, so daß er bei der Suche
nach einem geeigneten Selbständigen keine Schwierigkeiten
zu erwarten hat.
Eine solche Quotenerfüllung nach voraussehbarer Schwierigkeit scheint u.E. insofern unproblematisch, als die Schwierigkeit des Auffindens als eine Funktion der Häufigkeit der
betreffenden Merkmalskombination angesehen werden kann -
also seltenere Fälle (Extremkombinationen) entsprechend
selten vertreten sein werden. Dabei besteht allerdings die
Gefahr der systematischen Unterrepräsentation von Extremgruppen - abgesehen davon, daß nicht die tatsächliche Häufigkeit bestimmter Gruppen, sondern die subjektive Einschätzung des Interviewers den Ausschlag gibt. Der subjektive Einfluß des Interviewers steigt zudem tendenziell mit

<u>unproblematisch zu erfüllenden Quoten</u>, weil er sich dann mög-
licherweise an Personen wendet, die er kennt, die ihm sympathisch sind, die besonders leicht anzutreffen sind usw..
Man versucht daher häufig, die <u>Quoten relativ "schwierig"</u> zu
gestalten, um den Spielraum des Interviewers einzuengen bzw.
ihn dazu zu zwingen, subjektive Präferenzen angesichts der
Schwierigkeit, überhaupt "passende" Befragte zu finden, zu-
rückzustellen. Dabei ist allerdings vor allzu schwierigen
Quotierungen zu warnen, die den Interviewer dazu verleiten
könnten, seine Befragten der Quote "anzupassen" (<u>quota fit-
ting</u>).
Nach diesen Anmerkungen dürfte klar sein, daß das Quotenverfahren keineswegs so einfach anzuwenden ist, wie es manchmal
dargestellt wird. Vielmehr könnte man es (so Kish, 1965,
S. 563) als eine Art Kunstwerk bezeichnen, dessen Anwendung
außerordentliche Erfahrung und Fingerspitzengefühl verlangt.
Das unterstreicht auch   N o e l l e (1963, S. 148), die
unerfahrenen Erhebungsorganisationen das "robustere" Wahrscheinlichkeitsauswahlverfahren empfiehlt. Falls man daraus
folgern muß, daß ein gutes Quotensample mit "interpersonell
geltenden Regeln nicht zureichend zu veranstalten" sei, dann
müßte man allerdings mit S c h e u c h (1974, S. 70) feststellen, daß ein solches Verfahren "im Methodenkatalog einer
Wissenschaft keinen rechten Platz" hätte.
Andererseits scheinen die Maßregeln, die beispielsweise
S c h m i d t c h e n (1961) bzw.   N o e l l e (1963) vor-
schlagen, keineswegs so kompliziert, daß sie von den Ausfüh-
renden eine höhere Qualifikation verlangten als sie zur Erstellung einer guten Wahrscheinlichkeitsauswahl gefordert
werden muß.

6.1.2. <u>Theoretische Begründung der Quoten</u>

Bevor wir uns einigen Vor- und Nachteilen des Quotenverfahrens detaillierter zuwenden, wollen wir im folgenden zusammenfassen, welche theoretischen Begründungen für die Setzung von

Quoten und für die Wahl bestimmter Quotenmerkmale gegeben
werden. K o o l w i j k (1974, S. 85 ff.) unterscheidet drei
in der Literatur aufzeigbare"Erklärungsschemata für die Bestimmung von Quoten, die freilich meist nur angedeutet, in
der Regel miteinander vermischt und in allen Fällen theoretisch nur ungenügend abgesichert werden". Diese drei Begründungen haben wir bereits teilweise kennengelernt:

- Die erste Begründung für die Quotierung läuft darauf hinaus,
  daß bei genügender Einengung seines Spielraums der Interviewer praktisch gezwungen sei, innerhalb seiner Quotenvorgabe eine Zufallsauswahl zu treffen.[1] Nach diesem Verständnis dienen also die Quoten weniger der Schichtung der
  Grundgesamtheit bzw. der Auswahl, sondern der Konstruktion
  einer einfachen Wahrscheinlichkeitsauswahl, die "quoten-
  kontrolliert" ist. Dabei scheint sich vor allem eine regionale Quotierung analog der Gebietsauswahl zu bewähren. Wir
  deuteten jedoch bereits an, daß mit der Verfolgung dieses
  Ansatzes die Gefahr des quota fitting steigt; zudem widerspricht er tendenziell dem Anspruch der Quotenauswahl,
  schneller und billiger zu sein als Wahrscheinlichkeitsauswahlen. Immerhin zeigen empirische Vergleiche (z.B.
  Schmidtchen, 1961), daß solche Quotenauswahlen an Genauigkeit durchaus mit Wahrscheinlichkeitsauswahlen konkurrieren
  können.

- Die zweite Begründung für das Quotenverfahren bezieht sich
  auf die Ähnlichkeit zur geschichteten Wahrscheinlichkeitsauswahl. Durch die Quotierung findet in der Tat eine
  Schichtung der Grundgesamtheit bzw. der Auswahl statt,
  wobei die gebildeten Schichten - in bezug auf die Quotierungsmerkmale! - relativ homogen sind. Ähnlich wie der
  Schichtungseffekt bei der geschichteten Wahrscheinlichkeitsauswahl hängt nun die Zuverlässigkeit des Quotenver-

---

1) So zum Beispiel Noelle (1963, S. 132): "Die Repräsen-
   tanz auch in den übrigen, nicht durch Quoten gesteuerten
   Merkmalen wird erreicht, indem die Interviewer in ihrem
   Bemühen, die aufgegebenen Quoten zu erfüllen, praktisch
   zu einer Zufallsauswahl von Befragten veranlaßt werden."

fahrens davon ab, welcher Grad an Homogenität erreicht
wird. Liegt völlige Homogenität vor, dann wäre es tatsächlich irrelevant, nach welchen Kriterien ein Mitglied
einer Schicht "ausgewählt" wird. Wiederum analog zur geschichteten Wahrscheinlichkeitsauswahl sind wir jedoch
weniger an den durch Quoten kontrollierten Merkmalen - die
wir ja vor der Erhebung kennen müssen -, sondern an anderen Erhebungsmerkmalen interessiert. Nur wenn durch die
Homogenisierung der Schicht- oder Quotenmerkmale auch
andere relevante Merkmale homogenisiert werden, ergibt
sich für diese Merkmale ein Schichtungseffekt bzw. verliert
die dem Interviewer beim Quotenverfahren zugestandene
Freizügigkeit an Brisanz.

- Daher läßt sich - wiederum analog zur Schichtung - die
dritte Begründung für das Quotenverfahren ableiten, nämlich
die Setzung von Quotierungsmerkmalen, die möglichst eng mit
den zu erhebenden Merkmalen korreliert sind bzw. sein sollen. Dies ist plausibel; wenn wir etwa -so ein Beispiel von
S c h e u c h (1974, S. 17) - als Quotenmerkmale "länd-
liche Gemeinde, Geschlecht, Alter, Konfession" vorgegeben
haben, dann spricht einiges dafür, daß die in der nach diesen Kriterien quotierten Auswahl festgestellte Kirchenbe-
suchshäufigkeit recht gut auf die Gesamtheit ländlicher
Gemeinden generalisierbar ist. Nun sind sozialwissenschaftliche Erhebungen - gerade bei den das Quotenverfahren
favorisierenden kommerziellen Instituten - in der Regel
Mehrthemenuntersuchungen, so daß die Forderung nach einer
möglichst engen Korrelation von Quotierungs- und Erhebungsmerkmal sehr schwer zu erfüllen sein wird. Zudem müssen
die Quotierungsmerkmale zunächst zwei wesentliche Bedingungen erfüllen, um überhaupt in Betracht zu kommen. Erste
- selbstverständliche - Bedingung ist, daß für die wün-
schenswerten Merkmale überhaupt zuverlässige Daten vorliegen, die zudem neueren Datums sein sollten. Meist werden solche Daten der amtlichen Statistik entnommen. Dabei
besteht vor allem in Ländern oder Regionen mit raschem

sozialen Wandel die Gefahr, daß diese in relativ großen zeitlichen Abständen erhobenen Unterlagen rasch veralten und die
Struktur der Grundgesamtheit nur unzureichend widerspiegeln
(Scheuch, 1974, S. 20), wodurch die Auswahl - im Gegensatz zur
(proportional) geschichteten Wahrscheinlichkeitsauswahl[1] -
bereits durch die Konstruktion des Auswahlmodells <u>irreparabel
verzerrt</u> würde.

Die Anzahl der verwendbaren Statistiken wird ferner dadurch
eingeschränkt, daß die zur Quotierung benutzten Merkmale
<u>kombiniert</u> vorliegen bzw. Untergruppen ausweisen müssen, um
kombinierte Quotenpläne aufstellen zu können, die die repräsentative Vertretung solcher Untergruppen sichern und den
Ermessensspielraum des Interviewers einengen. Nach
S c h e u c h (1974,S. 18) ist es allerdings in der <u>Praxis
üblich, lediglich die Individualquoten Alter und Geschlecht
zu kombinieren</u>, während man bei der Quotierung auf den der
Erhebung vorgelagerten Stufen, beispielsweise nach geographischen Merkmalen, Ortsgrößen, Wirtschaftsstruktur, vor-
herrschender politischer Partei usw. auf weniger Schwierigkeiten bei der Kombination stößt als bei Individualmerkmalen.

Die Quotierung von Individualmerkmalen - selbst wenn sie in
zuverlässigen, aktuellen und kombinierten Statistiken vorliegen -setzt jedoch noch eine weitere entscheidende Bedingung
voraus: <u>diese Merkmale müssen für den Interviewer relativ
leicht erkennbar und objektiv unterscheidbar sein.</u>
So ist beispielsweise die häufig verwendete Quotierung nach
Schichtzugehörigkeit außerordentlich problematisch (Schmidtchen, 1961, S. 7 ff.), weil erstens keine amtlichen Statistiken für dieses Merkmal bzw. diese Merkmalskombination vorliegen und zweitens die Interviewer gezwungen sind, nach
äußerst vagen und subjektiv gefärbten Vorstellungen eine Ein-
ordnung vorzunehmen (s. auch Noelle, 1963, S.110: "Die Meinung aller Edelgesinnten").

---

1) S. Kish, 1965, S. 564, vgl. auch Kap. 5.3.4.1.2. u.5.3.4.2.

Zu diesen Anforderungen an die Quotierungsmerkmale kommt dann
noch die nach einer <u>möglichst engen Korrelation von Quotie-
rungs- und Erhebungsmerkmal</u>, - was in der Regel bedeutet,
daß man Quotierungsmerkmale verwendet, denen ein <u>möglichst
genereller Einfluß auf eine Fülle von Variablen</u> unterstellt
wird.
Diese Bedingungen für die Individualquotierung erfüllen nur
relativ wenige Merkmale, die dann auch bei den unterschied-
lichsten Fragestellungen und von den verschiedenen nationalen
und internationalen Instituten immer wieder verwendet werden.
Diese Individualmerkmale sind vor allem (Koolwijk, 1974,
S. 87; Scheuch, 1974, S. 16): Geschlecht, Alter und - zur
Erfassung des sozioökonomischen Status - Beruf oder Einkommen. Je nach Themenstellung treten dazu häufig die Merkmale
Konfession, Schulbildung, Familienstand, Kinderzahl, politische Einstellung usw..
<u>Besonders wirksam zur Einschränkung des Interviewer-Spiel-
raums scheint die zusätzliche Quotierung</u> nach Befragungszeit
<u>und Befragungsort</u> (eine bestimmte Anzahl ist vormittags,
mittags, abends zu befragen, und zwar zum Teil auf der Straße,
in der Wohnung oder an der Arbeitsstelle) zu sein.

6.2. <u>Zusammenfassung der Vor- und Nachteile</u>

Tatsächlich kann durch die erwähnten Quotenvorgaben der
Ermessensspielraum des Interviewers derartig eingeengt wer-
den, daß einige der <u>Argumente, die sich auf dieses subjek-
tive Element beziehen</u>, entkräftet werden.
Wir wollen einige dieser Argumente aufführen:
- Der Interviewer bevorzugt leicht erreichbare Personen
  (meidet beispielsweise Hinterhofmansarden, bevorzugt untere
  Stockwerke).
- Der Interviewer sucht sich Personen aus, die ihm sympathisch
  sind.
- Der Interviewer läßt sich von Befragungsperson zu Befra-
  gungsperson "weiterreichen", wodurch eine Klumpung zustande

käme ("Schneeball-Effekt", s.S.290).
- Der Interviewer bevorzugt Personen seines sozialen Status,
  (deshalb sollte der Interviewerstab heterogen sein
- Der Interviewer bevorzugt Personen, die ihm für ein Thema
  besonders kompetent erscheinen (deshalb wird in der Regel
  eine Themenmischung gefordert, was tendenziell dem Korre-
  lationspostulat widerspricht).
- Der Interviewer befragt auf der Straße oder auf Plätzen
  mit hoher Passantenzahl und vernachlässigt die Wohnungen
  (wodurch der mobilere Teil der Bevölkerung überrepräsentiert würde).

Diese und weitere Verzerrungsquellen können prinzipiell durch
eine geeignete Quotierung vermieden werden. So stellte etwa
N o e l l e fest, daß Mietshäuser gegenüber Ein- und Zwei-
familienhäusern überrepräsentiert wurden und (dennoch?) die
Interviewer die Tendenz hatten, eine "nach Bildung, Intelli-
genz und Lebensstandard leicht überhöhte Auswahl zu treffen" (1963, S. 146). Dies ließ sich durch den "Quotenmecha-
nismus" korrigieren, <u>sobald</u> die Fehler festgestellt wurden.
<u>Dies ist nun ein entscheidender Unterschied zur Wahrschein-</u>
<u>lichkeitsauswahl, bei der eine systematische Verzerrung auch</u>
<u>unbekannter oder unbeachteter Merkmale automatisch - und im</u>
<u>voraus! - kontrolliert wird.</u>
Diese Kontrolle ist beim Quotenverfahren - abgesehen vom
Vergleich mit bereits vorliegenden Ergebnissen - nur möglich, wenn bestimmte objektive Merkmale miterhoben werden,
die sich nach der Erhebung an zuverlässigen externen Daten
überprüfen lassen. Die Kontrolle der Interviewer ist außerdem deshalb besonders schwierig, weil <u>auch dann systemati-</u>
<u>sche Verzerrungen zu erwarten</u> sind, <u>wenn der Interviewer</u>
<u>besonders gewissenhaft seine Quoten erfüllen möchte.</u>
Will er beispielsweise ganz sicher sein, die Altersquote
"30-44" Jahre" auf keinen Fall zu verletzen, dann wird er
vor allem nach "Enddreißigern" Ausschau halten. Generell
wirft M o s e r (1969, S. 105) dem Quotenverfahren vor, die
<u>Streuung innerhalb der Quoten nicht angemessen zu repräsen-</u>

tieren.

Eine grobe Verzerrungsmöglichkeit liegt auch in einem Umstand, der häufig als Vorteil gegenüber der Wahrscheinlichkeitsauswahl bezeichnet wird (bzw. wurde): <u>es treten keine</u>
<u>den geforderten Auswahlumfang reduzierenden Ausfälle auf,</u>
<u>vielmehr wird bei vollständiger Auffüllung der Quoten ein</u>
<u>zahlenmäßig stimmiges Abbild der Grundgesamtheit erreicht.</u>
Nun ist klar, daß zur Bestimmung der - potentiell verzerrenden - Ausfallrate die <u>Relation von Kontaktversuchen und</u>
<u>durchgeführten Interviews</u> betrachtet werden müßte. Nach
K o o l w i j k (1974, S. 91) liegt die Zahl der "angesprochenen Zielpersonen" um etwa 100% über der der tatsächlich
interviewten Personen (!). <u>Ausfälle werden also nur dadurch</u>
<u>"vermieden",daß man sie einfach durch eine andere Person ersetzt.</u> Dabei tritt dann - auch ohne die subjektive Entscheidung des Interviewers - das gleiche Problem auf, das wir bereits für die Wahrscheinlichkeitsauswahl aufgezeigt hatten:
besteht eine Beziehung zwischen Ausfallgrund und relevanten
Erhebungsmerkmalen, dann werden diese Merkmale bei einfacher
Substitution von Ausfällen systematisch unterrepräsentiert
(s.Kap.4.3.1.).
Tatsächlich läßt sich nachweisen (Koolwijk, 1974, S. 91 ff.;
Radtke und Zeh, 1974, S. 131 ff.), daß <u>beim Quotenverfahren</u>
<u>der informiertere, aufgeschlossenere und mobilere Bevölke-</u>
<u>rungsteil überrepräsentiert wird.</u>[1] Solche Verzerrungen durch
verdeckte Ausfälle, lassen sich jedoch wiederum in der Regel
nur durch Heranziehung externer Vergleichsdaten nachweisen,
während bei der Wahrscheinlichkeitsauswahl eher die Möglichkeit besteht, einige Informationen über ausgefallene Zielpersonen zu beschaffen[2], die Verzerrungsmöglichkeiten ab-

---

1) Dies könnte auch ausgenutzt werden,wenn etwa für bestimmte
   Probleme dieser Bevölkerungsteil von vordringlichem Interesse ist (Scheuch, 1974, S. 21).
2) Bei Vorliegen solcher Informationen schlägt Scheuch (1974,
   S.20, S.72) als pragmatische Lösung sogar vor,diese als
   Quotierungsmerkmale für die Ersetzung von Ausfällen zu verwenden,wenn alle call-back-Versuche erfolglos bleiben oder
   - beispielsweise wegen Zeitdrucks - nicht möglich sind.

zuschätzen und bei der Analyse des Materials zu berücksichtigen.

Die scheinbare Vermeidung von Ausfällen beim Quotenverfahren
kann also nicht als theoretischer Vorteil gegenüber der
Wahrscheinlichkeitsauswahl gewertet werden, selbst wenn man
eingestehen muß, daß durch Ausfälle das wahrscheinlichkeitstheoretische Modell verletzt wird. Allerdings ergibt sich
durch die Substitution insofern ein Vorteil, als man nun
keine zeit- und kostenintensiven call-backs durchführt. Dies
trägt wesentlich dazu bei, daß das <u>Quotenverfahren in der
Regel billiger ist als eine Wahrscheinlichkeitsauswahl</u>. Dazu
kommt, daß ein Großteil der Reisekosten für die Interviewer,
entfällt, die bei der Wahrscheinlichkeitsauswahl - bei festgelegten Befragungsadressen - aufzubringen wären.
Neben der <u>Wirtschaftlichkeit</u> wird als zweiter praktischer
Vorteil des Quotenverfahrens seine <u>Schnelligkeit</u> hervorgehoben; da Quotenpläne - falls sie nicht bereits auf Vorrat
vorliegen - relativ schnell erstellt werden können, <u>eignet
sich das Quotenverfahren besonders bei Forschungsvorhaben,
die ad hoc und kurzfristig durchgeführt werden müssen</u>, etwa
bei Erhebungen zu bestimmten aktuellen Ereignissen, bei
denen ansonsten ein erheblicher Erinnerungsfehler bei den
Befragten zu befürchten wäre (Moser, 1969, S. 105).
Diesen Vorteilen stehen die bereits erwähnten Nachteile entgegen, die wir noch einmal im Zusammenhang aufführen wollen:
- Der <u>Auswahlfehler ist nicht berechenbar</u>, weil kein wahrscheinlichkeitstheoretisch abgesichertes Auswahlmodell vorliegt. <u>Deshalb ist auch die Test- und Schließstatistik im
  Prinzip nicht anwendbar.</u>
- Der <u>subjektive Einfluß des Interviewers</u> kann nur beschränkt
  kontrolliert werden,
- dies umso weniger, je mehr die Schnelligkeit und Wirt-
  schaftlichkeit des Quotenverfahrens zum Zuge kommen soll.
- Die Bestimmung der Quotenmerkmale ist von den zur Verfügung
  stehenden <u>verläßlichen und aktuellen Unterlagen</u> abhängig;
  sind diese fehlerhaft, wird die Auswahl <u>irreparabel ver-</u>

<u>zerrt.</u>
- Da diese Unterlagen nur beschränkt (vor allem kombiniert) vorliegen, ist die geforderte bzw. unterstellte <u>Korrelation von Quotierungs- und Erhebungsmerkmal nur schwer zu erfüllen</u> - vor allem bei Mehrthemenuntersuchungen, die wiederum zur Vermeidung individueller Interviewerselektion zu empfehlen sind.
- Die nur teilweise Kombination der Quotenmerkmale und ihre ungenügende Korrelation mit den Erhebungsmerkmalen <u>gefährden vor allem die repräsentative Vertretung von Untergruppen der Grundgesamtheit</u>, so daß sich das Erhebungsmaterial häufig einer differenzierten Analyse von Variablenzusammenhängen verschließt - insbesonders, wenn man diese Untergruppen als unabhängige behandelt und auf die entsprechende Teilgesamtheit der Grundgesamtheit schließen möchte (s.S.152 ff.).
- Die <u>Kontrollmöglichkeiten</u> des Quotenverfahrens sind - abgesehen von der Hinzuziehung externer Daten nach Abschluß der Erhebung - <u>relativ schlecht</u>. Dies vor allem deshalb, weil in der Regel die Adresse der Befragten nicht erhoben wird, um die Kooperationswilligkeit nicht durch die Furcht vor Anonymitätsverletzungen zu gefährden.

Trotz dieser Nachteile hat sich das Quotenverfahren in vielen Fällen empirisch bewährt. Dies gilt (Scheuch, 1974, S.18 ff.) vor allem für Randverteilungen (auch nichtquotierter Merkmale! - s. Schmidtchen, 1961, S. 26 ff.), für Themenstellungen, bei denen schon einige Kenntnis über die entscheidenden Variablen vorliegt, bei Trend- und Routineuntersuchungen sowie generell bei der Feststellung relativ grober Proportionen und Durchschnittswerte. <u>Vorsicht ist dagegen bei relativ ungeklärten Forschungsgegenständen und bei geplanter weitreichender Aufgliederung des Datenmaterials geboten.</u>
In manchen Fällen ist jedoch trotz aller Bedenken das Quotenverfahren die einzige praktikable Möglichkeit, eine Auswahl zu treffen, etwa, wenn keinerlei Verzeichnisse der Grundgesamtheit vorliegen oder nicht erstellt werden können, wenn

auch eine Gebietsauswahl nicht möglich oder zu kostspielig
ist - kurz, wenn keine Auswahlgesamtheit (s.S. 129) ("sampling frame": Moser, 1969, S. 106) zur Verfügung steht.
N o e l l e (1963, S. 149) macht zudem auf die Möglichkeit
aufmerksam, daß man mit dem Quotenverfahren auch ganz spezielle Bevölkerungsgruppen ("Fahrer eines VW 1500") auswählen
kann, was mit einer Wahrscheinlichkeitsauswahl meist außerordentliche Schwierigkeiten bedeutet, wenn keine Verzeichnisse vorliegen. Ebenso eignet sich das Quotenverfahren dazu,
bei Voruntersuchungen bestimmte als wichtig angesehene Merkmale zu berücksichtigen (bzw. konstant zu halten), um einen
Überblick über vermutetete Zusammenhänge zu erhalten.
Gerade bei den letzten Beispielen wird jedoch deutlich, daß
die unbestrittenen Vorteile des Quotenverfahrens (Wirtschaft-
lichkeit, Schnelligkeit) nur dann zum Zuge kommen, wenn man
bei der Festlegung der Quoten und der Einschränkung des Er-
messensspielraums der Interviewer nicht allzu streng ver-
fährt: wie wollte man etwa einen "repräsentativen" Quotenplan
erstellen, wenn über die Zielpopulation keine Angaben vorliegen, die Grundlage der Quotierung sein müßten?[1]

---

1) Will man beispielsweise die Meinung von VW-Besitzern über
   eine neue Modellpolitik erheben, dann würde man einen (nach
   Alter, Geschlecht, Einkommen usw.) repräsentativen Quotenplan konstruieren und diese Quoten mit VW-Besitzern "aus-
   füllen" können. Dabei wird allerdings unterstellt, daß
   die Grundgesamtheit "VW-Besitzer" der Grundgesamtheit
   entspricht, aus deren Kenntnis wir die Quotierungsmerkmale gewonnen haben, etwa der "Bevölkerung der BRD", wie
   sie durch eine Volkszählung erfaßt und in der amtlichen
   Statistik dargestellt wird. Liegt eine solche Entsprechung
   nicht vor, dann ergibt sich eine Schichtung mit disproportionaler Aufteilung für die Zielpopulation, ohne daß
   dies bemerkt würde und entsprechende Gewichtungsoperationen vorgenommen werden könnten.

Trotz der angeführten Bedenken gegen das Quotenverfahren
kann dieses jedoch bei vorsichtiger (und "bewußter" Ab-
wägung der Gefahren) Anwendung durchaus ein sinnvolles
Forschungsinstrument sein.

Angesichts der vielen Fehlermöglichkeiten, die die Zuverlässigkeit und Gültigkeit sozialwissenschaftlicher For-
schungsergebnisse beeinflussen, wäre es in der Tat "verbis-
sener Dogmatismus" (Noelle, 1963, S. 142), generell auf dieses Instrument zu verzichten, weil es sich der Berechnung des
Auswahlfehlers verschließt und subjektive Verzerrungsmöglichkeiten nicht vollständig kontrolliert werden können.
<u>Dennoch ist ohne Zweifel die Wahrscheinlichkeitsauswahl in
ihren verschiedenen Formen den meisten soziologischen Erhebungen theoretisch angemessener, vor allem deshalb, weil sie
weniger Kenntnisse über die Struktur der Grundgesamtheit
voraussetzt und nach objektiven Kriterien die Gefahr systematischer Verzerrungen reduziert.</u>

Daß dennoch auch bei der Anwendung der Wahrscheinlichkeitsauswahl Kompromisse zwischen den Erfordernissen des theoretischen Modells und den in der Forschungspraxis vorhandenen
Möglichkeiten geschlossen werden müssen, brauchen wir nach
allem Gesagten wohl kaum zu betonen - immerhin, <u>das theoretische Modell gibt uns eine Richtschnur zur Beurteilung solcher Kompromisse</u> - auch zur Beurteilung des Quotenverfahrens
im konkreten Fall.

Tabelle I: Flächenwerte der Normalverteilung

z	0	1	2	3	4	5	6	7	8	9
0,0	0000	0080	0160	0239	0319	0399	0478	0558	0638	0717
0,1	0797	0876	0955	1034	1113	1192	1271	1350	1428	1507
0,2	1585	1663	1741	1819	1897	1974	2051	2128	2205	2282
0,3	2358	2434	2510	2586	2661	2737	2812	2886	2961	3035
0,4	3108	3182	3255	3328	3401	3473	3545	3616	3688	3759
0,5	3829	3899	3969	4039	4108	4177	4245	4313	4381	4448
0,6	4515	4581	4647	4713	4778	4843	4907	4971	5035	5098
0,7	5161	5223	5285	5346	5407	5467	5527	5587	5646	5705
0,8	5763	5821	5878	5935	5991	6047	6102	6157	6211	6265
0,9	6319	6372	6424	6476	6528	6579	6629	6680	6729	6778
1,0	6827	6875	6923	6970	7017	7063	7109	7154	7199	7243
1,1	7287	7330	7373	7415	7457	7499	7540	7580	7620	7660
1,2	7699	7737	7775	7813	7850	7887	7923	7959	7995	8029
1,3	8064	8098	8132	8165	8198	8230	8262	8293	8324	8355
1,4	8385	8415	8444	8473	8501	8529	8557	8584	8611	8638
1,5	8664	8690	8715	8740	8764	8789	8812	8836	8859	8882
1,6	8904	8926	8948	8969	8990	9011	9031	9051	9070	9090
1,7	9109	9127	9146	9164	9181	9199	9216	9233	9249	9265
1,8	9281	9297	9312	9328	9342	9357	9371	9385	9399	9412
1,9	9426	9439	9451	9464	9476	9488	9500	9512	9523	9534
2,0	9545	9556	9566	9576	9586	9596	9606	9615	9625	9634
2,1	9643	9651	9660	9668	9676	9684	9692	9700	9707	9715
2,2	9722	9729	9736	9743	9749	9756	9762	9768	9774	9780
2,3	9786	9791	9797	9802	9807	9812	9817	9822	9827	9832
2,4	9836	9840	9845	9849	9853	9857	9861	9865	9869	9872
2,5	9876	9879	9883	9886	9889	9892	9895	9898	9901	9904
2,6	9907	9909	9912	9915	9917	9920	9922	9924	9926	9929
2,7	9931	9933	9935	9937	9939	9940	9942	9944	9946	9947
2,8	9949	9950	9952	9953	9955	9956	9958	9959	9960	9961
2,9	9963	9964	9965	9966	9967	9968	9969	9970	9971	9972
3,0	9973	9974	9975	9976	9976	9977	9978	9979	9979	9980
3,1	9981	9981	9982	9983	9983	9984	9984	9985	9985	9986
3,2	9986	9987	9987	9988	9988	9988	9989	9989	9990	9990
3,3	9990	9991	9991	9991	9992	9992	9992	9992	9993	9993
3,4	9993	9994	9994	9994	9994	9994	9995	9995	9995	9995
3,5	9995	9996	9996	9996	9996	9996	9996	9996	9997	9997
3,6	9997	9997	9997	9997	9997	9997	9997	9998	9998	9998
3,7	9998	9998	9998	9998	9998	9998	9998	9998	9998	9998
3,8	9999	9999	9999	9999	9999	9999	9999	9999	9999	9999
3,9	9999	9999	9999	9999	9999	9999	9999	9999	9999	9999

Quelle: Menges, Grundriß der Statistik, Teil I : Theorie
(1968, S. 346), mit freundlicher Genehmigung
des Westdeutschen Verlags, Köln u. Opladen (vom
Verfasser modifiziert)

Erläuterungen zu Tabelle I

Die Zahlenwerte (aus Raumgründen wurden nur die Dezimal-
stellen aufgeführt) geben die Flächenwerte der Normalverteilung im Bereich

$$\mu \ \pm \ z \ \sigma_{\bar{x}}$$

bzw.

$$P \ \pm \ z \ \sigma_{p}$$

an:

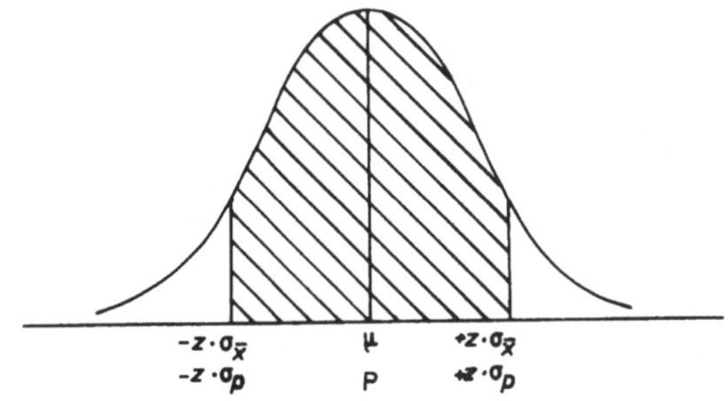

Die Werte entsprechen der Wahrscheinlichkeit, daß ein Wert
der Sampleverteilung ($\bar{x}$ oder p) um nicht mehr als das
z-fache des Standardfehlers vom Parameter (μ oder P) abweicht:

Im Bereich μ (P) $\pm$ z $\sigma_{\bar{x}}$ (σ_{p}) liegen ... % aller möglichen $\bar{x}$-(p-)Werte.

Beispiel:
z=1,96 (Zeile: 1,9; Spalte: 6) : 9500 = 0,9500 oder 95%

Literaturverzeichnis

Im folgenden wird lediglich die zitierte Literatur angegeben. Ausführliche Bibliographien finden sich bei
Scheuch, 1974; Moser u. Kalton, 1971 und in zahlreichen
anderen der angegebenen Lehrbücher. Besonders verwiesen
sei zum weiteren Studium auf Anderson,1963, Cochran,1972,
Hansen u.a.,1964, Kellerer,1963, Kish,1965, Moser,1969,
Statistisches Bundesamt,1960 und Stephan u. McCarthy,1963.
Die Bücher von Moser und Stephan u. McCarthy zeichnen sich
dabei durch Praxisnähe und nicht-mathematische Argumentation aus.

Anderson, O., Probleme der statistischen Methodenlehre in
     den Sozialwissenschaften, 4.Aufl., Würzburg 1963.

Benninghaus, H., Deskriptive Statistik, Stuttgart 1974

Billeter, E.P., Grundlagen der repräsentativen Statistik.
     Stichprobentheorie und Versuchsplanung, Wien, New
     York 1970.

Büschges, G., Die Gebietsauswahl als Auswahlmethode in der
     empirischen Sozialforschung, Dissertation, Universi-
     tät Köln 1961.

Clauss, G., H.Ebner, Grundlagen der Statistik, Frankfurt
     u. Zürich 1971.

Cochran, W.G., Sampling Techniques, New York 1963, dtsch.
     Übers. Berlin/New York 1972

Cochran, W.G., Stichprobenverfahren, Berlin/New York 1972.

Coleman, J.S., Introduction to Mathematical Sociology,
     New York und London 1964.

Deming, W.E., Some Theory of Sampling, New York 1950.
     4. Aufl., 1961.

Deming, W.E., Sample Surveys. I. The Field, in: Inter-
     national Encyclopedia of the Social Sciences, New
     York 1968, Bd.13.

Divo-Institut,Der westdeutsche Markt in Zahlen, Frankfurt
     1972.

Dodd, S.C., The Steps- and -Parts Modell for Polling,
     mimeo 1955.

Erbslöh, E., Interview, Stuttgart 1972.

Esser,H., Der Befragte, in: J.v.Koolwijk u. M.Wieken-Mayser
     (Hrsg.), Techniken der empirischen Sozialforschung,
     Bd.4, München 1974.

Fischer, R.A., u. F.Yates, Statistical Tables for Biological,
     Agricultural and Medical Research,London,5.Aufl.,1957

Fry, T.C., Probability and its Engineering Uses, New York
     1928.

Hagood, M.J. u. D.O. Price, Statistics for Sociologists,
     3. Aufl., New York 1960.

Hansen, M.H. u. W.N. Hurwitz, The Problem of Non-Response
     in Sample Surveys, in: Journal of the American
     Statistical Association, Bd.41 (1946).

Hansen, M.H., W.N. Hurwitz, und W.G. Madow, Sample Survey
     Methods and Theory, Bd.1: Methods and Applications,
     Bd.2: Theory, New York 1953, 5.Aufl., 1964.

Hartmann,H. , Empirische Sozialforschung, München 1972.

Helten, E., Wahrscheinlichkeitsrechnung, in: Koolwijk,J.v.
     u.M.Wieken-Mayser(Hrsg.), Techniken der empirischen
     Sozialforschung, Bd. 6, München 1974.

Heyn, W., Stichprobenverfahren in der Marktforschung,
     Würzburg 1960.

Hummell, H.J., Probleme der Mehrebenenanalyse, Stuttgart
     1972.

Jauch, I., Repräsentative Teilauswahlen, in: Stoljarow, V.
     (Hrsg.), Zur Technik und Methodologie einiger quan-
     tifizierender Methoden der soziologischen Forschung,
     Berlin 1966.

Kellerer, H., Statistik im modernen Wirtschafts- und
     Sozialleben, Hamburg 1960.

Kellerer, H., Theorie und Technik des Stichprobenver-
     fahrens, 3.Aufl., München 1963.

Kish, L., Survey Samling, New York 1965.

Klingemann, H.D. u. F.U. Pappi, Möglichkeiten und Probleme
     bei der Kumulation von Umfragen, in: Sozialwissen-
     schaftliches Jahrbuch für Politik, Band 1 (1969).

König, R.(Hrsg.), Das Interview. Formen, Technik, Auswer-
     tung, 7.Aufl., Köln 1972, zuerst 1952.

König, R., Soziologie der Gemeinde, Sonderheft 1 der Kölner
     Zeitschrift für Soziologie und Sozialpsychologie,
     4.Aufl., 1972.

Koolwijk, J.v., Das Quotenverfahren, in: J.v.Koolwijk und
     M. Wieken-Mayser (Hrsg.), Techniken der empirischen
     Sozialforschung, Bd. 6, München 1974.

Kreutz, H., Die tatsächliche Repräsentativität von soziolo-
     gischen Befragungen, in: AIAS-Informationen, 1970/71.

Leverkus-Brüning, I., Die Meinungslosen, Berlin 1966.

McCarthy, Ph.J., Sample Design, in: Jahoda, M. et al
     (Hrsg.), Research Methods in Social Relations, New
     York, 1. Aufl., 1951, 2.Bde., dt. Übersetzung Neu-
     wied 1972.

McNemar, Q., Psychological Statistics, New York 1949,
     4.Aufl., 1969.

Mayntz, R., K. Holm und P.Hübner, Einführung in die Metho-
     den der empirischen Sozialforschung, 2.Aufl., Opla-
     den 1971.

Menges, G., Grundriß der Statistik, Teil I: Theorie,
     Köln-Opladen 1968.

Mises, R.v., Wahrscheinlichkeit, Statistik und Wahrheit,
     Wien 1928.

Mises, R.v., Wahrscheinlichkeitsrechnung und ihre Anwen-
     dung in der Statistik und der theoretischen
     Physik, Leipzig 1931.

Moser, C.A., Survey Methods in Social Investigation,
     2. Aufl., London 1969.

Moser, C.A. u. Kalton, G., Survey Methods in Social
     Investigation, London 1971

Mosteller, F., Errors, I. Non-sampling Errors, in:
     D.L. Sills (Hrsg.), International Encyclopedia
     of the Social Sciences, New York 1968, Bd. 5,
     S. 113-132.

Neurath, P., Statistik für Sozialwissenschaftler,
     Stuttgart 1966.

Nichols, R.C. und M.A. Meyer: Timing Postcard Follow-Ups in
     Mail-Questionaire Surveys, in: Public Opinion
     Quarterly XXX (1966).

Noelle, E., Umfragen in der Massengesellschaft, Hamburg
     1963.

Noelle, E. und P. Neumann (Hrsg.), Jahrbuch der öffent-
     lichen Meinung 1968-1973,Allensbach und Bonn 1974.

Parten, M.B., Surveys, Polls, and Samples, New York 1950.

Pfanzagl, J., Allgemeine Methodenlehre der Statistik, Berlin 1966.

Politz, A. u. W.R. Simmons, An Attempt to get the "Not-At-Homes" into the Sample without Callbacks, in: Journal of the American Statistical Association, Bd. 44 (1949).

Radtke, G.D. u. J. Zeh, Random oder Quota?, in: Parteien-Demokratie, Sonderheft von "Die politische Meinung", Bonn 1974.

Raj, D., Sampling Theory, New York 1968.

Ritsert, J. u. E. Becker, Grundzüge sozialwissenschaftlich-statistischer Argumentation, Opladen 1971.

Sahner, H., Schließende Statistik, Stuttgart 1971.

Scheele, W., Das Quoten-Sample, Dissertation, Universität Köln 1955.

Scheuch, E.K., Die Anwendung von Auswahlverfahren bei Re-präsentativ-Befragungen, Dissertation, Universität Köln 1956.

Scheuch, E.K., Auswahlverfahren in der Sozialforschung, in: R. König (Hrsg.), Handbuch der empirischen Sozial-forschung, 2.Aufl., Bd.I, Stuttgart 1967, 3.Aufl., Bd. 3a, Stuttgart 1974.

Schmidtchen, G., Die repräsentative Quotenauswahl, Allens-bach 1962.

Statistisches Bundesamt (Hrsg.), Stichproben in der amt-lichen Statistik, Stuttgart 1960.

Stegmüller, W., Probleme und Resultate der Wissenschafts-theorie und analytischen Philosophie, Bd. I, Wissen-schaftliche Erklärung und Begründung, Studienausgabe Teil 5, 1974.

Stenger, H., Stichprobentheorie, Würzburg/Wien 1971.

Stephan, F.F. u. P.J. McCarthy, Sampling Opinions. An Ana-lysis of Survey Procedures, New York 1958, 2.Aufl., 1963.

Sturm, M. u. T.Vajna, Planung und Durchführung von Zufalls-stichproben, in: J.v.Koolwijk u. M.Wieken-Mayser, (Hrsg.), Techniken der empirischen Sozialforschung, Bd.6, München 1974.

Szalai, A. (Hrsg.), The Use of Time, Den Haag/Paris 1972.

Szameitat, K. u. S. Koller, Über den Umfang und die Genauig-
        keit von Stichproben, in: Wirtschaft und Statistik,
        Bd. 10 (NF) (1958).

US-Dep. of Commerce, Bureau of the Census, Who's Home When,
        Working Paper 37, Jan. 1973.

Vetter, H., Wahrscheinlichkeit und logischer Spielraum,
        Tübingen 1967.

Wendt, F., Darstellung eines Stichprobensystems und seiner
        Realisation in der ADM-Stichprobe 1971, Hamburg 1971.

Yates, F., Sampling Methods for Censuses and Surveys,
        Londong 1949.

Sachregister

Studienskripten zur Soziologie

39 H.J.Hummell, Probleme der
   Mehrebenenanalyse
   160 Seiten, DM 8,80

41 Th.Harder, Dynamische Modelle
   in der empirischen Sozialforschung
   120 Seiten, DM 7,80

42 W.Sodeur, Empirische Verfahren zur
   Klassifikation
   183 Seiten, DM 9,80

44 H.-D.Schneider, Kleingruppenforschung
   351 Seiten, DM 15,80

Weitere Bände in Vorbereitung

Preisänderungen vorbehalten